U0161000

水工钢闸门结构
非线性分析理论与方法

王正中　著

科学出版社

北京

内 容 简 介

本书总结了近四十年来水工钢闸门结构非线性分析理论与方法的研究成果，为高坝大库泄流调节咽喉的高水头大型水工钢闸门的科学设计提供理论依据。全书共十章，主要包括水工钢闸门的研究进展与发展趋势、水工钢闸门结构选型及合理布置、水工钢闸门结构有限元分析、水工钢闸门面板弹塑性分析、高水头水工钢闸门主梁非线性分析、水工弧形钢闸门主框架静力稳定性分析、水工钢闸门流固耦合作用分析、水工弧形钢闸门结构动力稳定性分析、水工钢闸门结构优化、水工钢闸门结构可靠度分析。

本书可供水工结构工程、工程力学等专业科研人员及水工结构设计人员参考，也可供高等院校相关专业师生阅读参考。

图书在版编目(CIP)数据

水工钢闸门结构非线性分析理论与方法/王正中著. —北京：科学出版社，2022.8

ISBN 978-7-03-071026-0

Ⅰ. ①水… Ⅱ. ①王… Ⅲ. ①钢闸门-非线性结构分析 Ⅳ. ①TV663

中国版本图书馆 CIP 数据核字（2021）第 260659 号

责任编辑：祝 洁 汤宇晨 / 责任校对：崔向琳
责任印制：师艳茹 / 封面设计：陈 敬

科学出版社 出版
北京东黄城根北街 16 号
邮政编码：100717
http://www.sciencep.com

北京九天鸿程印刷有限责任公司 印刷
科学出版社发行 各地新华书店经销
*
2022 年 8 月第 一 版 开本：720×1000 1/16
2022 年 8 月第一次印刷 印张：26 1/2 插页：3
字数：540 000
定价：298.00 元
（如有印装质量问题，我社负责调换）

前　言

　　根据《2019 年全国水利发展统计公报》，我国已建成各类水库大坝 98112 座，总库容达 8983 亿 m³，高坝大库及大坝数量居世界首位，水利水电事业快速发展。水工钢闸门必然要向高水头、大孔口、大泄量的大型化和轻型化方向发展，其安全、稳定且灵活运行决定着整个枢纽工程和下游人民生命财产安全及工程效益。特别是在我国水利工程"补短板、强监管"新形势下，以及风-光-水电多能源互补及水电建设国际化的新需求下，水工钢闸门作为水工枢纽的泄水调节咽喉，其安全高效运行将极其重要。随着钢闸门向大型化、多样化和轻型化的发展趋势，现行线性、平面简化的设计理论及规范的设计计算方法已明显不能反映结构的空间效应和尺寸效应，难以满足高水头大型钢闸门发展的需要。例如，大型水工钢闸门空间结构创新与合理布置理论，高水头钢闸门中厚面板、薄壁深梁弯剪耦合作用，水工弧形钢闸门大刚度框架静力稳定性分析，流激振动荷载作用下钢闸门结构的动力稳定及振动控制，水工弧形钢闸门空间结构体系可靠度及结构优化设计等，都属于结构非线性分析理论与方法。因此，很有必要针对大型水工钢闸门发展中存在的这些科学问题进行深入系统地研究。建立钢闸门结构非线性分析理论与方法，形成系统化的大型钢闸门结构设计理论体系，对于保障大型钢闸门设计的科学合理与安全经济，以及确保水工枢纽工程运行安全与发挥效益，不仅具有重要的科学价值，更具有重大的社会效益和经济效益。

　　本书系统介绍水工钢闸门的非线性分析理论与设计方法。从水工钢闸门结构选型与布置入手，对空间钢闸门结构基本组成的板、梁、柱、框架等的结构静/动力特性、结构线性与非线性、结构强度与稳定性进行分析，在此基础上进行闸门结构优化设计和可靠度分析研究。内容安排上，由点、线到面，再到结构，进行系统化总结，循序渐进，由浅入深，系统性强，层次清晰，易于理解。同时，介绍近四十年来钢闸门设计理论与方法研究的主要前沿成果，使读者能迅速掌握该研究领域的前沿动态。本书主要内容包括：①介绍大型水工钢闸门结构的研究进展及发展趋势，并指出大型水工钢闸门发展中亟须解决的问题。②论述水工钢闸门结构选型的原则方法，并结合结构理论提出水工弧形钢闸门结构合理布置原则，进一步提出了合理布置计算方法等。③系统总结了有限元法在水工钢闸门结构分析中的应用进展及成果。④建立了水工钢闸门面板和主梁非线性分析理论与方法，给出钢闸门面板弹塑性极限荷载非线性力学模型的解析解，从理论上揭示钢闸门面板弹塑性承载机理；针对高水头水工钢闸门组合截面深梁横力弯曲问题，提出薄壁深梁弯剪耦合变形机理，以及高水头水工钢闸门深梁横力弯曲应力及变形的计算方法。⑤系统性地总结水工钢闸门的静力稳定设计、动力稳定设计和考虑流固耦合设计的非线性分析理论与方法。⑥结合结构拓扑优化理论提出大型水工弧形钢闸门空间树状支臂结构，并依据弹性结构动力稳定性及结构优化理论研究证实其优越性，进一步提出考虑强度、刚度、稳定性的水工弧形钢闸门拓扑优化设计方法及水工钢闸门结构优化设计方法。⑦对水工钢闸门结构可靠度进行了系统分析。

本书的出版得到了国家自然科学基金项目(51179164)、国家科技支撑计划项目(2012BAD10B02)等的资助，在此表示诚挚的谢意。

水工钢闸门结构非线性分析理论与方法涉及众多学科，在编写过程中作者团队的研究生付出了辛苦的劳动，特别是徐超博士、张雪才博士付出了大量的智慧和心血，博士研究生申永康、刘计良，硕士研究生彭文哲、赵春龙、张欢龙、刘丰、覃垚、张学东、杨仁操、李津宇、王晨等也参与了部分工作，在此一并表示衷心感谢。

限于作者水平，书中难免有疏漏与不足，恳切期望读者批评指正。

作　者

2021 年 10 月

目　录

彩图

第1章 绪 论

大坝是水利工程中防洪、灌溉及水力发电所必需的重要挡水建筑物。水工钢闸门对水流进行调控，使大坝实现功能化运行，达到工程建设的目的与需求。本章主要介绍国内外水工钢闸门的结构特征与应用、设计理论与分析方法的研究现状、仍需解决的科学问题及未来发展趋势。

1.1 研 究 背 景

建设水利水电枢纽通常具有发电、防洪、航运、供水、灌溉、旅游等多种效益，大力发展水利水电在国民经济可持续发展中具有十分重要的战略意义。发展水利水电可满足能源增长和改善能源结构的需求，可促进我国中西部地区经济快速发展，实现脱贫的目标。我国水资源及水能资源分布不均，西北地区水资源极度缺乏，而西部地区水电资源丰富，产业结构与能源结构不匹配。加快西部水资源及水电开发不仅能西电东送，实现资源的优化配置，还能把西部资源优势转化为经济优势，加快中西部地区的发展。水电作为可再生清洁能源，具有巨大的环保效益，具有防治污染和改善生态环境的作用。目前，我国的环境容量有限，尤其是沿海经济发达地区，大力促进水电开发可以有效防治大气和环境污染，改善生态环境，满足我国全面建成小康社会、提高人民生活水平和质量的需要。发展水电是防洪减灾和优化水资源配置的要求。随着各大江河"龙头"水电站和调节性能强的大中型水电站的开发建设，实现全面控制和调节流域洪水，对保证下游经济发达地区的防洪安全具有重要作用。另外，水能资源开发可以实现对资源性缺水地区水资源的优化配置，改善地域性水资源分布不均衡的状况，有力地支持地区社会经济的发展。作为风-光-水电多能源互补系统的高坝大库大型水工枢纽调节咽喉的水工钢闸门，其安全灵活地运行决定着工程效益的发挥及整个枢纽工程和下游人民生命财产的安全。水工钢闸门是水工枢纽的重要组成部分，在水工建筑物总造价中一般占10%～30%，在江河治理工程总造价中甚至占50%以上[1]。

水工闸门具有悠久的应用与发展历史。明代河工专家潘季驯的著作《河防一览》中有对水工闸门的记载。14世纪末，荷兰人将起落式闸门进行推广，实现船只通航。1853年，坐落于巴黎塞纳河上的四扇闸门(宽8.75m×高1.0m)是最早应用的弧形闸门。泰恩特(Tainter)在1886年发明了三曲杆式的木质弧形闸门，此后相关研究学者均将弧形闸门称为"Tainter gate"。1860年，埃及北部的罗塞塔坝和杜姆亚特坝上安装了若干"圆筒闸门"。1910年，新型反转弧形闸门的设计被提出。第二次世界大战以后，各国政府为发展经济，开始大规模兴建水利工程。其中，具有代表性的是联邦德国在流经巴伐利亚州的伊萨尔河上兴建了许多水利工程；我国在黄河、长江干支流等兴建了一大批水利枢纽，如乌东德、白鹤滩、溪洛渡和向家坝等大型水利水电枢纽，其工作闸门和事故闸门都达到了较大尺寸。此后，随着工农业生产及社会进步，围绕城市生态治理和沿海经济发展的新型闸门结构进入了快速发展和广泛应用的阶段，出现了型式多样的各类闸门，如1960年建造于荷兰莱茵河上的护目镜闸门；1984年坐落于伦敦的泰晤士河水闸；1997年，两扇平面转动式水工弧形钢闸门在荷兰马斯朗特成功建成；2006年，浙江省曹娥江采用双拱空间管桁水工平面钢闸门作为河口挡潮闸；2013年，浙江省宁波市奉化区象山港避风锚地采用管桁式三角闸门作为通航船闸。大跨度、高水头、造型新颖的闸门结构逐渐成为未来闸门的发展趋势。

随着高坝大库及"一带一路"沿线国家水利水电工程的建设与发展，一方面水工钢闸门结构正向着高水头、大孔口、大泄量的大型化和轻型化方向发展，特别是天生桥一级、水口、五强溪等水电站大型三支臂弧形钢闸门的建设，说明大型新型水工弧形钢闸门结构分析方法及结构设计方法正不断发展；另一方面，闸门在风-光-水电能互补中的启闭越加频繁，再按现行平面体系法和线性理论对闸门结构进行设计，已不能满足闸门的设计需求。本书在总结前人及王正中团队研究成果的基础之上，对高水头大泄量频启闭闸门的空间体系法和非线性理论进行系统总结凝练，对闸门结构的静力稳定、动力稳定及考虑流固耦合作用的振动问题，提出非线性分析理论和求解方法，同时指出未来水工钢闸门的发展方向。

1.2　水工钢闸门的结构特征、应用与发展

1.2.1　水工钢闸门的结构特征及应用

水工钢闸门作为一种活动的挡水结构，是泄水和引水等建筑物的主要组成部分，安装于进水口溢流坝、溢洪道、泄水孔、水工隧洞和水闸等建筑物的孔口上，用以调节流量，控制上、下游水位，宣泄洪水，排除泥沙或漂浮物等，从而起到控制、运用水流和保障人民生命财产安全的作用。

1. 水工平面钢闸门

水工平面钢闸门是水利工程中应用比较广泛的一种，应用效果也得到了业界肯定(图1-1)。水工平面钢闸门的结构比较简单，安全可靠，能满足各种类型泄水孔道的需要，具有以下优点。第一，可封闭相当大面积的孔口，顺流方向建筑物的尺寸较小；第二，直升式平面闸门的结构简单，闸室比较短，维护方便；第三，

门叶可移出孔口，便于检修维护，门叶可在孔口间互换，因此孔口较多时可兼作其他孔口的事故门或检修门。但是，高水头平面事故闸门动水启闭时易产生爬行振动，闭门困难。

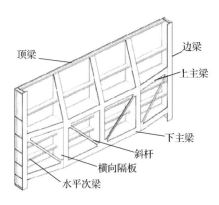

图 1-1 水工平面钢闸门结构图

2. 水工弧形钢闸门

水工弧形钢闸门的承重结构由弧形面板、主梁、支臂和支铰组成(图 1-2)。水工弧形钢闸门面板形成了一个圆弧状，其支铰中心和弧形面板共用一个圆心。一般情况下水工弧形钢闸门支铰的高度约为闸门高度的三分之二。水工弧形钢闸门早期应用在尼罗河坝，闸门壁受到牵引的作用，设计者将其命名为"半径在牵引作用下的圆筒闸门"。水工弧形钢闸门的主要优点有所需启闭力较小、没有影响水流流态的门槽、水流平顺、工作桥排架高度和闸墩厚度较小、局部开启条件好、埋设件数量少；但也存在一些缺点，如所需闸墩较长或闸门井尺寸较大，不能移出孔口以外进行检修和维护，也不能在孔口间互换，闸门承受的总水压力集中于支座处，对土建结构受力不利。

3. 人字闸门

人字闸门是由两扇门组成的旋转式开关闸门，非常适合运用于航运工程中(图 1-3)。人字闸门的门底和门体下部都在水中运转，对人字闸门进行维修时也能排水，因此启动运行的时候只能在静水中，关闭时也只能在静水中进行。如果人字闸门内部出现问题，维修起来非常困难，位于水下的检修尤为困难。人字闸门不能在流动的水中进行有效操作，这是因为它的抗扭能力很小。对于大孔口船闸，人字闸门节省材料，并且在运行的过程中非常灵敏。由此可见，人字闸门的优势和劣势都比较明显，优势在于适合通航，劣势在于维修困难。

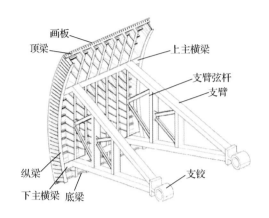

图 1-2   水工弧形钢闸门结构图   图 1-3   人字闸门结构图

1.2.2 水工钢闸门的发展

水工钢闸门是水工建筑物的重要组成部分之一，其作用是封闭水工建筑物的孔口，并能按需要局部或全部开启，以调节上下游水位、泄放流量，实现电站运行、通航及其他控制功能。闸门在水工建筑物总造价中所占的比重很大，一般占10%~30%，在某些工程上可达到50%[1]，因此无论从安全性还是经济性方面，闸门的科学设计都是一项十分重要的工作。

党的十八大以来，在"创新、协调、绿色、开放、共享"的新发展理念指引下，我国水利水电发展进入了一个新的时代。《水电发展"十三五"规划》的指导思想中强调，"把发展水电作为能源供给侧结构性改革、确保能源安全、促进贫困地区发展和生态文明建设的重要战略举措"。为更好地解决我国水资源的供需矛盾和水旱灾害问题，发挥蕴藏水能资源潜力，完成能源产业结构变革，推动我国生态文明建设，保证高坝大库的稳定运行与高质量建设具有重要意义。目前，已建成或在建的水利工程有规模宏大的葛洲坝水利枢纽工程(1988，括号内为工程建成时间，后同)、黄河龙羊峡水电站枢纽工程(1989)、天生桥水电站(1998)、小浪底水利枢纽工程(2001)、长江三峡水利工程(2006)、水布垭水利枢纽工程(2009)、小湾水电站(2010)、向家坝水电站(2014)、溪洛渡水电站(2015)和白鹤滩水电站(2022)等[2]，其中作为调节咽喉的闸门起着至关重要的作用。通过闸门的灵活启闭，可以对水库进行实时调节，满足防洪、发电和水资源调配的需要，有效发挥工程效益，并且闸门安全在很大程度上决定了整个枢纽和下游人民生命财产的安全。

随着水利水电事业的快速发展，截至 2019 年，我国已建各种水库超过 9.81 万座，总库容 8983 亿 m^3，已建或在建高度 200m 以上的超高坝 20 余座，其中 300m 级的大坝 2 座，我国已成为全球水库大坝最多的国家[3-4]。随着高坝大库的不断兴建和金属结构制造水平的不断提高，水利枢纽向着高水头、大孔口、大泄量的方向发展，水工钢闸门承受的荷载、结构尺寸和自重越来越大，如世界最大孔口尺寸(63m×17.5m)的布里亚水电站水工弧形钢闸门[5]，世界最大自重(1295t)的大藤峡水利枢纽船闸人字闸门，世界最高水头(181m)的英古里水工弧形钢闸门，世界最大跨度(360m)的鹿特丹新水道挡潮闸门。

　　一般规定水工钢闸门门叶面积与水头乘积在 1000～5000m³ 的闸门为大型水工钢闸门，超过 5000m³ 的为超大型水工钢闸门[6]。表 1-1 为部分世界大型及高水头闸门的基本情况(按闸门受到的总水推力从大到小排序)，表 1-2 为我国大型及高水头闸门的基本情况(按闸门受到的总水推力从大到小排序)，其中绝大多数位于我国的西南地区。

表 1-1　部分世界大型及高水头闸门基本情况统计表

序号	工程名称	国家	闸门名称	孔口尺寸(宽×高)/(m×m)	水头/m	总水推力/kN	闸门型式
1	鹿特丹新水道	荷兰	挡潮闸门	360.0×22.0	17.0	700000	弧形闸门
2	依泰普	巴西、巴拉圭	工作闸门	6.7×22.0	140.0	190150	平面定轮
3	小湾	中国	工作闸门	5.0×7.0	163.0	110000	弧形闸门
4	水布垭	中国	工作闸门	6.0×7.0	154.0	102200	弧形闸门
5	天生桥一级	中国	工作闸门	6.4×7.5	117.0	87350	弧形闸门
6	锦屏一级	中国	事故闸门	5.0×12.0	133.0	87200	平面滑动
7	谢尔邦松	法国	事故闸门	6.2×11.0	124.0	84300	平面链轮
8	塔贝拉	巴基斯坦	工作闸门	4.1×13.7	141.0	75350	平面定轮
9	拉西瓦	中国	事故闸门	4.0×9.0	132.0	48694	平面定轮
10	英古里	格鲁吉亚	泄洪底孔	φ4.35m(圆形闸门直径)	181.0	32560	附环闸门

表 1-2　我国大型及高水头闸门基本情况统计表

序号	工程名称	省份	闸门名称	孔口尺寸(宽×高)/(m×m)	水头/m	总水推力/kN	闸门型式
1	瀑布沟	四川	工作闸门	6.5×8.0	126.3	121870	弧形闸门
2	小湾	云南	工作闸门	5.0×7.0	163.0	110000	弧形闸门
3	水布垭	湖北	工作闸门	6.0×7.0	154.0	102200	弧形闸门
4	天生桥一级	贵州	工作闸门	6.4×7.5	117.0	87350	弧形闸门
5	锦屏一级	四川	事故闸门	5.0×12.0	133.0	87200	平面滑动
6	糯扎渡	云南	工作闸门	5.0×8.5	123.0	84800	弧形闸门
7	东江	湖南	工作闸门	6.4×7.5	117.0	57670	弧形闸门
8	拉西瓦	青海	事故闸门	4.0×9.0	132.0	48694	平面定轮
9	小浪底	河南	工作闸门	4.8×4.8	140.0	42130	弧形闸门
10	龙羊峡	青海	工作闸门	5.0×7.0	120.0	42050	弧形闸门

随着高坝大库和大型水利工程的建设，对水工钢闸门的要求也不断提高，主要表现在孔口面积、工作水头和总水压力的不断提高。常规的闸门线性设计理论与分析方法已不能满足这类大型水工钢闸门的设计需求，需要发展与大型水工钢闸门相适应的结构非线性分析理论与方法。实际上，工程结构的非线性问题早在19世纪中叶就引起学者的关注，经过几代科学家多年的不断研究、攻克难关，特别是20世纪60年代以来有限元法等数值模拟方法的产生和发展，以及高速大容量电子计算机的问世与普及，为非线性问题的解决提供了必要的计算手段和计算工具，促使结构非线性分析理论与方法在水工钢闸门中应用成为现实。

1.3　水工钢闸门的研究进展

从安全灵活运行出发，确保水工钢闸门的轻型和稳定，始终是业界的追求目标。新材料与新技术层出不穷，为闸门设计制造与运行中的不少难题提供了解决思路，但不少老问题尚未彻底解决。随着高坝大库和生态水利的不断发展，新的难题也不断涌现。例如，高强钢和超强钢的出现和应用可以实现水工钢闸门的轻型化，但又易引起结构的局部或整体稳定问题，仿生结构在闸门中的应用又可能引起构件的连接问题。目前，大型水工钢闸门发展需要围绕以下几个方面的关键科技问题开展研究：大型水工钢闸门的深梁、厚板、大刚度框架结构非线性动、静力分析理论与方法；基于空间结构体系可靠度的闸门结构优化设计方法；典型工况下大型水工弧形钢闸门空间框架结构的合理布置；流激振动作用下水工弧形钢闸门空间框架动力稳定性及振动控制；严寒环境下水工钢闸门低温低周疲劳断裂破坏机理，轻型稳定仿生树状水工钢闸门结构创新；生态景观特大型水工钢闸门结构流固耦合及水力优化；全生命周期的水工钢闸门安全诊断与智能监测；超强钢材料、铸钢节点及新胶焊连接等新技术的开发研究应用等。

1. 水工钢闸门的分析方法

水工钢闸门的设计是一个系统工程，需要全方位、多方面的考虑，最终保证设计的闸门结构安全可靠、启闭灵活、使用方便、技术先进和经济合理。水工钢闸门设计前要掌握的资料如下。①水工建筑物的情况，重点是工程规模、重要性及调控流量要求，以此确定闸门的运行特性和具体构造布置等。②闸门孔口的情况，包括孔口尺寸、孔口数量以及对闸门运行程序的要求等。③闸门上下游水位条件，设计闸门时要对可能出现的各种运行水位情况进行考虑。④水库的水质情况，特别对于泥沙含量大的水库，要考虑泥沙的淤积对闸门启闭力的影响。⑤水库所在地的气象和地震资料，主要包括水库冬季是否结冰，是否需要泄冰，是否要考虑地震等。⑥闸门的制造安装运输情况，对于在工厂制作的闸门，应考虑沿途运输中道路的限载和限高情况等。此外，闸门应布置在水流较平顺的部位，并应避免出现闸门前横向流和漩涡，闸门后淹没出流和回流，闸门底部和闸门顶部同时过水等情况。

水工钢闸门结构布置及设计方法确定后，设计的核心任务是结构计算，它是整个结构安全的根本保证。水工钢闸门的结构计算方法主要有基于结构力学法的平面体系法和基于有限元法(finite element method，FEM)的空间体系法。采用平面体系法虽无法考虑闸门结构空间协同工作特性、材料非线性、几何非线性和接触非线性，导致计算误差大，但应用上非常简单，设计人员易于掌握且实践成果非常丰富；空间体系法虽可弥补以上方法的不足，能对闸门整体结构进行准确的动/静力仿真分析计算，但相对比较复杂和抽象，设计人员较难掌握。集中两者优点且克服其缺点，是广大科研人员和设计人员不懈追求的目标。

1) 平面体系法

我国现行水工钢闸门设计规范按平面体系的结构力学法进行闸门结构计算，即把一个空间承重结构人为划分成几个独立的平面结构系统，如面板、梁格、主梁、支臂等，并根据实际可能发生的最不利荷载情况，按基本荷载和特殊荷载条件进行强度、刚度和稳定性的验算。这种方法概念清晰，计算简便，为广大设计人员所接受。例如，忽略弧形钢闸门纵梁和弧形面板曲率的影响，近似按直梁和平板进行验算，闸门的承载构件和连接件应验算正应力和剪应力，同时承受较大正应力和剪应力的关键部位还应验算折算应力。对受弯、受压和偏心受压构件，应验算整体和局部稳定性。平面体系法虽然简单方便、便于应用，但将闸门结构拆分为构件单独进行计算时，忽略了各构件空间整体工作的协调性，不能体现出弧形钢闸门结构的空间效应，设计往往过于保守，使闸门材料用量增加了 20%～40%，造成材料的浪费和启闭机容量的增加。此外，也有研究表明，不考虑空间效应的平面体系法有时是不安全的[7]。平面体系法具体结构计算的对象主要包括面板、主横梁、底横梁、顶横梁、小横梁、边纵梁、纵向隔板、支臂等结构，闸门开启瞬间框架内力、启闭力等物理量，支臂整体稳定、支臂局部稳定等。

按照水工建筑物的设计规范要求，对于高水头大型构件的结构分析计算必须设专题研究，常见方法有模型试验法和有限元法，结构非线性有限元法是应用最广泛的方法。但如前文所述，三维空间有限元非线性分析必须建立在弧形钢闸门空间结构完整的几何模型基础上。对大型水工弧形钢闸门可言，结构与构造的特殊性使其具有特殊的力学模型，如超大跨度的大挠度薄面板、高水头的厚面板、高水头的深主梁、大刚度空间框架、中柔度支臂等，其力学模型均为非线性力学模型，目前既无丰富经验又无成熟理论计算方法。因此，需要针对大型水工钢闸门空间结构主要承载构件的特征，提出力学概念明确、简单、科学的强度、刚度、稳定性计算方法，便于进行大型水工钢闸门结构三维有限元非线性分析。

(1) 水工钢闸门面板的非线性分析。

钢闸门面板的工作性质比较复杂，不仅作为挡水面板承受局部弯曲，而且作为梁格的受压翼缘或受拉翼缘参与整体弯曲。目前根据小挠度弹性薄板理论对面板进行受力分析。早在 1986 年，河海大学俞良正等[8]通过原型实验及模型试验指出，当面板进入塑性阶段之后具有较大的强度储备，当荷载增加到弹性极限荷载的 3.5~4.5 倍时，面板局部才开始出现塑性变形。这一成果表明，按照弹性薄板理论设计的面板仍有很大承载潜力，规范中为了充分考虑面板的弹塑性承载潜力，给容许应力乘以大于 1 的弹塑性调整系数。

范崇仁[9]以按照塑性铰线理论确定的塑性极限弯矩与按照弹性薄板理论确定的弹性极限弯矩之比，给出了弹塑性调整系数 α 的取值。王正中等[10]利用不同的理论与方法，对面板弹塑性承载力进行了研究，以小挠度弹性薄板理论确定四边固支钢面板的弹性极限荷载，利用塑性铰线法，根据结构塑性分析的塑性极限定理，确定塑性极限荷载，给出了弹塑性极限荷载，结果与文献[8]试验结果相吻合；文献[11]进一步考虑面板参与梁格整体弯曲，根据弹塑性力学给出了 α 的准确计算式及复杂状态下面板厚度的直接计算方法，并通过实例验算[12]，发现在满足强度要求的条件下，此方法计算的面板较薄，且计算简便准确。

总之，随着大跨度生态景观钢闸门及高水头水工钢闸门的广泛应用，基于大挠度理论和弹塑性理论的钢闸门面板极限荷载计算中仍有不少力学问题需要继续深入研究。

(2) 高水头水工钢闸门主梁强度及刚度计算。

目前钢闸门组合截面主梁仍采用细长梁理论对闸门主梁进行强度及刚度计算，但高水头钢闸门的主梁属于深梁，现行方法误差大且危险。研究表明，横力作用下已不能忽略组合截面深梁剪切效应的影响，剪应力沿截面高度及翼缘的分布不均匀，使得横截面产生弯剪耦合的翘曲现象，相邻截面之间的不同步翘曲与层间纤维挤压直接影响主梁的应力及变形。为解决上述问题，王正中团队对闸门组合截面深梁的应力和挠度计算做了系统的探究，提出了不同荷载作用下高水头钢闸门主梁强度及刚度计算方法[13-17]。文献[14]基于弹性力学半平面体，给出了受集中力作用的深梁应力计算公式；文献[16]通过合理假设工字形翼缘腹板剪应力传递形式，应用弹性力学半逆解法，推导了应力计算方法；文献[17]针对主横梁式弧形钢闸门的三种框架型式，分析了单位刚度比及框架型式对弧形钢闸门主梁翘曲应力的影响规律。上述研究为高水头水工钢闸门主梁强度及刚度计算提供了理论方法，也为高水头水工钢闸门结构三维有限元计算奠定了基础。

(3) 水工弧形钢闸门大刚度框架柱整体稳定性计算。

大型水工弧形钢闸门支臂截面尺寸的初选直接影响着结构的安全、经济和运行，简单合理且直接确定稳定性的方法对整体结构优化设计非常有必要。中柔度组合截面轴心钢压杆的稳定性计算方法简单直接，具有重要的参考价值。钢压杆的横截面设计要满足强度、刚度和稳定性的要求，而截面面积和稳定系数均为未知量。因此，钢压杆设计需要反复试算和稳定校核，非常复杂繁琐。为此，赵显慧等[18]通过引入几个参数和系数，推导了中小柔度钢压杆的稳定设计计算公式，但该方法引入参数多且计算误差大。本书作者提出了中柔度组合截面钢压杆非线性屈曲的稳定性直接计算方法[19]。何运林等[20]采用三维有限元法，得到水工弧形钢闸门支臂的临界荷载数值解，并可反求出空间支臂的计算长度系数。为了确定主框架稳定探究中比较关键的计算长度系数，蒋英勇等[21]采用结构力学法分析了非对称弹性约束条件下水工弧形钢闸门主框架的稳定问题，考虑了水工弧形钢闸门支座非对称弹性约束的影响，得到了水工弧形钢闸门支腿的弹性稳定临界条件及计算长度系数。高水头大型水工弧形钢闸门大刚度空间钢架的整体屈曲属于几何-材料双重非线性问题，必须对大型水工弧形钢闸门结构特征展开大量模型试验及数值仿真研究，基于几何-材料双重非线性有限元法及结构稳定性分析理论，提出其结构稳定性分析的简明计算方法。

2) 空间体系法

空间体系法将闸门作为一个整体的空间框架体系进行分析计算。闸门在实际工作中是一个完整的空间结构体系，各构件相互协调，作用在闸门结构上的外力和荷载由全部组成构件共同承担。按照平面体系法计算各个构件内力时，不管作了多么精细的假定，总不能完全反映出闸门真实的工作情况。采用空间体系法分析闸门结构是在符拉索夫的开口薄壁杆件理论提出后正式开始的，而空间体系法的快速发展使闸门结构完全按空间体系分析计算，可充分考虑闸门作为一空间结构的整体性、空间受力特点及变形特点。苏联是最早将空间体系法应用于闸门结构分析的国家之一，我国的设计单位、高校及科研院所也广泛采用空间体系法对结构进行分析和计算。运用空间体系法分析计算闸门结构受力及变形，能充分体现出闸门较强的空间效应，使计算出的各构件应力及变形更为准确，不仅可以节省材料、减轻闸门自重，而且可以提高闸门的整体安全性。空间体系法可作为平面体系法的一种验证方法。工程上为确保闸门的安全运行，采用空间体系法分析闸门结构的静力特性和动力特性，已成为基本趋势。

20 世纪 70 年代，我国绝大多数设计单位和高校已将空间体系法应用于闸门结构分析，近四十年来，工程上采用空间体系法对闸门结构进行静/动力特性分析越来越普遍[22-38]。此外，商业化有限元分析软件已非常成熟，早已具备了用有限元法进行结构计算的条件。虽然应用有限元法进行闸门结构强度、刚度和稳定性分析的具体判别准则会与现行规范的容许应力法有差别，分析时如何处理应力集中等问题还需要进一步的研究，但这都可以参考相关规范和科研成果来确定，并不会影响有限元法的应用。因此，在用平面体系法进行结构选型和构件截面初选的前提下，应积极采用三维有限元法进行结构计算与安全验算，并使其规范化。

采用空间体系法更便于探究闸门的振动问题[39-56]。闸门振动是一种特殊的水力学问题，涉及水流条件、闸门结构及其相互作用，属于流固耦合的流体弹性理论范畴。引起闸门振动的外因虽有不同，但闸门本身的自振频率是闸门振动的内因。闸门自振频率是闸门结构本身的固有参数，取决于闸门结构刚度、质量分布和材料性质等。目前，在进行闸门的动力分析时，大部分工作是通过计算闸门的自振频率与作用力的激励频率比较。当作用力的激励频率接近或等于闸门的自振频率时，不管这种激励频率是外力固有的，还是结构与水流发生耦合而次生的，当满足一定条件时振幅都将逐渐增大，闸门发生共振。在闸门设计中，可通过调整闸门结构的刚度、质量分布和材料性质等，使闸门结构的自振频率远离水流高能的脉动频率区，从而确保闸门结构的安全。

从钢闸门三维有限元分析的几何建模以及结构型式优选和结构布置优化的需要出发，力学概念明确、简单的结构分析方法深受设计者欢迎。因此，基于有限元法计算成果，结合结构力学理论提出的近似空间计算法，引起人们的关注。王正中等[7]提出了更接近空间结构计算的双向平面简化法。虽然应用有限元法进行闸门结构静/动力强度、刚度和稳定性分析的方法已较成熟，但具体判别准则与现行规范的容许应力法既有差别又要有效衔接，需要进一步的完善。

随着数值分析方法的不断完善和通用商业软件的广泛应用，许多有限元分析软件均包含结构优化工具箱及二次开发开源平台，一方面为了简化几何建模、结构选型和布置优化，仍需要利用有限元法进一步完善双向平面简化法；另一方面，可将这些通用结构分析软件与结构优化、结构可靠度分析、流固耦合分析有机结合，利用现代信息技术进一步将计算机辅助设计/计算机辅助工程(computer aided design/computer aided engineering，CAD/CAE)与建筑信息模型(building information model，BIM)技术有机融合，成为以后数字化智能化设计的主要发展趋势。

2. 国内外水工钢闸门设计规范及其设计方法对比

我国水利水电工程建设已经达到国际领先水平，随着我国水电建设"走出去"的步伐日益加快[57]，国际化已成基本趋势，但与国际接轨的前提是设计规范与国际无缝对接。规范是工程设计的核心和标准，系统地研究并掌握国际标准，是迈出国门、跨向海外市场的起点，也是增强国际竞争力的关键。我国现行规范为《水利水电工程钢闸门设计规范》(SL 74—2019)和《水电工程钢闸门设计规范》(NB 35055—2015)。美国现行规范为 *Design of Hydraulic Steel Structures*

(EM 1110-2-584，《水工钢结构设计》)[58]、*Design of Spillway Tainter Gate* (EM 1110-2-2702，《溢洪道弧形闸门设计》)[59]和 *Vertical Lift Gates*(EM 1110-2-2701，《平面闸门》)[60]，欧洲现行规范为 *Hydraulic Steel Structures*(DIN 19704，《水工钢结构》)[61-63]。其中，美国规范和欧洲规范都是采用以概率极限理论为基础的极限状态设计理论和多分项系数设计，而我国规范采用的是容许应力法，因此我国的生产实践较为滞后[12]。为确保采用我国闸门设计规范设计的闸门既安全经济又能与国际接轨，更好地参与国际水利水电工程建设，我国应加快水工闸门设计规范中概率极限状态法的研究及应用。目前在进行国际水利水电工程闸门设计时，应根据业主的要求选择相应的设计规范和标准。国际上通用的设计规范一般为美国规范和欧洲规范。

1) 容许应力法

水工钢闸门采用容许应力法进行强度、刚度和稳定性分析。对于闸门承重构件和连接构件，应验算其危险截面的正应力和剪应力，在同时受较大正应力和剪应力的作用处(如连续梁的支座处或梁截面尺寸改变处等)，还需要验算折算应力，计算的最大应力不得超过容许应力的 5%。

对于受弯构件，应验算其挠度。如选用梁高大于最小梁高，则不必验算其刚度。不同受弯构件的最大挠度与计算跨度之比如下：①潜孔式工作闸门和事故闸门的主梁为 1/750；②露顶式工作闸门和事故闸门的主梁为 1/600；③检修闸门和拦污栅的主梁为 1/500；④一般次梁为 1/250。

对于受弯、受压和偏心受压构件，应验算整体和局部稳定性。不同钢闸门构件的容许长细比如下。①受压构件的容许长细比：主要构件为 120，次要构件为 150，联系构件为 200；②受拉构件的容许长细比：主要构件为 200，次要构件为 250，联系构件为 350。钢闸门承重构件的钢板厚度不得小于 6mm。

2) 基于可靠度的概率极限状态设计法

《水工钢结构设计》(EM 1110-2-584)[58]中规定，可以使用荷载抗力系数法和容许应力法进行结构设计。《溢洪道弧形闸门设计》(EM 1110-2-2702)[59]和《平面闸门》(EM 1110-2-2701)[60]中规定，结构设计必须使用荷载抗力系数法。此外，美国钢结构协会、美国国家公路和运输协会、美国焊接学会等也都明确要求使用荷载抗力系数法进行结构的设计。我国《钢结构设计规范》(GB 50017—2017)[64]明确规定，除疲劳计算外，均采用以概率理论为基础的概率极限状态设计方法，分项系数的设计表达式与美国规范基本一致。为推动钢闸门设计采用概率极限状态法，范崇仁等[65]、周建方[66]探讨了闸门设计规范的可靠度，李典庆等[67]提出了基于可靠度理论的预测现役钢闸门结构构件寿命的方法，Li[68]基于贝叶斯定理对钢闸门疲劳可靠性进行了评价，严根华等[69]基于超越机制的结构动力可靠性提出了适于计算闸门流激振动动力可靠度的表达式,王正中等[70]提出水工弧形钢闸门空间框架体系可靠度计算的串联模型及计算方法。

概率极限状态设计法的基础是大量的统计参数。因此,需要加强对闸门原型的观测,广泛采集各种工况下、各种闸门型式的流激振动荷载统计数据,确定荷载的概率统计特征参数和各分项系数,这些研究对概率极限状态设计法早日应用于钢闸门设计,起到了一定的推动作用。

3. 控制工况下水工钢闸门结构的合理布置

水工钢闸门结构的合理布置是闸门整体优化设计与安全运行的前提,必须与水工枢纽整体相协调与统一[71]。水工钢闸门结构布置主要指闸门承载结构型式、数量的构成与位置的确定,结构布置应确保在典型工况(正常蓄水位闸门全关、校核水位瞬间开启和闸门全部开启)下的安全运行。对于水工弧形钢闸门,应首先保障在控制工况下主体承载结构的稳定性。只有优化设计建立在结构合理布置基础上,才能实现闸门结构的全局最优,确保闸门整体结构经济性和安全性的统一。

1) 静力荷载作用下钢闸门结构的合理布置

水工弧形钢闸门空间主框架作为关键承载结构,其布置形式因孔口宽高比及水头不同采取主纵梁式、主横梁式和空间框架式。王正中[72]从增强结构刚度和减小框架受力出发,指出水工弧形钢闸门主梁布置宜采用井字梁结构,支臂直接支承在纵横主梁的交叉点上,纵横主梁悬臂尺寸应按其支座处截面角位移为零的原则来布置,使主梁不发生扭转变形、支臂不受弯矩且只受轴向力,从而最大限度地提高框架结构的极限荷载。刘计良等[73]以支臂材料用量最小为目标,对深孔水工弧形钢闸门的合理布置进行了研究,根据不同宽高比和总水压力,设置不同的空间框架型式和支臂个数。

2) 动力荷载作用下钢闸门结构的合理布置

闸门的振动往往导致闸门结构或焊缝的裂纹疲劳与破坏,降低闸门整体结构的低周疲劳寿命,闸门结构动力失稳甚至会引发事故。此时静力荷载作用下的合理布置已无法满足动力荷载要求,需要对动力荷载作用下框架结构动刚度的空间分布及其对动力稳定和振动的影响规律进行研究,据此提出合理空间结构布置形式。目前,对闸门结构进行动力荷载作用下合理布置研究的相关报道较少见。因此,应在静力荷载作用下结构合理布置成果的基础上开展动力荷载作用下结构合理布置研究,以保证闸门结构安全、高效和稳定运行。

4. 水工钢闸门结构的优化设计

闸门的传统设计先根据工程类比初步确定结构布置及结构构件截面参数,然后进行力学分析,最后进行各种工况下的安全验算,一般都要反复修改。传统设计方法无法保证设计结果最优，而且效率低、工作量大、人为影响大。随着优化算法和计算机技术的发展和完善，结构优化设计在水工钢闸门设计中的应用越发普遍。

1) 静力荷载作用下的闸门结构优化设计

刘世康等[74]采用自编程序对主横梁水工弧形钢闸门结构进行了尺寸优化，刘礼华等[75]采用二次规划法对门叶和支臂结构进行了尺寸优化，蔡元奇等[76]利用有限元分析软件 ANSYS 对水工弧形钢闸门进行了尺寸分析，刘计良等[77]对水工弧形钢闸门结构进行了结构布置与尺寸的一体化优化。

从框架结构截面选择出发，需先选择主梁高度。主梁是水工弧形钢闸门的主要承载构件，其高度直接影响着整个结构的安全性和经济性，因此优化主梁高度非常必要。Kholopov 等[78]基于强度理论对闸门主横梁截面进行了尺寸优化；Azad[79]和 Vachajitpan 等[80]根据结构优化理论，给出了闸门双轴对称工字形简支梁的经济梁高公式；窦国桢[81]给出了闸门双轴对称与不对称工字形简支梁经济梁高与最优梁高的计算公式；何运林[82]统计了近 200 个不等翼缘闸门主梁的高度，并给出了不等翼缘主梁最优梁高的计算公式；王正中等[83]考虑剪力与弯矩耦合作用对水工弧形钢闸门双悬臂主梁破坏形式的影响及构造因素，以结构安全与构造要求为约束，以主梁材料用量最小为目标，建立了优化模型，提出了水工弧形钢闸门双悬臂式主梁最优梁高的计算公式；崔丽萍[84]基于文献[83]分类简化，给出了弯曲型与剪切型主梁最优梁高的简化计算公式。基于上述研究成果，综合考虑主框架在弯矩和剪力复合作用下的强度、刚度和稳定性等安全要求，充分考虑结构轻型、构造简单、启闭灵活，给出大型闸门及其空间承载框架的结构优化设计理论与方法很有必要。

2) 动力荷载作用下的闸门结构优化设计

水工弧形钢闸门的水流边界条件优化和结构优化是减少水工弧形钢闸门流激振动的必要手段[85]。许多学者对水工弧形钢闸门在动力荷载作用下的结构优化进行了探究。阎诗武[86]在分析水工弧形钢闸门构造特征及试验模态的基础上，用灵敏度分析的方法进行了动力荷载作用下的布置；严根华等[87]利用模型试验和有限元法研究了涌潮荷载作用下的闸门振动特性，通过改变应力集中区域构件的尺寸，实现了闸门结构的优化；吴杰芳等[88]采用在闸门主纵梁上开孔的方式来减小闸门小开度条件下的振动，但降低了闸门整体结构的强度。

上述对闸门结构在动力荷载作用下的优化设计结果，可应用于现役闸门的减振加固和优化设计，在设计阶段就要考虑水流条件和闸门结构，考虑动力强度、刚度及动力稳定，以静力荷载优化成果为动力荷载优化的初始值，将流固耦合数值计算方法与优化设计原理结合进行动力荷载优化，从而保证闸门的安全、高效和稳定运行。

5. 水工弧形钢闸门动力稳定及振动控制

闸门破坏的主要原因就是动力荷载作用,因此要对闸门振动破坏类型与机理进行探究,探明闸门结构的失效机制,建立科学的失效评价准则。

1) 水工弧形钢闸门振动研究的几个问题

(1) 水工弧形钢闸门的强迫振动及自激振动的研究成果较为成熟,因此,可结合现有的研究成果,为水工弧形钢闸门的强迫振动及自激振动制定一套完整的动力计算方法并指导工程设计。

(2) 水工弧形钢闸门参数振动问题的研究尚停留在理论分析和数值计算阶段,因此,对其动力失稳机理进行理论分析,加强原型观测及模型试验研究,以促进水工钢闸门参数振动的理论完善。

(3) 水工弧形钢闸门的强迫振动、自激振动和参数振动往往由耦合激励产生,因此研究三者的耦合振动及共振触发机制更具实际意义和挑战。

(4) 闸门动水启闭失效问题也越来越受到业界的关注,探明闸门结构在动力荷载作用下的失效破坏规律,并提出合理的设计方法十分必要。

2) 水工弧形钢闸门的振动控制

水工闸门振动控制主要为保证闸门在任意开度下都能安全、高效和稳定运行。20 世纪 50 年代,美国首次采用偏心铰水工弧形钢闸门,不仅降低了高水头闸门的启门力,而且提高了闸门的整体刚度,有效减轻了闸门的振动。随着振动控制理论和新材料的发展,用主动控制和被动控制的方法解决闸门振动问题成为可能。这种方法只需在已建闸门基础上,恰当设置阻尼器构件,在水工弧形钢闸门结构中变形较大部位设置磁流变(magneto rheological,MR)阻尼器,将起到减振的效果[89]。瞿伟廉等[90]研究认为,采用 MR 智能阻尼器能有效控制水工弧形钢闸门的振动;盛涛等[91]采用液体质量双调谐阻尼器(tuned liquid and mass damper,TLMD)技术对结构进行了振动控制。虽然 MR 智能阻尼器在闸门中布置的最佳部位和各种参数的合理值确定等问题并没有得到解决,但是采用 MR 智能阻尼器无疑可以有效减小闸门流激振动的幅值和加速度,这是主动控制闸门振动的有效途径。此外,采用三维数值方法和完全水弹性模型试验相结合的方法开展新型阻尼器性能研究与优化设计,越来越受到同行的关注。

6. 轻型稳定仿生树状水工弧形钢闸门的结构创新

大型水工钢闸门的尺寸需求导致闸门过重或结构刚度不足,进而引发支臂稳定性差等一系列问题。因此,从水工钢闸门安全、稳定和灵活运行的要求出发,探究轻型稳定、启闭灵活的水工钢闸门具有重要意义。

调查发现,各类水工弧形钢闸门事故都与严重振动导致的支臂失稳破坏有关[71]，分析其原因主要是支臂刚度较弱。《水利水电工程钢闸门设计规范》(SL 74—2019)[92]中建议，这类闸门高度很大的大型水工弧形钢闸门可采用传统的三支臂或二支臂结构型式，三支臂结构的整体刚度虽然较大，但动力特性不尽合理；而二支臂结构在纵向平面内刚度太低。既能保证闸门整体刚度大、稳定性高，又能实现自重轻、启闭灵活等要求，这是目前大型水工弧形钢闸门结构创新的目标。只有集中少支臂及多支臂的优点并克服其缺点，才能实现轻型稳定、启闭灵活的水工弧形钢闸门安全性和经济性的统一。

王正中团队[93]根据拓扑优化理论，应用有限元分析软件，对水工弧形钢闸门结构进行拓扑优化，得到了结构应变能最小(刚度最大)的水工弧形钢闸门纵、横向框架最优材料分布模式，图 1-4 为某表孔水工弧形钢闸门拓扑优化的树状结构形态部分结果。

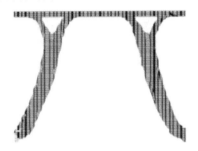 

(a) 横向框架优化结果   (b) 空间框架优化结果

图 1-4 某表孔水工弧形钢闸门拓扑优化的树状结构形态部分结果

王正中团队对树状支臂结构在水工弧形钢闸门上的应用进行了研究，图 1-5 为树状支臂水工弧形钢闸门的典型空间结构，是一种典型树状支臂式水工弧形钢闸门的空间结构。在同样材料用量的前提下，为了集中少支臂结构稳定性高和多支臂结构刚度大的优点，克服各自缺点，实现大型水工弧形钢闸门大刚度、高稳定性与轻型化的目标，一方面以结构刚度最大为目标，考虑水工弧形钢闸门支臂稳定性约束，对水工弧形钢闸门结构框架的空间构型进行拓扑优化；另一方面以水工弧形钢闸门空间框架的稳定性最高为目标，将有限元法与优化设计结合，对水工弧形钢闸门空间框架结构进行数值优化。研究表明，在静力荷载作用下 Y 形支臂结构比传统 V 形支臂结构整体稳定性高且质量小。

如前文所述，水工弧形钢闸门破坏多是动力荷载作用下支臂动力失稳导致的。因此，水工弧形钢闸门树状支臂结构的动力稳定性将是以后研究的重点内容，迄今未见树状支臂结构动力稳定性的系统研究成果。应进一步考虑流固耦合作用并将结构动力稳定性分析理论和拓扑优化相结合，研究水工弧形钢闸门树状支臂结构的动力刚度合理布置问题，以期提出一种比传统二支臂和三支臂结构更安全经济的新型水工弧形钢闸门支臂框架结构型式。

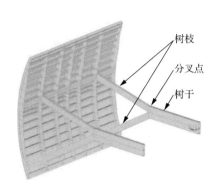

图 1-5　树状支臂水工弧形钢闸门的典型空间结构

7. 特大型生态景观钢闸门结构及水力优化

随着经济建设的快速发展，沿海城市水环境整治及景观生态文明建设受到各级政府的重视，生态景观环保特大型钢闸门作为水资源、水环境的重要调控机关，已成为城市水环境整治系统的基本组成部分，在我国沿海城市乃至全国范围内广泛应用。此类闸门的最大特点是大跨度、低水头、自动化、景观化，具有显著的社会经济效益，也深受广大人民群众的热切期待。因此，营造城市景观生态、江河湖泊生态治理及沿海挡潮工程中特大型钢闸门，将成为新时代水工钢闸门的一个重要研究方向[94]。

已建设运行的特大型生态景观钢闸门结构型式千差万别，目前尚无成熟设计规范及运行经验。因此，必须通过模型试验、理论分析与数值仿真相结合的方法进行研究，着重从提高闸门基频、避开水流共振区、创新结构型式、提高刚度、控制激振等途径确保工程安全、高效、稳定运行。

8. 水工钢闸门全生命周期的安全诊断与智能监测

目前正在运行的水工钢闸门结构中有许多已达到了折旧年限，有些甚至超过设计使用年限仍在使用，存在构件老化、锈蚀、结构强度降低等诸多健康服役问题，使得闸门结构存在着重大安全隐患。水工钢闸门结构全生命周期的安全诊断与智能监测，引起了国内外水工金属结构行业的广泛关注。水工钢闸门由于结构组成特殊、运行环境复杂多变，其健康诊断、安全监测技术和方法与常规水工建筑物有着显著的差别。

常规的检测和监测主要有静态检测、动态检测、腐蚀检测、启闭力检测和无损探伤等。随着技术的发展，应重点创新研究针对水工金属结构及启闭机的新型智能化检测及远程监测技术与方法，推进水工金属结构原型观测专项技术标准的制定；同时应建立科学全面的安全评估方法及体系(如模糊评判与层次分析相结合的方法、模糊模式识别方法、模糊积分评判方法、多级灰色关联方法、突变理论方法、属性识别理论方法等),确保实时准确地诊断与监测水工钢结构的安全运行状况,积极利用现代信息技术与人工智能,将建筑信息模型技术与结构化查询语言(structured query language,SQL)数据库技术相结合,为"智能闸门"的建设提供理论基础。

1.4 水工钢闸门的发展趋势

闸门从诞生到现在,一直随着经济社会的发展而发展。为满足高坝大库建设及城市江河景观生态治理工程建设的需要,水工钢闸门不断向着大跨度、大门高、高水头的大型化、轻型化、美观化方向发展。水工钢闸门的计算理论与设计方法,不断紧随现代计算技术与信息技术的融合,向着集结构计算、结构优化、结构设计、结构制造的 CAD/CAE/BIM 甚至 3D 打印于一体的方向发展;同时,与相关行业新技术有机融合,如建筑行业中使用超强钢,汽车工业中的胶焊接技术、结构仿生技术等。

超强钢及铸钢节点的使用。随着高坝大库等巨型工程的不断建设,大型或超大型水工钢闸门将承受巨大的水压力,如果继续采用常规钢材,将会造成闸门质量巨大而难以灵活启闭,制造、运输及安装都存在一定的困难。随着我国超强钢技术的不断完善和超强钢的工业化生产[95],大型或超大型水工钢闸门采用超强钢将成为一种趋势。铸钢节点不仅可以减少构件交汇时的焊接量,降低焊接残余应力,而且可以工厂化整体浇注或 3D 打印,强度高、整体性能较好[96],目前在奉化象山港船闸等水利工程中已经采用了铸钢节点的型式。联合应用超强钢和铸钢节点技术不仅可解决大型闸门的笨重和连接问题,也有利于解决高水头闸门常见的强度破坏、局部稳定和整体稳定性等问题。

胶焊接技术的使用。Chang 等[97]研究认为,超轻胶焊接施工简便、无残余应力、大幅度减少应力集中,且黏结强度高、异种材料连接性能可靠,可增加结构的刚度、强度及耐久性。王来永等[98]发明了一种黏钢用结构胶,具有黏结性能良好、应力分布均匀、抗剪强度高、机械韧性好的特点。另外,胶焊接技术同时具有胶接和焊接的优点,胶焊接头的抗疲劳性能好于焊接接头。随着胶焊接技术的发展和成熟,在水工钢闸门结构的连接中使用这项新技术能够解决钢结构焊接和螺栓连接的许多难题。

结构仿生的应用。自然进化的趋势总是用最少的消耗来实现最强的功能,这与大型水工钢闸门设计目标——既轻型又稳定是一致的。动植物经过了约 20 亿年的进化,具有最适应其生存环境和最充分发挥其复杂奇妙功能的宏观和微观结构。观察研究动植物的结构形态和力学特性,仿照其独特的结构形状和力学原理来解决大型水工钢闸门结构中的难题，为闸门结构创新研究提供灵感和创新动力。例如，前文提及的树状支臂结构美观且轻型稳定。小麦茎秆每一茎节都是中间较粗、两端较细的变截面空心杆结构，其高度是壁厚的 200～300 倍，可支承比自身重几倍的麦穗及风雨荷载，茎秆的内壁组织构造、节间的结节及其自然的弯曲，都充满着丰富和深奥的力学规律。随着金属泡沫填充技术的发展，借鉴小麦茎秆内壁组织构造的这种特点，在闸门内部填充金属泡沫材料来提高其支臂的稳定性[99]，已在浙江省曹娥江大闸进行了应用与探究[100]；蜂窝夹层结构隔振、轻巧且强度、刚度和稳定性较高，将其应用于闸门面板不仅可以隔断泄流激振，而且可以实现大型钢闸门轻型、稳定和刚度大的总目标。

1.5　本 章 小 结

随着国内外高坝大库的建设与发展，作为水工枢纽调节咽喉的水工钢闸门正向着高水头、大孔口、大泄量的大型化和轻型化方向发展，其安全灵活地运行决定着整个工程效益的发挥，以及枢纽工程和下游人民生命财产的安全。本章主要介绍了水工钢闸门的发展现状及几种常用的水工钢闸门，对水工钢闸门的设计理论和分析方法进行了系统地阐述，对水工钢闸门设计与研究中的科学问题进行系统论述，主要包括：典型工况下大型水工弧形钢闸门空间框架结构的合理布置；基于空间结构体系可靠度的结构优化设计方法；大型钢闸门的深梁、厚板、大刚度框架结构计算理论与方法；流激振动作用下水工弧形钢闸门空间框架动力稳定、结构振动控制；严寒环境下钢闸门低温低周疲劳断裂破坏机理；轻型稳定仿生树状水工钢闸门的结构创新；生态景观特型钢闸门结构及其水力特性优化；水工钢闸门全生命周期的健康诊断与智能监测；超强钢材料及新胶焊连接等关键技术，为未来水工钢闸门的研究和发展奠定了基础。

参 考 文 献

[1] 安徽省水利局勘测设计院. 水工钢闸门设计[M]. 北京: 水利出版社, 1980.
[2] 刘六宴, 温丽萍. 中国高坝大库统计分析[J]. 水利建设与管理, 2016, 36(9): 12-16.
[3] 水利部建设与管理司, 水利部大坝安全管理中心. 世界高坝大库 TOP100[M]. 北京: 中国水利水电出版社, 2012.
[4] 王正中, 张雪才, 刘计良. 大型水工钢闸门的研究进展及发展趋势[J]. 水力发电学报, 2017, 36(10): 1-18.
[5] 何运林. 水工闸门动态[J]. 水力发电学报, 1993, 12(3): 87-97.
[6] 刘细龙, 陈福荣. 闸门与启闭设备[M]. 北京: 中国水利水电出版社, 2003.
[7] 王正中, 赵延风. 刘家峡水电站深孔弧门按双向平面主框架分析计算的探讨[J]. 水力发电, 1992, 18(7): 41-44.
[8] 俞良正, 陶碧霞. 钢闸门面板试验主要成果与建议[J]. 水力发电, 1986, 12(10): 34-44.
[9] 范崇仁. 对钢闸门面板计算中的弹塑性调整系数的确定[J]. 武汉大学学报(工学版), 1980, 13(1): 20-25.
[10] 王正中, 徐永前. 对四边固支矩形钢面板弹塑性调整系数理论值的探讨[J]. 水力发电, 1989, 15(5): 39-43.

[11] 王正中, 余小孔, 王慧阳. 基于钢闸门设计规范屈服状态的面板弹塑性调整系数[J]. 水力发电学报, 2010, 29(5): 141-146.

[12] 张雪才, 王正中, 孙丹霞, 等. 中美水工钢闸门设计规范的对比与评价[J]. 水力发电学报, 2017, 36(3): 78-89.

[13] 王正中, 沙际德. 深孔钢闸门主梁横力弯曲正应力与挠度计算[J]. 水利学报, 1995, 26(9): 40-46.

[14] 王正中, 朱军祚, 谌磊, 等. 集中力作用下深梁弯剪耦合变形应力计算方法[J]. 工程力学, 2008, 25(4): 115-120.

[15] 刘计良, 王正中, 陈立杰, 等. 均布荷载作用下悬臂深梁应力计算方法[J]. 清华大学学报(自然科学版), 2010, 50(2): 316-320.

[16] 王正中, 刘计良, 牟声远, 等. 深孔平面钢闸门主梁应力计算方法研究[J]. 水力发电学报, 2010, 29(3): 170-176.

[17] 刘计良, 冷畅俭, 王正中. 弧门主框架形式及其单位刚度比对主梁翘曲应力影响的研究[J]. 水力发电学报, 2010, 29(4): 179-183.

[18] 赵显慧, 赵加祯. 中小柔度钢压杆稳定性设计的通用公式[J]. 力学与实践, 1996, 18(3): 68.

[19] 王正中. 钢压杆稳定设计的直接计算法[J]. 力学与实践, 1997, 19(5): 30-31.

[20] 何运林, 黄振. 弧形钢闸门柱的有效长度[J]. 水力发电学报, 1987, 6(1): 48-62.

[21] 蒋英勇, 孙良伟, 范崇仁. 弧形钢闸门支腿的稳定分析和试验[J]. 武汉水利电力学院学报, 1987, 20(3): 38-47.

[22] 水电部第四工程局设计院, 兰州大学数学力学系力学专业七三级《弧门应力分析》实习组. 弧形钢闸门应力分析的有限单元法[J]. 兰州大学学报, 1977(1): 53-74.

[23] 张玉林, 樊恒鑫. 水工钢闸门的有限元计算方法[J]. 西北大学学报(自然科学版), 1978, 22(1): 27-35.

[24] 金雅鹤, 丁江平, 周建方. 弧形钢闸门安全度的检测和评估[J]. 水利学报, 1991, 22(11): 47-53.

[25] 朱方, 段克让, 曹以南. 漫湾弧形闸门三维有限元应力分析[J]. 水力发电学报, 1993, 12(4): 22-32.

[26] 郭光林, 蒋桐. 大型弧形钢闸门的空间结构分析及计算[J]. 南京建筑工程学院学报, 1999, 15(3): 45-47.

[27] 李文娟, 沈炜良, 马兆敏. 弧形钢闸门三维有限元分析[J]. 山东大学学报(工学版), 2003, 33(3): 265-270.

[28] 吕念东, 刘礼华, 李翠华. 黄坛口水电站新弧形闸门静力试验及三维有限元分析[J]. 大坝与安全, 2004, 19(3): 75-77, 80.

[29] 曹青, 才君眉, 王光纶. 弧形钢闸门的静力分析[J]. 水力发电, 2005, 31(3): 64-66.

[30] 谢智雄, 周建方. 大型弧形闸门静力特性有限元分析[J]. 水利电力机械, 2006, 28(4): 21-26.

[31] 袁子厚, 陈明祥. 澄碧河水电站弧形工作闸门空间有限元分析[J]. 水利水电技术, 2007, 38(10): 36-39.

[32] 余向明, 刘晓青. 锈蚀对弧形闸门工作性态的影响分析[J]. 水电能源科学, 2008, 26(5): 166-168.

[33] 郭桂祯. 平板闸门垂向流激振动特性与数值计算研究[D]. 天津: 天津大学, 2011.

[34] 奚肖亚, 刘海祥, 叶小强, 等. 划子口河闸弧形钢闸门三维有限元分析与安全评估[J]. 水利水运工程学报, 2012, 34(5): 36-41.

[35] 胡剑杰, 胡友安, 陈卫冲, 等. 弧面三角闸门的静力数值分析[J]. 水资源与水工程学报, 2014, 25(2): 218-221.

[36] 郑圣义, 倪尉翔, 季薇. 不同吊点位置的弧形闸门应力有限元分析[J]. 人民黄河, 2015, 37(9): 102-105.

[37] 连子怡. 三支臂弧形钢闸门静动力特性研究[D]. 武汉: 武汉大学, 2017.

[38] 李桑军, 秦战生. 基于 ANSYS 的流固耦合弧形闸门振动特性研究[J]. 水力发电, 2018, 44(1): 64-67.

[39] 周建方, 李国瑞. 弧门主框架自振频率计算[J]. 水利学报, 1995, 26(4): 49-55.

[40] 徐振东, 杜丽惠, 才君眉. 平面闸门流固耦合自振特性研究[J]. 水力发电, 2001, 27(4): 39-44.

[41] 曹青. 弧形钢闸门动力特性的影响因素[J]. 水利科技与经济, 2005, 11(12): 714-717.

[42] 曹青, 王光纶, 才君眉. 弧形闸门自振特性研究[J]. 水利水电技术, 2001, 32(5): 16-20.

[43] 刘亚坤, 倪汉根, 叶子青, 等. 水工弧形闸门流激振动分析[J]. 大连理工大学学报, 2005, 45(5): 730-734.

[44] 单传华, 杨海霞. 平面钢闸门自振特性研究[J]. 水利科技与经济, 2007, 13(3): 159-164.

[45] 牛志国, 李同春, 赵兰浩, 等. 弧形闸门参数振动的有限元分析[J]. 水力发电学报, 2008, 27(6): 101-105.

[46] 严沽谋, 陆一婷, 王兴恩. 弧形闸门三维有限元抗震分析[J]. 水力发电, 2009, 35(5): 96-98.

[47] 骆少泽, 张陆陈, 樊宝康. 超大型弧门流激振动试验研究[J]. 工程力学, 2009, 26(S2): 241-244.

[48] 兰文改, 赵新铭, 唐咏, 等. 水工弧形工作闸门结构动特性研究[J]. 水利水电技术, 2011, 42(4): 51-55.

[49] 潘树军, 王新. 大型平面钢闸门流激振动模型试验与数值模拟[J]. 水电能源科学, 2011, 29(8): 148-151.

[50] 牛文宣, 赵冉, 苏林王, 等. 大跨度弧形闸门静动力学数值分析[J]. 水电能源科学, 2013, 31(7): 173-176.

[51] 祝智卿, 朱召泉. 中高水头船闸三角门流固耦合动力特性分析[J]. 水运工程, 2013, 34(6): 119-122.

[52] 孔剑, 朱召泉, 董顾春. 基于 ANSYS 的钢闸门地震反应谱分析[J]. 四川建筑科学研究, 2014, 40(2): 206-209.

[53] 刘鹏鹏, 郑圣义. 某箱型结构弧形闸门自振特性的有限元分析[J]. 电气技术与自动化, 2013, 42(4): 172-174.

[54] 尚宪锋, 李绪芳. 高水头弧形闸门的自振特性研究[J]. 人民珠江, 2014, 35(4): 63-66.

[55] 张凡, 巫世晶, 孟凡刚, 等. 基于 CEL 理论的弧形闸门流固耦合的数值模拟[J]. 水电能源科学, 2016, 34(3): 189-191.

[56] 赵兰浩, 骆鹏. 大型水工弧形钢闸门流激振动物理模型——数值模型计算分析[J]. 水电能源科学, 2017, 35(12): 173-177.

[57] 韩冬, 方红卫, 严秉忠, 等. 2013 年中国水电发展现状[J]. 水力发电学报, 2014, 33(5): 1-5.

[58] US Army Corps of Engineers (USACE). Design of hydraulic steel structures: EM 1110-2-584[S]. Washington D.C.: US Army Corps of Engineers, 2014.

[59] US Army Corps of Engineers (USACE). Design of spillway tainter gates: EM 1110-2-2702[S]. Washington D.C.: US Army Corps of Engineers, 2000.

[60] US Army Corps of Engineers (USACE). Vertical lift gates: EM 1110-2-2701[S]. Washington D.C.: US Army Corps of Engineers, 1997.

[61] Deutsches Institut für Normung(DIN). Hydraulic steel structures–Part 1, Criteria for design and calculation: DIN 19704-1[S]. Berlin: Deutsches Institut für Normung, 2014.

[62] Deutsches Institut für Normung(DIN). Hydraulic steel structures–Part 2, Design and manufacturing: DIN 19704-2[S]. Berlin: Deutsches Institut für Normung, 2014.

[63] Deutsches Institut für Normung(DIN). Hydraulic steel structures–Part 3, Electrical equipment: DIN 19704-3[S]. Berlin: Deutsches Institut für Normung, 2014.

[64] 中华人民共和国住房和城乡建设部. 钢结构设计规范: GB 50017—2017[S]. 北京: 中国建筑工业出版社, 2017.

[65] 范崇仁, 徐德新. 水工钢闸门可靠度的分析[J]. 水力发电, 1992(8): 34-39.

[66] 周建方. 《水利水电工程钢闸门设计规范》可靠度初校[J]. 水利学报, 1995, 26(11): 24-29.

[67] 李典庆, 唐文勇, 张圣坤. 现役水工钢闸门结构剩余寿命的预测[J]. 上海交通大学学报, 2003, 37(7): 1119-1122.

[68] LI K. Dynamic performance of water seals and fatigue failure probability updating of a hydraulic steel sluice gate[J]. Journal of Performance of Constructed Facilities, 2016, 30(4): 04015082.

[69] 严根华, 阎诗武, 骆少泽, 等. 高水头船闸阀门振动动力可靠性研究[J]. 振动、测试与诊断, 1996, 16(2): 36-43.

[70] 王正中, 李宗利, 李亚林. 弧形钢闸门空间框架体系可靠度分析[J]. 西北农业大学学报, 1998, 26(4): 35-40.

[71] 章继光, 刘恭忍. 轻型弧形钢闸门事故分析研究[J]. 水力发电学报, 1992, 11(3). 49-57.

[72] 王正中. 关于大中型弧形钢闸门合理结构布置及计算图式的探讨[J]. 人民长江, 1995, 26(1): 54-58.

[73] 刘计良, 王正中, 申永康, 等. 深孔弧形闸门支臂最优个数及截面优化设计[J]. 水力发电学报, 2010, 29(5): 147-152.

[74] 刘世康, 张家瑞. 主横梁式弧形闸门的优化设计[J]. 水力发电, 1984, 31(6): 19-24.

[75] 刘礼华, 曾又林, 段克让. 表孔三支腿弧形闸门的优化分析和设计[J]. 水利学报, 1996, 27(7): 9-15.

[76] 蔡元奇, 李建清, 朱以文, 等. 弧形钢闸门结构整体优化设计[J]. 武汉大学学报(工学版), 2005, 38(6): 20-23.

[77] 刘计良, 王正中, 贾仕开. 基于合理布置的三支臂弧门主框架优化设计[J]. 浙江大学学报(工学版), 2011, 45(11): 1985-1990.

[78] KHOLOPOV I S, BALZANNIKOV M I, YU V, et al. Girders of hydraulic gates optimal design[J]. Procedia Engineering, 2016, 153: 277-282.

[79] AZAD A K. Economic design of homogeneous i-beams[J]. Journal of the Structural Division, 1978, 104(4): 637-648.

[80] VACHAJITPAN P, ROCKEY K C. Design method for optimum unstiffened girders[J]. Journal of the Structural Division, 1978, 104(1): 141-155.

[81] 窦国祯. 钢闸门最优梁高计算公式[J]. 水力发电学报, 1991, 10(1): 35-45.

[82] 何运林. 钢闸门不等翼缘钢梁的最优梁高[J]. 水力发电学报, 1992, 11(2): 39-51.

[83] 王正中, 徐永前. 弧门双悬臂主梁最优梁高[C]. 第四届全国水利水电工程学青年学术讨论会, 大连, 1993.

[84] 崔丽萍. 钢闸门主框架梁梁高优化设计[J]. 水力发电学报, 2011, 30(5): 175-177.

[85] 严根华. 水工闸门自激振动实例及其防治措施[J]. 振动、测试与诊断, 2013, 33(S2): 203-208.

[86] 阎诗武. 水工弧形闸门的动特性及其优化方法[J]. 水利学报, 1990, 21(6): 11-19.

[87] 严根华, 陈发展. 曹娥江大闸工作闸门流激振动及抗振优化研究[J]. 固体力学学报, 2011, 32(S1): 439-450.

[88] 吴杰芳, 张林让, 陈敏中, 等. 三峡大坝导流底孔闸门流激振动水弹性模型试验研究[J]. 长江科学院院报, 2001, 18(5): 76-79.

[89] 杨世浩. 水工弧形闸门流激振动的 MR 智能半主动控制仿真研究[D]. 武汉: 武汉理工大学, 2005.

[90] 瞿伟廉, 刘晶, 王锦文, 等. 水工弧形闸门振动的智能半主动控制[J]. 武汉理工大学学报, 2006, 28(10): 55-54.

[91] 盛涛, 金红亮, 李京, 等. 液体质量双调谐阻尼器(TLMD)的设计方法研究[J]. 振动与冲击, 2017, 36(8): 197-202.

[92] 中华人民共和国水利部. 水利水电工程钢闸门设计规范: SL 74—2019[S]. 北京: 中国水利水电出版社, 2019.

[93] 朱军祚. 大型水工弧形钢闸门的拓扑优化与分析[D]. 杨凌: 西北农林科技大学, 2007.

[94] 陈发展, 严根华. 中国特性水闸关键技术研究[M]. 南京: 河海大学出版社, 2015.

[95] HE B B, HU B, YEN H W, et al. High dislocation density‐induced large ductility in deformed and partitioned steels[J]. Science, 2017, 357(6355): 1029-1032.

[96] 隋庆海, 赵刚. 关于未来铸钢节点发展趋势与出路的探讨[J]. 建筑钢结构进展, 2012, 14(5): 29-34.

[97] CHANG D J, MUKI R. Stress distribution in a lap joint under tension-shear[J]. International Journal of Solids and Structures, 1974, 10(5): 503-517.

[98] 王来永, 庞志华, 李承昌, 等. 一种粘钢用结构胶: CN200910086614.5[P]. 2010-12-22.

[99] 卢子兴, 赵亚斌, 陈伟, 等. 金属泡沫填充薄壁圆管的轴压载荷-位移关系[J]. 力学学报, 2010, 42(6): 1211-1218.

[100] 张琳. 双拱空间钢管结构体型优化及泡沫填充构件研究[D]. 杭州: 浙江大学, 2008.

第 2 章　水工钢闸门结构选型及合理布置

2.1　概　　述

水工钢闸门结构型式的选择，对整体水利枢纽工程的安全性和经济性具有重要影响。针对具体水利枢纽工程进行技术经济比较时，应综合考虑工程的整体规划和水工建筑物的总体布置，要尽可能考虑工程当地的具体情况及当时的发展水平，做到具体问题具体分析，按"技术先进、经济合理、安全适用、节省材料"的原则合理选择闸门[1]。根据工程的规划设计和水工布置确定闸门的型式，还要具体分析运行、施工条件及工程地质、地震和其他的特殊要求，确保选择的闸门在满足安全、稳定、高效运行和启闭灵活的条件外，还要尽可能与当地环境融为一体，起到美化景观的作用[2]。结构合理布置是闸门整体优化与安全运行的前提[3]。结构布置主要针对闸门承载结构型式、位置和数量，结构布置应确保闸门在各种工况下的承载结构受力科学合理，在控制工况下运行时，保障主体承载结构的强度、刚度和稳定性均衡协调，为整体结构安全奠定基础。结构合理布置可以使得闸门结构设计最优，满足结构性能需求，进而确保闸门整体结构经济性和安全性的统一。

本章主要介绍了水工钢闸门选型依据、闸门的结构类型，以及实际工程中常用的闸门类型。考虑到水工钢闸门的结构选型对整体水利枢纽工程安全性和经济性的重要影响，对各种典型水工钢闸门结构特点适用性进行分析评价，在闸门选型时尽可能做到"技术先进、经济合理、安全适用、节省材料"。为了确保选择的闸门能与整体工程及环境融为一体，满足安全、稳定、高效且美观的要求，提出以主横梁或主纵梁在支撑处横截面转角等于零为出发点的结构合理布置原则，提出合理的主梁布置应是双向井字梁结构，支臂支撑点在井字梁的交叉点处，且保证支臂端部无弯矩，以提高空间框架结构的整体稳定性。

2.2　水工钢闸门的分类

闸门是水工建筑物过水孔口的重要设备之一，可按需求全部或局部开启，从而可靠地调节上下游水位和流量。闸门的种类和型式很多，一般可以按照工作性质、门顶与水面相对位置、制造材料和工艺、构造特征等进行分类。

按闸门的工作性质可分为工作闸门、事故闸门、检修闸门等。工作闸门是指建筑物正常运行时使用的闸门，主要具有连续调节过水孔口流量、控制水位的功能，一般可以在动水条件下操作，如溢洪道闸门、底孔闸门、船闸和防洪控制闸门。事故闸门是指能在动水中截断水流以便处理或遏止水道下游事故的闸门，如设在水电站发电引水道前的闸门，要求设备(如管道、水轮机组等)发生故障时该闸门能在动水条件下关闭孔口，切断水流，防止事故扩大，并在事故消除后，向门后充水平压，在静水条件下开放孔口。检修闸门是指在检修水工建筑物或工作闸门及其门槽时临时挡水的闸门，一般情况下在静水中启闭。

按闸门关闭时门顶与水面的相对位置分为露顶式闸门和潜孔式闸门。露顶式闸门设置在开敞式泄水孔道，当闸门关闭挡水时，门顶高于挡水水位，并仅设置两侧和底缘三边止水；潜孔式闸门设置在潜没式泄水孔口，当闸门关闭时，门顶低于挡水水位，并需设置顶部、两侧和底缘四边止水。

按照制造闸门的材料分类，闸门可分为钢闸门、铸铁闸门、木闸门、混凝土闸门、塑料闸门和混合材料闸门等。目前，水利水电工程中的闸门一般为钢闸门，钢闸门的制造工艺一般可分为铆接、焊接、铸造和混合连接四种。采用何种制造工艺，应根据当时当地的技术和经济条件因地制宜。

铆接钢闸门在过去很常见，但由于耗钢量多，劳动强度大，制造费用高，随着焊接技术的不断提高和普及，现在已逐渐被淘汰。焊接目前是水工钢闸门的主要制造工艺。过去焊接方式大多为手工电弧焊，这种焊接方式劳动强度大且效率低下。随着经济发展和焊接技术水平的进步，目前自动焊已经非常普及，这大大提高了焊接产品的质量，并降低了生产成本。铸造适用于孔口尺寸较小或钢闸门构件外形比较复杂的情况，但铸造钢闸门一般费用较高，对工艺水平及工作量的要求都较高，因此一般情况下不常采用。混合连接钢闸门在某些情况下可能更为有利。例如，若钢闸门需要在极低温度条件下安装，现场缺乏适当的防护措施，焊接质量难以保证，就可采用螺栓连接钢闸门的安装接缝。另外，对已建成的钢闸门进行加固或改建时，考虑应减少对原结构的影响，也可以采用混合连接的工艺。

木闸门只在孔口尺寸较小、水头较低的情况下使用。由于木材在水中的使用寿命不长，需经常更换，而我国森林资源并不丰富，不宜大量采用。混凝土闸门投资少，取材容易，寿命长，不易锈蚀，制造和维护都较简单，是适应我国经济情况而发展起来的一种闸门。虽然国外曾制造过一些混凝土闸门，但都因为闸门质量大、启闭力较大等缺点而放弃进一步研究，并未得到广泛的应用。我国对混凝土闸门做了多方面的研究，引入了薄壳结构、钢丝网水泥材料和预应力技术等，上述缺点已得到很大程度的改善，闸门质量已大为降低，但也仅适于小型闸门。

按闸门构造特征分类，闸门可分为平面闸门、弧形闸门、扇形闸门、屋顶闸门、圆辊闸门和圆筒闸门。平面水工钢闸门又可分为梁式、直升式、横拉式、转动式、浮箱式等。

　　梁式闸门是若干独立的梁逐根插入孔口以起堵水作用的闸门，横放的称为叠梁闸门，直接插入门槽(图 2-1)；竖放的称为排针闸门，支持在底槛及顶部支承梁上(图 2-2)。梁式闸门是单根操作的，比较费时费力，多用于中小型渠道闸门上作为检修门。

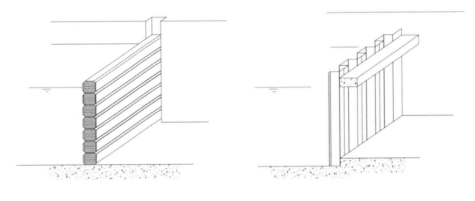

图 2-1　叠梁闸门　　　　　　　　　　图 2-2　排针闸门

　　直升式水工平面钢闸门是应用最为广泛的门型，以一块平板型式的门叶插在门槽内而起堵水作用。一般还可按支承行走部分的构造型式分为滑动式水工平面钢闸门、定轮闸门、链轮闸门、串轮闸门及反钩闸门等，图 2-3 为滑动式水工平面钢闸。门叶的结构型式很多，如梁板形、拱形、壳形等。门叶一般为一块，但也可以分成数块，形成双扉门或多扉门。

　　横拉式水工平面钢闸门是在平板门叶的底部或顶部安设行走滚轮，可沿轨道横向移动，由于其只能在静水条件下操作，多应用在船闸或船坞上(图 2-4)。

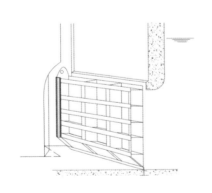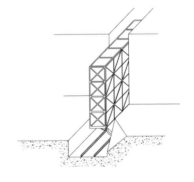

图 2-3　滑动式水工平面钢闸门　　　　图 2-4　横拉式水工平面钢闸门

　　转动式水工平面钢闸门也是应用相当广泛的门型，按其运行方式可分为横轴式和竖轴式。横轴转动式水工平面钢闸门又可根据轴的安设位置在底部、中部和顶部分为舌瓣闸门(图 2-5)、翻板闸门和盖板闸门(图 2-6)。竖轴转动式水工平面钢闸门也可根据轴的安设位置分为一字闸门和人字闸门。人字闸门左右两边各采用一扇一字闸门且在对接处保持一定的夹角，两扇门叶在闸门关闭状态下形成三铰拱结构，结构型式比较特殊(图 2-7)。人字闸门和一字闸门一般都只能在静水中操作，广泛应用在船闸上。

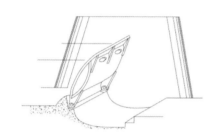

图 2-5　舌瓣闸门　　　　　　　　　　　图 2-6　盖板闸门

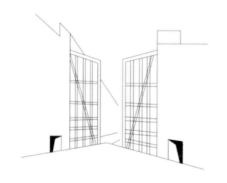

图 2-7　人字闸门

　　浮箱式水工平面钢闸门的门叶形如空箱，在水中可以浮动，在箱内充水时又能使门叶沉入水中。使用时，将空门叶托运到门槽位置，然后充水使门叶下沉就位。因此，浮箱式水工平面钢闸门只能在静水中操作，一般多用于船坞工作门或其他闸门的检修门。

　　水工弧形钢闸门也是广泛应用的一种门型，由一块圆弧形门叶用支臂铰支于铰座上，一般铰心就是弧面中心，因此水压力总是通过铰心，运行时阻力矩较小。按铰轴位置不同，水工弧形钢闸门有横轴(图 2-8)、竖轴(图 2-9)之分，横轴水工弧形钢闸门常用于水利水电工程，竖轴水工弧形钢闸门常用作船闸。

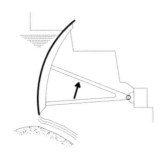

图 2-8　横轴水工弧形钢闸门

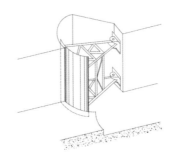

图 2-9　竖轴水工弧形钢闸门

　　扇形闸门在外形上与水工弧形钢闸门很像，二者的区别在于扇形闸门有封闭的外廓，并且铰支于底板上，可以利用在空腔内充水或放水实现闸门的自动下降或上升(图 2-10)。支铰位于上游的扇形闸门称为鼓形闸门(图 2-11)。

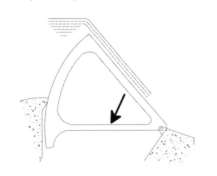

图 2-10　扇形闸门

图 2-11　鼓形闸门

　　屋顶闸门又称为浮体闸，由主门叶(下游侧门叶)和两块副门叶(上游侧门叶)铰接而成，主、副门叶都铰支在底板上，泄水期门叶卧倒在底板上，当需要关门蓄水时，在空腔内充水使门叶浮起(图 2-12)。主门叶是挡水构件，副门叶是主门叶的支承结构。

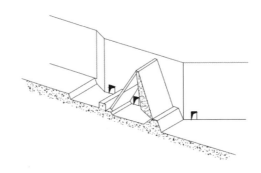

图 2-12　屋顶闸门

圆辊闸门的外形如同横卧的圆管，拦在闸孔内以封堵孔口(图 2-13)。为了改善其水力特性，在圆管顶部和底部往往加设檐板。闸门支承于门槽内，操作时门叶沿圆周滚动，因此阻力较小。

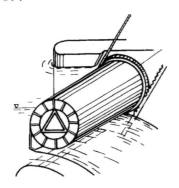

图 2-13 圆辊闸门

圆筒闸门的外形如同直立的圆管，塞在竖井孔口内以拦堵水流(图 2-14)。露顶式的圆筒闸门也称为环形门，水压力作用均匀向心，因此门叶移动时阻力很小。

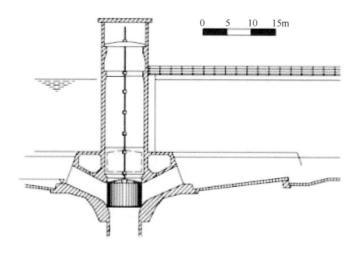

图 2-14 圆筒闸门

2.3 典型水工钢闸门适用性评价

只有充分了解各种闸门的特点，才能针对具体的工程情况和当时当地的社会经济条件选择最恰当的闸门。为了更深入了解各种典型水工钢闸门的特点，便于科学恰当地优选闸门型式，本节主要从工程上应用普遍的典型闸门的外形特征进行详细阐述，分别针对水工平面钢闸门、水工弧形钢闸门、翻板闸门、人字闸门、三角闸门、横拉式闸门、浮箱式闸门、屋顶闸门、扇形闸门等的优缺点进行分析，给工程设计人员和科研工作者提供一定的参考。

　　1. 水工平面钢闸门

　　水工平面钢闸门是应用十分广泛的门型，因为它能满足各种类型泄水孔道的需要。木制、铸铁和铸钢闸门仅适用于孔口尺寸较小的情况，钢筋混凝土闸门主要用于低水头中小型水利工程，钢制焊接闸门目前使用最为普遍[4]。水工平面钢闸门的优点有：①可以封闭相当大面积的孔口；②建筑物顺水流方向的尺寸较小；③闸门结构比较简单，制造、安装和运输相对比较简单；④门叶可移出孔口，便于检修维护；⑤门叶可在孔口之间互换，因此在孔口数较多时也可一门多用，可兼作其他孔的事故闸门或检修闸门；⑥门叶可沿高度分成数段，便于在工地组装；⑦闸门的启闭设备比较简单，对移动式启门机的适应性较好；⑧作用于闸门的水荷载分布简单。其缺点有：①需要较高的机架桥和较厚的闸墩(升卧式水工平面钢闸门并不需要很厚的闸墩)；②具有影响水流的门槽，对高水头闸门特别不利，容易引起空蚀现象；③埋件数量较大；④所需启闭力较大，且受摩擦阻力的影响较大，需要选用较大容量的启闭设备。

　　水工平面钢闸门按支承型式不同，有滑动式、滚轮式和履带式三种。滑动式水工平面钢闸门的滑道根据材料不同，分为木滑道、金属滑道和胶合层压木滑道等数种。过去木滑道在中小型闸门上应用比较普遍，但由于材料耐久度等方面的性能不佳，目前已很少采用。金属滑道往往应用于高水头小孔口的情况，由于对它的研究比较深入，具有较好的长期使用记录，在国外应用较广。我国在建国初期也采用了很多这类闸门，使用情况良好，但制造加工复杂，经济性能较差，因此目前使用较少。钢质滑道应用在检修门上较为普遍。胶合层压木滑道由于材料性能较好，供料也较方便，结构简单，加工较易，近几十年得到了较为广泛的应用。除此以外，还有不少单位在研究塑料滑道，有的已在工程实践中应用，将对支承结构的设计产生较大影响。滚轮式支承有很久的应用历史，虽然构造比较复杂，对埋件要求较高，造价较高，但因其摩擦阻力小，目前应用仍十分普遍。履带式支承的摩擦阻力比滚轮式支承更小，但由于零件多，维护要求较高，实际效果往往并不理想，加上制造复杂，造价很高，目前很少应用。随着沿海城市对于洪水和潮汐的防护需求增大，闸门设计逐渐趋向于大尺寸结构。例如，荷兰鹿特丹为避免洪水对城市的侵害，在哈铁(Hartel)运河上安装了两扇大跨度闸门，闸门宽度分别为98m和49m。

　　2. 水工弧形钢闸门

　　水工弧形钢闸门也是应用较广泛的一种门型，能满足各种类型泄水孔道的需要，它和水工平面钢闸门同是方案选择中优先考虑的门型，特别在高水头情况下，其优点更为显著[5]。水工弧形钢闸门的优点有：①可以封闭相当大面积的孔口；②所需机架桥的高度和闸墩的厚度均相对较小；③没有门槽，有利于闸墩结构设计和水力流态，避免了门槽产生的水力空化；④所需启闭力较小；⑤埋设件的数量较小；⑥弧形的面板使得闸门具有更好的水力泄流特性。其缺点有：①需要较长的闸墩；②门叶所占据的空间位置(闸室)较大；③不能提出孔口以外进行检修维护，不能在孔口之间互换；④门叶承受的总水压力集中于支铰处，传递给土建闸墩结构时需要做特殊处理。

水工弧形钢闸门按承重结构不同分为主纵梁式和主横梁式两种。对宽扁型的孔口以采用主横梁式较好，对高窄型的孔口以采用主纵梁式较好。主横梁式水工弧形钢闸门的支臂布置应尽量采用主横梁两端呈悬臂的型式，对节省钢材有很大意义。

水工弧形钢闸门一般总是将凸面布置在上游，这样门底出流比较平顺通畅。在船闸输水廊道上，把凸面布置在下游可能更为有利。因为根据输水廊道的运行特点，它在输水时总有一个由明流到满流的过渡。若为正向弧形门，门井在闸门下游，过渡时门井内水流波动剧烈，闸门处在这种水流中将产生严重的振动现象；若为反向弧形门，门井移到上游，输水时门井内水流波动程度要小得多，且反向水工弧形钢闸门的止水条件也要优越得多。

3. 翻板闸门

翻板闸门型式多种多样[6]，由于它可以适应河水暴涨暴落的特点，特别适合应用于洪水暴涨的山区河道。此外，沿海城市为避免潮汐作用使海水倒灌入内陆城市，在入海口河流中也会采用翻板闸门来控制水流，许多国家也采用翻板闸门进行堰顶挡水。近年来，翻板闸门得到了很大发展，不仅在城市生态工程、市政工程上大量使用，而且在一些大中型工程上也有应用，但水力自动翻板闸门不宜用于重要的防洪排涝工程。

目前，翻板闸门的跨度从数十米到百米以上不等，启闭的动力也有水力驱动、气压驱动、液压及机械驱动多种方式，不同液压启闭方式的翻板闸门如图2-15所示，其优点有：①可以利用水力自动操作，在山区小河上使用，管理简单，安全可靠；②便于泄洪排沙；③跨度可以很大，可用于城市景观工程等。翻板闸门一般采用液压及机械驱动方式，可以任意调节水位，对下游的冲刷也比较小，得到了广泛的应用。其缺点有：①采用水力自动操作的翻板闸门，只能在一两种水位组合下动作，不能任意调节水位或流量；②采用水力自动操作的翻板闸门刚开门时，下游流量骤增，对河床产生较严重的冲刷作用，特别是孔口数较多时，容易在各孔口开启不一致的情况下形成集中泄流而加重冲刷；③翻板闸门的支铰轴承长期浸没在水中，不便于对轴承和止水进行定期检查；④泄水时门叶处于流水之中，容易发生磨损、撞击和振动等不良现象；⑤运行水头较小，一般不超过 10m。

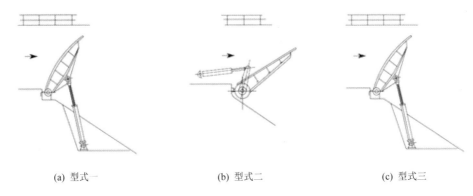

(a) 型式一   (b) 型式二   (c) 型式三

图 2-15　不同液压启闭方式的翻板闸门

4. 人字闸门

人字闸门作为通航闸门，由围绕固定在闸室岸壁上的竖向转轴转动的两扇门叶组成[7]。在关闭状态下，门叶在闸室中间汇合，门叶的末端互相支持，连接处有闸门止水的作用。闸门开放状态下，人字闸门门叶会恢复到闸室侧墙的凹槽中，如图 2-16 所示。人字闸门广泛应用在单向水级的船闸上作为工作闸门，只能在静水中操作运行。其优点有：①可以封闭相当大面积的孔口；②门叶受力情况类似于三铰拱，对结构有利，比较经济；③所需要的闸门启闭力较小；④通航净空不受限制。其缺点有：①只能在静水中操作；②门叶抗扭刚度较小，容易产生扭曲变形，造成止水不严密而漏水；③门叶长期处于水下，水下部分的检修维护比较困难；④与平面式或横拉式闸门相比，所占闸首空间位置较大。

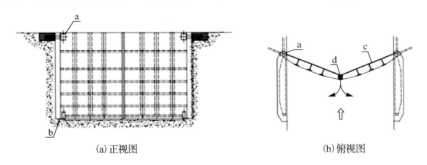

(a)正视图   (b)俯视图

图 2-16　人字闸门正视图与俯视图

a-耳枢；b-底枢；c-面板；d-中止水

5. 三角闸门

当立轴双扉水工弧形钢闸门面板呈平面型式时，称为三角闸门[8]。三角闸门既能承受双向水级，又能在动水中操作运行，一般用在船闸主航道上作为工作闸门。由于它可以在动水操作下运行，往往兼作输水闸门，可省去一整套输水设施，这是较人字闸门和横拉闸门的优越之处。水头差不宜超过 6m，一般为 3～4m，否则输水时将影响船舶停泊条件，其优点有：①可在动水中操作运行，可兼作输水闸门，也可兼作事故闸门；②可承受双向水级；③门叶刚度较大；④启闭力较小；⑤通航净空不受限制；⑥对于沿海地区同时受径流和潮汐动力作用的感潮河段，三角闸门适用于平潮期开闸通航并兼具泄水作用的船闸；⑦水压力合力通过门叶旋转中心，启闭力较小；⑧上下游水位差不大时，可通过两扇门叶的缝隙直接输水，省去专门的输水设施。其缺点有：①门叶所占空间位置很大，使闸首结构庞大而复杂；②门叶长期处于水中，其水下部分检修维护比较困难；③门叶较人字闸门重，造价较高。

三角闸门的制作材料过去多为钢材，近年来江苏、湖南等省份采用钢筋混凝土及钢丝网水泥结构，运转情况良好。为了改善闸门的输水条件，往往将门叶端部做成羊角式，以避免闸门漏水，试验证明有一定效果。闸门支臂夹角宜为 75°～85°。

6. 横拉式闸门

横拉式闸门和人字闸门一样，也不能在动水中操作运行，但能承受双向水级[9]，因此以往广泛地用在具有双向水级的船闸上作为工作门。其优点有：①可以封闭相当大面积的孔口；②可承受双向水级；③门叶具有较大的刚度；④具有较短的闸首；⑤航道净空不受限制等。其缺点有：①不能在动水中操作运行；②需要较大的门库和门坑，且具有淤积问题；③闸门长期处于水中，零部件又较多，其检修维护工作比较困难；④所需启闭力较人字闸门大；⑤与人字闸门相比，质量较大等。

横拉式闸门的结构布置与直升式水工平面钢闸门类似，在门底设置滚轮以支持闸门质量，并可沿轨道横向行走。由于门坑内堆积石块污物或地基不均匀沉陷，轨道不平整，滚轮部分最容易发生故障，影响航运。有的工程把门叶靠门库一端的滚轮移到闸门顶部，并在闸墙顶部的轨道上行走，门叶两端分别支承在上下两条轨道上，可免除地基不均匀沉陷而造成的麻烦。如有条件(如不受净空限制)，可在闸墙顶部架设跨孔轨道，将支承行走的门叶全部提出水面，有利于检修维护工作。横拉式闸门上也可加设密闭气箱以减轻门重，也可开设输水小门，其条件与人字闸门一样。已建成的横拉式闸门宽度可以达到 68m，高度可达到 20m。

7. 浮箱式闸门

浮箱式闸门只能在静水中操作，并且操作比较费时，因此过去只用在船坞上作为工作闸门，以后又在通航孔、溢洪道、水闸等露顶式孔口上作为检修闸门使用[9]。该闸门目前使用不多，但从其构造、运行和经济性能来看，作为检修闸门还是比较好的，可以考虑推广。其优点有：①可以封闭相当大面积的孔口；②不考虑启闭设备；③可以自由浮动，运输方便，特别适用于河道上一系列建筑物的公共检修设备；④不需要门槽，有利于泄水；⑤具有较大的刚度等。其缺点有：①不能在动水中操作运行，操作比较费时；②需要足够的水深才能运行；③质量较大等。

闸门的结构比较接近于趸船，目前大都采用钢材制成，但根据钢丝网水泥船的运行情况来看，采用非钢材料来制造是有可能的。

8. 屋顶闸门

屋顶闸门是一种相当古老的门型[10]，曾在国外盛行一时，但目前很少采用。屋顶闸门包含两片门叶结构，一片倾向于上游，一片倾向于下游，如图2-17所示。屋顶闸门对于止水和控制系统的要求比较高，不合理的闸门转轴止水设计容易导致闸门振动，进而会导致屋顶闸门的振动破坏，在结构设计时应注意。对屋顶闸门进行改进后，采用钢筋混凝土结构，大量应用在河道的拦水建筑物上，与土建部分统称为浮体闸，其优点有：①门叶支承与底板上，不需要中墩，闸孔净跨可以不受限制，有利于河道排水，过闸水流稳定，消能条件较好；②可利用水力自动操作，不需要启闭设备及工作桥，节省投资；③可部分开启运行，调节流量；④泄冰条件较好等。其缺点有：①门叶接缝多，止水部件多，漏水机会也较多，影响闸门的正常运行；②活动铰多，安装要求高，运行中易出故障；③多沙河流存在淤积问题，会使门叶表面发生冲蚀破坏；④检修维护比较困难等。

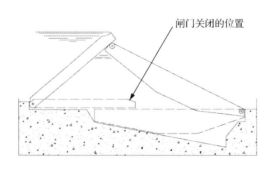

图 2-17　屋顶闸门

9. 扇形闸门

扇形闸门和鼓形闸门的截面部分为锐角的扇形结构[11]。闸门支铰位于下游侧的为扇形闸门，位于上游侧的为鼓形闸门，具体构造如图 2-18 所示。扇形闸门在国外有较多应用，大都是在重力式混凝土坝的溢流段上作为工作闸门，由于需要有一个体积很大的门室，限制了它的使用范围。英国泰晤士水闸包括 4 个净宽为 61m 的主孔通航口和 6 个净宽为 31.5m 的辅助通航口，其中 4 个主孔通航口和 2 个辅助通航口采用的是提升式扇形闸门。扇形闸门可以利用水力自动操作，连接铰和止水装置较为简单，因此当土建结构条件许可时，该类型闸门仍有较大的发展前景。扇形闸门的优点大体和屋顶闸门相同，而缺点有：①需要较大的门室；②在多砂河流上存在淤积问题和门叶表面的冲蚀问题；③检修维护比较困难等。

在溢洪道上应用时，扇形闸门逐渐被水工弧形钢闸门替代，前者构造复杂导致建设费用较高，同时与扇形闸门相关的土建结构建设费用也显著高于水工弧形钢闸门。

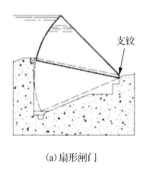

(a)扇形闸门

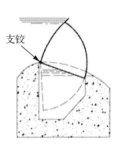

(b)鼓形闸门

图 2-18　扇形闸门和鼓形闸门

10. 护目镜闸门

护目镜闸门的门叶结构为半圆形的面板，围绕水平支铰上下转动，截面型式如图 2-19 所示，门叶为三铰拱形状，为静定系统[12]。

护目镜闸门面板曲率随水荷载的特性发生变化。水荷载具有各向同性的属性，半圆水工弧形钢闸门面板将承受的水荷载沿着面板传递到闸墩处，并不承受弯曲荷载，保证了这种结构型式闸门的材料利用率经济有效，较同类型的水工平面钢闸门轻量化。护目镜闸门在各个方向均密封。闸门处于关闭状态时，门叶底部与闸门底槛紧密结合，具有挡水作用；闸门开启状态下，允许船舶通过，不影响河道通航。闸门通过两个钢丝绳机械卷扬机开启，在重力作用下闸门关闭。

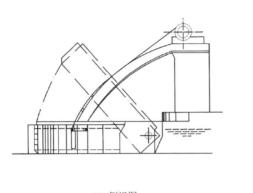
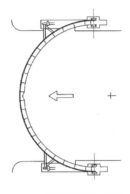

(a) 侧视图　　　　　　　　　　　　　　　　　　　(b)门叶结构俯视图

图 2-19　护目镜闸门截面型式

这类型闸门于 1960 年开始应用于荷兰莱茵河上。闸门高度为 9m，设计水头为 4.5m。闸门总宽度为 54m，正常水位下自由通航宽度为 48m。闸门启闭卷扬机位于起重塔顶端的机房，钢丝绳引导滑轮从启闭机房到达门臂。每个闸门质量达到 2.0×10^5kg。1970 年，日本大阪安装使用了 3 个护目镜闸门，每个闸门净宽度为 57m，高度为 11.9m，用来控制潮汐。闸门设计时，外海侧水头为 10.9m，内河侧水头为 6.7m，支承长度为 66m，闸门质量为 5.2×10^5kg。2006 年，我国南京市三汊河口安装了两扇护目镜闸门，单孔净宽度为 40m，闸室总宽度为 97m，长度为 37m。每扇闸门顶部开有 6 孔，由 6 扇活动小门控制，以调节上游水位。该大闸工程主要用于抬高外秦淮河水位，改善城市水环境和城市形象，非汛期过流改善秦淮河水质，汛期视情况开闸泄洪。相比于经常使用的直升式水工平面钢闸门和水工弧形钢闸门，在大跨度河道上采用护目镜闸门是比较经济的方式，同时表现出较好的水力特性。

11. 平面双开水工弧形钢闸门

平面双开水工弧形钢闸门由 2 个水平转动水工弧形钢闸门组成，同时向河道内旋转时闸门关闭[13]。每个水工弧形钢闸门结构包括门体、支臂桁架和支铰三部分。正常挡水情况下，作用在门体上的外荷载通过支臂传递到支铰，最终传递至基础。关闭状态下，闸门坐落于河床闸底槛上进行挡水，阻止向陆侧的河道水位上升；开启状态下，闸门放置在河岸两边的闸室中。

该类型闸门最早用于荷兰鹿特丹新水道的马斯朗特挡潮闸，闸门支臂采用三角形格构式桁架结构，门体为 L 形箱体结构。闸门运行时，通过压载系统向门体内充水与抽水来实现浮于水中闸门门体结构的下沉与上浮，充分利用水体浮力和自重，极大地便利了闸门的灵活轻便启闭。俄罗斯圣彼得堡挡潮闸也采用了平面双开水工弧形钢闸门，不同之处在于该平面双开水工弧形钢闸门的支臂为实腹式箱型结构。我国常州钟楼防洪工程采用该类型闸门，通过特大型单根钢丝绳双向出绳的绳鼓启闭机，使得闸门沿着底轨滑行至河道中央，启闭运行方式有着显著不同[13]。

该类型闸门结构型式新颖，形成较好景观特色的同时，能够利用门体的水力特性进行闸门的运行启闭，减少了相应的运行启闭设备。在正常气候情况下，闸门停靠在两岸浅的闸室之中，并不阻碍水道的潮汐交换、泥沙运移等自然特征与通航。在两岸闸室中，闸门常处于干燥状态，便于对闸门进行检测与运行维护，同时能避免船舶的碰撞破坏。该类型闸门的主要缺点在于闸门平面尺寸较大以及需要两岸闸室，因此需要较大的建设面积，这对于闸门建设选址有一定的限制；同时，闸门结构型式复杂，建设成本及后期运行维护费用较高；水动力学方面，由于闸门结构刚度较小、约束较弱，闸门结构对于动态波浪荷载及其引起的流激振动敏感性较强；在涌潮荷载作用下闸门会承受反向水头的作用，闸门支臂和支铰将承受拉力作用，平面双开水工弧形钢闸门对于反向水头有承载限制；外荷载通过结构最终集中传递到支铰，因此对于支铰结构性能提出较高要求。

2.4　水工钢闸门结构选型

1. 选型依据

闸门型式的选择没有固定模式。闸门选型时，应当综合比较各个方案的功能特点、造价、质量与可靠性。一般来说，所选闸门型式必须满足水工建筑物对闸门提出的各项要求，如平面布置、平顺衔接、泄流流态好、不引起闸基冲刷等；此外，还要对材料的供应情况、制造安装条件等做周密的调查，然后再进行技术经济的全面分析[2]。

闸门选型依据综合简述如下：

(1) 闸门型式应满足建筑物各项运行需求；

(2) 闸门的材料应符合当时当地的供应条件；

(3) 闸门的水力条件好，泄流能力大，无有害振动，无冲蚀；

(4) 闸门结构简单，便于制造和安装，并符合当时当地的施工技术水平和条件；

(5) 闸门的启闭力小，操作简便灵活；

(6) 闸门应便于检修和维护；

(7) 闸门的止水性好，漏水量小；

(8) 闸门的质量小，造价低。

值得注意的是，在选择闸门型式时，一定要兼顾整个水工建筑物的协调统一(平面布置紧凑)。此外，还应充分参考现有闸门的成功应用经验。有案例显示，在同一河流或流域内往往会新建大量相同类型的闸门。例如，反向水工弧形钢闸门广泛应用在莱希河及多瑙河上，同类型闸门成群出现，这是由于当地的河道条件优越。随着工程建设生态文明的发展，"可持续性"也逐渐成为水工钢闸门发展的新潮流。

2. 孔口尺寸的选择

闸门孔口尺寸的选择，首先要满足实际应用的要求。例如，分凌闸的孔口尺寸要根据具体的排冰要求确定；船闸的孔口尺寸则要满足航运交通要求，主要根据过闸船只的尺寸确定。其次，还要考虑土建结构的实际情况(如地质条件、消能防冲等)及闸门结构的情况(如材料、启闭设备等)。例如，溢流坝上的溢洪道工作闸门孔口高度主要取决于溢流所允许的单宽流量，即由下游结构的抗冲能力确定。当宣泄流量确定时，孔口尺寸越小，所需孔口数目越多，则土建工程量越大、启闭设备需求数量越多，反之孔口数目越少。因此，孔口尺寸的选择是一个技术经济相互比较、综合考虑的问题。从经济的角度考虑，孔口尺寸趋于向大尺寸发展。然而，大尺寸孔口对土建结构与工业生产技术等都有较高的要求。此外，孔口尺寸的选择也要考虑工业生产的标准化要求，以利于制造、安装、运行和检修等后续工作。

现行《水利水电工程钢闸门设计规范》(SL 74—2019)统计了截至1997年实际工程中采用的各类闸门(露顶式闸门、潜孔式闸门等)的孔口尺寸，并给出了推荐的标准系列尺寸，在设计时予以参考[14]。

3. 常用水工钢闸门类型

目前，常用的水工钢闸门类型为水工平面钢闸门、水工弧形钢闸门和人字闸门。其中水工平面钢闸门是我国水利工程中应用比较广泛的一种，应用效果也得到了行业内的肯定。水工平面钢闸门结构比较简单，其开闸方式属于快速升降，造型上也比较简单。水工平面钢闸门具有以下突出优点：①可封闭相当大面积的孔口，建筑物顺流方向所占空间较小；②平面直升闸门的结构简单、闸室比较短，检查维修方便；③门叶可移出孔口，便于检修维护，门叶可在孔口间移动互换，故孔口较多时可作为多个孔口的检修或事故闸门。

水工弧形钢闸门因其具有突出的优点而得到广泛的应用，作为众多类型闸门中的佼佼者，为我国的水利工程发展做出了巨大的贡献。水工弧形钢闸门的承重结构由弧形面板、主梁、次梁、竖向连接系或隔板、起重桁架、支臂和支铰组成。水工弧形钢闸门的迎水面形成圆弧状，支铰中心和弧形挡水面共用一个圆心。水工弧形钢闸门的支铰一般情况下位于高度的三分之二左右。水工弧形钢闸门最早建设于埃及的尼罗河坝，由于闸门面板受到牵引的作用，设计者为该闸门取名"半径在牵引作用下的圆筒闸门"。水工弧形钢闸门的特点是所需启闭力较小，没有影响水流流态的门槽，机架桥高度和闸墩厚度较小，局部开启条件好，埋设件数量少；所需闸墩较长或闸门井尺寸较大，不能提出孔口以外进行检修和维护，也不能移动到别的孔口；闸门承受的总水压力集中于支铰处，对支座处的土建结构稳定性不利。

人字闸门主要应用在航运工程中，门底和门体下部都在水中运转。在对人字闸门维修的时候，要求船闸对其进行有效的排水，在运行过程中只能在静水中启动，静水中关闭。如果人字闸门内部出现问题，维修难度很大，水下的检修尤为困难。人字闸门不能在动水中进行有效的操作，因为它的抗扭力很小。对于大孔口船闸，人字闸门节省材料，并且在运行的过程中也非常灵敏。由此可见，人字闸门的优势和劣势都比较突出，优势在于适合通航，劣势在于维修困难。

2.5　水工钢闸门设计规范的结构布置方法

水工闸门结构布置主要包括闸门承载结构型式、数量的构成及位置，结构布置应确保闸门在各种工况下承载结构受力科学合理，保证安全，特别是保障在控制工况下运行时主体承载结构的强度、刚度和稳定性均衡协调，为整体结构安全奠定基础。优化设计只有建立在合理结构布置的基础上，才能实现闸门结构的全局最优，确保闸门整体结构经济性和安全性的统一。

2.5.1　结构布置构造要求

现行《水利水电工程钢闸门设计规范》(SL 74—2019)中对闸门布置的要求是，闸门的梁系宜采用同一层的布置方式，并考虑制造、运输、安装、检修维护和防腐蚀施工等方面的要求[14]。水工平面钢闸门可按孔口形式及宽高比布置成双主梁或多主梁型式。主梁布置应符合以下要求。①主梁宜按等荷载要求布置(图 2-20)，露顶式的双主梁水工平面钢闸门，主梁宜布置在静水压力线上下等距离的位置上。两主梁间的距离 a 宜大些，上主梁到闸门顶缘的距离 $a_0<0.45H(H$ 为闸门高度)，且不宜大于 3.6m。②主梁间距应满足制造、运输和安装的条件。③主梁间距应满足行走支承布置的要求。④底主梁到底止水的距离应符合底缘布置的要求，工作闸门和事故闸门下游倾角应不小于30°，当闸门支承在非水平底槛上时，该倾角可适当增减。当不能满足 30°的要求时，应适当采取补气措施。对于部分利用水柱闭门的水工平面钢闸门，其上游倾角不应小于 45°，宜采用 60°(图 2-21)。贯流式机组事故闸门和流速较低、淹没出流的闸门，上、下游倾角可适当减小。

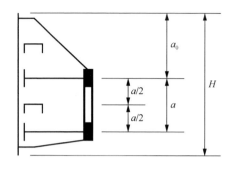

图 2-20　闸门主梁布置

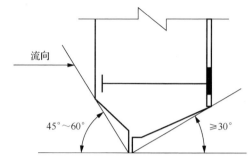

图 2-21　闸门底缘上、下游倾角

　　主梁结构可按跨度和荷载不同，采用实腹式或桁架式。实腹式主梁高度的初选应满足经济梁高要求，特别对于水工弧形钢闸门双悬臂实腹式主梁，应综合考虑支座截面处弯应力和剪应力的影响。对大跨度的闸门，可采用变截面的主梁，其端部梁高为跨中梁高的 0.4～0.6 倍。梁高改变的位置宜距离支座 1/6～1/4 跨度处，同时应满足强度的要求。水工平面钢闸门的边梁应采用实腹梁型式，滑动支承宜采用单腹板式边梁，简支轮支承宜采用双腹板式边梁。可设置门背连接系(平行于面板)及竖向连接系(垂直于面板)。门背连接系宜采用桁架式结构或框架式结构。竖向连接系宜采用实腹式结构，也可采用桁架式结构。

　　水工弧形钢闸门支铰布置应符合以下要求：①面板曲率半径与闸门高度的比值，对露顶式闸门可取 1.0～1.5，对潜孔式闸门可取 1.1～2.2；②水工弧形钢闸门支铰宜布置在过流时不受水流及漂浮物冲击的高程上；③对于溢流坝上的露顶式水工弧形钢闸门，支铰可布置在闸门底槛以上 $1/3H$～$3/4H$(H 为门高)处；④对于露顶式水工弧形钢闸门，支铰可布置在闸门底槛以上 $2/3H$～H 处；⑤对于深孔水工弧形钢闸门，支铰可布置在底槛以上大于 $1.1H$ 处。

　　水工弧形钢闸门的主框架型式如图 2-22 所示。当支承条件许可时，宜采用 A 型；当支承在侧墙上时，应采用 B 型，c 宜取 $0.2L$ 左右；当孔口净空不适合采用 A 型或 B 型时，可采用 C 型；主纵梁式水工弧形钢闸门的主框架型式可采用 D 型。

　　水工弧形钢闸门的实腹式主横梁与支臂单位刚度比 K_0，可按下列两种情况分别选取：①对于直支臂水工弧形钢闸门，K_0 取 4～11；②对于斜支臂水工弧形钢闸门，K_0 取 3～7。K_0 按式(2-1)计算：

$$K_0 = \frac{I_{l_0} h}{I_h l_0} \tag{2-1}$$

式中，I_{l_0} 为主横梁的截面惯性矩，m^4；l_0 为主横梁的计算跨度，m；I_h 为支臂的截面惯性矩，m^4；h 为支臂的长度，m。

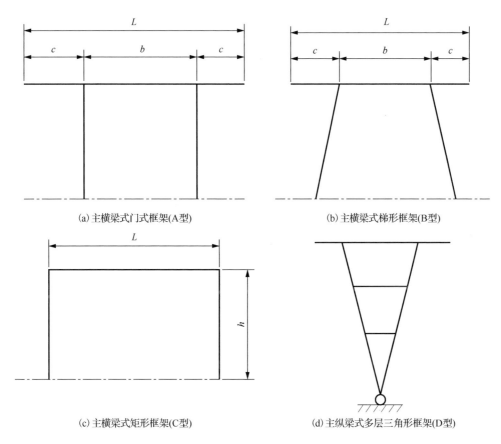

(a) 主横梁式门式框架(A型)　　　　　　(b) 主横梁式梯形框架(B型)

(c) 主横梁式矩形框架(C型)　　　　　　(d) 主纵梁式多层三角形框架(D型)

图 2-22　水工弧形钢闸门的主框架型式

L-主横梁长度(闸门跨度)；*b*-横梁跨中长度；*c*-横梁悬臂端长度；*h*-支臂长度

对于斜支臂水工弧形钢闸门，当支臂与主横梁水平连接时，在支铰处两支臂夹角平分线的垂直剖面上形成扭角 2ϕ(图 2-23)。ϕ 应按式(2-2)计算：

$$\phi = \arctan\left(\frac{\tan\theta\sin\alpha}{\sqrt{\cos^2\theta - \sin^2\alpha}}\right) \tag{2-2}$$

式中，α 为斜支臂水平偏斜角度，(°)；θ 为上下两支臂夹角角度的一半，(°)。

水工弧形钢闸门的支臂与主横梁应保证刚性连接。斜支臂与主横梁可采用螺栓连接，对大型闸门宜采用高强螺栓连接。采用螺栓连接时宜设抗剪板，抗剪板与连接板两端面应保证接触良好(图 2-24)。

低水头水工弧形钢闸门的支臂可根据具体工作条件，使结构符合以下要求：①应充分注意主框架平面外的稳定性，并从构造上予以保证；②应考虑支铰摩擦阻力对支臂的附加弯矩；③露顶式水工弧形钢闸门的上支臂宜适当加强；④合理设计垂直次梁，合理布置垂直框架支臂位置，尽量减小垂直框架平面的弯矩。

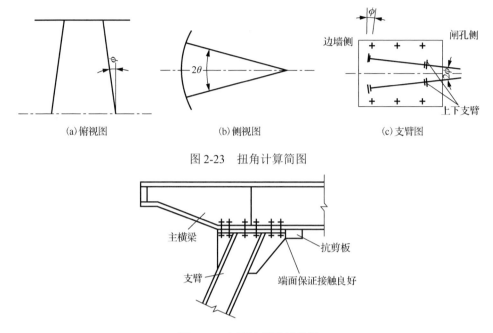

(a)俯视图　　　　　(b)侧视图　　　　　(c)支臂图

图 2-23　扭角计算简图

图 2-24　支臂抗剪板示意图

《溢洪道弧形闸门设计》(EM 1110-2-2702)对水工弧形钢闸门结构布置的规定是，支臂与主横梁连接处的主横梁转角为零[15]。此时，支臂在水平框架面内虽无弯矩，但水平推力比较大。为使中美两国规范中主横梁正、负弯矩更接近，规定主横梁悬臂端长度取 0.2L。

我国规范规定主横梁采用等载布置，规范条文说明中建议尽量减小支臂竖向框架平面内的弯矩，使支臂成为在竖向框架内轴心受压、只受水平框架内弯矩的单向偏心受压杆件；美国规范只建议主横梁采用等载布置。但是，我国规范中没给出这种合理布置的具体计算方法，工程设计中先按照等载布置，再考虑刚度，减少上悬臂端长度，在满足构造要求的前提下上移上主梁、下移下主梁。

《溢洪道弧形闸门设计》(EM 1110-2-2702)中规定，主梁间距的确定依据闸门水头、闸门高度和闸门跨度[15]。对于高度不大的闸门应均匀布置主梁，而对于较高的闸门采用不等间距布置主梁，具体的布置可由试验分析确定。

2.5.2　平面钢闸门结构布置方法

水工平面钢闸门的结构布置较为简单，其主要内容是确定闸门上需要设置的构件，包括构件数目和位置等。合理的结构布置直接关系到闸门是否具有使用方便、安全耐久、节约材料等优点。因此，要求设计者必须统筹考虑，进行方案比选。下面具体介绍结构布置的基本要点。

1. 主梁布置

1) 主梁数目

主梁是闸门的主要受力构件，其数目主要取决于闸门的尺寸。当闸门跨度 L 小于等于闸门高度 H 时($L \leqslant H$)，主梁的数目一般多于两根，则称为多主梁式。反之，当闸门的跨度较大，而门高较小时(如 $L \geqslant 1.5H$)，主梁的数目一般应减少到两根，则称为双主梁式。简支梁在均布荷载作用下的最大弯矩与相对挠度分别与跨度的平方和立方成正比，当跨度增大时，弯矩和挠度增加得更快。为了抵抗增大的弯矩和挠度，有效的措施是把多个主梁的材料集中在少数梁上使用。因为抗弯截面抵抗拒 W 与梁高的平方成正比，且抗挠曲变形的惯性矩与梁高的立方成正比，所以减少主梁的数目，增大主梁的高度，可以充分发挥材料抵抗增大的弯矩和挠度的作用。因此，在大跨度的露顶闸门中多采用双主梁式。

2) 主梁位置

主梁沿闸门高度的位置，一般根据每个主梁承受相等水压力的原则来确定，这样每个主梁所需的截面尺寸相同，便于制造。根据等载的原则来确定多主梁式闸门的主梁位置，其思路是：有几个主梁，就将闸门所承受的水压分布图分成面积相等的几份，每个等份面积的形心高程就是主梁应在的位置。

2. 梁格布置

梁格的作用是支承面板，钢闸门中面板的用钢质量占整个闸门质量的比例较大。为了使面板的厚度经济合理，同时使梁格材料的用量合理，根据闸门跨度的大小，可以将梁格的布置分为以下三种情况。①简式(纯主梁式)，如图 2-25(a)所示，对于跨度较小而门高较大的闸门，面板直接支承在多根主梁上。②普通式，如图 2-25(b)所示，适用于中等跨度的闸门。③复式，如图 2-25(c)所示，适用于露顶式大跨度闸门。

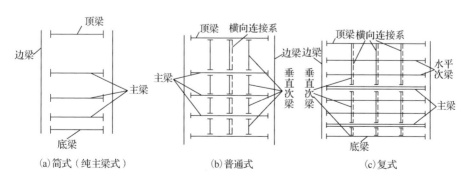

图 2-25　水工平面钢闸门梁格布置

3. 梁格连接型式

梁系同层布置(等高连接)是指主次梁的前翼缘均紧贴面板。对于这种连接型式,梁系与面板形成刚强的整体,其优点是整体刚度好,面板为四边之承,受力条件好。其缺点是当水平次梁、垂直次梁相遇时,需在垂直次梁(隔板)上开孔让水平次梁通过,在支撑处还需用小肋板加强,而垂直次梁遇到主横梁时则需断开,因此制造加工工艺复杂。目前,实腹式主横梁的闸门中多数采用同层布置。

梁系层叠连接主要有等高连接和降低连接之分(图 2-26)。层叠连接时荷载传递清楚,受力明确,但整体刚度不如同层布置;面板视次梁具体布置可按四边或两边支承计算;有时为使梁系受力明确和制造加工简便而采用层叠连接。

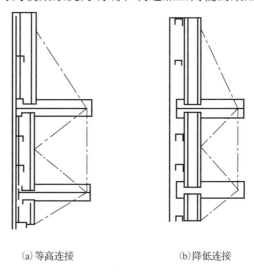

(a)等高连接　　　　　　　　　(b)降低连接

图 2-26　梁格连接型式

4. 次梁与连接系布置

垂直次梁的布置应与主梁相互配合。当主梁采用桁架结构时,垂直次梁一般应布置在主桁架的节点上,其间距即为主桁架的节间长度。因此,布置垂直次梁时应考虑主桁架节间划分的要求。垂直次梁的间距一般不宜超过 2.0m,以免钢板厚度过大。

布置水平次梁的主要目的是节约面板钢材,调整梁格尺寸以使钢面板厚度相等。因此,水平次梁的间距应随着水压力沿门高的变化而布置成上疏下密。一般情况下,水平次梁密,面板较薄,则相对经济,因此水平次梁的布置应与钢面板的计算同时进行。

竖向连接系的布置也应与主桁架的型式相配合。通常可在主桁架上间隔一个或两个节点布置一道竖向连接系,且必须布置在具有竖杆的节点上。为了保证闸门横剖面具有足够的抗扭刚度，竖向连接系的间距一般不宜大于 5m。

门背连接系也称作中桁架，一般应布置在主梁弦杆或翼缘之间的两个竖直平面内，以保证主梁的整体稳定，并承受闸门自重或其他的竖直荷载。

2.5.3　水工弧形钢闸门结构布置方法

水工弧形钢闸门结构主要包括门叶结构、支臂结构和支铰三部分。水工弧形钢闸门的结构布置必须满足结构具有足够的整体刚度，以保证结构的整体稳定性。水工弧形钢闸门按其门叶结构主要承重梁的布置方式，可分为主横梁式和主纵梁式两种。一般对于宽高比较大的孔口，宜采用主横梁式水工弧形钢闸门，而对宽高比较小的孔口宜以采用主纵梁式。

1. 主框架布置

主框架是水工弧形钢闸门的关键承载结构，其布置形式根据孔口宽高比及水头不同，分为主纵梁式、主横梁式及空间框架式。现行规范建议，对于宽高比较大的水工弧形钢闸门宜采用主横梁式结构，反之宽高比较小的水工弧形钢闸门则采用主纵梁式结构。主框架型式如图 2-22 所示，主横梁式水工弧形钢闸门的主框架如 A、B、C 三种型式。A 型框架适用于深孔水工弧形钢闸门和跨度较小的表孔水工弧形钢闸门，且支承条件允许；B 型框架多用于大跨度露顶式表孔闸门，建议悬臂端长度 $c=0.2L$；C 型框架仅在孔口净空不适合采用 A 型或 B 型时采用。此外，主纵梁式水工弧形钢闸门的主框架型式可采用 D 型。

目前大量工程中结合孔口高度进行水工弧形钢闸门结构布置时，选用二支臂或三支臂闸门结构型式。主横梁式水工弧形钢闸门中，孔口宽高比为 1：1～2：1 时，门叶通常采用双主梁的布置形式，从而能较充分发挥钢材的效能，而且两个主框架受力明确，制造方便。对于门高较大的闸门结构，采用三个主框架，主梁的位置按照等载的原则来确定。

根据现行钢闸门设计规范规定[14]，水工弧形钢闸门的实腹式主横梁与支臂单位刚度比 K_0，可按下列两种情况分别选取：①对于直支臂水工弧形钢闸门，K_0 取 4～11；②对于斜支臂水工弧形钢闸门，K_0 取 3～7。K_0 按式(2-1)计算。

2. 梁系连接布置

梁系的连接包括同层布置和叠层布置等方式，目前以同层布置居多，一般有主横梁同层布置、主纵梁叠层布置、主纵梁同层布置三种型式。

1) 主横梁同层布置

主横梁同层布置如图 2-27 所示，面板支承在水平次梁、垂直次梁(隔板)和主横梁组成的梁格上，隔板与主横梁位于同一高度，主横梁与面板直接焊接，支臂与主横梁用螺栓连接构成刚性主框架，再通过支铰连接至闸墩。这种结构的优点是闸门整体刚度大,适用于宽高比较大的水工弧形钢闸门。

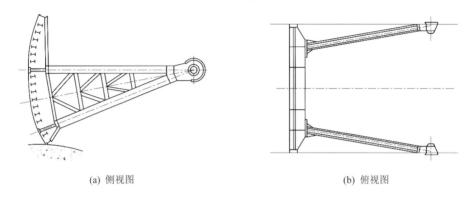

(a) 侧视图   (b) 俯视图

图 2-27 主横梁同层布置

2) 主纵梁叠层布置

主纵梁叠层布置如图 2-28 所示,面板支承在水平次梁、垂直次梁构成的梁格上,梁格又支承在两根主纵梁上,支臂与主纵梁用螺栓连接组成主框架。水压力经面板、梁格传至纵梁主框架,再通过支铰传至闸墩。这种结构布置的主要优点是便于运输分段,安装拼接较简便,其缺点是增加了梁系连接高度,结构整体刚度较同层布置差,适用于宽高比较小的水工弧形钢闸门。

3) 主纵梁同层布置

主纵梁同层布置如图 2-29 所示,面板支承在垂直次梁和主纵梁上,垂直次梁与主纵梁之间存在高差,采用多根横梁支承垂直次梁,并与主纵梁等高连接,往往也可将该横梁做成与主纵梁等高,从而形成整体刚度较强的门叶结构;支臂与主纵梁用螺栓连接组成纵向主框架。水压力经面板、垂直次梁、横梁传至纵梁主框架,再通过支铰传至闸墩处。这种结构的特点是面板直接参与主纵梁工作,但对主纵梁的制造加工要求较高。当闸门止水对面板精度有要求时,闸门纵向分块的分缝面必须经机械加工,左、右门叶采用螺栓连接,减少工地焊接变形量。因此,分缝的拼接要求较高,工艺复杂,适用宽高比较小的高水头水工弧形钢闸门。

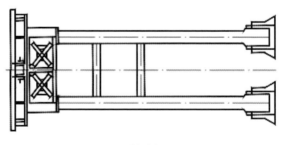

(a) 俯视图

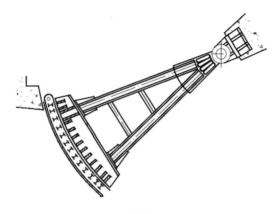

(b) 侧视图

图 2-28　主纵梁叠层布置

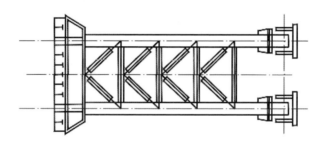

(a) 俯视图

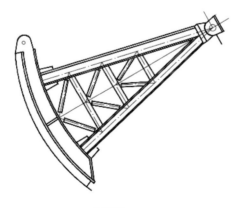

(b) 侧视图

图 2-29　主纵梁同层布置

3. 梁格布置

水工弧形钢闸门的梁格布置一般与水工平面钢闸门的梁格布置相同，连接型式为齐平连接[图 2-30(a)和(b)]和叠层连接[图 2-30(c)和(d)]两种。叠层连接的特点是水平次梁和连续的小纵梁与面板相连，它们可以先在工厂与面板焊成整体，作为一个运输单元，到工地后再与主梁连接。这样做的优点是面板沿四边支承在梁格上，受力条件较好；更主要的是安装较为方便，便于分段运输。但是，主梁和横向隔板没有与面板直接相连，闸门的整体刚度较差。

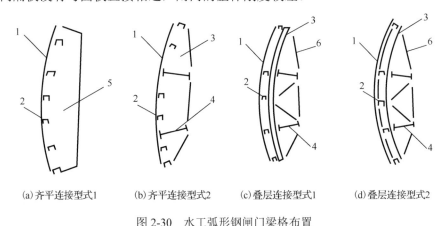

(a)齐平连接型式1　　　(b)齐平连接型式2　　　(c)叠层连接型式1　　　(d)叠层连接型式2

图 2-30　水工弧形钢闸门梁格布置

1-面板；2-小横梁；3-小纵梁；4-主横梁；5-主纵梁；6-竖向隔板或桁架

2.6　水工弧形钢闸门结构合理布置

2.6.1　水工弧形钢闸门结构布置研究现状

水工弧形钢闸门结构主要由门叶结构、支臂结构和支铰三大部分组成。水工弧形钢闸门由于其独特的优点，在水利水电工程中应用非常普遍，但其结构布置相对较复杂，且结构布置的合理与否是水工弧形钢闸门整体优化设计的前提，直接影响着整体结构的经济性及安全性。水工弧形钢闸门的结构布置必须保证结构具有足够的整体刚度，以保证结构的整体稳定性。我国水工弧形钢闸门设计规范条文说明中，建议合理设置垂直次梁，尽量减小垂直框架平面内的弯矩，使支臂更接近单向偏心受压杆件。

按照水工钢闸门门叶结构主要承重梁的布置，可分为主横梁式和主纵梁式两种。主横梁式水工弧形钢闸门一般适用于宽高比较大的孔口，而主纵梁式适用于宽高比较小的孔口。主横梁式水工弧形钢闸门主要通过门叶结构的主横梁将水压力等荷载经支臂结构和支铰，再传给水工建筑物。通常主横梁与支臂组成横向框架，在横向框架内，支臂与主横梁的连接位置关系到横向框架的整体刚度及强度，对此现行规范建议取主横梁 0.2L 处，L 为主横梁长度(闸门跨度)[14]，为了使主横梁正、负最大弯矩数值接近，以节省钢材。但这种做法并不能保证框架刚度及稳定性最优。王正中等[16-19]曾经对此连接位置进行了一定研究，其出发点基于主横梁在支臂处转角为零，目的是令支臂在横向平面内不产生弯矩，以增加框架的稳定性，得出的理论最佳悬臂端长度为 0.224L。

主纵梁式水工弧形钢闸门主要通过主纵梁将水压力等荷载经支臂结构和支铰，传给水工建筑物，主纵梁与支臂结构组成纵向框架。同样，纵向框架中支臂的布置位置对结构的整体刚度有很大影响，《水利水电工程钢闸门设计规范》(SL 74—2019)建议按等载布置原则，其具体布置参数未给出[14]。等载布置原则虽可使二支臂等载，但不能保证纵向框架刚度与稳定性最优。王正中等[16-19]也曾经对此位置做过计算研究，其出发点基于主纵梁在支臂处转角为零，目的也是令支臂在纵向平面内不产生弯矩，以增加整体结构的稳定性，得到了部分理论布置参数。

水工弧形钢闸门的支臂为支持面板梁格并将其荷载传给支铰的主要构件。通常闸门的破坏大部分都是支臂的失稳破坏[20]，因此支臂的结构布置形式对闸门的整体稳定性有着至关重要的作用，也是水工弧形钢闸门研究的重要问题。目前，水工弧形钢闸门的支臂结构型式有二支臂结构与三支臂结构两种，国内外广泛采用二支臂结构，采用三支臂的较少。在宽高比较小的水工弧形钢闸门设计中，三支臂结构因其整体刚度大，有着二支臂结构不可替代的优点。然而，对于二支臂与三支臂结构各自的使用范围，规范中并未给出，并且这方面的研究也较少。贾仕开[21]通过比较二支臂结构与三支臂结构主框架的质量，初步研究了各自的适用范围，可为工程设计提供一定的参考。Zhang 等[22]针对水工弧形钢闸门结构布置不当，支臂双向偏心受压，整体稳定性严重降低，分别采用规范方法、直梁法和有限元法对其合理结构布置进行了研究。首先，采用直梁法，依据柱端无转角推导出了水工弧形钢闸门支臂在纵向框架内合理布置的统一理论公式，同时依据柱端弯矩为零，采用空间体系法研究了支臂的合理布置。其次，对比评价了多种规范方法、直梁法和有限元法的布置结果，进一步研究了不同主纵梁与支臂单位刚度比对水工弧形钢闸门纵向框架支臂布置和材料用量的影响。结果表明，按规范方法、直梁法和有限元法布置的水工弧形钢闸门支臂，在纵向框架内分别为大偏心受压、小偏心受压和轴心受压；对于表孔水工弧形钢闸门和潜孔水工弧形钢闸门的支臂布置，直梁法与有限元法差别较大，而对于深孔水工弧形钢闸门，主纵梁与支臂的单位刚度比较为接近，对支臂的布置影响不大，但对材料用量影响较大；与规范方法相比，直梁法和有限元法布置的二支臂、三支臂水工弧形钢闸门结构均可节省材料用量，其中采用有限元法布置的二支臂水工弧形钢闸门的材料节省率为 32.63%～47.58%，三支臂水工弧形钢闸门的材料节省率为 21.61%～30.01%。最后，得到了三种方法下水工弧形钢闸门支臂在纵向框架内简明的布置图表，可供工程技术人员直接使用。

本小节提出水工弧形钢闸门结构合理布置原则是：无论是主横梁式，还是主纵梁式，无论是二支臂，还是三支臂，合理的结构布置原则应使各支臂端部尽量无弯矩，即支臂作为主梁的支撑点，应布置在使主梁在支撑处横截面无转角之处，才能保证支臂端部无弯矩，从而提高支臂整体稳定性。

2.6.2　横向主梁合理悬臂端长度分析

闸门结构合理布置是其整体优化与安全运行的前提，满足合理的结构布置，才能在结构优化的设计中做到闸门结构的全局最优。合理的结构布置，是闸门整体优化设计的前提，并直接影响着闸门整体的安全性和经济性。现行规范建议，横向主梁悬臂端长度 $c=0.2L$ 时，主梁在支座处截面的转角不为零，支臂端截面与主梁协同转动，从而使支臂上产生弯矩。与横向主梁平行的辅梁采用同样的布置方式，该辅梁在支座处截面转角不为零，从而使纵向主梁协同转动，发生扭转变形。通过恰当地调整双悬臂主横梁的悬臂端长度 c，便可使其支座处横截面的转角为零，确定横向主梁合理悬臂端长度的计算简图如图 2-31 所示，h' 为支臂长度。

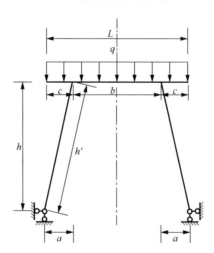

图 2-31　水工弧形钢闸门横向平面框架计算简图

取斜支臂式平面主框架，根据结构力学理论可知支臂端弯矩的表达式为

$$M_h = H \cdot h - v \cdot a \tag{2-3}$$

式中，M_h 为支臂端弯矩；H 为水平推力；h 为支臂长度；v 为框架竖向力；a 为支铰和支臂与框架连接处的水平距离。水平推力的表式为

$$H = -\frac{3qc^2}{2h(2K_0+3)} + \frac{qac}{h} + \frac{qb\left[b+2a(2K_0+3)\right]}{4h(2K_0+3)} \tag{2-4}$$

式中，q 为均布荷载(水压力)；b 为主梁跨中长度；c 为悬臂端长度；K_0 为刚度系数。框架竖向力的表达式为

$$v = \frac{1}{2}qL \tag{2-5}$$

将式(2-4)、式(2-5)代入式(2-3)并整理得

$$M_h = \frac{q\left(b^2 - 6c^2\right)}{4(2K_0+3)} \tag{2-6}$$

若令 $M_h=0$，可得 $b = \sqrt{6}c$，并根据 $b+2c=L$，得

$$c = 0.224L \tag{2-7}$$

对于该超静定结构来说，只要 $M_h=0$，必然使横梁支座处截面转角为零，这一点可以用单位力法证明。因此，当 $c=0.224L$ 时，横向主梁、横向次梁及横向辅梁将不会使纵向主梁发生扭转变形和产生扭转应力。

2.6.3　表孔闸门纵向主梁及二支臂合理布置

现行闸门设计规范中横向主梁等载布置的不足之处如前所述。因此，需适当调整双悬臂纵向主梁的悬臂端长度，使纵向主梁支座截面的角位移为零，从而避免支臂在纵向平面内的弯曲和横向主梁的扭转。

对于深孔水工弧形钢闸门，面板上的水压力沿竖向可近似认为是均匀分布，此时纵向主梁的合理悬臂端长度系数与横向主梁的合理悬臂端长度系数相同，即上段、下段悬臂端长度取为 0.224 倍弧长。

对于表孔水工弧形钢闸门，面板上的水压力可近似认为是沿弧长线性分布的，且门顶水头取为零。为了求得纵向主梁在支座处截面的转角为零，在确定计算简图时，可直接取为两端外伸梁，而无必要取纵向平面框架作为计算图式，如图2-32所示。

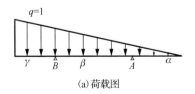

(a) 荷载图

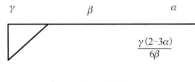

(d) R_B弯矩图

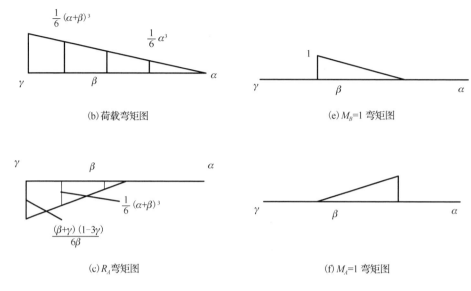

(b) 荷载弯矩图　　　　　　　　　　(e) $M_B=1$ 弯矩图

(c) R_A 弯矩图　　　　　　　　　　(f) $M_A=1$ 弯矩图

图 2-32　纵向主梁计算图式

为简化计算，设纵向主梁长度为 1，α、β、γ 分别为纵向主梁上段、中段、下段悬臂端长度系数。有

$$q=1,\quad \alpha+\beta+\gamma=1 \tag{2-8}$$

根据平衡条件得支座反力 R_A、R_B 如下：

$$R_A=\frac{1-3\gamma}{6\beta} \tag{2-9}$$

$$R_B=\frac{3(\beta+\gamma)-1}{6\beta} \tag{2-10}$$

若梁上荷载比较复杂，并要求其截面的挠度及转角时，采用叠加原理来作弯矩图更为方便。可将梁视为一端固定的悬臂梁，再画出所有荷载及反力分别产生的弯矩图，然后叠加得到实际弯矩图[图 2-32(a)～(c)]。

应用图乘法求纵向主梁在 A、B 两支座处横截面的转角 θ_A、θ_B，作单位弯矩图分别如图 2-32(f)和(e)所示。图 2-32(c)弯矩图的中间部分图形面积为

$$\omega=\frac{1}{24}\left[(\alpha+\beta)^4-\alpha^4\right] \tag{2-11}$$

这部分图形的形心距 B 支座的距离为

$$x=\frac{(\alpha+\beta)^5-\alpha^4(\alpha+5\beta)}{5\left[(\alpha+\beta)^4-\alpha^4\right]} \tag{2-12}$$

设纵向主梁的刚度 EI 不变，则由图乘法可得

$$EI\theta_{\mathrm{B}} = \omega\left(1 - \frac{x}{\beta}\right) - \frac{(1-3\gamma)\beta}{12} \cdot \frac{2}{3} \tag{2-13}$$

$$EI\theta_{\mathrm{A}} = \omega\frac{x}{\beta} - \frac{(1-3\gamma)\beta}{12} \cdot \frac{1}{3} \tag{2-14}$$

根据支座处纵向主梁横截面转角为零的条件，并结合式(2-13)和式(2-14)得

$$\omega = \frac{(1-3\gamma)\beta}{12} \tag{2-15}$$

$$3x = \beta \tag{2-16}$$

将式(2-11)、式(2-12)分别代入式(2-15)、式(2-16)并整理得

$$(1-3\gamma)(3\alpha - 2\beta) = 6\alpha^4 \tag{2-17}$$

$$(\alpha + \beta)^4 - \alpha^4 = 2(1-3\gamma)\beta \tag{2-18}$$

将式(2-8)与式(2-17)、式(2-18)联立，应用下降法编制 FORTRAN 程序，求出该方程组的一组实根为

$$\begin{cases} \alpha = 0.389 \\ \beta = 0.455 \\ \gamma = 0.156 \end{cases}$$

按此可以进行横向主梁的布置。

2.6.4　潜孔闸门纵向主梁及二支臂合理布置

二支臂潜孔水工弧形钢闸门结构纵向主梁上的水荷载沿弧长梯形分布，而梯形荷载可等效于均布荷载 $q=\rho_{\mathrm{w}}a$ 和线性荷载 $q_1=\rho_{\mathrm{w}}(H-a)$ 的叠加(ρ_{w} 为水的密度)。纵向主梁直接与支臂刚性连接形成平面框架，根据直梁法可知，与纵向主梁刚接的支臂在支撑处无弯矩时可简化为铰性支座，由纵向主梁和支臂组成的平面框架可简化为连续梁，水工弧形钢闸门二支臂纵向主梁的计算简图如图 2-33 所示。

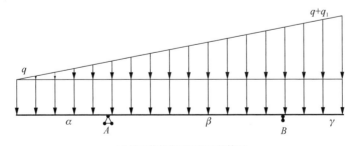

(a)梯形荷载作用下的计算简图

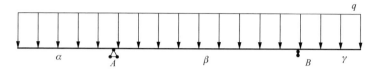

(b)均布荷载作用下的计算简图

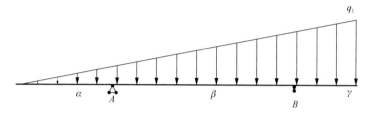

(c)线性荷载作用下的计算简图

图 2-33 水工弧形钢闸门二支臂纵向主梁计算简图

假设纵向主梁的刚度 EI 沿梁长度方向不变。为简化计算,设纵向主梁长度为 1,α、β、γ 分别为纵向主梁上段、中段、下段悬臂端长度系数。可得

$$\alpha + \beta + \gamma = 1 \tag{2-19}$$

根据平衡条件可得均布荷载和线性荷载作用下的支座反力分别为

$$R_{A1} = \frac{1-2\gamma}{2\beta}q \tag{2-20}$$

$$R_{B1} = \frac{1-2\alpha}{2\beta}q \tag{2-21}$$

$$R_{A2} = \frac{1-3\gamma}{6\beta}q_1 \tag{2-22}$$

$$R_{B2} = \frac{3(\beta+\gamma)-1}{6\beta}q_1 \tag{2-23}$$

将梁视为一端固定的悬臂梁,分别作出均布荷载和线性荷载作用下的弯矩图,然后进行叠加,即可得出梯形荷载作用下的弯矩图。用图乘法求 A、B 支座处横截面的转角 θ_A、θ_B,可作 $\bar{M}_A = 1$,$\bar{M}_B = 1$ 的弯矩图如图 2-34 所示。

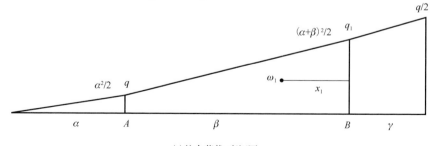

(a)均布荷载 q 弯矩图

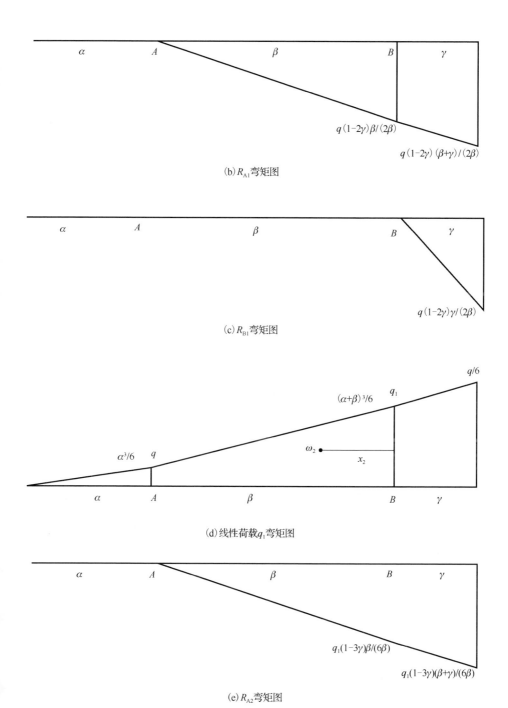

(b) R_{A1} 弯矩图

(c) R_{B1} 弯矩图

(d) 线性荷载 q_1 弯矩图

(e) R_{A2} 弯矩图

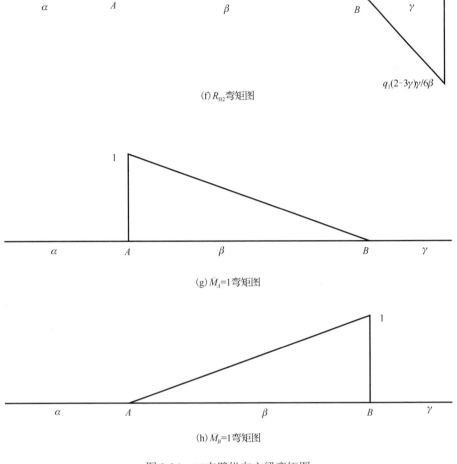

(f) R_{B2}弯矩图

(g) M_A=1弯矩图

(h) M_B=1弯矩图

图 2-34　二支臂纵向主梁弯矩图

图 2-34(a)和(d)中线性荷载弯矩图中间部分的面积和其形心距 B 支座的距离分别为

$$\omega_1 = \frac{q}{6}\left[\left(\alpha+\beta\right)^3 - \alpha^3\right] \tag{2-24}$$

$$x_1 = \frac{6\alpha^2\beta^2 + 4\alpha\beta^3 + \beta^4}{4\left[\left(\alpha+\beta\right)^3 - \alpha^3\right]} \tag{2-25}$$

$$\omega_2 = \frac{q_1}{24}\left[\left(\alpha+\beta\right)^4 - \alpha^4\right] \tag{2-26}$$

$$x_2 = \frac{\left(\alpha+\beta\right)^5 - \alpha^4\left(\alpha+5\beta\right)}{5\left[\left(\alpha+\beta\right)^4 - \alpha^4\right]} \tag{2-27}$$

则由图乘法可得

$$EI\theta_A = \omega_1 \frac{x_1}{\beta} - \frac{(1-2\gamma)\beta q}{4} \cdot \frac{1}{3} + \omega_2 \frac{x_2}{\beta} - \frac{(1-3\gamma)\beta q_1}{12} \cdot \frac{1}{3} \tag{2-28}$$

$$EI\theta_B = \omega_1 \left(1 - \frac{x_1}{\beta}\right) - \frac{(1-2\gamma)\beta q}{4} \cdot \frac{2}{3} + \omega_2 \left(1 - \frac{x_2}{\beta}\right) - \frac{(1-3\gamma)\beta q_1}{12} \cdot \frac{2}{3} \tag{2-29}$$

将式(2-24)~式(2-27)代入式(2-28)和式(2-29)，化简可得

$$q_1\left[-10\alpha^3\beta + 5\alpha\beta^3 + 2\beta^4\right] = 5q\left(6\alpha^2\beta - \beta^3\right) \tag{2-30}$$

$$q_1\left[20 + 30\alpha^3 + 30\alpha^2\beta + 15\alpha\beta^2 + 3\beta^3 - 30(\alpha+\beta)\right]$$
$$= -15q\left[2 + 6\alpha^2 + 4\alpha(\beta-1) - 4\beta + \beta^2\right] \tag{2-31}$$

联立式(2-19)、式(2-30)和式(2-31)构成方程组，再结合 q 和 q_1，用 Mathematica 编程进行求解三元三次方程组，解得 α、β、γ，进而得到水工弧形钢闸门二支臂的布置。

$$\begin{cases} \alpha = 0.230 \\ \beta = 0.550 \\ \gamma = 0.220 \end{cases}$$

2.6.5   三支臂表孔水工弧形钢闸门合理布置

作用在三支臂潜孔水工弧形钢闸门纵向主梁上的梯形荷载可等效于均布荷载 $q=\gamma a$ 和线性荷载 $q_1=\gamma(H-a)$ 的叠加。假设纵向主梁的刚度 EI 沿梁长度方向不变，与二支臂简化结构相比，此结构为一次超静定结构，除静力平衡方程外还必须补充变形协调方程，以 B 支座为多余约束，可得变形协调方程为 B 支座的挠度等于零。设主纵梁长度为 1，各段长度系数分别为 α、β、γ、η，支座 A、B 和 C 的反力分别为 R_A、R_B 和 R_C，三支臂主纵梁的简化计算图如图 2-35 所示。

$$\alpha + \beta + \gamma + \eta = 1 \tag{2-32}$$

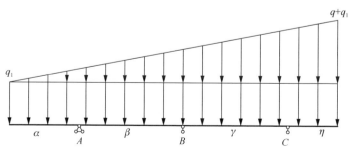

（a）梯形荷载作用下的计算简图

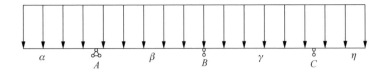

（b）均布荷载作用下的计算简图

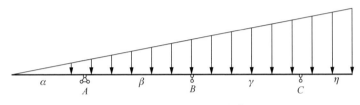

（c）线性荷载作用下的计算简图

图 2-35　三支臂纵向主梁计算简图

同理，采用 Mathematica 编程求解十元五次方程组，解得 α、β、γ、η，进而得到水工弧形钢闸门三支臂的布置[23]。

$$\begin{cases} \alpha = 0.353 \\ \beta = 0.339 \\ \gamma = 0.224 \\ \eta = 0.083 \end{cases}$$

2.6.6　主梁合理悬臂端长度适用性论证

前文仅从各主梁不产生扭转、支臂不产生弯曲及扭转角度出发，提出了横向主梁和纵向主梁的合理悬臂端长度，在实际工程上进行结构布置时，还必须考虑结构刚度、强度等要求。为便于说明问题，以现行结构布置为准，从强度和刚度两方面对合理悬臂端长度的适用性加以论证。

强度方面，对横向主梁来说，与 $c=0.2L$ 相比较，采用 $c=0.224L$ 的横向主梁控制剪力减少 8% 左右，而控制弯矩约增大 33%[5]，支座截面的最小抗弯模量增加(支臂与主梁连接处的许多构造增大了主梁截面)；对支臂强度的影响较小。因此，横向主梁及深孔水工弧形钢闸门的纵向主梁采用 $c=0.224L$ 计算，能提高主梁的抗剪能力，并不降低其抗弯能力，并有前述许多方面的优点。

对于表孔水工弧形钢闸门，目前所遵守的原则是横向主梁布置在静水压力合力作用线上下等距离处，并要求纵向主梁上部悬臂端长度不超过 0.45 倍弧长即可。前文分析得到合理布置中的系数 α、γ 均满足这些要求，因此可以直接采用此结果。

　　刚度方面,对横向主梁及深孔门的横向主梁,与 $c=0.2L$ 相比较,采用 $c=0.224L$ 的跨中最大挠度减少了 60%以上[6],只是各悬臂端的挠度增大了,计算公式为

$$\frac{f_{\max}}{L} = 0.224\left(\frac{f}{L}\right)$$

满足刚度要求。表孔水工弧形钢闸门的纵向主梁满足现行布置原则所要求的范围,因此也可以直接采用此结果。

　　实际上,由于水工弧形钢闸门侧止水和底止水摩擦阻力的作用,其悬臂端的最大挠度较理论值有所减小,必然能满足刚度要求,不致影响侧止水和底止水的正常工作。对深孔水工弧形钢闸门的顶止水来说,过大的门顶位移是不利的。随着新结构型式(如偏心铰闸门)和新止水型式(如膨胀式止水、伸缩式止水)的应用,这一问题将易于解决。

2.7　本　章　小　结

　　本章的主要内容是水工钢闸门选型依据和闸门的结构类型,以及实际工程中常用的闸门类型,考虑到水工钢闸门的结构选型对于整体水利枢纽工程的安全性和经济性的重要影响,对各种典型水工钢闸门结构特点适用性进行了分析评价。为了闸门选型时尽可能做到"技术先进、经济合理、安全适用、节省材料",确保最优设计的闸门能满足安全、稳定、高效、美观的要求,与整体工程及环境融为一体,提出了主横梁或主纵梁在支撑处横截面的转角为零的结构合理布置原则,同时提出了双向井字梁结构的合理主梁布置,支臂支撑点在井字梁的交叉点处,且保证支臂端部无弯矩,以提高空间框架结构的整体稳定性。探求了水工弧形钢闸门结构的合理布置,得出二支臂表孔水工弧形钢闸门纵向主梁上段悬臂端长度系数为 0.389,中段长度系数为 0.455,下段长度系数为 0.156;潜孔水工弧形钢闸门纵向主梁上段悬臂端长度系数为 0.230,中段长度系数为 0.550,下段长度系数为 0.220;三支臂表孔水工弧形钢闸门上段长度系数为 0.353,中上段长度系数为 0.339,中下段长度系数为 0.224,下段悬臂端长度系数为 0.083;主横梁式水工弧形钢闸门主梁悬臂端长度系数为 0.224。

参　考　文　献

[1] 《水电站机电设计手册》编写组. 水电站机电设计手册:金属结构(一)[M]. 北京:水利电力出版社, 1988.

[2] 王正中, 张雪才, 刘计良. 大型水工钢闸门的研究进展及发展趋势[J]. 水力发电学报, 2017, 36(10): 1-18.

[3] 章继光, 刘恭忍. 轻型弧形钢闸门事故分析研究[J]. 水力发电学报, 1992, 11(3): 49-57.

[4] 李昆. 水工钢结构原理与设计[M]. 北京:中国水利水电出版社, 2011.

[5] 武汉水利电力学院, 大连工学院, 河海大学. 水工钢结构(第二版)[M]. 北京:水利电力出版社, 1988.

[6] 安徽省水利局勘测设计院. 水工钢闸门设计[M]. 北京:水利电力出版社, 1983.

[7] 李玲君, 戴振华. 人字闸门固定式底枢改进设计[J]. 水运工程, 2019(1): 131-135.

[8] 刘浩, 胡友安, 张福贵, 等. 三角闸门新型非对称浮箱的设计[J]. 江苏水利, 2015(S1): 22-25.

[9] 乔世珊, 张海龙. 浮箱式闸门的应用[J]. 中国水利, 2000(3): 34-35.

[10] 戴振华, 邢述炳, 黄可璠. 芒稻扩容改造船闸横拉闸门设计与研究[J]. 中国水运, 2017, 17(5): 94-95.

[11] 杨警声. 扇形闸门[J]. 水运工程, 1979(3): 29-32.

[12] 杨安玉, 任旭华, 张继勋, 等. 护目镜式水闸结构及稳定分析[J]. 水电能源科学, 2012, 30(5): 97-99.

[13] 王法猛, 张忠良. 平面弧形双开闸门流量系数影响因素分析[J]. 水电能源科学, 2012, 30(9): 136-137, 191.

[14] 中华人民共和国水利部. 水利水电工程钢闸门设计规范: SL 74—2019[S]. 北京: 中国水利水电出版社, 2019.

[15] US Army Corps of Engineer(USACE). Design of spillway tainter gates: EM 1110-2-2702[S]. Washington D.C.: US Army Corps of Engineers, 2000.

[16] 王正中. 关于大中型弧形钢闸门合理结构布置及计算图式的探讨[J]. 人民长江, 1995, 26(1) : 54-59.

[17] 王正中. 刘家峡水电站深孔弧门按双向平面主框架分析计算的探讨[J]. 水力发电, 1992(7): 41-45.

[18] 王正中, 李宗利, 娄宗科. 三支臂表孔弧门合理结构布置[J]. 西北农业大学学报, 1995, 23(3): 230-234.

[19] 王正中. 深孔弧门主梁布置型式的探讨[J]. 人民长江, 1994, 25(3): 16-19.

[20] 邱德修. 弧形钢闸门的动力特性及动力稳定性分析[D]. 南京: 河海大学, 2006.

[21] 贾仕开. 双支臂弧门与三支臂弧门整体优化设计及使用范围的探讨[D]. 杨凌: 西北农业大学, 1997.

[22] ZHANG X C, WANG Z Z, SUN D. Research on rational layout of strut arms of tainter gate in vertical frame[J]. International Journal of Numerical Methods for Calculation and Design in Engineering. 2018, 34(1): 15.

[23] 王正中, 张雪才, 吴思远. 一种弧形钢闸门纵向框架支臂合理布置的简明图表法: CN105756020A[P]. 2016-07-13.

第3章　水工钢闸门结构有限元分析

3.1　概　　述

水工钢闸门是一个空间结构体系,其结构型式及所受荷载情况十分复杂多样。我国目前对于水工闸门的设计主要是依据《水利水电工程钢闸门设计规范》(SL 74—2019)[1]和《水电工程钢闸门设计规范》(NB 35055—2015)[2]进行,规范主要采用平面结构体系设计方法,对各部件进行一定程度的力学简化,把整个闸门分割成多个相互独立的构件,将外荷载(如静水压力等)按照经验分配给各构件,然后依据材料力学的方法对各个构件进行受力分析。这种方法虽然简单明了、便于操作,但是也有许多不足。首先,该方法将整体闸门空间结构体系划分为独立的构件,忽略了各个构件的整体协调性,不能准确反映整个闸门各构件间的相互联系和变形协调关系,以及构造构件在闸门上的作用;其次,该方法的结构计算只限于在主框架平面内进行,未曾考虑平面外内力或应力的影响。对于大跨度钢闸门或高水头钢闸门,该方法明显存在一定的缺陷。因此,采用一种更为精确的方法对闸门结构进行分析计算十分重要。

随着有限元法理论的不断完善,计算机硬件水平的不断提升,涌现出一大批优秀的通用商业有限元分析软件,如 ANSYS、ABAQUS、MSC Marc 等,这给水工钢闸门的有限元分析计算提供了必要的条件。在进行有限元分析时,将闸门作为一个整体的空间体系,在荷载的作用下,闸门各个构件相互协调、共同作用。采用有限元分析的方法对闸门进行计算,可以充分体现闸门的空间效应,并能准确计算出各构件的内力、应力和变形,便于深入分析闸门的受力和变形特点,不仅可以节省材料、减轻闸门的自重,实现对闸门结构的整体优化,还能提高闸门的整体安全性。同时,采用有限元法对过去按照平面体系法设计建成的闸门进行分析评价,可以安全预测与预警,及早发现问题,防患于未然。因此,采用有限元法对水工钢闸门进行分析具有极其重要的现实意义。

有限元法是当今工程分析中应用最广泛的数值计算方法之一。闸门结构是一个空间结构体系,各组成构件需相互协调,作用在闸门结构上的外力和荷载由全部组成构件共同承担。有限元法的快速发展使闸门结构完全按空间体系分析计算得以实现,可充分满足闸门空间结构的整体性、空间受力及变形需求。作者研究团队提出闸坝一体化的分析方法,通过对不同工况的计算,得出闸坝一体化分析模型的控制工况是校核水位时的瞬间开启工况。考虑止水作用及流固耦合振动的闸坝一体化分析模型，其水工弧形钢闸门自振频率会降低，从而远离流激振动的主频区，利于水工弧形钢闸门的动力稳定。闸坝一体化的分析方法可保证水工弧形钢闸门结构的安全性与经济性的统一。此外，本章采用非线性有限元法对闸门止水受力特点进行探究。

3.2　基本理论与方法

3.2.1　弹性力学基本理论

1. 弹性力学的研究内容

弹性力学又称为弹性理论，是固体力学的一个分支，主要研究内容为弹性体受外力作用、边界约束或温度改变等而发生的力、形变和位移。

弹性力学的研究对象为各种形状的弹性体，包括杆件、平面体、空间体、平板和壳体等。对于这些弹性体，弹性力学主要采用的研究方法是：在弹性体区域内必须严格考虑静力学、几何学和物理学三方面的条件，在边界上必须严格考虑受力条件和约束条件，由此建立微分方程和边界条件并进行求解。从数学角度来看，可以将弹性力学问题归结为在边界条件下求解微分方程组，属于微分方程的边值问题。借助数学工具，弹性力学中许多问题都已得到解答，为许多工程技术难题提供了解决方案，同时也为其他固体力学问题提供了参考。

弹性力学在土木、水利、机械、交通、航空等工程领域中具有重要地位。随着当代经济和技术的高速发展，许多大型、复杂的工程结构不断涌现，这些结构安全性和经济性的矛盾十分突出，在保证结构安全运行的同时需要尽可能地节省材料。为了解决这一矛盾，必须对结构进行严格而精确的分析。弹性力学是固体力学的基础，不仅可以分析杆系结构，还可以分析平面体、空间体、平板和壳体等各种形状的弹性体，为保证大型复杂结构的安全性与经济性奠定了坚实的基础。

2. 弹性力学的基本概念

弹性力学中常用的基本概念主要有外力、应力、形变和位移。外力是指其他物体对研究对象的作用力，可以分为体积力和表面力，分别简称为体力和面力。体力是分布在物体体积内的力，如重力和惯性力。物体内各点的受体力情况一般是不同的，为了表示该物体在某一点 P 所受体力的大小与方向，在该点处取物体包含 P 点的一小部分，该部分的体积为 ΔV，如图 3-1(a)所示。设作用于 ΔV 的体力为 F，则体力的平均集度为 $\Delta F/\Delta V$。令 ΔV 无限减小趋近于 0，假设体力为连续分布，则 $\Delta F/\Delta V$ 将趋近于一定的极限矢量 f，即

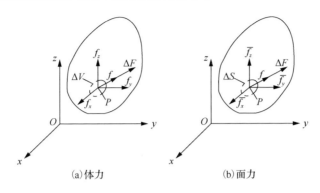

图 3-1　体力与面力

$$\lim_{\Delta V \to 0} \frac{\Delta F}{\Delta V} = f \tag{3-1}$$

该极限矢量 f 就是物体在 P 点所受体力的集度，与 ΔF 同向。极限矢量 f 在坐标轴 x、y、z 上的投影 f_x、f_y、f_z 称为该物体在 P 点的体力分量，以坐标轴正向为正方向，量纲为 $L^{-1}MT^{-2}$。

面力是分布在物体表面上的力，如流体压力和接触力。一般物体在其表面上受面力的情况也是不同的。为了表示该物体在表面某一点 P 所受面力的大小和方向，在该点处取物体表面包含 P 点的一小部分，该部分的面积为 ΔS，如图 3-1(b) 所示。设作用于 ΔS 的面力为 ΔF，则面力的平均集度为 $\Delta F/\Delta S$。令 ΔS 无限减小趋近于 0，假设体力为连续分布，则 $\Delta F/\Delta S$ 将趋近于一定的极限矢量 $\bar{f}$，即

$$\lim_{\Delta S \to 0} \frac{\Delta F}{\Delta S} = \bar{f} \tag{3-2}$$

该极限矢量 $\bar{f}$ 就是物体在 P 点所受面力的集度，与 ΔF 同向。极限矢量 $\bar{f}$ 在坐标轴 x、y、z 上的投影 $\bar{f}_x$、$\bar{f}_y$、$\bar{f}_z$ 称为该物体在 P 点的面力分量，以坐标轴正向为正方向，量纲为 $L^{-1}MT^{-2}$。

3. 弹性力学的基本假定

在弹性力学问题中，通过对主要影响因素的分析，归纳为以下五个弹性力学基本假定。①连续性假定：假定物体是连续的，即假定整个物体的体积都被组成这个物体的介质所填满，不留下任何空隙，这样物体内的一些物理量，如应力、形变、位移等才可能是连续的，因此才可用坐标的连续函数表示物理量的变化规律。②完全弹性假定：假定物体是完全弹性的，即撤去引起物体变形的外力以后，物体能完全恢复且没有任何剩余形变，物体在任一瞬时的形变完全取决于它在该瞬时所受的外力，与过去的受力情况无关。③均匀性假定：假定物体是均匀的，即整个物体由同一材料组成，整个物体的各部分都具有相同的弹性，因此物体的

弹性不随位置坐标的改变而改变。④各向同性假定：即物体的弹性在各个方向都相同，物体的各物理特性不随方向的改变而改变。⑤小变形假定：假定物体受力以后，整个物体各点的位移都远远小于物体原来的尺寸，而且应变和转角都远远小于 1。在建立物体变形以后的平衡方程时，就可以方便地使用变形以前的尺寸来代替变形以后的尺寸，而不致引起显著的误差。并且在考察物体形变与位移的关系时，转角和应变的二次和更高次幂或乘积相对于其本身都可以略去不计。

4. 平面问题的基本理论

1) 平面应力问题与平面应变问题

一般的弹性力学问题都是空间问题。但是，如果弹性体具有如下的受力情况和约束特性，就可以把空间问题简化为近似的平面问题，这样处理可减少分析和计算的工作量，而所得的结果仍然可以满足工程上对精度的要求。

第一种平面问题是平面应力问题，即只有平面应力分量(σ_x、σ_y 和 τ_{xy})存在，且仅为 x、y 函数的弹性力学问题。进而可认为，凡是符合这两点的问题，也都属于平面应力问题。第二种平面问题是平面应变问题，即只有平面应变分量(ε_x、ε_y 和 γ_{xy})存在，且仅为 x、y 函数的弹性力学问题。

2) 平衡微分方程

在弹性力学问题中，要同时考虑静力学、几何学和物理学三方面的条件，分别建立三套方程。考虑平面问题的静力条件时，在弹性体内任一点取出一个微分体，根据平衡条件导出应力分量与体力分量之间的关系式，也就是平面问题的平衡微分方程。

从图 3-2 所示的等厚度薄板中取出一个微小的正平行六面体，如图 3-3 所示，在 x 和 y 方向的尺寸分别为 dx 和 dy。为了计算简便，在 z 方向的尺寸取为一个单位长度。首先，以通过中心 C 并平行于 z 轴的直线为矩轴，列出力矩的平衡方程，C 点的弯矩和 $\sum M_C = 0$，有

$$\begin{aligned} &\left(\tau_{xy} + \frac{\partial \tau_{xy}}{\partial x}\right)\mathrm{d}y \times 1 \times \frac{\mathrm{d}x}{2} + \tau_{xy}\mathrm{d}y \times 1 \times \frac{\mathrm{d}x}{2} \\ &- \left(\tau_{yx} + \frac{\partial \tau_{yx}}{\partial y}\mathrm{d}y\right)\mathrm{d}x \times 1 \times \frac{\mathrm{d}y}{2} - \tau_{yx}\mathrm{d}x \times 1 \times \frac{\mathrm{d}y}{2} = 0 \end{aligned} \tag{3-3}$$

式中，τ_{xy} 为 xy 切应力；τ_{yx} 为 yx 切应力。

将式(3-3)除以 dxdy，合并相同的项，得到

$$\tau_{xy} + \frac{1}{2}\frac{\partial \tau_{xy}}{\partial x}\mathrm{d}x = \tau_{yx} + \frac{1}{2}\frac{\partial \tau_{yx}}{\partial y}\mathrm{d}y \tag{3-4}$$

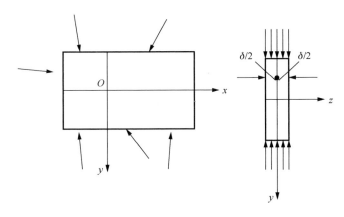

图 3-2　等厚度薄板受力图

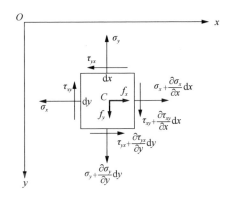

图 3-3　正平行六面体受力图

略去微量不计，得出

$$\tau_{xy} = \tau_{yx} \qquad (3\text{-}5)$$

以 x 轴为投影轴，列出投影的平衡方程，x 方向合力 $\sum F_x = 0$，有

$$\left(\sigma_x + \frac{\partial \sigma_x}{\sigma_x} \right) = 0 \qquad (3\text{-}6)$$

化简以后，两边除以 $\mathrm{d}x\mathrm{d}y$，得

$$\frac{\partial \sigma_x}{\partial x} + \frac{\partial \tau_{yx}}{\partial y} + f_x = 0 \qquad (3\text{-}7)$$

式中，f_x 为 x 方向内力。同样，由平衡方程 $\sum F_y = 0$ 可得到一个相似的微分方程。于是，得出平面问题中应力分量与体力分量之间的关系式，即平面问题中的平衡微分方程：

$$\begin{cases} \dfrac{\partial \sigma_x}{\partial x} + \dfrac{\partial \tau_{yx}}{\partial y} + f_x = 0 \\[3mm] \dfrac{\partial \sigma_y}{\partial y} + \dfrac{\partial \tau_{xy}}{\partial x} + f_y = 0 \end{cases} \tag{3-8}$$

对于平面应变问题来说，在图 3-3 所示的正平行六面体上，一般还有作用于前后两面的正应力 σ_z，但其并不影响式(3-5)和式(3-8)的建立，因此该方程对于两种平面问题都适用。

3.2.2　有限元法的基本方法

3.2.2.1　有限元法简介

有限元法最初作为结构力学位移法的发展，它的基本思路是将复杂的结构看成有限个单元仅在节点处连接的整体，首先分析每一个单元的特性，建立相关物理量之间的相互联系，然后依据单元之间的联系将各个单元组装成整体，从而获得整体特性方程，应用方程相应的解法即可完成整个问题的分析。这种先化整为零、再集零为整和化未知为已知的研究方法具有普遍意义。

有限元法作为一种近似的数值分析方法，借助于矩阵等数学工具。尽管计算工作量很大，但是整体分析是一致的，有很强的规律性，因此特别适合于编制计算机程序进行处理。通常来说，一定前提条件下随着离散化网格的不断细化，分析的近似性计算精度也将得到提高。因此，随着计算机软件、硬件技术的飞速发展，有限元法得到越来越多的应用，五十年左右的发展几乎涉及了各类科学、工程领域中的问题。从应用的深度和广度来看，有限元法的研究和应用正在不断向前探索和推进。

从理论上讲，运用有限元法，无论是简单的一维杆系结构，还是受复杂荷载和不规则边界情况的二维平面、轴对称和三维空间块体等的静力、动力和稳定性分析，以及考虑材料具有非线性力学行为和有限变形的分析，温度场、电磁场、流体、液-固体、结构与土壤相互作用等复杂工程问题的分析都可得到满意的解决，且其基本思路和分析过程都是相同的。一般情况下，应用有限元法分析问题包含以下几个方面。

1. 结构离散化

应用有限元法分析工程问题的第一步，是将结构进行离散化。将待分析的结构用假想的线和面进行分割，使其成为具有选定切割形状的有限个单元体，这些单元体被认为仅仅在单元的一些指定点处相互连接，这些单元上的点称为单元的节点。

2. 确定单元的位移模式

结构离散化后，接下来要对结构离散化所得的任一典型单元进行单元特性分析。为此，首先必须对该单元中任意一点的位移分布作出假设，即在单元内用只具有有限自由度的简单位移代替真实位移。对位移元来说，将单元中任意一点的位移近似地表示成该单元节点位移的函数，该位移称为单元的位移模式或位移函数。位移函数的假设合理与否，将直接影响到有限元分析的计算精度、效率和可靠性。

3. 有限元法的分析内容

①利用几何方程，将单元中任意一点的应变用待定的单元节点位移来表示；②利用物理方程，推导出用单元节点位移表示的单元中任意一点应力的矩阵方程；③利用虚位移原理或最小势能原理，建立单元刚度方程；④按离散情况集成所有单元的特性，建立表示整个结构节点平衡的方程组；⑤解方程组和输出计算结果。

3.2.2.2　弹性力学问题有限元法的基本原理

对于一个力学或物理问题，在建立数学模型以后，用有限元法对其进行分析的首要步骤是选择单元形式。平面问题三节点三角形单元，是最早采用且至今仍经常采用的有限元法单元形式。本章将以三节点三角形单元作为典型单元，讨论如何应用广义坐标建立单元位移模式与位移插值函数，以及根据最小位能原理建立有限元求解方程的原理、方法与步骤，进而引出弹性力学问题有限元法的一般表达形式。

1. 单元位移模式及插值函数的构造

三节点三角形单元是有限元法中最早提出且至今仍广泛应用的单元。三角形单元对复杂边界有较强的适应能力，因此很容易将一个二维区域离散成有限个三角形单元，如图 3-4 所示，图中 e_1、e_2 为三角形单元编号。在边界上以若干段直线近似原来的曲线边界，随着单元的增多，这种拟合将越来越精确。

典型的三节点三角形单元节点编码为 i、j、m，以逆时针方向为编码方向。每个节点有 2 个位移分量，如图 3-5 所示。每个单元有六个节点位移，即六个节点自由度。节点 $i(x_i, y_i)$ 在 x 和 y 方向上的位移分别表示为 u_i 和 v_i，节点 $j(x_j, y_j)$ 在 x 和 y 方向上的位移分别表示为 u_j 和 v_j，节点 $m(x_m, y_m)$ 在 x 和 y 方向上的位移分别表示为 u_m 和 v_m。

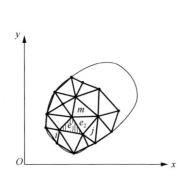
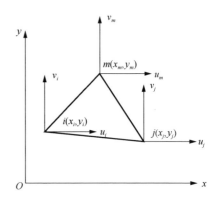

图 3-4　二维区域离散为三角形单元示意图　　　图 3-5　三节点三角形单元

1) 单元的位移模式和广义坐标

在有限元法中单元的位移模式(或称为位移函数)一般采用多项式作为近似函数。因为多项式运算简便，并且随着项数的增多，可以逼近任何一段光滑的函数曲线。多项式的选取应由低次到高次。

三节点三角形单元的位移模式选取一次多项式：

$$\begin{cases} u = \beta_1 + \beta_2 x + \beta_3 y \\ v = \beta_4 + \beta_5 x + \beta_6 y \end{cases} \tag{3-9}$$

其矩阵表示为

$$\boldsymbol{u} = \boldsymbol{\varphi}\boldsymbol{\beta} \tag{3-10}$$

其中，

$$\begin{cases} \boldsymbol{u} = \begin{bmatrix} u \\ v \end{bmatrix} \\ \boldsymbol{\varPhi} = \begin{bmatrix} \varphi & 0 \\ 0 & \varphi \end{bmatrix} \\ \boldsymbol{\varphi} = \begin{bmatrix} 1 & x & y \end{bmatrix} \\ \boldsymbol{\beta} = \begin{bmatrix} \beta_1 & \beta_2 & \cdots & \beta_6 \end{bmatrix}^{\mathrm{T}} \end{cases} \tag{3-11}$$

式中，φ 为位移模式，表示位移作为坐标(x, y)的函数中所包含的项次；单元内的位移是坐标(x, y)的线性函数；$\beta_1 \sim \beta_6$ 为待定系数，称为广义坐标。6 个广义坐标可由单元的 6 个节点位移来表示。在式(3-9)中代入节点 i 的坐标(x_i, y_i)可得到节点 i 在 x 方向的位移 u_i，同理可得 u_j 和 u_m，分别表示为

$$\begin{cases} u_i = \beta_1 + \beta_2 x_i + \beta_3 y_i \\ u_j = \beta_1 + \beta_2 x_j + \beta_3 y_j \\ u_m = \beta_1 + \beta_2 x_m + \beta_3 y_m \end{cases} \tag{3-12}$$

解式(3-12)可以得到由节点位移表示的广义坐标表达式。式(3-12)的系数行列式为

$$D = \begin{vmatrix} 1 & x_i & y_i \\ 1 & x_j & y_j \\ 1 & x_m & y_m \end{vmatrix} = 2A \tag{3-13}$$

式中，A 为三角形单元的面积。

广义坐标 $\beta_1 \sim \beta_3$ 为

$$\begin{cases} \beta_1 = \dfrac{1}{D} \begin{vmatrix} u_i & x_i & y_i \\ u_j & x_j & y_j \\ u_m & x_m & y_m \end{vmatrix} = \dfrac{1}{2A}(a_i u_i + a_j u_j + a_m u_m) \\[4mm] \beta_2 = \dfrac{1}{D} \begin{vmatrix} 1 & u_i & y_i \\ 1 & u_j & y_j \\ 1 & u_m & y_m \end{vmatrix} = \dfrac{1}{2A}(b_i u_i + b_j u_j + b_m u_m) \\[4mm] \beta_3 = \dfrac{1}{D} \begin{vmatrix} 1 & x_i & u_i \\ 1 & x_j & u_j \\ 1 & x_m & u_m \end{vmatrix} = \dfrac{1}{2A}(c_i u_i + c_j u_j + c_m u_m) \end{cases} \tag{3-14}$$

同理，利用三个节点 y 方向的位移可求得

$$\begin{cases} \beta_4 = \dfrac{1}{2A}(a_i v_i + a_j v_j + a_m v_m) \\[3mm] \beta_5 = \dfrac{1}{2A}(b_i v_i + b_j v_j + b_m v_m) \\[3mm] \beta_6 = \dfrac{1}{2A}(c_i v_i + c_j v_j + c_m v_m) \end{cases} \tag{3-15}$$

在式(3-14)和式(3-15)中，

$$\begin{cases} a_i = \begin{vmatrix} x_j & y_j \\ x_m & y_m \end{vmatrix} = x_j y_m - x_m y_j \\[4mm] b_i = -\begin{vmatrix} 1 & y_j \\ 1 & y_m \end{vmatrix} = y_j - y_m \qquad (i, j, m) \\[4mm] c_i = \begin{vmatrix} 1 & x_j \\ 1 & x_m \end{vmatrix} = -x_j + x_m \end{cases} \tag{3-16}$$

式中，(i, j, m) 表示下标轮换，如 $i \rightarrow j$，$j \rightarrow m$，$m \rightarrow i$。

2) 位移插值函数

将求得的广义坐标 $\beta_1 \sim \beta_6$ 代入式(3-9)中，可将位移函数表示成节点位移的函数，即

$$\begin{cases} u = N_i u_i + N_j u_j + N_m u_m \\ v = N_i v_i + N_j v_j + N_m v_m \end{cases} \tag{3-17}$$

其中，

$$N_i = \frac{1}{2A}(a_i + b_i x + c_i y) \qquad (i,j,m) \tag{3-18}$$

式中，N_i、N_j、N_m 为单元的插值函数或形函数，对于当前情况，它是坐标(x,y)的一次函数，式(3-18)中，a_i，b_i，c_i，$\cdots$，c_m 是常数，取决于单元的三个节点坐标。

式(3-18)中单元面积 A 可通过式(3-16)的系数表示为

$$A = \frac{1}{2}D = \frac{1}{2}(a_i + a_j + a_m) = \frac{1}{2}(b_i c_j - b_j c_i) \tag{3-19}$$

式(3-17)的矩阵形式是

$$\boldsymbol{u} = \begin{bmatrix} u \\ v \end{bmatrix} = \begin{bmatrix} N_i & 0 & N_j & 0 & N_m & 0 \\ 0 & N_i & 0 & N_j & 0 & N_m \end{bmatrix} \begin{Bmatrix} u_i \\ v_i \\ u_j \\ v_j \\ u_m \\ v_m \end{Bmatrix}$$

$$= \begin{bmatrix} N_i & N_j & N_m \end{bmatrix} \boldsymbol{a}^e = \boldsymbol{N} \boldsymbol{a}^e \tag{3-20}$$

式中，$\boldsymbol{N}$ 为插值函数矩阵或形函数矩阵；$\boldsymbol{a}^e$ 为单元节点位移矩阵。

插值函数具有如下性质。

(1) 在节点上插值函数的值有

$$N_i(x_i, y_j) = \delta_{ij} = \begin{cases} 1, & \text{当} j = i \\ 0, & \text{当} j \neq i \end{cases} \quad (i,j,m) \tag{3-21}$$

即有 $N_i(x_i, y_j)=1$，$N_i(x_i, y_i)=N_i(x_m, y_m)=1$。也就是说，在 i 节点上 $N_i=1$，在 j、m 节点上 $N_i=0$。由式(3-17)可知，当 $x=x_i$，$y=y_i$ 时，在节点 i 应有 $u=u_i$，因此也必然要求 $N_i=1$，$N_j=N_m=0$。其他两个形函数也具有同样的性质。

(2) 在单元中任一节点各插值函数之和应等于 1，即

$$N_i + N_j + N_m = 1 \tag{3-22}$$

若发生单位刚体位移，如 x 方向有刚体位移 u_0，则单元内(包含节点上)各处应有位移 u_0，即 $u_i=u_j=u_m=u_0$，又由式(3-17)得到

$$u = N_i u_i + N_j u_j + N_m u_m = (N_i + N_j + N_m)u_0 = u_0 \tag{3-23}$$

因此，必然要求 $N_i+N_j+N_m=1$。若插值函数不能满足此要求，则不能反映单元的刚体位移，用以求解必然得不到正确的结果。

(3) 对于现有的单元，插值函数是线性的，在单元内部及单元的边界上位移

也是线性的，可由节点上的位移唯一确定。由于相邻单元公共节点的位移是相等的，保证了相邻单元在公共边界上的位移的连续性。

2. 应变矩阵和应力矩阵

确定了单元位移后，可以很方便地利用几何方程和物理方程求得单元的应变和应力。将式(3-20)代入几何方程中，可得单元的应变为

$$\boldsymbol{\varepsilon} = \begin{pmatrix} \varepsilon_x \\ \varepsilon_y \\ \gamma_{xy} \end{pmatrix} = \boldsymbol{L}\boldsymbol{u} = \boldsymbol{L}\boldsymbol{N}\boldsymbol{a}^e = \boldsymbol{L}[N_i \quad N_j \quad N_m]\boldsymbol{a}^e$$

$$= \begin{bmatrix} \boldsymbol{B}_i & \boldsymbol{B}_j & \boldsymbol{B}_m \end{bmatrix}\boldsymbol{a}^e = \boldsymbol{B}\boldsymbol{a}^e \tag{3-24}$$

式中，$\boldsymbol{B}$ 为应变矩阵；$\boldsymbol{L}$ 为平面问题的微分算子。

应变矩阵 $\boldsymbol{B}$ 的分块矩阵 $\boldsymbol{B}_i$ 为

$$\boldsymbol{B}_i = \boldsymbol{L}\boldsymbol{N}_i = \begin{bmatrix} \dfrac{\partial}{\partial x} & 0 \\ 0 & \dfrac{\partial}{\partial y} \\ \dfrac{\partial}{\partial y} & \dfrac{\partial}{\partial x} \end{bmatrix} \begin{bmatrix} N_i & 0 \\ 0 & N_i \end{bmatrix} = \begin{bmatrix} \dfrac{\partial N_i}{\partial x} & 0 \\ 0 & \dfrac{\partial N_i}{\partial y} \\ \dfrac{\partial N_i}{\partial y} & \dfrac{\partial N_i}{\partial x} \end{bmatrix} \quad (i,j,m) \tag{3-25}$$

对式(3-18)求导可得

$$\begin{cases} \dfrac{\partial N_i}{\partial x} = \dfrac{1}{2A}b_i \\ \dfrac{\partial N_i}{\partial y} = \dfrac{1}{2A}c_i \end{cases} \tag{3-26}$$

代入式(3-25)得

$$\boldsymbol{B}_i = \frac{1}{2A}\begin{bmatrix} b_i & \\ & c_i \\ c_i & b_i \end{bmatrix} \quad (i,j,m) \tag{3-27}$$

三节点单元的应变矩阵是

$$\boldsymbol{B} = \begin{bmatrix} \boldsymbol{B}_i & \boldsymbol{B}_j & \boldsymbol{B}_m \end{bmatrix} = \frac{1}{2A}\begin{bmatrix} b_i & 0 & b_j & 0 & b_m & 0 \\ 0 & c_i & 0 & c_j & 0 & c_m \\ c_i & b_i & c_j & b_j & c_m & b_m \end{bmatrix} \tag{3-28}$$

式中，b_i、b_j、b_m、c_i、c_j、c_m 由式(3-16)确定，它们是单元形状的参数。当单元的节点坐标确定后，这些参数都是常量(与坐标变量 x、y 无关)，因此 $\boldsymbol{B}$ 是常量矩阵。当单元的节点位移 $\boldsymbol{a}^e$ 确定后，由 $\boldsymbol{B}$ 转换求得的单元应变都是常量，也就是说在荷

载作用下单元中各点具有同样的 ε_x、ε_x 和 γ_{xy}，因此三节点三角形单元称为常应变单元。在应变梯度较大的部位，单元划分应适当密集，否则将不能反映应变的真实变化，导致较大的误差。

单元应力可以根据物理方程求得，即将式(3-24)代入物理方程中即可得到

$$\boldsymbol{\sigma} = \begin{bmatrix} \sigma_x \\ \sigma_y \\ \tau_{xy} \end{bmatrix} = D\boldsymbol{\varepsilon} = DB\boldsymbol{a}^e = \boldsymbol{S}\boldsymbol{a}^e \tag{3-29}$$

其中，

$$\boldsymbol{S} = DB = D\begin{bmatrix} \boldsymbol{B}_i & \boldsymbol{B}_j & \boldsymbol{B}_m \end{bmatrix} = \begin{bmatrix} \boldsymbol{S}_i & \boldsymbol{S}_j & \boldsymbol{S}_m \end{bmatrix} \tag{3-30}$$

式中，$\boldsymbol{S}$ 为应力矩阵。将平面应力或平面应变的弹性矩阵及式(3-28)代入式(3-30)，可以得到计算平面应力或平面应变问题的单元应力矩阵。$\boldsymbol{S}$ 的分块矩阵 $\boldsymbol{S}_i$ 为

$$\boldsymbol{S}_i = DB_i = \frac{E_0}{2(1-v_0^2)A}\begin{bmatrix} b_i & v_0 c_i \\ v_0 b_i & c_i \\ \dfrac{1-v_0}{2}c_i & \dfrac{1-v_0}{2}b_i \end{bmatrix} \quad (i,j,m) \tag{3-31}$$

式中，E_0、v_0 为材料常数。

对于平面应力问题，有

$$\begin{cases} E_0 = E \\ v_0 = \mu \end{cases} \tag{3-32}$$

对于平面应变问题，有

$$\begin{cases} E_0 = \dfrac{E}{1-\mu^2} \\ v_0 = \dfrac{v}{1-\mu} \end{cases} \tag{3-33}$$

与应变矩阵 $\boldsymbol{B}$ 相同，应力矩阵 $\boldsymbol{S}$ 也是常量矩阵，即三节点单元中各点的应力是相同的。

在很多情况下，不单独定义应力矩阵 $\boldsymbol{S}$，而直接用 DB 进行应力计算。

3. 用最小位能原理建立有限元方程

最小位能原理的泛函总位能 $\varPi_P$ 在平面问题中的矩阵表达形式为

$$\varPi_P = \int_\Omega \frac{1}{2}\boldsymbol{\varepsilon}^\mathrm{T} D\boldsymbol{\varepsilon}t\mathrm{d}x\mathrm{d}y - \int_\Omega \boldsymbol{u}^\mathrm{T}\boldsymbol{f}t\mathrm{d}x\mathrm{d}y - \int_{S_\sigma} \boldsymbol{u}^\mathrm{T}\boldsymbol{T}t\mathrm{d}S \tag{3-34}$$

式中，t 为二维体厚度，m；$\boldsymbol{f}$ 为作用在二维体内的体积力，N/m³；$\boldsymbol{T}$ 为作用在二维体边界上的面积力，N/m²。

对于离散模型，系统位能是各单元位能的和，将式(3-34)代入式(3-20)和
式(3-24)，得到离散模型的总位能为

$$\Pi_P = \sum_e \Pi_P^e = \sum_e \left(\boldsymbol{a}^{e\mathrm{T}} \int_{\Omega^e} \frac{1}{2} \boldsymbol{B}^\mathrm{T} \boldsymbol{D} \boldsymbol{B} t \mathrm{d}x \mathrm{d}y \boldsymbol{a}^e \right) - \sum_e \left(\boldsymbol{a}^{e\mathrm{T}} \int_{\Omega^e} \boldsymbol{N}^\mathrm{T} \boldsymbol{f} t \mathrm{d}x \mathrm{d}y \right) - \sum_e \left(\boldsymbol{a}^{e\mathrm{T}} \int_{S_\sigma^e} \boldsymbol{N}^\mathrm{T} \boldsymbol{T} t \mathrm{d}S \right)$$

(3-35)

将结构总位能的各项矩阵表达成各个单元总位能的各对应项矩阵之和，隐含
着要求单元各项矩阵的阶数(即单元的节点自由度)和结构各项矩阵的阶数(即结构
的节点自由度)相同。因此，需要引入单元节点自由度和结构节点自由度的转换矩
阵 $\boldsymbol{G}$，$\boldsymbol{G}$ 为 6×2n 矩阵，即 6 行 2n 列矩阵。从而将单元节点位移矩阵 $\boldsymbol{a}^e$ 用结构节
点位移矩阵 $\boldsymbol{a}$ 表示，即

$$\boldsymbol{a}^e = \boldsymbol{G} \boldsymbol{a}$$

(3-36)

式中，$\boldsymbol{a} = \begin{bmatrix} u_1 & v_1 & u_2 & v_2 & \cdots & u_i & v_i & \cdots & u_n & v_n \end{bmatrix}^\mathrm{T}$，$n$ 为结构的节点数，

$$\boldsymbol{G} = \begin{bmatrix} 0 & 0 & \cdots & 1 & 0 & \cdots & 0 & 0 & \cdots & 0 & 0 & \cdots & 0 \\ 0 & 0 & \cdots & 0 & 1 & \cdots & 0 & 0 & \cdots & 0 & 0 & \cdots & 0 \\ 0 & 0 & \cdots & 0 & 0 & \cdots & 0 & 0 & \cdots & 1 & 0 & \cdots & 0 \\ 0 & 0 & \cdots & 0 & 0 & \cdots & 0 & 0 & \cdots & 0 & 1 & \cdots & 0 \\ 0 & 0 & \cdots & 0 & 0 & \cdots & 1 & 0 & \cdots & 0 & 0 & \cdots & 0 \\ 0 & 0 & \cdots & 0 & 0 & \cdots & 0 & 1 & \cdots & 0 & 0 & \cdots & 0 \end{bmatrix}$$

(3-37)

令

$$\begin{cases} \boldsymbol{K}^e = \int_{\Omega^e} \boldsymbol{B}^\mathrm{T} \boldsymbol{D} \boldsymbol{B} t \mathrm{d}x \mathrm{d}y \\ \boldsymbol{P}_f^e = \int_{\Omega^e} \boldsymbol{N}^\mathrm{T} \boldsymbol{f} t \mathrm{d}x \mathrm{d}y \\ \boldsymbol{P}_S^e = \int_{S_\sigma^e} \boldsymbol{N}^\mathrm{T} \boldsymbol{T} t \mathrm{d}S \\ \boldsymbol{P}^e = \boldsymbol{P}_f^e + \boldsymbol{P}_S^e \end{cases}$$

(3-38)

式中，$\boldsymbol{K}^e$ 和 $\boldsymbol{P}^e$ 分别为单元刚度矩阵和单元等效节点荷载列阵；$\boldsymbol{P}_f^e$ 和 $\boldsymbol{P}_S^e$ 分别为单
元等效节点荷载列阵的曲线积分部分和曲面积分部分。将式(3-36)～式(3-38)一并
代入式(3-35)中，则离散形式的总位能可以表示为

$$\Pi_P = \boldsymbol{a}^\mathrm{T} \frac{1}{2} \sum_e (\boldsymbol{G}^\mathrm{T} \boldsymbol{K}^e \boldsymbol{G}) \boldsymbol{a} - \boldsymbol{a}^\mathrm{T} \sum_e (\boldsymbol{G}^\mathrm{T} \boldsymbol{P}^e)$$

(3-39)

并令

$$\begin{cases} \boldsymbol{K} = \sum_e \boldsymbol{G}^\mathrm{T} \boldsymbol{K}^e \boldsymbol{G} \\ \boldsymbol{P} = \sum_e \boldsymbol{G}^\mathrm{T} \boldsymbol{P}^e \end{cases}$$

(3-40)

K 和 P 分别为结构整体刚度矩阵和结构节点荷载列阵。因此，式(3-39)可以表示为

$$\Pi_P = \frac{1}{2} \boldsymbol{a}^\text{T} \boldsymbol{K} \boldsymbol{a} - \boldsymbol{a}^\text{T} \boldsymbol{P} \tag{3-41}$$

由于离散形式的总位能 Π_P 的未知变量是结构的节点位移 a，根据变分原理，泛函 Π_P 取驻值的条件是它的一次变分为零，$\delta \Pi_P = 0$，即

$$\frac{\partial \Pi_P}{\partial a} = 0 \tag{3-42}$$

这样就得到有限元的求解方程：

$$\boldsymbol{K} \boldsymbol{a} = \boldsymbol{P} \tag{3-43}$$

式中，K 和 P 由式(3-40)给出。

由式(3-40)可以看出，结构整体刚度矩阵 K 和结构节点荷载列阵 P 都是由单元刚度矩阵 $\boldsymbol{K}^e$ 和单元等效节点荷载列阵 $\boldsymbol{P}^e$ 集合而成的。

4. 单元刚度矩阵

1) 单元刚度矩阵的形成

由式(3-37)定义的单元刚度矩阵，由于应变矩阵 $\boldsymbol{B}$ 对于三节点三角形单元是常量阵，有

$$\boldsymbol{K}^e = \boldsymbol{B}^\text{T} \boldsymbol{D} \boldsymbol{B} t A = \begin{bmatrix} K_{ii} & K_{ij} & K_{im} \\ K_{ji} & K_{jj} & K_{jm} \\ K_{mi} & K_{mj} & K_{mm} \end{bmatrix} \tag{3-44}$$

代入弹性矩阵 $\boldsymbol{D}$ 和应变矩阵 $\boldsymbol{B}$ 后，它的任一分块矩阵可表示成

$$\boldsymbol{K}_{rs} = \boldsymbol{B}_r^\text{T} \boldsymbol{D} \boldsymbol{B}_s t A = \frac{E_0 t}{4(1-v_0^2)A} \begin{bmatrix} K_1 & K_3 \\ K_2 & K_4 \end{bmatrix} \qquad (r, s = i, j, m) \tag{3-45}$$

其中，

$$\begin{cases} K_1 = b_r b_s + \dfrac{1-v_0}{2} c_r c_s \\[2mm] K_2 = v_0 c_r b_s + \dfrac{1-v_0}{2} b_r c_s \\[2mm] K_3 = v_0 b_r c_s + \dfrac{1-v_0}{2} c_r b_s \\[2mm] K_4 = c_r c_s + \dfrac{1-v_0}{2} b_r b_s \end{cases} \tag{3-46}$$

式中，b、c 为常量阵计算参数；下标 r、s 为对应的矩阵编号。由式(3-45)可得

$$\boldsymbol{K}_{sr}^\text{T} = \boldsymbol{K}_{rs} \tag{3-47}$$

由此可见单元刚度矩阵是对称矩阵。

2) 单元刚度矩阵的力学意义和性质

为了进一步理解单元刚度矩阵的物理意义，同样可以利用最小位能原理建立一个单元的求解方程，从而得到

$$\boldsymbol{K}^e \boldsymbol{a}^e = \boldsymbol{P}^e + \boldsymbol{F}^e \tag{3-48}$$

$\boldsymbol{P}^e$ 为单元等效节点荷载列阵，$\boldsymbol{F}^e$ 为其他相邻单元对该单元的作用力，$\boldsymbol{P}^e$ 和 $\boldsymbol{F}^e$ 统称为节点力。$\boldsymbol{a}^e$、$\boldsymbol{P}^e$ 和 $\boldsymbol{F}^e$ 依次表示为

$$\begin{cases} \boldsymbol{a}^e = \begin{bmatrix} u_i & v_i & u_j & v_j & u_m & v_m \end{bmatrix}^{\mathrm{T}} \\ \quad = \begin{bmatrix} a_1 & a_2 & a_3 & \cdots & a_6 \end{bmatrix}^{\mathrm{T}} \\ \boldsymbol{P}^e = \begin{bmatrix} P_{ix} & P_{iy} & P_{jx} & P_{jy} & P_{mx} & P_{my} \end{bmatrix}^{\mathrm{T}} \\ \quad = \begin{bmatrix} P_1 & P_2 & P_3 & \cdots & P_6 \end{bmatrix}^{\mathrm{T}} \\ \boldsymbol{F}^e = \begin{bmatrix} F_{ix} & F_{iy} & F_{jx} & F_{jy} & F_{mx} & F_{my} \end{bmatrix}^{\mathrm{T}} \\ \quad = \begin{bmatrix} F_1 & F_2 & F_3 & \cdots & F_6 \end{bmatrix}^{\mathrm{T}} \end{cases} \tag{3-49}$$

式(3-48)的展开形式为

$$\begin{bmatrix} K_{11} & K_{12} & \cdots & K_{16} \\ K_{21} & K_{22} & \cdots & K_{26} \\ \vdots & \vdots & & \vdots \\ K_{61} & K_{62} & \cdots & K_{66} \end{bmatrix} \begin{Bmatrix} a_1 \\ a_2 \\ a_3 \\ a_4 \\ a_5 \\ a_6 \end{Bmatrix} = \begin{Bmatrix} P_1 \\ P_2 \\ P_3 \\ P_4 \\ P_5 \\ P_6 \end{Bmatrix} + \begin{Bmatrix} F_1 \\ F_2 \\ F_3 \\ F_4 \\ F_5 \\ F_6 \end{Bmatrix} \tag{3-50}$$

式(3-50)是单元节点平衡方程，每个节点在 x 和 y 方向上各有一个平衡方程，三个节点共有 6 个平衡方程。方程等号左端是通过单元节点位移表示的单元节点内力，方程等号右端是单元节点内力(外荷载和相邻单元的作用力之和)。

令 $a_1=1(u_i=1)$，$a_2=a_3=\cdots=a_6=0$，由式(3-50)可以得到

$$\begin{Bmatrix} K_{11} \\ K_{21} \\ \vdots \\ K_{61} \end{Bmatrix}_{a_1=1} = \begin{Bmatrix} P_1 \\ P_2 \\ \vdots \\ P_6 \end{Bmatrix} + \begin{Bmatrix} F_1 \\ F_2 \\ \vdots \\ F_6 \end{Bmatrix} \tag{3-51}$$

式(3-51)表明，单元刚度矩阵第一列元素的物理意义是：当 $a_1=1$，其他节点位移都为 0 时，需要在单元各节点位移方向上施加的节点力的大小。当然，单元在这些节点力的作用下应处于平衡，因此在 x 和 y 方向上节点力之和应等于 0，即

$$\begin{cases} K_{11} + K_{31} + K_{51} = 0 \\ K_{21} + K_{41} + K_{61} = 0 \end{cases} \tag{3-52}$$

对于单元刚度矩阵中其他列的元素，也可用同样的方法得到物理解释。因此，单元刚度矩阵中任一元素 K_{ij} 的物理意义是：当单元的第 j 个节点位移为单位位移，而其他节点位移为 0 时，需在单元第 i 个节点位移方向上施加的节点力的大小。单元刚度越大，节点产生单位位移所需施加的节点力就越大。单元刚度矩阵中的每个元素反映了单元刚度的大小。

单元刚度矩阵的特性可以归纳如下。①对称性：对称性可由式(3-47)得出，不仅仅是三节点三角形单元，各种形式的单元都普遍具有这种对称性质。②奇异性：当 $a_1=1$，其他节点位移都为 0 时，单元在节点力作用下，在 x 方向和 y 方向应处于平衡，从而得到刚度系数的关系，见式(3-52)。类似地，当 $a_j=1(j=2,3,\cdots,6)$，其他节点位移都为 0 时，可以得到相应的关系式，如果考虑刚度矩阵的对称性，则对刚度矩阵的每一列(行)元素应有

$$\begin{cases} K_{1j} + K_{3j} + K_{5j} = K_{j1} + K_{j3} + K_{j5} = 0 \\ K_{2j} + K_{4j} + K_{6j} = K_{j2} + K_{j4} + K_{j6} = 0 \end{cases} \quad (j=1,2,\cdots,6) \tag{3-53}$$

如果考虑在节点力作用下，单元在转动方向也处于平衡，还可以得到刚度系数之间的另一关系式。此关系式与单元形状有关，将随单元形状的变化而不同。由上述刚度系数之间的关系式可以看出，三节点三角形单元 6×6 阶的刚度矩阵只有 3 行(列)是独立的。因此，矩阵是奇异的，系数行列式 $|\boldsymbol{K}^e| = 0$。在任意给定位移条件下，可以用式(3-50)计算出作用于单元的节点力，并且满足平衡条件；如果给定节点荷载，即使节点力满足平衡条件，也不能由该方程确定单元节点位移 $\boldsymbol{a}^e$。这是因为单元还可以有任意的刚体位移。

对角线上的元素恒为正，有

$$\boldsymbol{K}_{ii} > 0 \tag{3-54}$$

当 $r=s=i,j,m$ 时，分块矩阵 $\boldsymbol{K}_{rs}$ 对角元素 K_1、K_4 为主元，由式(3-45)和式(3-46)可知它们是恒正的。

$\boldsymbol{K}_{ii}$ 恒正的物理意义是使节点位移 $a_i=1$，施加在 a_i 方向的节点力必须与位移 a_i 同向。这是结构处于稳定的必然要求。

由式(3-38)可得，单元等效节点荷载列阵为

$$\begin{cases} \boldsymbol{P}^e = \boldsymbol{P}_f^e + \boldsymbol{P}_S^e \\ \boldsymbol{P}_f^e = \int\limits_{\Omega^e} \boldsymbol{N}^{\mathrm{T}} \boldsymbol{f} t \mathrm{d}x \mathrm{d}y \\ \boldsymbol{P}_S^e = \int\limits_{S_\sigma^e} \boldsymbol{N}^{\mathrm{T}} \boldsymbol{T} t \mathrm{d}S \end{cases} \tag{3-55}$$

常见的几种荷载的计算方式如下。

(1) 均质等厚单元的自重。

单元的单位体积质量为ρg，坐标方向如图 3-6 所示。

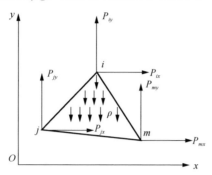

图 3-6　三角形单元作用体积力

由式(3-38)可得

$$\begin{cases} \boldsymbol{f} = \begin{pmatrix} 0 \\ -\rho g \end{pmatrix} \\ \boldsymbol{P}_\rho^e = \begin{pmatrix} P_i \\ P_j \\ P_m \end{pmatrix}_\rho = \int_{\Omega_e} \begin{bmatrix} N_i \\ N_j \\ N_m \end{bmatrix} \begin{pmatrix} 0 \\ -\rho g \end{pmatrix} t \mathrm{d}x \mathrm{d}y \end{cases} \tag{3-56}$$

式中，每个节点的等效节点荷载为

$$\boldsymbol{P}_{i\rho} = \begin{pmatrix} P_{ix} \\ p_{iy} \end{pmatrix}_\rho = \int_{\Omega_e} \begin{bmatrix} N_i & 0 \\ 0 & N_i \end{bmatrix} \begin{pmatrix} 0 \\ -\rho g \end{pmatrix} t \mathrm{d}x \mathrm{d}y$$

$$= \begin{pmatrix} 0 \\ -\int_{\Omega_e} N_i \rho t \mathrm{d}x \mathrm{d}y \end{pmatrix} = \begin{pmatrix} 0 \\ -\dfrac{1}{3} \rho g t A \end{pmatrix} \quad (i, j, m) \tag{3-57}$$

自重的等效节点荷载为

$$\boldsymbol{P}_\rho = -\frac{1}{3} \rho g t A \begin{bmatrix} 0 & 1 & 0 & 1 & 0 & 1 \end{bmatrix}^{\mathrm{T}} \tag{3-58}$$

(2) 均布荷载。

均布荷载 q 作用在 ij 边，以压为正，以拉为负，如图 3-7 所示。设 ij 边长为 l，与 x 轴的夹角为 α。

均布荷载 q 在 x 和 y 方向上的分量 q_x 和 q_y 为

$$\begin{cases} q_x = q\sin\alpha = \dfrac{q}{l}(y_i - y_j) \\ q_y = -q\cos\alpha = \dfrac{q}{l}(x_j - x_i) \end{cases} \tag{3-59}$$

作用在单元边界上的面积力为

$$\boldsymbol{T} = \begin{bmatrix} q_x \\ q_y \end{bmatrix} = \frac{q}{l}\begin{bmatrix} y_i - y_j \\ x_j - x_i \end{bmatrix} \tag{3-60}$$

在单元边界上可取局部坐标系，如图 3-8 所示。

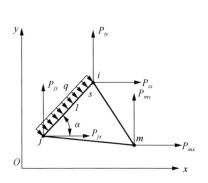

图 3-7　单元边上作用侧向均布荷载　　　　图 3-8　单元边上作用 x 方向均布荷载

沿 ij 边插值函数可写为

$$\begin{cases} N_i = 1 - \dfrac{s}{l} \\[2mm] N_j = \dfrac{s}{l} \\[2mm] N_m = 0 \end{cases} \tag{3-61}$$

式中，s 为计算节点与 i 点的距离。将式(3-60)和式(3-61)代入式(3-38)中，可得侧向均布荷载作用下的单元等效节点荷载：

$$\begin{cases} P_{ix} = \int_t N_i q_x t \mathrm{d}s = \int_l \left(1 - \dfrac{s}{l}\right) q_x t \mathrm{d}s = \dfrac{t}{2}q(y_i - y_j) \\[2mm] P_{iy} = \dfrac{t}{2}q(x_j - x_i) \\[2mm] P_{jx} = \int_t N_j q_x t \mathrm{d}s = \int_l \dfrac{s}{l} q_x t \mathrm{d}s = \dfrac{t}{2}q(y_i - y_j) \\[2mm] P_{jy} = \dfrac{t}{2}q(x_j - x_i) \end{cases} \tag{3-62}$$

因此，

$$\boldsymbol{P}_q = \frac{1}{2}qt\begin{bmatrix} y_i - y_j & x_j - x_i & y_i - y_j & x_j - x_i & 0 & 0 \end{bmatrix}^{\mathrm{T}} \tag{3-63}$$

(3) x 向均布力。

均布荷载 q 作用在 ij 边，如图 3-8 所示。这时边界上面积力为

$$\boldsymbol{T} = \begin{bmatrix} q \\ 0 \end{bmatrix} \tag{3-64}$$

单元等效节点荷载为

$$\boldsymbol{P}^e = \frac{1}{2} qlt \begin{bmatrix} 1 & 0 & 1 & 0 & 0 & 0 \end{bmatrix}^{\mathrm{T}} \tag{3-65}$$

(4) x 方向三角形分布荷载。

荷载作用在 ij 边,如图 3-9 所示。

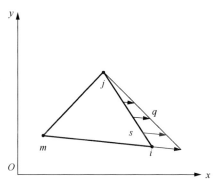

图 3-9　单元边上作用 x 方向三角形分布荷载

这时边界上面积力写作局部坐标 s 的函数,即

$$\boldsymbol{T} = \begin{bmatrix} \left(1 - \dfrac{s}{l}\right) q \\ 0 \end{bmatrix} \tag{3-66}$$

则单元等效节点荷载为

$$\boldsymbol{P}^e = \frac{1}{2} qlt \begin{bmatrix} \dfrac{2}{3} & 0 & \dfrac{1}{3} & 0 & 0 & 0 \end{bmatrix}^{\mathrm{T}} \tag{3-67}$$

5. 引入位移边界条件

最小位能变分原理是具有附加条件的变分原理,它要求常函数 u 满足几何方程和位移边界条件。现在离散模型的近似场函数在单元内部满足几何方程,因此也满足由离散模型近似的连续体内几何方程。但是,在选择场函数和试探函数(多项式)时却没有提出在边界上满足位移边界条件的要求,因此必须将这个条件引入有限元方程,使之得到满足。

在有限元法中,通常几何边界条件(变分问题中就是强制边界条件)的形式是在若干个节点上给定场函数的值,即

$$a_j = \overline{a_j} \qquad (j = c_1, c_2, \cdots, c_l) \tag{3-68}$$

式中，$\overline{a_j}$ 可以是零值或非零值。

求解位移场的问题时，至少要提出足以约束系统刚体位移的几何边界条件，以消除结构刚度矩阵的奇异性。

可以采用以下方法引入强制边界条件。

1) 直接代入法

将式(3-43)中已知节点位移的自由度消去，得到一组修正方程，用以求解其他待定的节点位移。其原理是按节点位移已知和待定重新组合方程：

$$\begin{bmatrix} K_{aa} & K_{ab} \\ K_{ba} & K_{bb} \end{bmatrix}\begin{pmatrix} a_a \\ a_b \end{pmatrix} = \begin{pmatrix} P_a \\ P_b \end{pmatrix} \tag{3-69}$$

式中，a_a 为待定节点位移；a_b 为已知节点位移；$a_b^{\mathrm{T}} = \begin{bmatrix} \overline{a_{c_1}} & \overline{a_{c_2}} & \cdots & \overline{a_{c_l}} \end{bmatrix}$；$K_{aa}$、$K_{ab}$、$K_{ba}$、$K_{bb}$、$P_a$、$P_b$ 为与其相应的刚度矩阵和荷载列阵的分块矩阵，其中 a、b 为矩阵坐标，a 为横坐标，b 为纵坐标。由刚度矩阵的对称性可知 $K_{ba} = K_{ab}^{\mathrm{T}}$。

由式(3-69)可得

$$K_{aa}a_a + K_{ab}a_b = P_a \tag{3-70}$$

由于 a、b 为已知，最后的求解方程可写为

$$K^* a^* = P^* \tag{3-71}$$

其中，

$$\begin{cases} K^* = K_{aa} \\ a^* = a_a \\ P^* = P_a - K_{ab}a_b \end{cases} \tag{3-72}$$

假设总体节点位移为 n 个，其中有已知节点的位移 m 个，则得到一组求解 $(n-m)$ 个待定节点位移的修正方程组，K^* 为 $(n-m)$ 阶方阵。修正方程组的意义是在原来的 n 个方程中，只保留与待定(未知量)节点位移相应的 $(n-m)$ 个方程，并将方程左端的已知节点位移和相应刚度系数的乘积(已知量)移至方程右端，作为荷载修正项。

这种方法要重新组合方程，组成的新方程阶数降低，但节点位移的顺序性已被破坏，给编程带来一定麻烦。

2) 对角元素统一法

把对角元素进行统一处理，有助于简化强制边界条件的引入。可以使用对角元素归1法或对角元素乘大数法。

当给定位移是零节点位移时，如无移动的铰支座、链杆支座等，可以在刚度矩阵 K 与零节点位移相对应的行列中将主对角元素改为 1，其他元素改为 0；在荷载列阵中将与零节点位移相对应的元素改为 0 即可。用这种方法可以比较简单

地引入强制边界条件，不改变原来方程的阶数和节点未知量的顺序编号，但这种方法只能用于给定零节点位移。以下介绍对角元素乘大数法。

当有节点位移为给定值 $a_j = \overline{a_j}$ 时，第 j 个方程作如下修改：对角元素 K_{jj} 乘以大数 $\alpha(\alpha$ 可取 10^{10} 左右量级)，并将 P_j 用 $\alpha K_{jj}\overline{a_j}$ 取代，即

$$
\begin{bmatrix}
K_{11} & K_{12} & \cdots & \alpha K_{1j} & \cdots & K_{1n} \\
K_{21} & K_{22} & \cdots & \alpha K_{2j} & \cdots & K_{2n} \\
\vdots & \vdots & & \vdots & & \vdots \\
K_{j1} & K_{j2} & \cdots & \alpha K_{jj} & \cdots & K_{jn} \\
\vdots & \vdots & & \vdots & & \vdots \\
K_{n1} & K_{n2} & \cdots & \alpha K_{nj} & \cdots & K_{nn}
\end{bmatrix}
\begin{bmatrix}
a_1 \\ a_2 \\ \vdots \\ a_j \\ \vdots \\ a_n
\end{bmatrix}
=
\begin{bmatrix}
P_1 \\ P_2 \\ \vdots \\ \alpha K_{jj}\overline{a_j} \\ \vdots \\ P_n
\end{bmatrix}
\tag{3-73}
$$

经过修改后的第 j 个方程为

$$
K_{j1}a_1 + K_{j2}a_2 + \cdots + \alpha K_{jj}a_j + \cdots + K_{jn}a_n = \alpha K_{jj}\overline{a_j} \tag{3-74}
$$

由于 $\alpha K_{jj} \gg K_{ji}(i \neq j)$，方程左端的 αK_{jj} 项较其他项要大得多，因此近似得到

$$
\alpha K_{jj}a_j \approx \alpha K_{jj}\overline{a_j} \tag{3-75}
$$

则有

$$
a_j = \overline{a_j} \tag{3-76}
$$

对于多个给定位移($j=c_1, c_2, \cdots, c_l$)时，则按序将每个给定位移都作上述修正，得到全部进行修正后的 **K** 和 **P**，然后解方程即可得到包括给定位移在内的全部节点位移。

3.2.2.3　非线性有限元法

1. 结构非线性分析的基本概念

在实际工程中，固体力学问题的所有现象都是非线性的，然而，对于许多工程问题，近似地用线性理论处理可使计算简单又切实可行，并符合工程的精度要求。许多问题的荷载与位移为非线性关系，结构的刚度是变化的，用线性理论就完全不合适，必须用非线性理论解决。

结构非线性问题可分为三大类：①几何非线性问题，如大应变、大位移、应力刚化及旋转软化等；②材料非线性问题，如塑性、超弹、蠕变及其他材料非线性；③状态非线性问题，如接触、单元生死及特殊单元等。

通常结构非线性不是单纯的某一类问题。例如，可能同时考虑几何非线性和材料非线性问题，称为双重非线性问题，甚至要考虑上述三类非线性问题并存的情况。

2. 结构非线性问题分析的基本步骤与过程

尽管非线性分析较线性分析复杂，但基本步骤相同，只是在线性分析的基础上增加一些必要的非线性特性。结构非线性分析的基本步骤包括创建模型、设置求解控制参数、加载求解及查看结果。

1) 创建模型

有些情况下，非线性有限元模型的建立与线性静力分析相同，但是当存在特殊的单元或非线性材料性质时，需要考虑特殊的非线性特性。如果模型中包含大应变效应，应力-应变数据必须依据真实应力和真实应变表示。

2) 设置求解控制参数

线性静力分析一般不需要设置求解控制参数，但在非线性分析中其设置却非常重要。一般非线性分析时需要设置以下内容：①设置分析类型和分析选项；②设置时间和时间步；③设置输出控制；④设置求解器选项；⑤设置重启动控制；⑥设置帮助收敛选项；⑦设置弧长法和中止求解；⑧定义牛顿迭代法选项；⑨激活应力刚化效应；⑩设置其他控制参数。

3) 加载求解

加载求解与线性静力分析步骤相同，但非线性分析中应注意变形前后荷载的方向，并且非线性分析必然存在较多的平衡迭代，其求解时间可能远大于线性静力分析。

4) 查看结果

采用通用有限元分析软件 ANSYS 进行结构非线性分析时，非线性分析的结果可采用通用后处理器 post1 和时间历程后处理器 post26 查看。用 post1 可查看某个时间点的所有结果、生成结果动画等；而在 post26 中可查看结果随着时间的变化曲线，如荷载-位移曲线、应力-应变曲线等。对于非线性分析的结果，叠加原理不成立，因此不能使用荷载工况。可使用结果观察器提高后处理速度。

5) 几何非线性分析

几何变形引起结构刚度改变的一类问题都属于几何非线性问题。也就是说，结构的平衡方程必须在未知的变形后的位置上建立，否则就会导致错误的结果。有限元分析中的结构刚度矩阵由总体坐标系下的单元刚度矩阵集成，总体坐标系下的单元刚度矩阵又由单元局部坐标系下的单元刚度矩阵转换而来。结构刚度变化的原因主要有三个：①单元形状改变(如面积、厚度等)导致单元刚度变化；②单元方向改变(如大位移)导致单元刚度变化；③单元较大的应变使得单元在某个面内具有较大的应力状态，从而显著影响面外的刚度。

几何非线性通常可分为大应变、大位移(也称大转动或大挠度)和应力刚化。其中，大应变包括上述三种引起结构刚度变化的因素，即单元形状改变、单元方向改变和应力刚化效应。此时应变不再假定是"小应变"，而是有限应变或"大的"应变。大位移包括上述因素中的后两种，即考虑"大转动"和应力刚化效应，但假定为"小应变"。当应力刚化被激活时，程序计算应力刚度矩阵并将其添加到结构刚度矩阵中。应力刚度矩阵仅是应力和几何的函数，因此又称为几何刚度。很明显，大应变包括了大位移和应力刚化效应，而大位移又包括了其自身和应力刚化效应。大变形一般包含大应变、大位移和应力刚化效应，而不会加以区分。

在进行几何非线性分析时应注意以下几点。①单元选择：不是所有的单元都具有几何非线性分析能力，有些单元具有大位移分析能力但不具有大应变分析能力，使用时应充分了解单元的特性。②单元形状：应使单元网格的宽高比适当，并且不出现扭曲的单元网格。③网格密度：网格密度对收敛有较大影响，同时影响结果的正确性，使用时应进行灵敏度分析。④慎用耦合和约束方程：自由度耦合和约束方程形成的自由度关系是线性的，不应在出现大变形的位置使用，某些情况下可采用其他方式替代，但在刚体边界或大应变、小位移条件下可以使用。⑤荷载与边界条件：应避免单点集中力、单点约束及"过约束条件"等。⑥节点结果与单元结果：在大变形分析中，节点坐标系不随变形更新，因此节点结果均以原始节点坐标系列出。多数单元坐标系跟随单元变形，因此单元应力或应变会随单元坐标系而转动(超弹单元例外)。⑦单元形函数附加项：一些单元可通过形函数的附加项设为"不协调"元，为加强收敛可关闭此项。

6) 材料非线性分析

一般材料模型可分为线性、非线性和特殊材料模型三类。非线性材料模型包括弹性(超弹和多线性弹性)、黏弹性和非弹性材料模型，非弹性材料模型中又包括率无关材料、率相关材料、非金属、铸铁、形状记忆合金等。通常可通过试验得到单轴应力状态下的材料行为，如材料的应力-应变曲线及其典型特征。当材料处于复杂应力状态时，就需要将单轴应力状态的概念推广，需采用增量理论的基本法则。塑性力学的基本法则为屈服准则、流动法则及强化准则。①屈服准则：屈服准则规定材料开始塑性变形的应力状态，它是应力状态的单值度量(标量)，以便与单轴状态比较，常用的屈服准则主要有米泽斯(Mises)屈服准则和希尔(Hill)屈服准则。②流动法则：流动法则定义塑性应变增量的分量与应力分量、应力增量分量之间的关系，它描述屈服时塑性应变的方向。当塑性流动方向与屈服面的外法线方向相同时，称为关联流动法则，如金属和其他呈现不可压缩非弹性行为的材料；当塑性流动方向与屈服面外法线方向不同时，称为非关联流动法则，如摩擦材料或双相(dual-phase，DP)材料(剪切角和内摩擦角不同时)。③强化准则：在单向应力状态下，钢的应力-应变曲线有弹性阶段、屈服阶段、强化阶段和破坏阶段等，若在强化阶段卸载并再次加载，其屈服应力会提高。在复杂应力状态时，就需要强化准则定义材料进入塑性变形后屈服面的变化，即在随后的加载或卸载时，材料何时再进入屈服状态。

在进行材料非线性分析时应注意以下几点。①单元类型：材料进入屈服状态后变得不可压缩，使得收敛十分缓慢或收敛困难，可通过单元选项改善收敛行为。②网格密度：网格划分时应考虑采用的单元类型、结构各尺度方向的单元数，以及塑性铰位置处应具有更密的网格。③材料属性的输入：首先定义弹性材料属性，然后给出非线性材料属性。大变形塑性分析时，输入的数据为真实应力对数应变，而小应变塑性分析可用工程应力-应变数据。如果所提供的试验数据为工程应力-应变曲线，且进行大应变塑性分析，应在输入之前转换为真实应力对数应变数据。小应变塑性分析中，真实应力对数应变和工程应力-应变数据几乎相等，因此可不进行转换。④荷载步与子步：塑性问题与荷载历史相关，因此荷载应逐渐施加，即应有较多的荷载步。在每个荷载步中应该具有较多的子步数，以保证塑性应变的计算精度。⑤激活线性搜索：大应变塑性分析有时会出现振荡收敛行为，这时可激活线性搜索改善收敛。

3.3　水工弧形钢闸门结构有限元分析

3.3.1　结构有限元分析前后处理

水工钢闸门结构的静力学分析是有限元分析最为常见的一种类型，闸门结构的静力学分析是研究在固定不变荷载作用下结构的响应，即闸门构件的位移、应力和应变等[3-4]。

采用有限元分析软件，如 ANSYS 等，进行闸门结构静力分析，一般包括建模、加载求解和后处理，如图 3-10 所示。

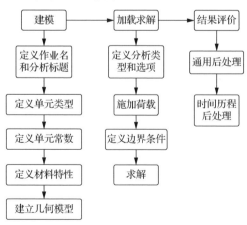

图 3-10　ANSYS 分析过程

1. 建立模型和划分网格

有限元模型的建立包括建立几何模型和划分网格，该过程应首先确立所要进行分析的水工钢闸门的工作文件名、工作标题，并根据闸门各构件的性质定义单元类型、单元常数、材料模型及其参数，然后再建立几何模型和划分网格。另外，也可通过其他三维建模软件(如 CATIA、Pro/ENGINEER 和 Unigraphics NX 等)直接输入模型，然后在 ANSYS 中对模型进行修改。

2. 加载求解

加载求解包括以下几个子步骤：定义分析类型和选项、施加荷载、定义边界条件、设置输出格式、进行求解计算。可以在实体(关键点、线、面)上施加荷载，也可以在有限元模型(节点、单元)上施加荷载。在 ANSYS 中荷载类型有位移约束(UX、UY、UZ、ROTX、ROTY、ROTZ)、集中力和力矩(FX、FY、FZ、MX、MY、MZ)、表面压力(PRES)、温度荷载(TENP)、能量荷载(PLUE)、惯性荷载(重力、旋转惯性力)等。ANSYS 程序在分析过程中，荷载可以被施加、删除、进行计算及列表显示。对于所有的荷载操作，既可以通过命令或图形用户界面(graphical user interface，GUI)的方式进行，也可以通过定义参数数组表格的方式进行。

3. 后处理

在闸门结构静力分析中，其计算结果将被写入结果文件 Jobname.RST 中。一般结果文件中包含了以下数据：基本数据，即节点位移信息；导出数据，包括节点和单元应力、节点和单元应变、单元集中力及节点支反力等。

在结果的检查中，可以使用通用后处理器 post1，也可以使用时间历程后处理器 post26。post1 可以检查整个模型在指定时间步下的计算结果，而 post26 可以检查模型上某个节点或单元在整个时间历程内的响应。

4. 静力评判准则

闸门各构件需要进行强度、刚度和稳定性校核。对闸门进行强度验算时，应首先确定材料的允许应力，允许应力和钢材的厚度有关，还与闸门的重要程度和运行条件有关，依据《水利水电工程钢闸门设计规范》(SL 74—2019)[1]确定。根据规范，对于大、中型工程的工作闸门和重要事故闸门，容许应力应乘以 0.90～0.95 的调整系数。此外，《水利水电工程金属结构报废标准》(SL 226—98)[5]规定，材料的容许应力应按使用年限进行修正，修正系数为 0.90～0.95，新建闸门可不考虑此系数。

1) 强度验算

闸门的门叶结构，包括面板、梁格和连接系，均处于多向应力状态。根据第四强度理论，用等效应力 σ_ε 判断闸门是否满足强度要求。

$$\sigma_\varepsilon = \sqrt{\frac{1}{2}\left[(\sigma_1-\sigma_2)^2+(\sigma_2-\sigma_3)^2+(\sigma_1-\sigma_3)^2\right]} \tag{3-77}$$

式中，σ_ε 为等效应力，MPa；σ_1、σ_2、σ_3 分别为第 1、第 2、第 3 主应力，MPa。

当 $\sigma_\varepsilon \leqslant [\sigma_0]$（$[\sigma_0]$ 为容许应力，取强度设计允许值）时，满足强度要求。考虑到面板本身在局部弯曲的同时，还随主(次)横梁受整体弯曲的作用，因此还应对面板校核等效应力 σ_ε，公式为

$$\sigma_\varepsilon \leqslant 1.1\alpha[\sigma]_t \tag{3-78}$$

式中，α 为弹塑性调整系数。

规范[1-2]中规定当 $b/a>3$ 时，α 取 1.4；当 $b/a\leqslant 3$ 时，α 取 1.5；a、b 分别为面板计算区格(面板上纵梁和横梁围成的小块部分)短边和长边的长度(m)，从面板与主(次)横梁的焊缝算起。

根据几何模型可知，b/a=3.5，因此 α 取 1.4。闸门承重构件和连接件应校核正应力 σ 和剪应力 τ，校核公式为

$$\begin{cases} \sigma \leqslant [\sigma]_t \\ \tau \leqslant [\tau]_t \end{cases} \tag{3-79}$$

式中，$[\sigma]_t$、$[\tau]_t$ 均为调整后的容许应力，MPa。

2) 刚度验算

根据规范[1-2]，对于露顶式工作闸门，其主横梁的最大挠度与计算跨度的比值不应超过 1/600。

3) 稳定性验算

闸门的稳定主要取决于支臂的稳定。采用偏心受压柱的整体稳定公式进行安全校核，即

$$\frac{N}{\varphi_x A}+\frac{\beta_{mx}M_x}{\gamma_x W_{1x}\left(1-\varphi_x\dfrac{N}{N'_{Ex}}\right)} \leqslant f \tag{3-80}$$

式中，N'_{Ex} 为考虑抗力分项系数的欧拉临界力，N；N 为构件的轴向力，N；M_x 为构件的最大弯矩，N·m；φ_x 为弯矩作用平面内轴心受压构件的稳定系数；W_{1x} 为弯矩作用平面内受压最大纤维的毛截面抵抗距，m³；β_{mx} 为等效弯矩系数；γ_x 为截面塑性发展系数；A 为受压构件的横截面面积，m²；f 为强度设计值。

3.3.2 水工弧形钢闸门结构有限元分析案例

3.3.2.1 工程概况

某水电站泄洪闸弧形工作闸门的孔口尺寸为 13m×24.3m(宽×高)，闸门底槛高

程为 193.50m，支铰高程为 217.6m，面板弧面半径为 32m，支铰间距为 10.4m，正常蓄水位为 217.30m，水工弧形钢闸门设计水头为 23.8m，最大涌水超高 0.5m。启闭方式为 2×4000kN 后拉式液压启闭机操作，吊耳布置在下主梁的两端，吊耳间距为 11.8m。水工弧形钢闸门侧视图见图 3-11，俯视图见图 3-12。

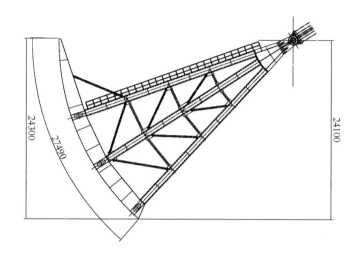

图 3-11　水工弧形钢闸门侧视图(单位：mm)

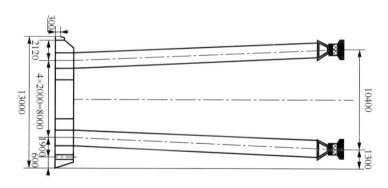

图 3-12　水工弧形钢闸门俯视图(单位：mm)

　　水工弧形钢闸门结构为三主横梁斜支臂结构，梁系采用实腹式齐平连接。上中支臂间夹角为 13.1496°，中下支臂间交角为 14.3124°，支臂与侧墙间夹角为 2.2914°。主横梁跨度为 13m，悬臂端长度为 2.5m。面板厚度 14mm，主梁、支臂均采用双腹板的箱形截面，主梁高度为 2m，支臂高度为 1.66m。顶梁采用槽钢 25a，中次水平横梁采用工字钢 25a，垂直次梁和边梁采用工字形，边梁高度为 1m。底梁采用 T 形，高度为 0.2m。

水工弧形钢闸门板材为 Q345B，型钢采用 Q235B，铰链和铰座采用 ZG310-570，支铰轴采用 40Cr。弹性模量 $E=2.06\times10^5$MPa，泊松比 $\mu=0.3$，质量密度 $\rho=78.5$kN/m^3。闸门侧止水采用 L 型止水橡皮，底止水橡皮预压 8mm。止水橡皮材质均为 SF6674 橡胶。

3.3.2.2 分析计算内容

根据本闸门设计基本参数和泄洪闸弧形工作闸门布置情况，采用三维有限元分析技术对结构以下几方面的静、动力特性进行数值分析。

1) 静力分析

对水工弧形钢闸门结构进行静力计算，静力计算工况为正常挡水工况与启门瞬时工况，其荷载组合如下。

正常挡水工况：静水压力+波浪压力+重力；启门瞬时工况：动水压力+波浪压力+重力+启门力+侧止水、支铰摩阻力(矩)。

正常挡水工况水工弧形钢闸门水头为 23.5m，不计动力系数。启门瞬时工况动力系数取 1.15，分布水压力集度、摩擦力等将乘以 1.15。

2) 动力特性分析

在考虑流固耦合和不考虑流固耦合的两种前提下，分别按 5 个开度分析动力特性，给出水工弧形钢闸门结构在全关和局部开启情况下的振动频率和振型。

3.3.2.3 水工弧形钢闸门三维有限元模型

1) 有限元网格划分

水工弧形钢闸门结构有限元计算采用美国 ADINA 公司大型结构分析软件 ADINA8.3，选取一个由壳单元、梁单元、体单元和空间杆单元在空间联结而成的组合有限元模型。模型中闸门的面板按壳单元剖分。由于闸门的梁格采用实腹式齐平连接工字形或箱形的组合截面，在剖分时对主要构件如主横梁、垂直梁、边梁、顶梁、底梁和支臂的上、下翼缘及腹板，均采用 4 节点曲面壳单元离散，小横梁按三维梁单元离散，主梁和支臂的隔板也按 4 节点曲面壳单元离散，启闭杆和支臂间连接系杆均按空间杆单元离散，吊耳轴与吊耳板、支铰铰链、轴承采用体单元离散。

2) 施加约束

分析水工弧形钢闸门时，整体坐标系原点取在左右支铰中心连线的中点，x 轴正向指向水工弧形钢闸门的右侧闸墩，y 轴正向指向下游，z 轴正向向上。建模中采用了柱坐标系。在约束处理时，根据水工弧形钢闸门的实际变形，分析考察重点等因素来施加约束。在实际运行时，水工弧形钢闸门主要变形方向为径向，因此侧止水约束简化为侧向水平(x向)连杆约束。在正常挡水工况下，底止水处按竖向(z向)连杆约束处理，但是在启门瞬时工况及不同开度工况下，底止水处按自由考虑。支铰处按铰支座简化，分别在两铰中心设置一空间杆来模拟铰轴，该杆与铰链采用 ADINA 中的刚性连接约束，约束该轴三个方向的线位移，使得整个闸门能够绕该空间杆自由转动，达到模拟实际铰的目的。启闭吊杆与联门轴间铰接，吊杆的另一端液压机侧也按铰支座处理。

3) 施加荷载

(1) 水压力。

水压力作用在水工弧形钢闸门面板的外表面上，水体质量密度取 1000kg/m³，面板分布水压力根据水头计算($F=10.1H$)。水压力沿法向作用在面板中面上，水压力在每个面板区格内按高度线性变化。正常挡水工况水工弧形钢闸门水头为 23.8m，荷载动力系数取 1.0。启门瞬时工况各构件荷载动力系数均取 1.15。水压力宽度范围为孔口宽度，13m。按水力学方法，计算水工弧形钢闸门上总水压力为 44038.5kN。经有限元分析，水工弧形钢闸门支铰处约束反力的合力为 48800kN，自重荷载在支铰处产生的垂向反力为 779.53kN，由此计算可得到面板上静水压力在支铰处单独产生的约束反力的合力为 44163.467kN。

(2) 波浪压力。

根据《水工建筑物荷载设计规范》(SL 744—2016)[6]，波浪压力需根据门前库水的吹程、当地风速等参数计算得到。分析时近似按静力水头处理，即在静水位基础上再加最大涌高考虑。静水压力和波浪压力共同作用下水工弧形钢闸门上的总水压力经计算为 44843.93kN(动力系数为 1.0)。

(3) 水工弧形钢闸门自重。

闸门总重量(门叶+支臂+铰链)为 3773.65kN，水工弧形钢闸门重心在 $y=-17.073$m，$z=-9.716$m，重心与支铰中心径向距离为 19.644m，水平距离为 17.073m。

止水、止水压板、焊缝、连接板等构件的重量按主要构件重量的 5%估计，其值为 188.68kN。假定这部分重力重心所在位置与前面计算的主要构件重心位置一致，则水工弧形钢闸门的总重量为 3962.33kN。

(4) 止水摩擦力。

侧止水为 L8-A 型，一侧侧止水的总摩阻力为 568.732kN，一侧侧止水在支铰处产生的摩阻力矩为 18199.446kN·m。

(5) 支铰摩阻力矩。

支铰的摩阻力矩由两部分组成,一部分是侧止水摩擦力产生的,另一部分是门叶水压在支铰处的转动摩擦力产生的阻力矩。侧止水与支铰摩阻力矩和为38835.598kN·m。

(6) 启门力。

启门力计算按水工弧形钢闸门启门瞬时工况考虑,并考虑波浪压力,各构件动力系数均按 1.15 计算。经计算后得到的启门力为 7970.397kN。

3.3.2.4 水工弧形钢闸门结构静力计算结果

1) 正常挡水工况计算结果

(1) 正常挡水位位移计算结果。

正常挡水考虑波浪爬高后门前总水头为 24.3m,水工弧形钢闸门整体变形,见图 3-13。由图 3-13 可知,水工弧形钢闸门整体变形以径向为主,上部总体变形要大于下部各段,门叶由上向下位移逐渐减小。局部以垂直于水流方向水平变形为主,尤其是边梁的顶部和上、下框架中间段,侧向扭曲变形较大。整个闸门总体位移最大值发生在顶梁的顶部,最大位移为 46.60mm,其他部位的位移在 20mm 以下。

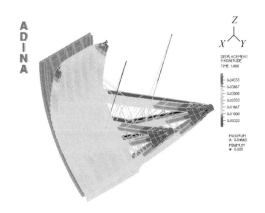

图 3-13   正常挡水工况水工弧形钢闸门整体变形图(见彩图)

(2) 正常挡水应力计算结果。

应力分析主要以等效应力(Mises 应力)计算结果来分析正常挡水工况。从图 3-14 可以看出,梁格的支撑效应明显,面板从上到下随着水压的增大,等效应力逐渐增大。由于在底止水处人为施加了约束影响,刚度较实际大,局部应力集中,面板其他部位极值应力一般位于水平梁与竖向梁格的交汇处,该处应力状态复杂。从面板总体来分析,最大等效应力发生在门叶上部悬臂端竖向隔板的底部与主梁相接部位上游面面板内,最大值等效应力约为 190MPa(剔除图 3-14 中应力奇异点数值),规范规定的容许应力为 289.8MPa,满足要求。

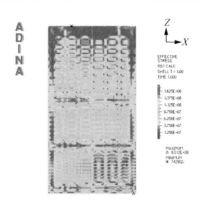

图 3-14 正常挡水工况面板等效应力分布(见彩图)

2) 启门瞬间工况计算结果

(1) 启门瞬间位移计算结果。

启门瞬间工况门前水位与正常挡水工况相同,但去掉底止水约束,同时施加了侧向止水和支铰的摩阻力及力矩。启门瞬间工况门叶整体变形见图 3-15,水工弧形钢闸门整体变形分布规律与正常挡水工况基本一致,仅位移有所增加。整个闸门总体位移最大值仍在边梁的顶部,最大位移为 53.92mm。闸门下部各段总体变形要小于上部,门叶位移由上向下逐渐减小。边梁的顶部和上下框架中间段侧向扭曲与正常挡水工况相比,变形较大。

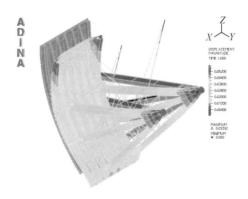

图 3-15 启门瞬间工况水工弧形钢闸门整体变形图(见彩图)

(2) 启门瞬间应力计算结果。

以面板的等效应力(Mises 应力)为例来展示启门瞬间工况的应力计算结果。由图 3-16 可以看出,梁格的支撑效应明显,面板从上到下随着水压的增大,等效应力逐渐增大。面板极值应力一般位于水平梁与竖向梁格的交汇处,该处应力状态复杂。从面板总体分析,门叶上部悬臂端竖向隔板的底部、吊耳所在面板区格内的等效应力较大,最大值约为 249MPa(剔除图 3-16 中应力奇异点数值),规范规定的容许应力为 289.8MPa,满足要求。

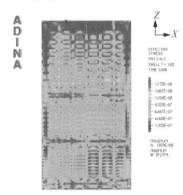

图 3-16　启门瞬间工况面板等效应力分布(见彩图)

3) 水工弧形钢闸门动力特性计算结果

水工弧形钢闸门动力特性计算主要分析闸门的自振特性,即模态分析。自振特性分别按不考虑库水和考虑库水影响两种情况计算。每一种情况内计算水工弧形钢闸门的 5 种开度,开度分别为 0m、0.5m、1.0m、2.0m、5.0m。分析时约束同闸门瞬间开启工况,门前水位按设计水位 220.5m 考虑,暂不考虑下游水位。

在模态分析中,选取附加质量法考虑库水的影响。考虑库水影响的附加质量按下式计算:

$$M_b = \frac{7}{8}\rho\sqrt{H_0 h} \tag{3-81}$$

式中,M_b 为水平向附加质量,kg;ρ 为水的质量密度,取 1000kg/m³;H_0 为门前水的深度,m;h 为计算点深度,m。

水工弧形钢闸门面板从上到下由梁系分为许多区格,计算附加质量时,取各区格中心水的深度计算,近似认为该区格附加质量相同,然后施加在该区格所对应的单元节点上。

(1) 不考虑库水影响。

不考虑库水影响时，不同开度闸门的每阶自振频率基本相同，振型也相同。由此可以说明，不考虑库水影响下闸门的自振特性与开度无关。由图 3-17 和图 3-18 可以看出，不考虑库水影响时，闸门各主要构件均出现了较大的自由振动。

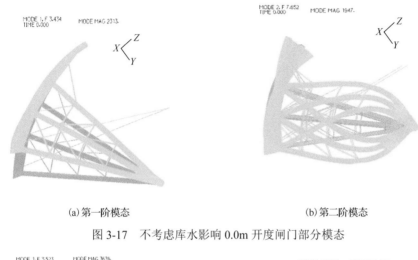

(a) 第一阶模态　　　　　　　　　　　　　　　(b) 第二阶模态

图 3-17　不考虑库水影响 0.0m 开度闸门部分模态

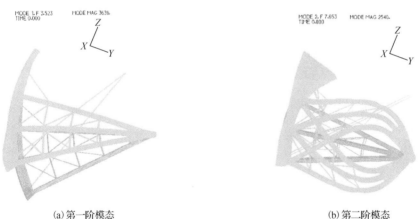

(a) 第一阶模态　　　　　　　　　　　　　　　(b) 第二阶模态

图 3-18　不考虑库水影响 1.0m 开度闸门部分模态

(2) 考虑库水影响。

考虑库水影响情况时，库水对门叶自由振动的频率和振型影响较大，与同阶不考虑库水影响的情况下比较，频率均有较大的降低。另外，由于不同开度时门前水位的变化，同阶自振频率逐渐增大。此外，考虑库水影响时，每阶频率变化很小，这反映了库水的附加质量对门叶的自由振动起控制作用。由图 3-19 和图 3-20 可以看出，考虑库水影响时，闸门的第一阶振动主要为面板的自由振动，第二阶也存在支臂的自由振动。

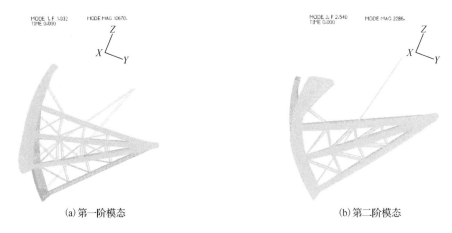

(a) 第一阶模态　　　　　　　　　　　　　　(b) 第二阶模态

图 3-19　考虑库水影响 0.0m 开度闸门部分模态

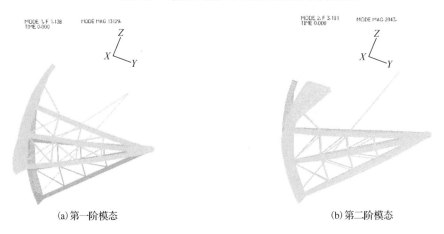

(a) 第一阶模态　　　　　　　　　　　　　　(b) 第二阶模态

图 3-20　考虑库水影响 1.0m 开度闸门部分模态

3.4　水工钢闸门闸坝一体化有限元分析

3.4.1　有限元模型

以某水电站的水工弧形钢闸门为例,其底槛高程为 416.0m,正常水位和校核水位分别为 428.0m 和 430.2m,墩厚为 2.5m,墩高为 20.4m。闸孔尺寸为 14m×12.5m(宽×高),采用双横梁双斜支臂结构,水工弧形钢闸门支臂长 16m。每扇闸门共有 2 个主横梁,5 个纵梁,2 个边梁,17 个次横梁,1 个顶梁,1 个底梁。主横梁从上到下依次为 b_1、b_2;纵梁从左向右依次为 z_1、z_2、z_3;次横梁从下到上依次为 $h_1, h_2, \cdots, h_{17}$,如图 3-21 所示。

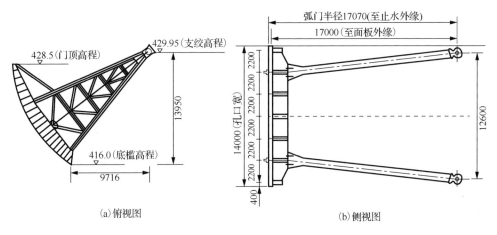

428.5(门顶高程)

429.95(支绞高程)

13950

416.0(底槛高程)

9716

(a)俯视图

弧门半径17070(至止水外缘)

17000(至面板外缘)

2200 2200 2200 2200 2200 2200 2200

14000(孔口宽)

400

12600

(b)侧视图

图 3-21 某水电站水工弧形钢闸门结构

尺寸单位：mm；高程单位：m

水工弧形钢闸门是一种空间薄壁体系，因此除支铰外的结构均采用壳单元 SHELL181 建模[7-8]；闸墩、闸底板和溢流堰等选用 SOLID185 模拟；止水采用 COMBIN14 模拟。采用映射和自由网格划分的方法。水工弧形钢闸门的网格划分较为精细，与水工弧形钢闸门底缘相接触的溢流堰和与支铰接触的牛腿，网格相应地进行加密处理，而闸墩、闸基础的网格适当放松。考虑到结构的对称性，分别取闸门单体结构和闸坝一体化结构的一半进行分析，建立水工弧形钢闸门单体结构和闸坝一体化结构有限元模型，分别如图 3-22(a)和图 3-22(b)所示，划分的单元数分别为 98299 个和 107199 个，节点数分别为 95789 个和 126702 个。建模采用整体直角坐标系和局部柱坐标系相结合的方式，其中，整体直角坐标系坐标原点在右支铰处，x 方向与上支臂方向重合，y 方向沿支铰横方向，z 方向与 xy 平面垂直向上，符合笛卡儿坐标系的右手法则；局部柱坐标系坐标原点为两支铰连线的中点处，φ_{local} 方向在上下支臂夹角平分线上，z_{local} 方向与整体直角坐标系 z 向平行。

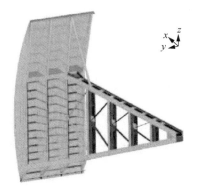

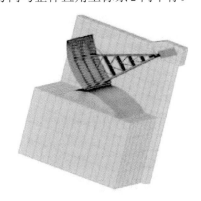

(a)水工弧形钢闸门单体结构

(b)闸坝一体化结构

图 3-22 水工弧形钢闸门单体结构和闸坝一体化结构有限元模型

3.4.2　计算条件及参数

分别对关闭工况和瞬间开启工况的闸门单体结构和闸坝一体化结构的有限元模型在正常水位和校核水位下进行静力分析。计算荷载主要考虑作用在闸门上的静水压力、闸门自重和开启瞬间作用在闸门上的启门力。正常水位和校核水位分别为 12.0m 和 14.2m。单体模型支铰为铰约束，闸门底缘受到底槛竖直方向的约束；闸坝一体化建模时水工弧形钢闸门的底缘部分与溢流堰的顶部施加了接触单元，两侧的止水约束采用接触单元模拟，其本构关系采用 2 阶 5 项 Mooney-Rivlin 模型进行模拟[9]；拟合橡胶类材料超弹性性能的应变能密度函数为

$$W = C_{10}\left(I_1 - 3\right) + C_{01}\left(I_2 - 3\right) + C_{20}\left(I_1 - 3\right)^2 \\ + C_{11}\left(I_1 - 3\right)\left(I_2 - 3\right) + C_{02}\left(I_2 - 3\right)^2 \tag{3-82}$$

式中，W 为止水材料的应变能密度函数；I_1 为止水材料的第一应变不变量；I_2 为止水材料的第二应变不变量；C 为 Rivlin 参数，C_{10}=-0.0458，C_{01}=0.2961，C_{20}=10.5×10，C_{11}=-0.0033，C_{02}=-0.0021。均匀变形弹性体的应力、应变和应变能之间的关系为

$$\sigma_i = 2\left(\lambda_i^2 \frac{\partial W}{\partial I_1} - \frac{1}{\lambda_i^2}\frac{\partial W}{\partial I_1}\right) - P \quad (i = 1,2,3) \tag{3-83}$$

式中，σ_i 为止水材料的拉压应力，Pa；λ_i 为止水材料的基本伸长率；i 表示 3 个不同的主拉伸方向；P 为静水压力，N。

流固耦合分析时，水工弧形钢闸门底止水和两侧止水约束采用弹簧单元模拟，根据橡胶止水与弹簧法向力相等的原则，可以确定弹簧劲度系数为 9×10^{8}N/m，阻尼系数取 10。各构件的物理力学参数如表 3-1 所示。

表 3-1　各构件的物理力学参数

结构	材质	弹性模量/MPa	泊松比	质量密度/(kg/m³)
水工弧形钢闸门	Q235B	2.06×10⁵	0.25	7850
闸墩、闸底板、牛腿和溢流堰	C25 钢筋混凝土	2.08×10⁴	0.20	2400
支铰	铸钢 ZG310-570	2.10×10⁵	0.27	7850
止水	橡胶	10	0.50	1500

3.4.3　有限元结果与分析

1. 静力计算结果

为分析闸门单体与闸坝一体化建模的区别，分别计算了两者在关闭工况和瞬间开启工况下面板、主横梁、纵梁和支臂结构的静力特性，其结果列于表 3-2 和表 3-3。

表 3-2 闸门单体和闸坝一体化模型各主要构件的最大等效应力 （单位：MPa）

工况	面板最大等效应力	主横梁最大等效应力		纵梁最大等效应力			支臂最大等效应力
		上	下	1	2	3	
一	$\dfrac{90.4}{121}$	$\dfrac{56.8}{62.3}$	$\dfrac{109.0}{66.2}$	$\dfrac{43.6}{63.7}$	$\dfrac{62.0}{72.5}$	$\dfrac{79.8}{82.4}$	$\dfrac{108.0}{70.7}$
二	$\dfrac{111.0}{141.0}$	$\dfrac{87.6}{89.4}$	$\dfrac{133.0}{79.6}$	$\dfrac{50.4}{73.9}$	$\dfrac{74.9}{86.0}$	$\dfrac{97.6}{99.7}$	$\dfrac{120.0}{112.0}$
三	$\dfrac{156.0}{223.0}$	$\dfrac{85.9}{109.0}$	$\dfrac{161.0}{217.0}$	$\dfrac{45.2}{89.1}$	$\dfrac{65.2}{127.0}$	$\dfrac{136.0}{191.0}$	$\dfrac{193.0}{210.0}$
四	$\dfrac{154.0}{230.0}$	$\dfrac{147.0}{180.0}$	$\dfrac{194.0}{225.0}$	$\dfrac{52.4}{95.6}$	$\dfrac{76.7}{137.0}$	$\dfrac{168.0}{216.0}$	$\dfrac{208.0}{214.0}$

注：工况一、二、三、四分别为正常水位全闭工况、校核水位全闭工况、正常水位瞬间开启工况、校核水位瞬间开启工况；短横线上、下分别为闸门单体和闸坝一体化的结果，下同。

表 3-3 闸门单体和闸坝一体化模型各主要构件 x 方向的最大位移 （单位：mm）

工况	面板最大位移	主横梁最大位移		纵梁最大位移			支臂最大位移
		上	下	1	2	3	
一	$\dfrac{10.7}{8.7}$	$\dfrac{5.7}{7.4}$	$\dfrac{9.8}{4.7}$	$\dfrac{9.6}{7.8}$	$\dfrac{8.7}{7.5}$	$\dfrac{6.5}{6.5}$	$\dfrac{14.9}{14.1}$
二	$\dfrac{13.7}{14.0}$	$\dfrac{9.3}{12.4}$	$\dfrac{12.0}{6.2}$	$\dfrac{12.2}{13.7}$	$\dfrac{11.2}{12.9}$	$\dfrac{8.5}{11.0}$	$\dfrac{15.8}{15.3}$
三	$\dfrac{93.8}{97.6}$	$\dfrac{51.2}{56.3}$	$\dfrac{78.7}{83.4}$	$\dfrac{75.8}{80.2}$	$\dfrac{71.9}{78.3}$	$\dfrac{63.7}{70.4}$	$\dfrac{69.1}{75.6}$
四	$\dfrac{94.8}{98.7}$	$\dfrac{47.1}{52.4}$	$\dfrac{80.1}{85.5}$	$\dfrac{77.2}{82.3}$	$\dfrac{73.1}{79.4}$	$\dfrac{64.6}{70.5}$	$\dfrac{69.8}{75.3}$

由表 3-2 得，面板的最大等效应力均在面板对称轴底梁处，且均小于 234.1MPa；上主横梁的最大等效应力在主横梁下翼缘与支臂相连接处，除校核水位瞬间开启工况闸坝一体化模型外均小于 142.5MPa，下主横梁的最大等效应力在主横梁下翼缘与支臂相连接处，除瞬间开启工况下，其余均小于 142.5MPa；纵梁的最大等效应力在 h_6 和 h_8 之间的下翼缘处，支臂的最大等效应力在支臂分叉处的下翼缘位置，仅局部存在较大的应力集中，整个支臂结构的应力均未超出材料的允许应力，故闸门构件满足强度要求。

随着计算水位的增加，面板的最大位移逐渐上移，均靠近对称轴；上、下主横梁的最大位移均出现在其下翼缘靠近对称轴处；纵梁和边梁的最大位移也逐渐上移；支臂的最大位移均出现在支臂与面板间的斜支撑处。主横梁的计算跨度为 13.2m，由刚度条件可得允许最大位移为 22.0mm。由表 3-3 可知，正常水位和校核水位全闭工况的闸门单体及闸坝一体化模型上、下主横梁的最大位移均满足刚度条件，正常水位和校核水位瞬间开启工况的闸门单体及闸坝一体化模型上、下主横梁的最大位移均不满足刚度条件。

由表 3-4 得，式(3-80)左端计算结果(即平均应力)在正常水位全闭工况下框架偏差为 50.2%，校核水位全闭工况下框架偏差为 49.8%，正常水位瞬间开启工况上框架偏差为-27.5%，校核水位瞬间开启工况上框架偏差为-20.7%。从而可知，在全闭工况单体模型的下框架极不经济，在瞬间开启工况单体模型的各框架极不安全。

表 3-4　支臂的稳定性计算结果

工况	支臂强度/MPa		偏差		稳定性要求
	上	下	上	下	
一	$\dfrac{95.8}{93.7}$	$\dfrac{108.0}{71.9}$	2.2%	50.2%	均满足
二	$\dfrac{137.0}{114.6}$	$\dfrac{139.0}{92.8}$	19.5%	49.8%	均满足
三	$\dfrac{132.0}{182.0}$	$\dfrac{146.0}{196.0}$	−27.5%	−25.5%	均满足
四	$\dfrac{157.0}{198.0}$	$\dfrac{184.0}{205.0}$	−20.7%	−10.2%	均满足

2. 两种计算模型的对比

通过计算闸门单体和闸坝一体化模型的静、动力特性，以考虑周边止水摩阻静、动力影响闸坝一体化模型的计算结果为基准，来对比分析两种建模方式的偏差，其结果如表 3-5 所示。

表 3-5　闸门单体与闸坝一体化模型之间应力和位移的偏差　　(单位：%)

指标	工况	面板	主横梁		纵梁			支臂
			上	下	1	2	3	
应力	一	−25.3	−8.8	64.7	−31.6	−14.5	−3.2	52.8
	二	−21.3	−2.0	67.1	−31.8	−12.9	−2.1	7.1
	三	−30.0	−21.2	−25.8	−49.3	−48.7	−28.8	−8.1
	四	−33.0	−18.3	−13.8	−45.2	−44.0	−22.2	−2.8
位移	一	23.0	−23.0	108.5	23.1	16.0	0.0	5.7
	二	−2.1	−25.0	93.5	−10.9	−13.2	−22.7	3.3
	三	−3.9	−9.1	−5.6	−5.5	−8.2	−9.5	−8.6
	四	−4.0	−10.1	−6.3	−6.2	−7.9	−8.4	−7.3

从表 3-5 得出，在应力方面，正常水位全闭工况下主横梁偏差为 64.7%，校核水位全闭工况下主横梁偏差为 67.1%，正常水位瞬间开启工况上主横梁偏差为 -21.2%，校核水位瞬间开启工况上主横梁偏差为-18.3%。在位移方面，正常水位全闭工况下主横梁偏差为 108.5%，校核水位全闭工况下主横梁偏差为 93.5%，正常水位瞬间开启工况上主横梁偏差为-9.1%，校核水位瞬间开启工况上主横梁偏差为-10.1%。还可得出闸门单体模型只有在全闭工况时下框架内力偏大，其余工况下闸门单体模型内力均偏小。从强度、刚度和稳定性方面可知，在正常水位全闭工况时闸门单体模型设计的下框架极不经济，在校核水位瞬间开启工况时闸门单体模型设计的各框架极不安全，因此校核水位瞬间开启工况为安全鉴定的控制工况。

3.5　水工钢闸门 P 型止水非线性有限元分析

P 型止水是《水利水电工程钢闸门设计规范》(SL 74—2019)[1]推荐的闸门基本止水型式之一，广泛应用于露顶式水工弧形钢闸门的侧止水。止水的效果主要决定于止水与侧墙止水座间的接触紧密程度，即接触力大小及分布等。止水与止水座间的接触力和分布又受止水本身的结构型式、安装形式、预压缩量、材料特性、承受的水压等因素影响。止水的接触摩擦阻力是门叶结构启闭力的主要组成部分。接触力过大时，虽达到了较好的止水效果，但会增大启门力和闭门力；接触力过小，又会引起闸门漏水，而且门叶启闭过程有可能进一步引起门叶结构的振动。对于某一特定止水型式，止水与止水座间接触力主要由两部分组成：①止水预压缩产生的接触力；②止水受到门前水的压力，被压紧而产生的反力。

止水由伸长率较大的橡胶或橡塑复合材料制成，属于高分子材料的一种。止水橡胶材料为超弹性材料，大变形下具有强几何非线性，且止水与闸门门槽接触变形的情况复杂，因此，工程中大多采用模型试验观测止水的变形特征，止水的设计成为闸门设计的关键技术问题。止水的设计不能仅靠设计经验与模型试验，应重视止水设计中的理论计算分析方法，但常规的数值计算方法难以定量分析出止水元件的应力与变形，对复杂止水结构进行数值模拟以提供参考具有一定的意义。文献[10]和文献[11]应用非线性数值分析方法成功地对高压伸缩式止水进行了研究，得到了有价值的结论。本节以 MSC.MARC 软件中提供的橡胶类材料的非线性数值分析模型和方法为平台[12]，对 P 型止水的压缩过程进行分析研究，模拟该型式止水预压缩接触力的发展过程，揭示接触力与压缩量间的关系等，得到的结论供工程设计参考。

3.5.1　P 型止水的非线性分析内容

高水头闸门 P 型止水压缩过程的有限元分析涉及三重非线性，材料非线性、几何非线性和边界条件非线性(接触非线性)。

1. 材料非线性

止水橡胶是一种非线性的、体积不可压缩或近似不可压缩的超弹性材料，其本构关系通常从以应变不变量或基本伸长率表示的应变能密度得到。以连续介质理论为基础表示的应变能，对其对应变张量求导可获得相应的应力张量，应变能密度函数为

$$W = \sum_{i+j=1}^{n} C_{ij}\left(I_1 - 3\right)^i \left(I_2 - 3\right)^j + \sum_{i=1}^{n} \frac{1}{D_i}\left(J - 1 - R\right)^{2i} \tag{3-84}$$

$$\sigma = \frac{\partial W}{\partial \varepsilon} \tag{3-85}$$

式中，n 为多项式的阶数，当 $n=1$ 时为 Mooney-Rivlin 模型；D_i 表示材料是否可压缩，不可压缩材料 $D_i=0$；R 为随温度变化的体积膨胀量；W、σ、ε 分别为应变能密度、应力、应变；I_1、I_2 分别为柯西-格林(Cauchy-Green)变形张量 C_{ij} 的第一、第二不变量。当 $C_{00}=0$ 时，表示开始阶段(无拉伸时)应变能为零。

Mooney-Rivlin 模型(不可压缩材料)应变能密度函数为

$$W = C_{10}\left(I_1 - 3\right) + C_{01}\left(I_2 - 3\right) \tag{3-86}$$

式中，C_{10}、C_{01} 为材料的 Mooney-Rivlin 系数，根据试验曲线拟合确定。

2. 几何非线性

高水头闸门 P 型止水的几何非线性是其工作时的大变形引起的，可采用全拉格朗日(total Lagrange，T.L)方法，也可以采用更新的拉格朗日(update Lagrange，U.L)方法。在大变形增量问题中，采用两种方法得到的平衡方程在理论上是等效的，在实际应用中选择何种方法，大多数情况要看采用何种材料本构规律。在闸门止水这类大变形增量问题中，有限元分析时通常采用 T.L 方法。

3. 边界条件非线性

高水头闸门 P 型止水的边界条件非线性体现在止水与压板的接触、止水与止水座板的接触等。处理接触边界条件通常用拉格朗日乘子法、罚函数法、杂交元方法和混合法、直接约束法。

直接约束法规定接触体的运动，处理接触问题时跟踪接触体的运动轨迹，一旦探测出发生接触，便将接触所需的运动约束(即法向无相对运动，切向可滑动)和节点力(法向压力和切向摩擦力)作为边界条件直接施加在发生接触的节点上。这种方法对接触的描述精度高，具有普遍适应性，不需要特殊的界面单元，并且可以模拟复杂的、变化的接触条件。

3.5.2　力学模型简化

图 3-23 为 P 型止水断面图，图中压板、P 型止水、橡胶垫板和面板通过螺栓

紧密地连接在一起，橡胶的变形远远大于螺栓附近的位移。为了简化计算，以图中框选区域为分析对象，在边界建立相应的约束条件代替被简化的部分。P 型止水与橡胶垫板均为橡胶材料，是一种非线性、体积不可压缩或近似不可压缩的超弹性材料。考虑到止水在承受荷载过程中 P 型止水与止水座板、P 型止水与压板的接触问题，将可能成为接触面的止水座板、压板创建为主面，对应的橡胶面创建为从面，并考虑接触摩擦，取摩擦系数为 0.2。止水座板、压板均为 Q235 钢材，弹性模量 $E=2.06\times10^5$ MPa，泊松比 $\mu=0.3$。

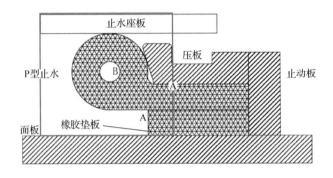

图 3-23　P 型止水断面图

　　根据止水的实际压缩过程，首先使模拟止水座的刚性直线向止水固定边方向移动，然后逐渐压紧止水，以此运动形式来模拟止水的初始压缩过程。对于闸门 P 型止水，其顶(侧)止水为直段，可以按二维平面应变问题处理。对所选的计算域进行网格划分，其中对 P 型止水及止水板圆弧角等位置作了网格细化处理，以提高计算的精度，P 型止水计算域的网格划分如图 3-24 所示。二维有限元模型采用 8 节点平面应变 PLANE183 单元，共有 5140 个单元、14552 个节点。

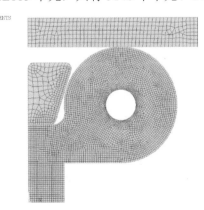

图 3-24　P 型止水计算域的网格划分

　　对计算结果分析可得，最大等效应力的位置点位于 P 型止水内侧孔的边缘。如图 3-25 所示，当止水承受的水压为 1MPa 时，孔边缘的最大等效应力最大达到 2.45MPa，止水内侧孔边缘位置为止水装置的危险破坏点。P 型止水由初始弯曲逐渐变为向压板方向挤压，缓和了预压缩量产生的大变形。

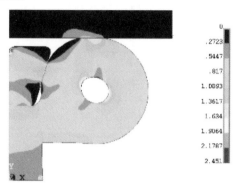

图 3-25　水压为 1.0MPa 时等效应力变化图（单位：MPa）

3.6　本章小结

　　有限元法是将闸门作为一个整体的空间框架体系进行分析计算。闸门在实际工作中是一个完整的空间结构体系，各组成构件需相互协调，作用在闸门结构上的外力和荷载由全部组成构件共同承担。按平面体系计算各个构件内力时，不管做了多么精细的假定，总不能完全反映出它们真实的工作情况。闸门结构按空间体系来分析是在符拉索夫的开口薄壁杆件理论提出后才正式开始的，空间体系法的快速发展使闸门结构可完全按空间体系分析计算，空间体系法可以充分考虑闸门作为空间结构的整体性、空间受力特点及变形特点。苏联是最早开始应用空间体系法的国家之一，我国的设计单位、高校及科研院所采用空间结构方法对结构进行分析和计算。运用空间体系法计算闸门结构，能充分体现出闸门较强的空间效应，并能准确地计算出各构件的应力及变形，不仅可以节省材料、减轻闸门自重，而且也可以提高闸门的整体安全度。空间体系法可作为平面体系法的一种验证方法，确保闸门结构的安全运行，采用空间体系法进行闸门结构的静力特性和动力特性分析已是基本趋势。针对水工闸门安全评价中采用的闸门单体计算模型过于简化的问题，本章提出了闸坝一体化的分析方法。通过对不同工况的计算得出闸坝一体化分析模型的控制工况是校核水位瞬间开启工况。考虑止水作用及流固耦合振动的闸坝一体化模型会降低水工弧形钢闸门的自振频率，闸坝一体化的分析方法可保证水工弧形钢闸门结构的安全性与经济性的统一。此外，还采用非线性有限元法对闸门止水受力特点进行了分析。

参 考 文 献

[1] 中华人民共和国水利部. 水利水电工程钢闸门设计规范: SL 74—2019[S]. 北京: 中国水利水电出版社, 2019.

[2] 中华人民共和国国家能源局. 水电工程钢闸门设计规范: NB 35055—2015[S]. 北京: 中国电力出版社, 2016.

[3] 胡友安, 王孟. 水工钢闸门数值模拟与工程实践[M]. 北京: 中国水利水电出版社, 2010.

[4] 杜培文. 水工闸门结构分析[M]. 郑州: 黄河水利出版社, 2018.

[5] 中华人民共和国水利部. 水利水电工程金属结构报废标准: SL 226—98[S]. 北京: 中国水利水电出版社, 1999.

[6] 中华人民共和国水利部. 水工建筑物荷载设计规范: SL 744—2016[S]. 北京: 中国水利水电出版社, 2017.

[7] NESTOROVIĆ T, MARINKOVIĆ D, SHABADI S, et al. User Defined finite element for modeling and analysis of active piezoelectric shell structures[J]. Meccanica, 2014, 49(8): 1763-1774.

[8] PEGIOS I P, PAPARGYRI-B S. Finite element static and stability analysis of gradient elastic beam structures[J]. Acta Mechanica, 2015, 226(3): 745-768.

[9] 刘礼华, 王蒂, 欧珠光, 等. 橡胶类止水材料超弹性性能的研究与应用[J]. 四川大学学报(工程科学版), 2011, 43(4): 199-204.

[10] 朱凼凼, 刘礼华. 应用非线性有限元法对某止水橡皮进行仿真计算[J]. 应用力学学报, 2004, 21(4): 134-136.

[11] 刘礼华, 熊威, 顾因, 等. 高水头弧形闸门伸缩式水封的黏弹性仿真计算方法[J]. 水利学报, 2006, 37(9): 1147-1150.

[12] 张振秀, 沈梅, 辛振祥. 有限元软件 MSC. Marc/Mentat 在橡胶材料分析中应用[J]. 世界橡胶工业, 2005, 32(12): 32-35.

第 4 章　水工钢闸门面板弹塑性分析

4.1　概　　述

水工钢闸门的面板直接与水接触，用来挡水并将承受的水压力传递给梁格。面板通常设在闸门上游面，一来避免梁格和行走支承浸没于水中而聚积污物，二来减少门底过水产生的振动。反向挡水时，面板布置在梁格的下游，将封水面布置在下游面板。对于无须利用水柱的闸门来说，这样布置主要是为了利用水压压紧止水，从而达到较好的封水效果。根据设计经验，面板通常为正向挡水，对于静水启闭的闸门，或当启闭闸门时门底流速较小的闸门，为了设置止水的方便以及在高水头时保证闸门封水效果，面板可设在闸门的下游面。

水工钢闸门面板的工作状况比较复杂，它不仅作为挡水面板承受静水荷载使其局部弯曲，而且作为梁格的受压翼缘参与梁格整体弯曲。面板是闸门结构必不可少的受力构件，一般做成平面或曲率很小的弧面，很少采用其他形式，如波浪形、折板形等。制作面板的材料除钢外，还有木、塑料或钢丝网水泥。钢面板的优点是不透水和经久耐用，同时它还能与整个结构连接在一起，使闸门整体结构具有很大的刚度，并能充分地参与闸门空间结构整体工作。面板的构造应与梁格的布置相协调，同时应与闸门的运输和安装方法相协调，也要考虑沿闸门高度按水头大小的不同而改变面板厚度。面板一方面直接承受水压力并将其传给梁格，另一方面它又参加承重结构的整体工作[1]。

本章从薄板小挠度理论、大挠度理论两方面系统分析水工钢闸门面板的弹性极限荷载及塑性极限荷载，建立钢闸门面板弹塑性极限荷载的非线性力学模型，首次从理论上系统地证明 1976 年河海大学原型试验成果的合理性及准确性，并给出理论解析解，为规范修订提供理论依据。并给出各种屈服模式下钢闸门面板的弹塑性调整系数，提出更为合理、明确的面板弹塑性调整系数的表达式。

4.2　水工钢闸门面板与主梁协同工作机制

4.2.1　面板与主梁协同工作的试验

面板与梁格刚性连接为一体，必然参与梁格整体弯曲，兼作主梁部分翼缘参与工作。有关面板及其参与梁系工作的有效宽度计算问题，河海大学曾经为规范编制开展了专题研究工作，为了建立符合钢闸门面板实际工作状况的计算方法，进行了各种长宽比的十个单区格面板模型、四扇九区格的闸门模型和两扇实际工程钢闸门整体模型的弹性和弹塑性工作阶段的室内试验，并对福建省闽东水电站进水口深孔多主梁钢闸门进行了原型实测。根据试验结果与弹性薄板理论计算值和闸门空间整体结构的有限元分析结果对比，提出面板的局部弯曲应力计算可根据其边界支承的具体情况，按四边固定、三边固定一边简支或两边固定两边简支的弹性薄板计算；并且指出面板除直接承受水压力产生局部弯曲外，还参加主梁的整体弯曲工作。因此，验算面板强度时，必须将面板的局部弯曲应力与其参与主梁整体弯曲应力相叠加，验算其折算应力强度。此外，通过室内的弹塑性阶段试验，证实了面板具有很大的强度储备，验算其折算应力强度时，容许值可提高到钢材的屈服点 σ_s。主要成果分述如下。

(1) 室内试验和原型实测结果表明，弹性阶段中局部弯曲应力分布规律与按四边固定支承薄板承受匀载的理论计算弯曲应力曲线较吻合，而且挠度的实测值同计算值基本接近(表 4-1)。

表 4-1　中部区格面板中点挠度的计算值和实测值的差值

模型区域		九区格 1：2 闸门模型			闽东水电站钢闸门原型实测		
		计算值/mm	实测值/mm	差值比例/%	计算值/mm	实测值/mm	差值比例/%
板中点	上模型	1.61	1.68	4.3	0.95	0.94	1.1
	下模型	1.61	1.58	1.9			

注：计算值为按四边固定支承薄板受匀载计算的挠度值。

面板沿支承边的负弯矩为余弦曲线分布，在面板跨间剖面和对角线斜边上，弯矩从负值变化到正值，反弯点的位置距支承 1/6～1/4 边长处，否定了巴赫公式中沿斜边上各点弯曲应力均匀相等的假定，而且面板上应力的控制点为支承长边中点，其弯曲应力远大于跨中点(巴赫公式的控制点)的应力。因此，建议按四边固定支承薄板计算钢闸门中部区格面板的局部弯曲应力，是符合面板实际受力情况的。由试验结果分析可知，面板与边部梁格相连支承边的实际工作不是完全固定的，而属于弹性固定。弹性固定程度因边部梁格截面弯曲刚度和抗扭刚度的强弱、作用荷载的对称性等因素而异。边梁对面板弹性固定约束的实际负弯矩减小，为按固定边计算的负弯矩的 50%～70%；而跨中正弯矩略为增大，但其弯曲应力的绝对值仍小于支承长边中点应力，不为控制条件。为了简化和统一计算，仍可近似地按四边固定支承薄板计算局部弯曲应力，所得结果安全性较高，也比较科学合理。

露顶式双主梁钢闸门顶部和底部区格的钢面板，由于顶底梁的截面多为轧制的槽钢和角钢，弯曲刚度和抗扭刚度均很小，所承受的水压力呈三角形分布，荷载不均匀，面板与它们相连支承边的弹性固定很弱，更接近于简支边情况。表孔闸门顶部和底部区格面板的局部弯曲应力可按三边固定一边简支的弹性薄板计算。如果闸门角区格的两相邻边均为截面刚度较弱的次梁(如斜支臂弧形门顶部和底部的角区格)，则建议按两相邻边固定、另两相邻边简支的弹性薄板计算其弯曲应力。

(2) 闸门模型试验所测量的面板局部弯曲应力 σ_{mx} 和整体弯曲应力 σ_{ox} 相叠加的应力 σ_x，以及原型实测的结果都证实：当闸门受水压后，面板一方面直接承受水压力，本身发生挠曲变形产生局部弯曲应力 σ_{mx}、σ_{my}；另一方面作为主梁的上翼缘参加主梁整体弯曲，产生与主梁轴线(x 轴)一致的整体弯曲压应力 σ_{ox}(即膜应力)。因此，面板上、下游面的应力 σ_x 应为上述两部分应力的代数和。由于主梁整体弯曲对 y 轴应力影响很小，可忽略不计，垂直主梁轴线方向的应力 σ_y 仅需考虑局部弯曲应力 σ_{my}。

面板的受力情况比较复杂，面板由局部弯曲产生的应力沿板厚呈三角形分布，上、下游面的弯曲应力数值相等，符号相反。例如，沿支承边局部弯矩为负值，上游面为拉应力，下游面为压应力；跨中受正弯矩作用，应力符号则相反。主梁整体弯曲压应力沿板厚变化很微小，可认为均匀分布。面板支承长边中点(A 点)和短边中点(B 点)上、下游面应力作用情况如图 4-1 所示(长边沿主梁轴线方向)。A 点上、下游面的弯曲应力数值相等，符号相反。例如，沿支承边局部弯矩为负值，上游面 x 轴应力 $\sigma_x=\sigma_{mx}-\sigma_{ox}=\mu\sigma_{my}-\sigma_{ox}$(四边固定板，固定边 $\sigma_{mx}=\mu\sigma_{my}$)，当 $\sigma_{ox}>\mu\sigma_{my}$ 时，上游面 σ_x 为压应力，则恰与下游面应力 σ_y 符号相反，为异号双向应力；下游面 $\sigma_x=\sigma_{mx}+\sigma_{ox}=\mu\sigma_{my}+\sigma_{ox}$，此时 σ_x、σ_y 均为压应力，为同号双向应力。根据强度理论分析与试验结果，均说明面板在平面应力状态时，同号平面应力将提高塑性极限应力，异号平面应力将降低塑性极限应力。

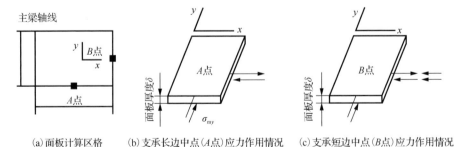

(a)面板计算区格　　　(b)支承长边中点(A点)应力作用情况　　　(c)支承短边中点(B点)应力作用情况

图 4-1　面板支承长边和短边中点应力作用情况

为了充分利用面板强度，应避免面板局部最大弯曲应力与整体弯曲应力同点同向。一般梁格布置均将长边沿主梁轴线方向布置，因此，面板应力的控制点为支承长边中点(A 点)的上游面，σ_y 比 σ_x 大得多。异号应力 σ_x 的作用会促使 σ_y 提前达到塑性状态，因此应按第四强度理论验算面板的折算应力，按式(4-1)计算：

$$\sigma_{zh} = \sqrt{\sigma_{my}^2 + (\sigma_{mx} - \sigma_{ox})^2 - \sigma_{my}(\sigma_{mx} - \sigma_{ox})} \leq 1.1\alpha[\sigma] \tag{4-1}$$

式中，σ_{zh} 为面板的折算应力，Pa；σ_{mx}、σ_{my}、σ_{ox} 均不带正负号；α 为弹塑性调整系数。

支承短边中点(B 点)上、下游面作用的平面应力情况与 A 点相似(图 4-1)，但其局部弯曲应力 σ_{mx} 为主要应力，数值远大于 σ_{my}(因为 B 点 $\sigma_{my}=\mu\sigma_{mx}$)。$B$ 点下游面压应力 σ_x 为两个主要应力 σ_{mx}、σ_{my} 之和，虽然下游面为同号平面应力状态，但是当 $b/a<1.5$ 时，B 点的下游面可能比 A 点的上游面更早达到塑性状态(a 为短边长度，b 为长边长度)。为了充分利用面板的强度，梁格布置时宜使面板的长宽比 $b/a>1.5$，并且长边布置在沿主梁轴线方向。闸门面板为适应水压力分布规律，梁格布置成上疏下密。虽然闸门上部面板区格长边沿主梁轴线布置，但当 $b/a<1.5$ 或短边沿主梁轴线方向布置时(图 4-2)，仍须按同号双向应力状态验算该点的折算应力，按式(4-2)计算：

$$\sigma_{zh} = \sqrt{\sigma_{my}^2 + (\sigma_{mx} + \sigma_{ox})^2 - \sigma_{my}(\sigma_{mx} + \sigma_{ox})} \leq 1.1\alpha[\sigma] \tag{4-2}$$

式中，σ_{ox} 为 B 点主梁上翼缘整体弯曲压应力，Pa，在主梁上翼缘宽度上按二次抛物线规律分布。

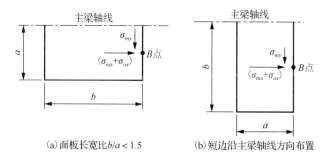

(a)面板长宽比 $b/a<1.5$　　　　(b)短边沿主梁轴线方向布置

图 4-2　面板区格沿主梁轴线方向布置

B 点 σ_{ox} 最小，在主梁翼缘与腹板相连处最大，即为 M 与 W 两者比值，按式(4-3)计算：

$$\sigma_{my} = \mu\sigma_{mx}\frac{\sigma_{ox}^{min}}{\sigma_{ox}^{max}} = (1.5\xi_1 - 0.5) \tag{4-3}$$

即

$$\sigma_{ox}^{min} = (1.5\xi_1 - 0.5)\frac{M}{W} \tag{4-4}$$

式中，ξ_1 为面板兼作主(次)梁翼缘的有效宽度系数；M 为面板验算点主梁的弯矩；W 为面板验算点主梁的截面抵抗矩。

(3) 室内模型的弹塑性阶段试验结果表明，钢面板具有很大的强度储备，且面板的局部弯曲应力曲线沿支承边和跨间变化很大。因此，认为按折算应力验算面板强度时，可将其容许应力提高到钢材的屈服强度 $\sigma_s=1.5[\sigma]$。当加载到弹性设计荷载的 2～2.5 倍时，面板支承长边中点应力才开始进入弹塑性阶段，残余变形仍微小，远未达到钢面板的极限状态。随着荷载的继续增加，已进入弹塑性工作的各点应变虽然继续增长，塑性变形向面板中部开展，但其边缘应力仍稳定在一定的数值不再增加，趋向屈服极限。面板塑性内力重分配的过程很长，当加载到设计荷载的 3.5～4.5 倍时，跨中点虽已进入弹塑性工作，但其残余变形仍不大。

4.2.2　面板参与主梁整体工作机制

根据弹性力学理论建立钢闸门面板应力分析模型，考虑闸门深梁的弯剪耦合作用与面板作用对深梁剪切系数的影响，利用最小势能原理分析钢闸门面板有效宽度，分析深梁跨高比、面板长宽比、面板长度方向截面面积与梁高度方向截面面积比、面板高度方向截面面积与梁高度方向截面面积比等参数对面板有效宽度的影响，提出有效宽度系数计算公式。分析结果表明，现行规范掩盖了相关参数对有效宽度系数的影响，面板与深梁的耦合作用对有效宽度系数影响较大。

当水工弧形钢闸门面板与主梁连接时，面板与主梁翼缘共同作用，《水利水电工程钢闸门设计规范》(SL 74—2019)[2]通过考虑主梁翼缘作用的有效宽度来设计闸门面板。有效宽度系数主要来自河海大学 1970～1980 年的试验结论及初步理论分析，以 20 世纪 70 年代普通平板闸门为试验原型并设计模型，理论分析过程中假定有效宽度系数满足二次或三次函数，这些结论对我国水利水电工程钢闸门研究与设计具有重要价值。近年来，许多大型水利水电工程的大孔口或高水头水工弧形钢闸门应用越来越广泛，现行规范对深孔闸门面板有效宽度的计算不是很适合。由于深梁弯剪耦合应力的影响，深孔闸门面板的有效宽度不仅与面板的长度、宽度、厚度有关，而且与水工弧形钢闸门主梁的跨高比、截面积等因素有关。

1. 闸门面板的应力与应变能

钢闸门面板与主梁牢固连接，面板与主梁共同相互作用，面板宽度与有效宽度相比为无限大，面板厚度远比梁高度小。水工弧形钢闸门面板的应力分布及有效宽度计算简图如图 4-3 所示，图中 λ 为面板的有效宽度，σ_x 为面板弯曲应力，δ 为面板厚度，$2l$ 为水工弧形钢闸门跨度，C 点为主梁的形心，e 为主梁形心到面板形心的距离。

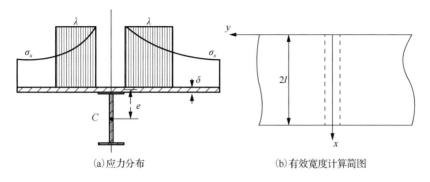

(a) 应力分布　　　　　　　　　　　(b) 有效宽度计算简图

图 4-3　水工弧形钢闸门面板的应力分布及有效宽度计算简图

当主梁弯曲时，不计面板的薄板弯曲，面板中的应力分布是二维问题，满足微分方程

$$\frac{\partial^4 \Phi}{\partial x^4} + 2\frac{\partial^4 \Phi}{\partial x^2 \partial y^2} + \frac{\partial^4 \Phi}{\partial y^4} = 0 \tag{4-5}$$

应力函数 Φ 与闸门面板的扭转应变能 V_1 分别为

$$\Phi = \sum_{n=1}^{\infty}\left[A_n e^{-\frac{n\pi y}{l}} + B_n\left(1 + \frac{n\pi y}{l}\right)e^{-\frac{n\pi y}{l}} \right]\cos\frac{n\pi y}{l} \tag{4-6}$$

$$V_1 = 2\delta\sum_{n=1}^{\infty}\frac{n^3\pi^3}{l^2}\left(\frac{B_n^2}{l^2} + \frac{A_n B_n}{2G} + \frac{A_n^2}{2G}\right) \tag{4-7}$$

式中，x、y 为对应坐标；n 为无穷级数的一般项；A_n 和 B_n 为当 n 取不同值时对应的 A 和 B；G 为材料切变模量。

2. 深孔水工弧形钢闸门主梁的应变能

深孔水工弧形钢闸门主梁在均布荷载作用下，除受弯矩作用横截面绕中性轴转动外，还因剪应力沿横截面高度非均匀分布而翘曲，各横截面上剪力不同，使各横截面翘曲不同步，相邻横截面间纵向纤维发生拉伸或压缩，从而影响弯曲正应力的分布[3]。假定 λ_s 为反映不同跨高比、不同截面特征的水工弧形钢闸门主梁剪力对弯曲正应力影响的剪力影响系数，则深孔水工弧形钢闸门主梁的应变能为

$$V_2 = \int_0^{2l}\frac{N^2}{2AE}\mathrm{d}x + \int_0^{2l}\frac{M'^2(1+\lambda_s)^2}{2EI}\mathrm{d}x \tag{4-8}$$

式中，N 为主梁及面板的轴力；M' 为主梁弯矩；A 为截面积；E 为弹性模量；I 为惯性矩。

面板及主梁的轴力如图 4-4 所示，e 为梁腹的形心到面板中面的距离。

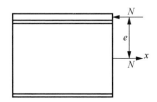

图 4-4　面板及主梁的轴力

面板及主梁的轴力 N、主梁弯矩 M' 与主梁和面积的总弯矩 M 分别为

$$N = 2\delta \sum_{n=1}^{\infty} \frac{n\pi}{l} A_n \cos \frac{n\pi x}{l} \tag{4-9}$$

$$M' = 2\delta e \int_0^{\infty} \sigma_x \mathrm{d}y + M = M + 2\delta e \sum_{n=1}^{\infty} \frac{n\pi}{l} A_n \cos \frac{n\pi x}{l} \tag{4-10}$$

$$M = M_0 + M_1 \cos \pi x / l + M_2 \cos 2\pi x / l + \cdots \tag{4-11}$$

式中，M_0 表示与支点弯矩大小有关的超静定量，其他系数 M_1、M_2⋯由荷载条件计算。令 $2\delta A_n n\pi/l = X_n$，$2\delta B_n n\pi/l = Y_n$，则主梁应变能 V_2 与总应变能 V 分别为

$$V_2 = \frac{l}{2AE} \sum_{n=1}^{\infty} X_n^2 + \frac{M_0^2 l}{EI} (1+\lambda_s)^2 + \frac{l}{2EI} (1+\lambda_s)^2 \sum_{n=1}^{\infty} (M_n + eX_n)^2 \tag{4-12}$$

$$V = V_1 + V_2 \tag{4-13}$$

3. 最小势能原理确定系数

由变形能极小的条件可知 $M_0 = 0$；由条件 $\partial V/\partial Y_n = 0$ 可得 $Y_n = -(1+v)X_n/2$，将以上两个条件代入式(4-12)，总应变能可表达如下：

$$V = \frac{\pi}{2\delta E} \frac{3+2v-v^2}{4} \sum_{n=1}^{\infty} nX_n^2 + \frac{l}{2AE} \sum_{n=1}^{\infty} X_n^2 + \frac{l(1+\lambda_s)^2}{2EI} \sum_{n=1}^{\infty} (M_n + eX_n)^2 \tag{4-14}$$

由 X_n 须使 V 极小的条件 $\partial V/\partial X_n = 0$，可得

$$X_n = -\frac{M_n}{e} \frac{1}{1 + \dfrac{I}{Ae^2(1+\lambda_s)^2} + \dfrac{n\pi I}{\delta le^2(1+\lambda_s)^2} \dfrac{3+2v-v^2}{4}} \tag{4-15}$$

设弯矩满足余弦函数，即 $M = M_1 \cos \dfrac{\pi x}{l}$，由式(4-15)可得

$$X_1 = -\frac{M_1}{e} \frac{1}{1 + \dfrac{I}{Ae^2(1+\lambda_s)^2} + \dfrac{n\pi I}{\delta le^2(1+\lambda_s)^2} \dfrac{3+2v-v^2}{4}} \tag{4-16}$$

面板中由轴力 N 产生的弯矩为

$$M'' = -eN = -eX_1 \cos \frac{\pi x}{l}$$

$$= \frac{M}{1 + \dfrac{I}{Ae^2(1+\lambda_s)^2} + \dfrac{n\pi I}{\delta l e^2(1+\lambda_s)^2} \dfrac{3+2v-v^2}{4}} \tag{4-17}$$

4. 深梁弯剪效应对面板有效宽度的影响

λ_s 为剪力影响系数；σ_C 为水工弧形钢闸门主梁形心 C 处的应力；σ_e 为弯剪耦合正应力；M' 为水工弧形钢闸门主梁弯矩。薄壁深梁的弯剪耦合正应力为

$$\sigma_e = \sigma_C + \frac{M'e}{I}(1+\lambda_s) \tag{4-18}$$

面板的有效宽度为 2λ，根据静力学平衡可得

$$M' = \frac{I}{e(1+\lambda_s)}\left(1 + \frac{2\lambda\delta}{A}\right)\sigma_e \tag{4-19}$$

$$2\lambda\delta\sigma_e e = M'' \tag{4-20}$$

M'' 与总弯矩 $M' + M''$ 之比为

$$\frac{M''}{M'+M''} = \frac{1}{1 + \dfrac{I}{Ae^2(1+\lambda_s)} + \dfrac{I}{2\lambda\delta e^2(1+\lambda_s)}} \tag{4-21}$$

由式(4-21)与式(4-17)求得的比值应相等，令 $\theta = \delta l/A$，泊松比 $\mu = 0.3$，则有效宽度 2λ 为

$$2\lambda = \frac{0.36l(1+\lambda_s)}{1 - 0.18\theta\lambda_s} \tag{4-22}$$

《水利水电工程钢闸门设计规范》(SL 74—2019)[2]对两端固支梁的规定为梁中跨度 $l_0 = 0.6l$，$2\lambda = 2\xi b$，则有效宽度系数 ξ 为

$$\xi = \frac{0.18(1+\lambda_s)l/b}{1 - 0.36\theta\lambda_s} = \frac{0.3(1+\lambda_s)l_0/b}{1 - 0.36\theta\lambda_s} \tag{4-23}$$

令 $m = \dfrac{\xi}{l_0/b}$，有

$$\frac{\xi}{l_0/b} = \frac{0.3(1+\lambda_s)}{1 - 0.36\theta\lambda_s} \tag{4-24}$$

5. 考虑面板对剪切系数影响的有效宽度系数

深孔水工弧形钢闸门双悬臂主梁的剪力影响系数 λ_s 表示为

$$\lambda_s = 0.63\frac{1+30\beta}{1+6\beta}\left(\frac{h_b}{l}\right)^2 \tag{4-25}$$

式中，h_b 为主梁宽度；考虑面板对梁翼缘的作用，翼缘等效面积 A_f' 为 $2\lambda h$，也为 $2\xi b h$；β 为梁的翼缘面积 A_f 与梁腹板面积 A 的比值，即 $\beta=A_f'/A$。令转角 $\theta_b=A_f/A=bh/A$，将 β 与 θ 的表达式代入式(4-24)，则有效宽度系数 ξ 的方程为

$$(2\xi)^2[6\theta_b - 6.804\theta\theta_b(h_b/l)^2] + 2\xi[1 - 2.16\theta - 7.0308\theta(h_b/l)^2]$$
$$-0.36[1 + 0.63(h_b/l)^2]\theta/\theta_b = 0 \tag{4-26}$$

令 $m = \dfrac{\xi}{l_0/b} = \dfrac{\xi b}{l_0}$；$C_1 = 2.16 - 2.449\theta(h_b/l)^2$；$C_2 = \left[0.6 - 1.296\theta - 4.218\theta(h_b/l)^2\right]/\theta$；

$C_3 = -\left[0.36 + 0.2268(h_b/l)^2\right]/\theta$；$\theta/\theta_b = l/b = l_0/0.6b$，则式(4-26)可以化简为

$$C_1(2m)^2 + 2mC_2 + C_3 = 0 \tag{4-27}$$

求解方程(4-27)可得

$$m = \frac{\sqrt{C_2^2 - 4C_1C_3} - C_2}{4C_1} \tag{4-28}$$

$$\xi = ml_0/b \tag{4-29}$$

面板长宽比、深梁高厚比、面板长度方向截面积与梁高方向截面面积比等对面板的有效宽度系数有影响，随着这些系数的增大，有效宽度系数也增大。《水利水电工程钢闸门设计规范》(SL 74—2019)[2]掩盖了深梁跨高比与面积比对深孔水工弧形钢闸门面板有效宽度系数的影响；对面板长宽比较小的深孔水工弧形钢闸门，深梁跨高比较大时，《水利水电工程钢闸门设计规范》(SL 74—2019)[2]的有效宽度系数偏保守，深梁跨高比较大时偏危险。

4.3　弹性薄板小挠度理论

1. 相关概念及假定

在弹性力学里，两个平行面和垂直于这两个平行面的柱面所围成的物体，称为平板或简称为板，它的厚度要比长度和宽度小得多(图 4-5)。这两个平行面称为板面，柱面称为侧面或板边。两个板面之间的距离 δ 称为板的厚度，平分厚度 δ 的平面称为板的中间平面，简称中面。如果板的厚度 δ 远小于中面的最小尺寸 b(一般是小于 $b/8$)，这个板就称为薄板，否则称为厚板。

当薄板受一般荷载时，总可以把每一个荷载分解为两个分荷载，一个是平行于中面的纵向荷载，另一个是垂直于中面的横向荷载。对于纵向荷载，可以认为沿薄板厚度均匀分布，它所引起的应力、应变和位移可以按平面应力问题进行计算。横向荷载将使薄板弯曲，它所引起的应力、应变和位移可以按薄板弯曲问题进行计算。当薄板弯曲时，中面所弯成的曲面称为薄板的弹性曲面；中面内各点垂直于中面的位移称为横向位移，即挠度。

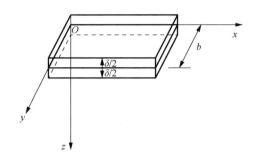

图 4-5　面板坐标系

薄板小挠度弯曲理论中，虽然板很薄，但仍具有相当大的弯曲刚度，因此其挠度远小于厚度。薄板的弯曲属于空间问题，为了建立薄板的小挠度弯曲理论，除了引用弹性力学的基本假定[4]，还补充提出了三个计算假定。这三个计算假定如下[5-8]。

(1) 垂直于中面方向的正应变$\varepsilon_x=0$，由几何方程得$\dfrac{\partial \omega}{\partial z}=0$，从而得

$$\omega = \omega(x, y) \tag{4-30}$$

这就是说，在板内所有点 z 方向的位移分量ω只是 x 和 y 的函数，而与 z 无关。因此，在中面的任意一条法线上，薄板沿厚度方向的所有各点都具有相同的ω，也就是挠度。由于做了上述假定，必须放弃与ε_x有关的物理方程$\varepsilon_x = \dfrac{\sigma_z - \mu(\sigma_x + \sigma_y)}{E}$，这样才能容许$\varepsilon_x=0$，$\sigma_z - \mu(\sigma_z + \sigma_z) \neq 0$。

(2) 应力分量τ_{zx}、τ_{zy}和σ_z是次要的，且远小于其余三个应力分量，因此它们所引起的应变可以不计(注意：它们本身是维持平衡所必需的，不可不计)。

因为不计τ_{zx}和τ_{zy}引起的应变，所以有$\gamma_{zx}=0$，$\gamma_{zy}=0$。

于是，由几何方程得$\dfrac{\partial u}{\partial z} + \dfrac{\partial \omega}{\partial x} = 0$，$\dfrac{\partial v}{\partial z} + \dfrac{\partial \omega}{\partial y} = 0$，从而可得

$$\begin{cases} \dfrac{\partial u}{\partial z} = -\dfrac{\partial \omega}{\partial x} \\[2mm] \dfrac{\partial v}{\partial z} = -\dfrac{\partial \omega}{\partial y} \end{cases} \tag{4-31}$$

式中，u 为 x 方向位移分量；v 为 y 方向位移分量。

与上相似，必须放弃如下与γ_{zx}及γ_{yz}有关的物理方程：

$$\begin{cases} \gamma_{zx} = \dfrac{2(1+\mu)}{E}\tau_{zx} \\[2mm] \gamma_{yz} = \dfrac{2(1+\mu)}{E}\tau_{yz} \end{cases} \tag{4-32}$$

这样，才能容许 γ_{zx} 和 γ_{yz} 等于零，而又容许 τ_{zx} 和 τ_{zy} 不等于零。由于 $\varepsilon_x=0$，$\gamma_{zx}=0$，$\gamma_{zy}=0$，中面的法线在薄板弯曲时保持不伸缩，依然为直线，并且成为变形后弹性曲面的法线。因为不计 σ_z 所引起的应变，加上必须放弃的物理方程，所以薄板小挠度弯曲问题的物理方程为

$$\begin{cases} \varepsilon_x = \dfrac{1}{E}\left(\sigma_x - \mu\sigma_y\right) \\[2mm] \varepsilon_y = \dfrac{1}{E}\left(\sigma_y - \mu\sigma_x\right) \\[2mm] \gamma_{xy} = \dfrac{2\left(1+\mu\right)}{E}\tau_{xy} \end{cases} \tag{4-33}$$

以上分析说明，薄板小挠度弯曲问题中的物理方程和薄板平面应力问题中的物理方程是相同的。

(3) 薄板中面内的各点都没有平行于中面的位移，即

$$\begin{cases} (u)_{z=0} = 0 \\ (v)_{z=0} = 0 \end{cases} \tag{4-34}$$

因为 $\varepsilon_x = \dfrac{\partial u}{\partial x}$，$\varepsilon_y = \dfrac{\partial v}{\partial y}$，$\gamma_{xy} = \dfrac{\partial v}{\partial x} + \dfrac{\partial u}{\partial y}$，所以由式(4-34)得出 $(\varepsilon_x)_{z=0}=0$，$(\varepsilon_y)_{z=0}=0$，$(\gamma_{zx})_{z=0}=0$。说明中面内无应变发生，虽然中面的任意一部分弯曲成为弹性曲面的一部分，但是它在 xy 面上的投影形状却保持不变。

2. 弹性曲面的微分方程

薄板的小挠度弯曲问题是按位移求解的，取挠度基本未知函数为 $\omega(x, y)$，因此，要把其他所有物理量都用挠度来表示，并建立求解 $\omega(x, y)$ 的微分方程，即弹性曲面微分方程。首先把应变分量 ε_x、ε_y 和 γ_{xy} 用 ω 表示。将式(4-31)对 z 进行积分，积分时注意 ω 只是 x 和 y 的函数，不随 z 而变，得

$$\begin{cases} u = -\dfrac{\partial\omega}{\partial x}z + f_1\left(x, y\right) \\[2mm] v = -\dfrac{\partial\omega}{\partial y}z + f_2\left(x, y\right) \end{cases} \tag{4-35}$$

式中，f_1 和 f_2 为任意函数，结合计算假定式(4-34)，得 $f_1(x, y)=0$，$f_2(x, y)=0$。于是纵向位移为

$$\begin{cases} u = -\dfrac{\partial\omega}{\partial x}z \\[2mm] v = -\dfrac{\partial\omega}{\partial y}z \end{cases} \tag{4-36}$$

式(4-36)表明，薄板内在 x 和 y 方向的位移沿板厚度方向呈线性分布，在上、下板面处最大，在中面处为零。

首先，利用几何方程，用 ω 表示应变分量 ε_x、ε_y 和 γ_{xy}：

$$\begin{cases} \varepsilon_x = \dfrac{\partial u}{\partial x} = -\dfrac{\partial^2 \omega}{\partial x^2} z \\[3mm] \varepsilon_y = \dfrac{\partial v}{\partial y} = -\dfrac{\partial^2 \omega}{\partial y^2} z \\[3mm] \gamma_{xy} = \dfrac{\partial v}{\partial x} + \dfrac{\partial u}{\partial y} = -2\dfrac{\partial^2 \omega}{\partial x \partial y} z \end{cases} \tag{4-37}$$

可见，应变分量 ε_x、ε_y 和 γ_{xy} 也是沿板厚方向按线性分布的，在中面上为零，在板面处达到极限值。

在这里，由于挠度 ω 是微小的，弹性曲面在坐标方向的曲率 χ_x、χ_y 及扭率 χ_{xy} 可以近似地用 ω 表示为

$$\begin{cases} \chi_x = -\dfrac{\partial^2 \omega}{\partial x^2} \\[3mm] \chi_y = -\dfrac{\partial^2 \omega}{\partial y^2} \\[3mm] \chi_{xy} = -\dfrac{\partial^2 \omega}{\partial x \partial y} \end{cases} \tag{4-38}$$

式(4-37)也可以改写为

$$\begin{cases} \varepsilon_x = \chi_x z \\ \varepsilon_y = \chi_y z \\ \gamma_{xy} = 2\chi_{xy} z \end{cases} \tag{4-39}$$

因为曲率 χ_x、χ_y 和扭率 χ_{xy} 完全确定了薄板所有点的应变分量，所以这三者就是薄板的应变分量。

其次，将应力分量 σ_x、σ_y、τ_{xy} 表示为

$$\begin{cases} \sigma_x = \dfrac{E}{1-\mu^2}\left(\varepsilon_x + \mu\varepsilon_y\right) \\[3mm] \sigma_y = \dfrac{E}{1-\mu^2}\left(\varepsilon_y + \mu\varepsilon_x\right) \\[3mm] \tau_{xy} = \dfrac{E}{2(1+\mu)}\gamma_{xy} \end{cases} \tag{4-40}$$

将式(4-37)代入式(4-40)，即得所需的表达式：

$$\begin{cases} \sigma_x = -\dfrac{Ez}{1-\mu^2}\left(\dfrac{\partial^2 \omega}{\partial x^2} + \mu\dfrac{\partial^2 \omega}{\partial y^2}\right) \\[3mm] \sigma_y = -\dfrac{Ez}{1-\mu^2}\left(\dfrac{\partial^2 \omega}{\partial y^2} + \mu\dfrac{\partial^2 \omega}{\partial x^2}\right) \\[3mm] \tau_{xy} = -\dfrac{E}{(1+\mu)}\dfrac{\partial^2 \omega}{\partial x \partial y} \end{cases} \tag{4-41}$$

由于 ω 不随 z 变化，这三个应力分量都和 z 成正比，即沿板的厚度方向呈线性分布，在中面上为零，在上、下板面处达到极值。这与材料力学中细长梁弯曲正应力沿梁高方向的变化规律相同。

再次，将应力分量 τ_{zx} 和 τ_{zy} 用 ω 来表示。在这里，由于不存在纵向荷载，平衡微分方程可以写为

$$\begin{cases} \dfrac{\partial \tau_{zx}}{\partial z} = -\dfrac{\partial \sigma_x}{\partial x} - \dfrac{\partial \tau_{yx}}{\partial y} \\[3mm] \dfrac{\partial \tau_{zy}}{\partial z} = -\dfrac{\partial \sigma_y}{\partial y} - \dfrac{\partial \tau_{xy}}{\partial x} \end{cases} \tag{4-42}$$

将表达式(4-41)代入式(4-42)，并注意 $\tau_{yx}=\tau_{xy}$，得

$$\frac{\partial \tau_{zx}}{\partial z} = \frac{Ez}{1-\mu^2}\left(\frac{\partial^3 \omega}{\partial x^3} + \frac{\partial^3 \omega}{\partial x \partial y^2}\right) = \frac{Ez}{1-\mu^2}\frac{\partial}{\partial x}\nabla^2 \omega \tag{4-43}$$

$$\frac{\partial \tau_{zy}}{\partial z} = \frac{Ez}{1-\mu^2}\left(\frac{\partial^3 \omega}{\partial y^3} + \frac{\partial^3 \omega}{\partial y \partial x^2}\right) = \frac{Ez}{1-\mu^2}\frac{\partial}{\partial y}\nabla^2 \omega \tag{4-44}$$

由于 ω 不随 z 而变，将式(4-43)、式(4-44)对 z 进行积分，得

$$\tau_{zx} = \frac{Ez^2}{2(1-\mu^2)}\frac{\partial}{\partial x}\nabla^2 \omega + F_1(x,y) \tag{4-45}$$

$$\tau_{zy} = \frac{Ez^2}{2(1-\mu^2)}\frac{\partial}{\partial y}\nabla^2 \omega + F_2(x,y) \tag{4-46}$$

式中，F_1、F_2 为任意函数，在薄板的上、下表面有边界条件

$$\begin{cases} (\tau_{zx})_{z=\pm\frac{\delta}{2}} = 0 \\[3mm] (\tau_{zy})_{z=\pm\frac{\delta}{2}} = 0 \end{cases} \tag{4-47}$$

应用这些条件求出 $F_1(x,y)$ 和 $F_2(x,y)$ 以后，即得表达式

$$\begin{cases} \tau_{zx} = \dfrac{E}{2(1-\mu^2)}\left(z^2 - \dfrac{\delta^2}{4}\right)\dfrac{\partial}{\partial x}\nabla^2 \omega \\[3mm] \tau_{zy} = \dfrac{E}{2(1-\mu^2)}\left(z^2 - \dfrac{\delta^2}{4}\right)\dfrac{\partial}{\partial y}\nabla^2 \omega \end{cases} \tag{4-48}$$

由式(4-48)可见,这两个切应力沿板厚方向呈抛物线分布,在中面处达到最大,在上、下板面处为零,这也与材料力学中细长梁弯曲时切应力沿梁高方向的分布规律相同。

最后,将应力分量σ_x也用ω来表示,利用平衡微分方程,取体力分量$f_z=0$,得

$$\frac{\partial \sigma_z}{\partial z} = -\frac{\partial \tau_{xz}}{\partial x} - \frac{\partial \tau_{yz}}{\partial y} \tag{4-49}$$

注意$\tau_{xz}=\tau_{zx}$, $\tau_{yz}=\tau_{zy}$,将表达式(4-48)代入式(4-49),得

$$\frac{\partial \sigma_z}{\partial z} = \frac{E}{2\left(1-\mu^2\right)}\left(\frac{\delta^2}{4}-z^2\right)\nabla^4\omega \tag{4-50}$$

对z进行积分,得

$$\sigma_z = \frac{E}{2\left(1-\mu^2\right)}\left(\frac{\delta^2}{4}z-\frac{z^3}{3}\right)\nabla^4\omega + F_3\left(x,y\right) \tag{4-51}$$

式中,F_3为任意函数。在薄板的下板面有边界条件$\left(\sigma_z\right)_{z=\frac{\delta}{2}}=0$。将式(4-47)代入

$\left(\sigma_z\right)_{z=\frac{\delta}{2}}=0$,求出$F_3(x,y)$,再代回式(4-51),即得式(4-52):

$$\begin{aligned}\sigma_z &= \frac{E}{2\left(1-\mu^2\right)}\left[\frac{\delta^2}{4}\left(z-\frac{\delta}{2}\right)-\frac{1}{3}\left(z^3-\frac{\delta^3}{8}\right)\right]\nabla^4\omega \\ &= -\frac{E\delta^3}{6\left(1-\mu^2\right)}\left(\frac{1}{2}-\frac{z}{\delta}\right)^2\left(1+\frac{z}{\delta}\right)\nabla^4\omega\end{aligned} \tag{4-52}$$

可见,σ_z沿板厚方向呈三次抛物线规律分布。

因此,在薄板上板面均布法向荷载作用下,对薄板的微分方程求解ω,利用边界条件:

$$\left(\sigma_z\right)_{z=-\frac{\delta}{2}}=-q \tag{4-53}$$

式中,q为薄板单位面积内的横向荷载,包括横向面力及横向体力。

将式(4-52)代入式(4-53),得

$$D\nabla^4\omega = q \tag{4-54}$$

式中,$D=\dfrac{E\delta^3}{12\left(1-\mu^2\right)}$,为薄板的弯曲刚度。

式(4-54)称为薄板的弹性曲面微分方程,或薄板的挠曲微分方程,是薄板小挠度弯曲问题的基本微分方程。

这样在求解薄板小挠度弯曲问题时,只需按照薄板侧面(板边)上的约束边界条件,由基本微分方程[式(4-54)]求出挠度ω,然后就可以按式(4-51)～式(4-53)求得应力分量。

3. 薄板横截面上的内力

在绝大多数情况下，很难使应力分量在薄板的侧面(板边)上精确地满足边界条件，只能应用圣维南原理，使薄板全厚度上的应力分量所组成的内力整体地满足边界条件。因此，在讨论板边的边界条件之前，需要先考察这些应力分量所组成的内力。

从薄板内取出一个平行六面体，其三边长度分别为 dx、dy 和 δ，面板横截面受力分析图如图 4-6 所示。

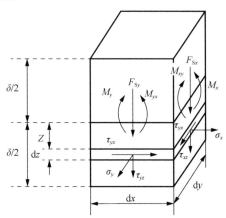

图 4-6　面板横截面受力分析图

在 x 为常量的横截面上，作用着应力分量 σ_x、τ_{xy} 和 τ_{xz}。因为 σ_x 和 τ_{xy} 都与 z 成正比，且在中面上为零，所以它们在薄板全厚度上的主矢量均等于零，只可能分别合成为弯矩或扭矩。在该横截面的每单位宽度上，应力分量 σ_x 合成为弯矩：

$$M_x = \int_{-\frac{\delta}{2}}^{\frac{\delta}{2}} z\sigma_x \mathrm{d}z \tag{4-55}$$

将式(4-41)中的第一式代入式(4-55)，对 z 进行积分，得

$$M_x = -\frac{E}{1-\mu^2}\left(\frac{\partial^2\omega}{\partial x^2} + \mu\frac{\partial^2\omega}{\partial y^2}\right)\int_{-\frac{\delta}{2}}^{\frac{\delta}{2}} z^2 \mathrm{d}z = -\frac{E\delta^3}{12\left(1-\mu^2\right)}\left(\frac{\partial^2\omega}{\partial x^2} + \mu\frac{\partial^2\omega}{\partial y^2}\right) \tag{4-56}$$

与此相似，应力分量 τ_{xy} 将合成为扭矩：

$$M_{xy} = \int_{-\frac{\delta}{2}}^{\frac{\delta}{2}} z\tau_{xy} \mathrm{d}z \tag{4-57}$$

将式(4-41)中的第三式代入式(4-57)，对 z 进行积分，得

$$M_{xy} = -\frac{E}{1+\mu}\frac{\partial^2\omega}{\partial x\partial y}\int_{-\frac{\delta}{2}}^{\frac{\delta}{2}} z^2 \mathrm{d}z = -\frac{E\delta^3}{12\left(1+\mu\right)}\frac{\partial^2\omega}{\partial x\partial y} \tag{4-58}$$

应力分量 τ_{xz} 只能合成横向剪力，在每单位宽度上表示为

$$F_{Sx} = \int_{-\frac{\delta}{2}}^{\frac{\delta}{2}} \tau_{xz} \mathrm{d}z \tag{4-59}$$

将式(4-48)的第一式代入式(4-59)，对 z 进行积分，得

$$F_{Sx} = \frac{E}{2\left(1-\mu^2\right)} \frac{\partial}{\partial x} \nabla^2 \omega \int_{-\frac{\delta}{2}}^{\frac{\delta}{2}} \left(z^2 - \frac{\delta^2}{4}\right) \mathrm{d}z = -\frac{E\delta^3}{12\left(1-\mu^2\right)} \frac{\partial}{\partial x} \nabla^2 \omega \tag{4-60}$$

同样，在 y 为常量的横截面上，单位宽度内 σ_y、τ_{yx} 和 τ_{yz} 也分别可合成如下的弯矩、扭矩和剪力：

$$M_y = \int_{-\frac{\delta}{2}}^{\frac{\delta}{2}} z\sigma_y \mathrm{d}z = -\frac{E\delta^3}{12\left(1-\mu^2\right)}\left(\frac{\partial^2 \omega}{\partial y^2} + \mu\frac{\partial^2 \omega}{\partial x^2}\right) \tag{4-61}$$

$$M_{yx} = \int_{-\frac{\delta}{2}}^{\frac{\delta}{2}} z\tau_{yx} \mathrm{d}z = -\frac{E\delta^3}{12\left(1+\mu\right)}\frac{\partial^2 \omega}{\partial x\partial y} = M_{xy} \tag{4-62}$$

$$F_{Sy} = \int_{-\frac{\delta}{2}}^{\frac{\delta}{2}} \tau_{yz} \mathrm{d}z = -\frac{E\delta^3}{12\left(1-\mu^2\right)}\frac{\partial}{\partial y} \nabla^2 \omega \tag{4-63}$$

利用 $D = \dfrac{E\delta^3}{12\left(1-\mu^2\right)}$，各个内力的表达式可以简写为

$$\begin{cases} M_x = -D\left(\dfrac{\partial^2 \omega}{\partial x^2} + \mu\dfrac{\partial^2 \omega}{\partial y^2}\right) \\[3mm] M_y = -D\left(\dfrac{\partial^2 \omega}{\partial y^2} + \mu\dfrac{\partial^2 \omega}{\partial x^2}\right) \\[3mm] M_{xy} = M_{yx} = -D\left(1-\mu\right)\dfrac{\partial^2 \omega}{\partial x\partial y} \\[3mm] F_{Sx} = -D\dfrac{\partial}{\partial x}\nabla^2 \omega, \quad F_{Sy} = -D\dfrac{\partial}{\partial y}\nabla^2 \omega \end{cases} \tag{4-64}$$

式(4-64)的前三式也可以再改写为

$$\begin{cases} M_x = D\left(\chi_x + \mu\chi_y\right) \\[2mm] M_y = D\left(\chi_y + \mu\chi_x\right) \\[2mm] M_{xy} = M_{yx} = D\left(1-\mu\right)\chi_{xy} \end{cases} \tag{4-65}$$

结合式(4-54)，从式(4-41)、式(4-48)、式(4-52)中消去 ω，可以得到应力分量与弯矩、扭矩、横向剪力或荷载之间的关系：

$$\begin{cases} \sigma_x = \dfrac{12M_x}{\delta^3}z, \ \sigma_y = \dfrac{12M_y}{\delta^3}z \\[3mm] \tau_{xy} = \tau_{yx} = \dfrac{12M_{xy}}{\delta^3}z \\[3mm] \tau_{xz} = \dfrac{6F_{Sx}}{\delta^3}\left(\dfrac{\delta^2}{4} - z^2\right), \ \tau_{yz} = \dfrac{6F_{Sy}}{\delta^3}\left(\dfrac{\delta^2}{4} - z^2\right) \\[3mm] \sigma_z = -2q\left(\dfrac{1}{2} - \dfrac{z}{\delta}\right)^2\left(1 + \dfrac{z}{\delta}\right) \end{cases} \tag{4-66}$$

可见，式(4-66)中与薄板横截面内力有关的五个应力分量，其表达式与材料力学中梁的弯曲正应力和切应力的公式相似。需要注意的是，本小节公式的内力都是作用在薄板单位宽度上的内力。

4. 边界条件

在求解薄板小挠度弯曲问题时，板边的边界条件是由微分方程[式(4-54)]求出挠度 ω 的定解条件。以矩形薄板为例，如图 4-7 所示为矩形薄板边界条件。

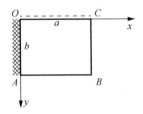

图 4-7　矩形薄板边界条件

假定矩形薄板 $OABC$ 的 OA 边是固定边，OC 边是简支边，AB 边和 BC 边是自由边。

沿着固定边 $OA(x=0)$，薄板的挠度 ω 等于零，弹性曲面在 x 方向的斜率 $\dfrac{\partial \omega}{\partial x}$ (也就是绕 y 轴的转角)也等于零，因此边界条件为

$$\begin{cases} (\omega)_{x=0} = 0 \\ \left(\dfrac{\partial \omega}{\partial x}\right)_{x=0} = 0 \end{cases} \tag{4-67}$$

因为前一个边界条件已经保证 $\dfrac{\partial \omega}{\partial y}$ 在该边界上等于零，所以 $\left(\dfrac{\partial \omega}{\partial y}\right)_{x=0} = 0$ 并不是一个独立的条件。如果这个固定边由于支座沉陷而产生挠度及转角，则式(4-67)中两式将不等于零，而分别等于已知的挠度和转角(一般是 y 的函数)。

沿着简支边 $OC(y=0)$，薄板的挠度 ω 等于零，弯矩 M_y 也等于零，因此边界条件为

$$\begin{cases} (\omega)_{y=0} = 0 \\ \left(M_y\right)_{y=0} = 0 \end{cases} \tag{4-68}$$

利用式(4-64)的第二式，式(4-68)可以全部用 ω 表示为

$$\begin{cases} (\omega)_{y=0} = 0 \\ \left(\dfrac{\partial^2 \omega}{\partial y^2} + \mu \dfrac{\partial^2 \omega}{\partial x^2}\right)_{y=0} = 0 \end{cases} \tag{4-69}$$

如果前一条件满足，即挠度 ω 在整个边界上都等于零，则 $\dfrac{\partial^2 \omega}{\partial x^2}$ 也在整个边界上都等于零，因此简支边 OC 上的边界条件可以简写为

$$\begin{cases}(\omega)_{y=0}=0 \\ \left(\dfrac{\partial^2 \omega}{\partial y^2}\right)_{y=0}=0\end{cases} \tag{4-70}$$

如果这个简支边由于支座沉陷而产生挠度，并且还受分布的力矩荷载(一般是 x 的函数)，则边界条件[式(4-68)]中两式将不等于零，而分别等于已知挠度和已知力矩荷载。这样，式(4-69)和式(4-70)都不适用，但仍然可以通过式(4-64)用 ω 来表示边界条件。

沿着自由边，如 AB 边($y=b$)，薄板的弯矩 M_y、扭矩 M_{yx} 及横向剪力 F_{Sy} 都等于零，因此有三个边界条件：

$$\begin{cases}\left(M_y\right)_{y=b}=0 \\ \left(M_{yx}\right)_{y=b}=0 \\ \left(F_{Sy}\right)_{y=b}=0\end{cases} \tag{4-71}$$

薄板的挠曲微分方程[式(4-54)]是四阶的椭圆形偏微分方程，根据偏微分方程理论，在每个边界上只需要两个边界条件。基尔霍夫指出，薄板任一边界上的扭矩都可以换为等效的横向剪力，与原来的横向剪力合并。因此，式(4-71)中后两式所表示的两个条件可以归为一个条件。

绝大多数的板边支承在梁上且与梁刚性连接，成为弹性支承边。显然，如果梁的弯曲刚度和扭转刚度都很大，则板边可以当作固定边；如果两边都很小，则板边可以当作自由边；如果梁的弯曲刚度很大而扭转刚度很小，则板边可以当作简支边。在有些情况下，梁的扭转刚度很小，但弯曲刚度既不很大也不很小，此时板边的边界条件之一是弯矩等于零，之二是板边分布剪力等于梁所在的分布荷载。

4.4　弹性薄板大挠度理论

1. 相关概念及假定

上述讨论薄板弯曲问题时，假定薄板的挠度远小于厚度，薄板中面内各点由

挠度引起的纵向位移对内力的影响可以不计，于是薄板的中面没有伸缩和切应变，因此也就不发生中面内力。对于钢筋混凝土薄板来说，上述小挠度的假定总是符合实际情况的，但是对于金属板壳结构的薄板来说，挠度并不一定远小于厚度，这样就必须考虑中面内各点由挠度引起的纵向位移，因此也就必须考虑中面位移引起的中面应变和中面内力[9]。

虽然假定薄板的挠度并不远小于厚度，但仍然远小于中面的尺寸，因此由平衡微分方程可得

$$\begin{cases} \dfrac{\partial F_{Tx}}{\partial x} + \dfrac{\partial F_{Txy}}{\partial y} = 0 \\[3mm] \dfrac{\partial F_{Ty}}{\partial y} + \dfrac{\partial F_{Txy}}{\partial x} = 0 \end{cases} \tag{4-72}$$

挠曲微分方程仍然适用，有

$$D\nabla^4 \omega - \left(F_{Tx} \frac{\partial^2 \omega}{\partial x^2} + F_{Ty} \frac{\partial^2 \omega}{\partial y^2} + 2F_{Txy} \frac{\partial^2 \omega}{\partial x \partial y} \right) = q \tag{4-73}$$

与式(4-54)不同的是，这里的中面内力 F_{Tx}、F_{Ty}、F_{Txy} 是由横向荷载 q 引起的，而不是由纵向荷载引起的。上述三个微分方程中含有四个未知函数 ω、F_{Tx}、F_{Ty}、F_{Txy}，因此还必须考虑应变和位移协调补充方程来求解。

2. 应变和位移协调补充方程

中面内各点的位移分量 u 和 v 引起中面应变，仍然可以用平面问题中的几何方程表示为

$$\begin{cases} \varepsilon_x = \dfrac{\partial u}{\partial x} \\[3mm] \varepsilon_y = \dfrac{\partial v}{\partial y} \\[3mm] \gamma_{xy} = \dfrac{\partial v}{\partial x} + \dfrac{\partial u}{\partial y} \end{cases} \tag{4-74}$$

挠度 ω 引起的中面应变，则可用 ω 来表示(此时取 $u=v=0$)。

当薄板产生挠度时，中面内 x 方向的微分线段 $AB=\mathrm{d}x$ 将移至 $A'B'$，面板变形分析示意图如图 4-8 所示。

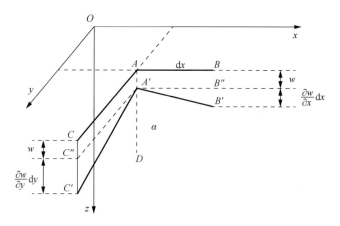

图 4-8　面板变形分析示意图

不计三阶及三阶以上的微量，则 AB 的正应变为

$$\varepsilon_x = \frac{A'B' - AB}{AB} = \frac{\left[dx^2 + \left(\frac{\partial \omega}{\partial x} dx \right)^2 \right]^{1/2} - dx}{dx} = \left[1 + \left(\frac{\partial \omega}{\partial x} \right)^2 \right]^{1/2} - 1 = \frac{1}{2} \left(\frac{\partial \omega}{\partial x} \right)^2 \quad (4-75)$$

同理，可得中面内 y 方向的微分线段 AC 的正应变为

$$\varepsilon_y = \frac{1}{2} \left(\frac{\partial \omega}{\partial y} \right)^2 \quad (4-76)$$

令 $A'B'$ 的方向余弦为 l_1、m_1、n_1，不计三阶及三阶以上的微量，则

$$\begin{cases} m_1 = 0 \\ n_1 = \cos B'A'D = \sin B'A'B'' = \dfrac{\partial \omega}{\partial x} \end{cases} \quad (4-77)$$

同样，令 $A'C''$ 的方向余弦为 l_2、m_2、n_2，则

$$\begin{cases} l_2 = 0 \\ n_2 = \cos C'A'D = \sin C'A'C'' = \dfrac{\partial \omega}{\partial y} \end{cases} \quad (4-78)$$

可见，$A'B'$ 和 $A'C'$ 夹角 α 的余弦为

$$\cos \alpha = l_1 l_2 + m_1 m_2 + n_1 n_2 = \frac{\partial \omega}{\partial x} \frac{\partial \omega}{\partial y} \quad (4-79)$$

根据切应变的定义，$\gamma_{xy} = \dfrac{\pi}{2} - \alpha$。因此，不计三阶及三阶以上的微量，有

$$\gamma_{xy} = \sin \gamma_{xy} = \sin \left(\frac{\pi}{2} - \alpha \right) = \cos \alpha = \frac{\partial \omega}{\partial x} \frac{\partial \omega}{\partial y} \quad (4-80)$$

将式(4-74)中的中面应变与式(4-75)、式(4-76)、式(4-80)中的中面应变相叠加，

得几何方程

$$
\begin{cases}
\varepsilon_x = \dfrac{\partial u}{\partial x} + \dfrac{1}{2}\left(\dfrac{\partial \omega}{\partial x}\right)^2 \\[3mm]
\varepsilon_y = \dfrac{\partial v}{\partial y} + \dfrac{1}{2}\left(\dfrac{\partial \omega}{\partial y}\right)^2 \\[3mm]
\gamma_{xy} = \dfrac{\partial v}{\partial x}\dfrac{\partial u}{\partial y} + \dfrac{\partial \omega}{\partial x}\dfrac{\partial \omega}{\partial y}
\end{cases}
\tag{4-81}
$$

消去中面位移 u 和 v，得出应变协调方程

$$
\frac{\partial^2 \varepsilon_x}{\partial y^2} + \frac{\partial^2 \varepsilon_y}{\partial x^2} - \frac{\partial^2 \gamma_{xy}}{\partial x \partial y} = \left(\frac{\partial^2 \omega}{\partial x \partial y}\right)^2 - \frac{\partial^2 \omega}{\partial x^2}\frac{\partial^2 \omega}{\partial y^2}
\tag{4-82}
$$

将物理方程 $\varepsilon_x = \dfrac{1}{E}\left(\sigma_x - \mu\sigma_y\right)$，$\varepsilon_y = \dfrac{1}{E}\left(\sigma_y - \mu\sigma_x\right)$，$\gamma_{xy} = \dfrac{2(1+\mu)}{E}\tau_{xy}$ 改写为

$$
\begin{cases}
\varepsilon_x = \dfrac{1}{E\delta}\left(F_{Tx} - \mu F_{Ty}\right) \\[3mm]
\varepsilon_y = \dfrac{1}{E\delta}\left(F_{Ty} - \mu F_{Tx}\right) \\[3mm]
\gamma_{xy} = \dfrac{2(1+\mu)}{E\delta}F_{Txy}
\end{cases}
\tag{4-83}
$$

然后，代入式(4-82)，得出用中面内力和挠度表示的相容方程

$$
\frac{\partial^2 F_{Tx}}{\partial y^2} + \frac{\partial^2 F_{Ty}}{\partial x^2} - \mu\frac{\partial^2 F_{Tx}}{\partial x^2} - \mu\frac{\partial^2 F_{Ty}}{\partial y^2} - 2(1+\mu)\frac{\partial^2 F_{Txy}}{\partial x \partial y} = E\delta\left[\left(\frac{\partial^2 \omega}{\partial x \partial y}\right)^2 - \frac{\partial^2 \omega}{\partial x^2}\frac{\partial^2 \omega}{\partial y^2}\right]
\tag{4-84}
$$

3. 薄板大挠度微分方程组

联立式(4-72)、式(4-73)和式(4-74)为一组包含四个未知函数 F_{Tx}、F_{Ty}、F_{Txy}、ω 的四个微分方程，就可求解这些未知函数。

为了简化上述微分方程，与平面问题一样，引用应力函数 $\Phi(x,y)$，令

$$
\begin{cases}
F_{Tx} = \delta\sigma_x = \delta\dfrac{\partial^2 \Phi}{\partial y^2} \\[3mm]
F_{Ty} = \delta\sigma_y = \delta\dfrac{\partial^2 \Phi}{\partial x^2} \\[3mm]
F_{Txy} = \delta\tau_{xy} = -\delta\dfrac{\partial^2 \Phi}{\partial x \partial y}
\end{cases}
\tag{4-85}
$$

这样，式(4-69)中的两个微分方程自然满足，式(4-73)与式(4-84)成为

$$DV^4\omega = \delta\left(\frac{\partial^2 \Phi}{\partial x^2}\frac{\partial^2 \omega}{\partial y^2} + \frac{\partial^2 \Phi}{\partial y^2}\frac{\partial^2 \omega}{\partial x^2} - 2\frac{\partial^2 \Phi}{\partial x\partial y}\frac{\partial^2 \omega}{\partial x\partial y}\right) + q \tag{4-86}$$

$$\nabla^4\Phi = E\left[\left(\frac{\partial^2 \omega}{\partial x\partial y}\right)^2 - \frac{\partial^2 \omega}{\partial x^2}\frac{\partial^2 \omega}{\partial y^2}\right] \tag{4-87}$$

这就是薄板大挠度微分方程组，是由卡门首先导出的。

求解薄板的大挠度弯曲问题，就是要在边界条件下从该微分方程组内求解应力函数 Φ 和挠度 ω，然后由 Φ 求出中面内力，由 ω 求出弯矩、扭矩。

在大挠度微分方程[式(4-86)和式(4-87)]中，未知函数是挠度 ω 和应力函数 Φ，因此，边界条件需用 ω 和 Φ 表示。ω 的边界条件与小挠度薄板弯曲问题中的相同。薄板的边界不受纵向约束。由于薄板的大挠度微分方程联立非线性微分方程组，要在边界条件下求得其精确解答仍然非常困难。用差分法求其近似解是可行的，但也只能采用逐步逼近的解法。具体步骤如下：①先假定 $\Phi=0$，使式(4-86)成为 $DV^4\omega = q$，类似小挠度弯曲问题，用差分法求解 ω；②求出 ω 的二阶导数值，代入式(4-87)，用差分法求解 Φ；③求出 Φ 的二阶导数值，代入式(4-86)，用差分法求解 ω；④重复第 2 步和第 3 步的计算，直到连续两次算出的 ω 充分接近为止。

4.5　薄板的塑性极限分析

进行薄板的内力分析时，通常将坐标原点 O 设在中面的中心处，薄板及微小六面体单元上的内力如图 4-9 所示，x 轴、y 轴在中面内，z 轴垂直于中面。若薄板中面的挠度为 ω，则由直线法假设可知 $\varepsilon_z=0$，即 $\partial\omega/\partial z=0$，因此有 $\omega=\omega(x, y)$[7]。

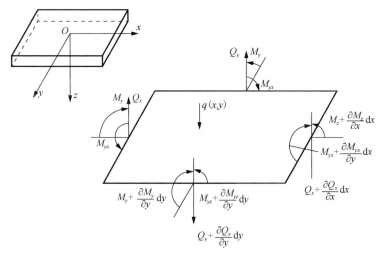

图 4-9　薄板及微小六面体单元上的内力

在中面以外的板上产生的 x 和 y 方向位移分量为

$$\begin{cases} u = -z\dfrac{\partial \omega}{\partial x} \\[3mm] v = -z\dfrac{\partial \omega}{\partial y} \end{cases} \tag{4-88}$$

应变分量为

$$\begin{cases} \varepsilon_x = -z\dfrac{\partial^2 \omega}{\partial x^2} \\[3mm] \varepsilon_y = -z\dfrac{\partial^2 \omega}{\partial y^2} \\[3mm] \gamma_{xy} = -2z\dfrac{\partial^2 \omega}{\partial x \partial y} \end{cases} \tag{4-89}$$

若板单位宽度上的弯矩为 M_x、M_y，单位宽度上的扭矩为 M_{xy}，单位宽度上的剪力为 Q_x、Q_y，在板上作用着均布荷载 $q(x,y)$，微小六面体单元的厚度为 1，则由微小单元体 $\mathrm{d}x\mathrm{d}y$ 的平衡条件可得其平衡方程为

$$\frac{\partial^2 M_x}{\partial x^2} + 2\frac{\partial^2 M_{xy}}{\partial x \partial y} + \frac{\partial^2 M_y}{\partial y^2} = -q(x,y) \tag{4-90}$$

当板进入塑性状态时，对于厚度为 δ 的薄板，其弯矩和扭矩分别为

$$\begin{cases} M_x = \displaystyle\int_{-\frac{\delta}{2}}^{\frac{\delta}{2}} \sigma_x z \mathrm{d}z = \dfrac{\sigma_x \delta^2}{4} \\[4mm] M_y = \displaystyle\int_{-\frac{\delta}{2}}^{\frac{\delta}{2}} \sigma_y z \mathrm{d}z = \dfrac{\sigma_y \delta^2}{4} \\[4mm] M_{xy} = \displaystyle\int_{-\frac{\delta}{2}}^{\frac{\delta}{2}} \sigma_{xy} z \mathrm{d}z = \dfrac{\tau_{xy} \delta^2}{4} \end{cases} \tag{4-91}$$

若将弯矩和扭矩以无量纲形式来表示，取

$$\begin{cases} m_x = \dfrac{M_x}{M_{\mathrm{p}}} \\[4mm] m_y = \dfrac{M_y}{M_{\mathrm{p}}} \\[4mm] m_{xy} = \dfrac{M_{xy}}{M_{\mathrm{p}}} \end{cases} \tag{4-92}$$

式中，M_{p} 为塑性极限弯矩，且有

$$M_{\mathrm{p}} = \frac{\sigma_s \delta^2}{4} \tag{4-93}$$

在平面应力状态下，米泽斯屈服条件为 $\sigma_x^2 - \sigma_x\sigma_y + \sigma_y^2 + 3\tau_{xy}^2 = \sigma_s^2$。

满足米泽斯屈服准则时，考虑到式(4-91)，则以内力和无量纲内力表示的极限条件为

$$M_x^2 - M_xM_y + M_y^2 + 3M_{xy}^2 = M_p^2 \tag{4-94}$$

若以 σ_1 和 σ_2 表示板的主应力，则特雷斯卡屈服条件为

$$\max\left(|\sigma_1|,|\sigma_2|,|\sigma_1-\sigma_2|\right) = \sigma_s \tag{4-95}$$

满足特雷斯卡屈服准则时，以内力和无量纲内力表示的极限条件为

$$\max\left(|M_1|,|M_2|,|M_1-M_2|\right) = M_p \tag{4-96}$$

最大正应力屈服条件及满足最大正应力条件的极限条件分别为

$$\begin{cases} \max\left(|\sigma_1|,|\sigma_2|\right) = \sigma_s \\ \max\left(|M_1|,|M_2|\right) = M_p \end{cases} \tag{4-97}$$

在矩形板的塑性分析中，作为一般问题求解时，应满足平衡条件、几何条件和极限条件。除此之外，为了表示塑性区应力分量与应变分量之间的关系，可采用形变理论的表达式，即

$$\begin{cases} \sigma_x - \sigma_m = \dfrac{2\sigma_i}{3\varepsilon_i}\left(\varepsilon_x - \varepsilon_m\right) \\ \sigma_y - \sigma_m = \dfrac{2\sigma_i}{3\varepsilon_i}\left(\varepsilon_y - \varepsilon_m\right) \\ \tau_{xy} = \dfrac{\sigma_i}{3\varepsilon_i}\gamma_{xy} \end{cases} \tag{4-98}$$

式中，ε_m 为平均应力，$\varepsilon_m = \dfrac{1}{3}\left(\varepsilon_x + \varepsilon_y + \varepsilon_z\right)$，当考虑体积不可压缩时，有 $\varepsilon_m = 0$；σ_i 和 ε_i 分别为应力强度和应变强度，或称折算应力和折算应变，分别为

$$\sigma_i = \dfrac{1}{\sqrt{2}}\sqrt{\left(\sigma_x-\sigma_y\right)^2 + \sigma_x^2 + \sigma_y^2 + 6\tau_{xy}^2} = \sqrt{\sigma_x^2 + \sigma_y^2 - \sigma_x\sigma_y + 3\tau_{xy}^2} \tag{4-99}$$

$$\varepsilon_i = \dfrac{\sqrt{2}}{3}\sqrt{\left(\varepsilon_x-\varepsilon_y\right)^2 + \varepsilon_x^2 + \varepsilon_y^2 + \dfrac{3}{2}\gamma_{xy}^2} = \dfrac{2}{3}\sqrt{\varepsilon_x^2 + \varepsilon_y^2 - \varepsilon_x\varepsilon_y + \dfrac{3}{4}\gamma_{xy}^2} \tag{4-100}$$

并且有

$$\sigma_m = \dfrac{1}{3}\left(\sigma_x + \sigma_y + \sigma_z\right) = \dfrac{1}{3}\left(\sigma_x + \sigma_y\right) \tag{4-101}$$

矩形板的塑性极限分析有如下一些特点。首先，很难找到完全解，只能利用极限分析定理求得极限荷载的界限。其次，由于非圆形板中弯矩和曲率的主方向是未知的，简单的特雷斯卡屈服条件在许多情况下已无法使用。当使用米泽斯屈服条件时，往往由于它的非线性而求解比较麻烦，采用最大弯矩极限条件也只能

求解个别问题。总之，在大多数情况下，求解下限解的极限荷载是比较困难的，在一般情况下利用机动法求其上限解的极限荷载。最后，在求解上限解的极限荷载时，通过分析薄板的最可能塑性屈服破坏形式，确定真实极限荷载。

4.6　基于小挠度理论的面板弹塑性极限荷载

4.6.1　薄板弹性极限荷载

在计算模型选取上，理应逐一研究各种支承情况下钢面板的弹塑性极限荷载，但闸门的梁格刚度与面板刚度相比非常大，加之面板一般为双向连续板，其每一区格内的面板受力状态与四边固支板非常接近，试验研究也证明了这一结论。出于安全考虑，将分别对四边固支的矩形弹性薄板和四边简支的矩形弹性薄板进行分析，如图 4-10 所示(令 b 为较长边)，在笛卡儿坐标系中薄板的弯曲微分方程为[10]

$$\frac{\partial^4 \omega}{\partial x^4} + 2\frac{\partial^4 \omega}{\partial x^2 \partial y^2} + \frac{\partial^4 \omega}{\partial y^4} = \frac{q}{D} \tag{4-102}$$

式中，ω 为四边固支矩形弹性薄板的挠度，m；x 和 y 分别为四边固支矩形弹性薄板沿 x 轴和 y 轴方向的位移，m；$D = \dfrac{E\delta^3}{12(1-\mu^2)}$，为板的弯曲刚度，N/m；$q$ 为法向均布荷载(本书取 q 为单位面积上的均布荷载)，N/m。

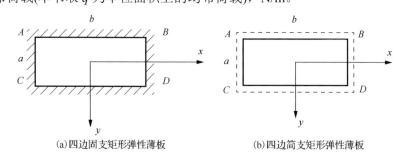

(a)四边固支矩形弹性薄板　　　　　(b)四边简支矩形弹性薄板

图 4-10　矩形弹性薄板示意图

引入一位移函数

$$\omega = A_1 \left[x^2 - \left(\frac{a}{2}\right)^2 \right]^2 \left[y^2 - \left(\frac{b}{2}\right)^2 \right]^2 \tag{4-103}$$

显然，

$$\omega\big|_{x=\pm\frac{a}{2}} = 0, \quad \omega\big|_{y=\pm\frac{b}{2}} = 0; \quad \frac{\partial \omega}{\partial x}\bigg|_{y=\pm\frac{b}{2}} = 0, \quad \frac{\partial \omega}{\partial y}\bigg|_{x=\pm\frac{a}{2}} = 0$$

该函数性状满足各边界条件，可作为位移函数。

根据能量原理的伽辽金法，可确定四边固支矩形弹性薄板挠度，由式(4-54)可得

$$\omega = \frac{7p\left[x^2-\left(\frac{a}{2}\right)^2\right]^2\left[y^2-\left(\frac{b}{2}\right)^2\right]^2}{8D\left(a^4+b^4+\frac{4}{7}a^2b^2\right)} \tag{4-104}$$

因此，取一微小单元体，根据弹性薄板理论，有以下物理关系：

$$\begin{cases} M_x = -D\left(\dfrac{\partial^2\omega}{\partial x^2}+\mu\dfrac{\partial^2\omega}{\partial y^2}\right) \\[3mm] M_y = -D\left(\dfrac{\partial^2\omega}{\partial y^2}+\mu\dfrac{\partial^2\omega}{\partial x^2}\right) \\[3mm] M_{xy} = -D(1-\mu)\dfrac{\partial^2\omega}{\partial x\partial y} \end{cases} \tag{4-105}$$

如前所述，对于均布荷载作用下的四边固支矩形弹性薄板，长边中点处最先达到弹性极限。因此，王正中团队最关注的是该点的 M_x，根据式(4-104)和式(4-105)得

$$M_x = \frac{7p}{2\left(a^4+b^4+\frac{4}{7}a^2b^2\right)}\left\{\left[3x^2-\left(\frac{a}{2}\right)^2\right]\left[y^2-\left(\frac{b}{2}\right)^2\right]^2+\left[3y^2-\left(\frac{b}{2}\right)^2\right]\left[x^2-\left(\frac{a}{2}\right)^2\right]^2\right\}$$

$$\tag{4-106}$$

当该点达到弹性极限时，可令 $M_x=M_\mathrm{p}$（M_p 为对于 M_x 的弹性极限弯矩），

$$M_\mathrm{p} = M_x\big|_{x=\pm\frac{a}{2},y=0} = \frac{7pa^2}{64\left[\left(\frac{a}{b}\right)^4+\frac{4}{7}\left(\frac{a}{b}\right)^2+1\right]} \tag{4-107}$$

由式(4-107)即可求得弹性极限荷载为

$$P_\mathrm{m} = \frac{64\left[\left(\frac{a}{b}\right)^4+\frac{4}{7}\left(\frac{a}{b}\right)^2+1\right]}{7a^2}M_\mathrm{p} \tag{4-108}$$

同理，可以求得四边简支矩形薄板(面板区格中心为控制点)的弹性极限荷载为

$$P_\mathrm{m} = \frac{8M_\mathrm{p}}{a^2}\left[1+2\left(\frac{a}{b}\right)^3\right] \tag{4-109}$$

4.6.2　薄板塑性极限荷载

如前所述，薄板塑性极限荷载上限解易求，而下限解难于求解。根据结构塑性极限分析可知，由上限定理确定的上限荷载 P_s 一定大于由唯一性定理确定的真实极限荷载 P_0，而由下限定理确定的下限荷载 P_x 一定小于 P_0。因此，应用上常以 P_s 和 P_x 的平均值作为极限荷载 P_0 的近似值，但出于结构安全考虑，以极限荷载下限值作为极限荷载。

对真实的钢面板来说，面板从进入塑性开始，其塑性区逐渐扩展，由于变形和内力的连续性，会形成"面包"状光滑曲面的残余变形，实际钢面板的塑性变形比理想弹塑性材料薄板要小，即实际钢面板的极限荷载要比理想弹塑性面板的大。

为了确定极限荷载的下限，用最大弯矩极限条件求解，根据理论分析，可假设极限状态下钢面板的内力场为

$$\begin{cases} M_x = M_p^* - C_1 x^2 \\ M_y = M_p^* - C_2 y^2 \\ M_{xy} = -C_3 xy \end{cases} \tag{4-110}$$

式中，C_1、C_2、C_3 为待定常数；M_p^* 为塑性极限弯矩，N·m。

钢面板的边界条件为 $(M_x)_{x=\pm\frac{a}{2}} = M_p^*$，$(M_y)_{y=\pm\frac{b}{2}} = M_p^*$，将边界条件代入式(4-110)，可求得

$$\begin{cases} C_1 = \dfrac{8}{a^2} M_p^* \\ C_2 = \dfrac{8}{b^2} M_p^* \end{cases} \tag{4-111}$$

当钢面板达到塑性极限时，假设钢面板的四个角点也达到了塑性极限，则 $M_{xy} = -\dfrac{abC_3}{4} = 0.58 M_p^*$，由式(4-111)得 $C_3 = \dfrac{2.32 M_p^*}{ab}$。内力场表达式已求得，再将其代入平衡方程，得极限荷载下限为

$$P_m^* = \frac{16 M_p^*}{a^2}\left(1 + \frac{a^2}{b^2} + \frac{0.29a}{b}\right) \tag{4-112}$$

同理，可得四边简支钢面板的极限荷载下限为

$$P_m^* = \frac{8 M_p^*}{a^2}\left(1 + \frac{a}{b} + \frac{a^2}{b^2}\right) \tag{4-113}$$

4.7　基于大挠度理论的面板弹塑性极限荷载

4.7.1　大挠度理论面板弹性极限荷载

1. 大挠度理论的基本微分方程

按照大挠度理论，中等刚度板的应力状态可以看成是两种状态叠加的结果，一种对应沿板厚均匀分布的应力，另一种对应弯曲应力。为求解方便，用 σ_x^0、σ_y^0 和 τ_y^0 表示中曲面内应力，用 σ_x'、σ_y' 和 τ_y' 表示弯曲应力。若以板平面为 xy 平面，垂直于板平面的方向为 z 轴。根据大挠度理论下板的基本微分方程及变分原理，将平面微分方程表示为

$$\iint\limits_F X\delta\omega\mathrm{d}x\mathrm{d}y = 0 \tag{4-114}$$

$$\nabla^2\nabla^2\Phi = E\left[\left(\frac{\partial^2\omega}{\partial x\partial y}\right)^2 - \left(\frac{\partial^2\omega}{\partial y^2}\right)\left(\frac{\partial^2\omega}{\partial x^2}\right)\right] \tag{4-115}$$

令

$$\begin{cases} \sigma_x^0 = \dfrac{\partial^2\Phi}{\partial y^2} \\[2mm] \sigma_y^0 = \dfrac{\partial^2\Phi}{\partial x^2} \\[2mm] \tau_y^0 = -\dfrac{\partial^2\Phi}{\partial x\partial y} \end{cases} \tag{4-116}$$

$$\begin{cases} \sigma_x' = -\dfrac{Ez}{1-\mu^2}\left(\dfrac{\partial^2\omega}{\partial x^2} + \mu\dfrac{\partial^2\omega}{\partial y^2}\right) \\[3mm] \sigma_y' = -\dfrac{Ez}{1-\mu^2}\left(\dfrac{\partial^2\omega}{\partial y^2} + \mu\dfrac{\partial^2\omega}{\partial x^2}\right) \\[3mm] \tau' = -\dfrac{Ez}{1+\mu}\dfrac{\partial^2\omega}{\partial x\partial y} \end{cases} \tag{4-117}$$

$$X = D\nabla^2\nabla^2\omega - h\left[\frac{\partial^2\Phi}{\partial y^2}\frac{\partial^2\omega}{\partial x^2} - 2\frac{\partial^2\Phi}{\partial x\partial y}\frac{\partial^2\omega}{\partial x\partial y} + \frac{\partial^2\Phi}{\partial x^2}\frac{\partial^2\omega}{\partial y^2}\right] - q \tag{4-118}$$

式中，X 为大挠度函数；D 为板的弯曲刚度；E 为材料弹性模量，Pa；μ 为泊松比；ω 为板的挠度函数。

2. 面板长宽比对弹塑性调整系数的影响

基于弹性板壳理论及结构塑性极限分析理论，求得四边固支面板的弹性极限荷载及塑性极限荷载，得到屋顶型屈服模式下弹塑性调整系数 α_β 随面板长宽比的变化规律表达式为

$$\alpha_\beta = \frac{7}{16}\left[\left(2\beta^2\sqrt{1+3\beta^2}+5\beta^2+0.87\beta^3+6\beta^4\right)\Big/\left(1+\frac{4}{7}\beta^2+\beta^4\right)\right] \tag{4-119}$$

式中，$\beta=b/a$，b 为面板的长边长度，a 为面板的短边长度；α_β 考虑了面板长宽比和面板应力应变特性的共同影响。尽管 α_β 与试验结果非常吻合，但是比现行规范值大得多(最大值为 3.457，最小值为 2.625)，因而无法与规范对接并应用于工程设计。为消除屈服范围过大的影响，将 α_β 除以其最小值 2.625，这样得到只考虑长宽比影响的弹塑性调整系数 α_p 为

$$\alpha_p = \frac{\alpha_\beta}{2.625} = \frac{1}{6}\left[2\beta^2\left(2\beta^2\sqrt{1+3\beta^2}+5\beta^2+0.87\beta^3+6\beta^4\right)\Big/\left(1+\frac{4}{7}\beta^2+\beta^4\right)\right] \tag{4-120}$$

显然，当 $\beta=1$ 时，$\alpha_p=1$，说明 α_p 仅反映了面板长宽比 β 对面板弹塑性调整系数的影响，未考虑面板屈服模式的影响。α_p 是一个连续变化的量，最大值为 1.32，保证了不同长宽比时面板的安全度相同。

4.7.2　大挠度理论面板塑性极限荷载

钢闸门面板的每一个小区格可看成法向均布荷载作用下的四边固支钢面板，板边缘的位移与支承梁的变形协调一致，在荷载方向上边缘保持为直线。板坐标布置如图 4-11 所示，根据边界条件：当 $x=0$，$x=a$ 时，$\omega=0$，$\partial\omega/\partial x=0$；当 $y=0$，$y=b$ 时，$\omega=0$，$\partial\omega/\partial y=0$。

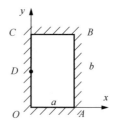

图 4-11　板坐标布置

取挠度的近似表达式

$$\omega=f\sin\alpha x\cdot\sin\beta y \tag{4-121}$$

式中，f 为挠曲线函数。有

$$\begin{cases} \alpha = \pi / a \\ \beta = \pi / b \end{cases} \tag{4-122}$$

将式(4-121)代入应变协调方程，整理后得

$$\begin{aligned} \nabla^2 \nabla^2 \Phi = \frac{E}{2} f^2 \alpha^2 \beta^2 &(\cos 2\alpha x + \cos 2\beta y - \cos 4\alpha x - \cos 4\beta y \\ &+ \cos 4\alpha x \cos 2\beta y + \cos 2\alpha x \cos 4\beta y - 2\cos 2\alpha x \cos 2\beta y) \end{aligned} \tag{4-123}$$

式(4-123)的特殊解为

$$\begin{aligned} \Phi_1 = \frac{1}{32}\left(\frac{\beta^2}{\alpha^2} \cos 2\alpha x + \frac{\alpha^2}{\beta^2} \cos 2\beta y \right) &- \frac{1}{512}\left(\frac{\beta^2}{\alpha^2} \cos 4\alpha x + \frac{\alpha^2}{\beta^2} \cos 4\beta y \right) \\ + \frac{\alpha^2 \beta^2}{32} \Bigg[\frac{1}{4\alpha^2 + \beta^2} \cos 4\alpha x \cos 2\beta y &+ \frac{1}{\alpha^2 + 4\beta^2} \cos 2\alpha x \cos 4\beta y \\ - \frac{\alpha^2 \beta^2}{16(\alpha^2 + \beta^2)} \cos 2\alpha x \cos 2\beta y &\Bigg] \end{aligned} \tag{4-124}$$

设边缘约束施加于板边的拉应力平均值分别为 $\overline{P_x}$、$\overline{P_y}$，则齐次方程 $\nabla^2 \nabla^2 \Phi = 0$ 的解 Φ_2 为

$$\Phi_2 = \frac{\overline{P_x} x^2}{2} + \frac{\overline{P_y} y^2}{2} \tag{4-125}$$

显然，$\Phi_1 + \Phi_2$ 仍满足应变协调方程，故式(4-124)的解为

$$\Phi = \Phi_1 + \Phi_2 \tag{4-126}$$

根据应力函数，得中曲面内的应力为

$$\begin{aligned} \sigma_x^0 = \frac{\partial^2 \Phi}{\partial y^2} = -Ef^2 \alpha^2 \Bigg\{ \frac{1}{8} \cos 2\beta y &- \frac{1}{32} \cos 4\beta y + \frac{\beta^4}{8} \Bigg[\frac{1}{(4\alpha^2 + \beta^2)^2} \cos 4\alpha x \cos 2\beta y \\ + \frac{4}{(\alpha^2 + 4\beta^2)^2} \cos 2\alpha x \cos 4\beta y \Bigg] &- \frac{\alpha^4}{4(\alpha^2 + \beta^2)^2} \cos 2\alpha x \cos 2\beta y \Bigg\} + \overline{P_x} \end{aligned} \tag{4-127}$$

$$\begin{aligned} \sigma_y^0 = \frac{\partial^2 \Phi}{\partial x^2} = -Ef^2 \beta^2 \Bigg\{ \frac{1}{8} \cos 2\alpha x &- \frac{1}{32} \cos 4\alpha x + \frac{\alpha^4}{8} \Bigg[\frac{4}{(4\alpha^2 + \beta^2)^2} \cos 4\alpha x \cos 2\beta y \\ + \frac{1}{(\alpha^2 + 4\beta^2)^2} \cos 2\alpha x \cos 4\beta y \Bigg] &- \frac{\alpha^4}{4(\alpha^2 + \beta^2)^2} \cos 2\alpha x \cos 2\beta y \Bigg\} + \overline{P_y} \end{aligned} \tag{4-128}$$

$$\begin{aligned} \tau_y^0 = -\frac{\partial^2 \Phi}{\partial x \partial y} \\ = -Ef^2 \frac{\alpha^3 \beta^3}{4} \Bigg[\frac{\sin 4\alpha x \sin 2\beta y}{(4\alpha^2 + \beta^2)^2} + \frac{\sin 2\alpha x \sin 4\beta y}{(4\beta^2 + \alpha^2)^2} - \frac{\sin 2\alpha x \sin 2\beta y}{(\alpha^2 + \beta^2)^2} \Bigg] \end{aligned} \tag{4-129}$$

由上可知，边缘处的剪应力为零。为了确定边缘对板的拉应力平均值，必须从边缘变形入手分析，四边的固定使各对边的相对位移为零，得

$$\overline{P_x} = \frac{3\pi^2 Ef^2}{32}\left(\frac{\mu}{\beta^{*2}}+1\right)\frac{1}{(1-\mu^2)b^2} \tag{4-130}$$

$$\overline{P_y} = \frac{3\pi^2 Ef^2}{32}\left(\frac{1}{\beta^{*2}}+\mu\right)\frac{1}{(1-\mu^2)b^2} \tag{4-131}$$

将式(4-130)和式(4-131)代入式(4-125)，根据式(4-126)即可求出应力函数 Φ 的表达式，取钢材的泊松比为 0.3，并进行积分整理得

$$\begin{aligned} q_s^* = &\left[6.5\left(1/\beta^{*4}+1\right)+12.2\left(\beta^{*2}+1\right)^2+7.5\left(1/\beta^{*4}+0.6\beta^*+1\right)\right]\xi^3 \\ &+9\left[3\left(1/\beta^{*4}+1\right)+2/\beta^{*2}\right]\xi \end{aligned} \tag{4-132}$$

式中，q_s^* 为大挠度薄板无量纲塑性极限荷载；ξ 为相对挠度；β^* 为宽长比。有

$$\begin{cases} \xi = f/\delta \\ \beta^* = a/b \\ q_s^* = \left(q/E\right)\left(b/h\right)^4\left(1-\mu^2\right) \end{cases} \tag{4-133}$$

根据试验，四边固支钢面板在弹性阶段总是长边中点的应力最大，即该点最先达到屈服极限，依次是跨中或短边中点。按照板的弯曲理论推求其极限荷载时，曾采用塑性铰线法的屋顶型破坏模式，但该模式的塑性影响区较大，不能满足正常使用的极限要求。为了能反映实际的"面包"状光滑曲面屈服破坏特征，采用长边中点薄板截面进入塑性状态，即按结构塑性极限分析理论的拉弯构件的极限条件进行处理。

1. 长边中点各应力计算

长边中点坐标为 $x=0$，$y=b/2$，中曲面内应力由式(4-127)和式(4-130)得

$$\begin{aligned} \sigma_x^0 = \frac{h^2}{a^2}E\pi^2\xi^2&\left[\frac{3(\mu+\beta^{*2})}{32(1-\mu^2)}+\frac{5}{32}+\frac{\beta^{*4}}{2(1+4\beta^{*2})^2}\right. \\ &\left.-\frac{\beta^{*4}}{2(4+\beta^{*2})^2}-\frac{\beta^{*4}}{4(1+4\beta^{*2})^2}-\frac{\beta^{*4}}{8(4+\beta^{*2})^2}\right] \end{aligned} \tag{4-134}$$

弯曲应力由式(4-116)得

$$\sigma_x' = \frac{Eh}{1-\mu^2}2\alpha^2 f = \frac{2\pi^2 E\xi h^2}{(1-\mu^2)a^2} \tag{4-135}$$

2. 极限条件的引入及极限荷载的确定

在弯矩和轴力共同作用下，构件横截面完全屈服的极限条件为

$$n + m = 1 \tag{4-136}$$

式中，$m = M_x / M_p = \sigma_x' / 1.5\sigma_s$，$n = N / N_p = \sigma_x^0 / \sigma_s$。代入式(4-136)，进而得极限状态下相对挠度 ξ 为

$$\xi = \frac{\sqrt{1.21 + \dfrac{1.5\sigma_s}{E\pi^2}\left(\dfrac{a}{h}\right)^2 \left[\dfrac{1.8 + \beta^{*2}}{9.6} - \dfrac{\beta^{*4}}{4(1 + \beta^{*2})^2}\right]} - 1.1}{\dfrac{1.8 + \beta^{*2}}{9.6} - \dfrac{\beta^{*4}}{4(1 + \beta^{*2})^2}} \tag{4-137}$$

根据式(4-132)可以求得大挠度薄板无量纲塑性极限荷载 q_s^*，再由式(4-134)可以求得

$$q_s = 1.1\beta^{*4} E (h/a)^4 q_s^* \tag{4-138}$$

显然，大挠度薄板塑性极限荷载 q_s 不仅与大挠度矩形薄板的边界约束、宽长比 β^* 有关，而且与板厚宽比及材料的力学性能 E、σ_s、μ 有关。

4.8　水工钢闸门面板弹塑性调整系数

按现行规范校核面板强度时，考虑到面板屈服具有局部应力性质，以钢材屈服极限为强度极限，即给容许应力乘以弹塑性调整系数 α[11]，但是不能简单理解为将容许应力提高到钢材的屈服极限，并不能以钢材的极限强度判定弹塑性调整系数 α 的理论值能否超过 1.5。实际上，水工钢闸门面板的弹塑性调整系数 α 的物理意义是钢面板在局部小范围进入弹塑性阶段工作后，由于板的塑性区不断扩展及应力重分布，可使整个四边固支矩形钢面板的整体承载能力提高为原来的 α 倍，而不应简单理解为将钢材的容许应力提高为原来的 α 倍。

4.8.1　基于非线性理论确定面板弹塑性调整系数

1. 基于薄板小挠度理论确定面板弹塑性调整系数

由 4.6 节可知，钢闸门面板基于薄板小挠度理论可得出其弹塑性调整系数 α 为塑性极限荷载与弹性极限荷载的比值，表示为

$$\alpha = \frac{P_m^*}{P_m} \tag{4-139}$$

值得注意的是，当薄板最大弯矩截面全部进入塑性屈曲时，塑性极限弯矩 M_p^* 是弹性极限弯矩 M_p 的 1.5 倍，即 $M_p^* = 1.5 M_p$。设 $b/a = \beta$，便可求得弹塑性调整系数 α。

(1) 对于四边固支钢闸门面板的 α，根据式(4-139)、式(4-112)和式(4-108)得

$$\alpha = \frac{2.6256\beta^2\left(1+0.29\beta+\beta^2\right)}{1+0.57\beta^2+\beta^4} \tag{4-140}$$

(2) 对于四边简支钢闸门面板的 α，根据式(4-139)、式(4-113)和式(4-108)得

$$\alpha = \frac{1.5\beta^2\left(\beta^2+\beta+1\right)}{2+\beta^3} \tag{4-141}$$

为便于比较，理想弹塑性材料钢面板的弹塑性调整系数 α 理论值和现行规范值随 β 的变化如图 4-12 所示。

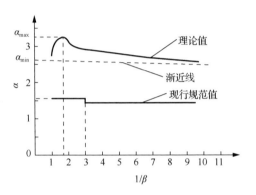

图 4-12　α-$1/\beta$ 关系图

计算可得，四边固支面板的理论弹塑性调整系数比现行规范值大得多，最大值为 3.04，最小值为 2.34；四边简支面板的理论弹塑性调整系数，其最大值为 2.10，最小值为 1.50，具体数值与长宽比有关，整体上还是大于现行规范值。因此，认为现行规范值是比较保守的，也没有给出 α 与 $1/\beta$ 的一一对应关系。

2. 基于薄板大挠度理论确定面板弹塑性调整系数

同理，由 4.7 节可知，钢闸门面板基于薄板大挠度理论可得出其弹塑性调整系数 α 为

$$\alpha = \frac{948\left(\dfrac{h}{a}\right)^2 q_s^*\lambda^4}{\lambda^4+\dfrac{4}{7}\lambda^2+1} \tag{4-142}$$

当 a/h 分别为 75、100、125、150 时，α 随 $1/\beta$ 的变化如表 4-2 所示。

表 4-2　α 随 $1/\beta$ 的变化表

a/h	$1/\beta$									
	1	1.5	2.0	2.5	3.0	3.5	4.0	4.5	5.0	5.5
75	2.28	2.20	2.18	2.17	2.16	2.16	2.15	2.15	2.15	2.15
100	2.50	2.49	2.48	2.47	2.47	2.46	2.46	2.46	2.46	2.46
125	3.05	3.06	3.06	3.06	3.07	3.07	3.07	3.07	3.07	3.07
150	3.95	4.01	4.02	4.03	4.04	4.05	4.05	4.05	4.05	4.05

　　为便于与现行规范值进行比较，将弹塑性调整系数现行规范值与理论值共同画于图 4-13。

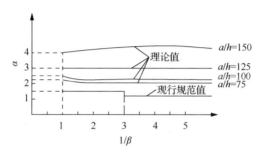

图 4-13　弹塑性调整系数随 $1/\beta$ 的变化

　　由图 4-13 可以看出，按大挠度理论求出的弹塑性调整系数 α 主要由板的宽厚比 a/h 和反映材料性质的 E、σ_s 决定，而矩形长宽比的影响很小；板的宽厚比增大，α 随之增大，这说明对于很薄的板按大挠度理论分析的承载力大于按小挠度理论分析的承载力；按大挠度理论及“面包”状曲面屈服模式，真实地反映了钢闸门面板的受力机制。当然这仅是 α 的理论值，应用于工程设计中可适当乘以折减系数。

4.8.2　基于现行规范屈服状态的面板弹塑性调整系数

　　水工钢闸门面板在进入弹塑性阶段后，仍有很大的强度储备，我国规范中都采用给容许应力乘以弹塑性调整系数的方法来体现，但该值未能准确反映面板长宽比和主(次)梁整体弯曲应力的影响，特别是没有考虑不同屈服模式的影响[11]。为了安全起见，现行规范一直选取钢材屈服极限进行面板折算应力强度校核。为与规范接轨又能科学考虑屈服模式参与主梁弯曲及长宽比的影响规律，作者提出了水工钢闸门面板设计的直接方法。以经过 40 多年实践检验的《水利水电工程钢闸门设计规范》(SL 74—2019)[2]中将面板强度的容许应力提高到钢材的屈服极限为极限状态，探究面板长宽比和面板参与主(次)梁整体弯曲应力对弹塑性调整系数的影响，给出了弹塑性调整系数的计算公式，并基于此弹塑性调整系数给出了水工钢闸门面板设计的直接方法。

1. 面板长边中点(记作 A 点)上游面

按现行规范[2]的屈服极限状态，即强度验算公式，有

$$\sigma_{my}^2 + (\sigma_{mx} - \sigma_{ox})^2 - \sigma_{my}(\sigma_{mx} - \sigma_{ox}) = \sigma_s^2 \tag{4-143}$$

令 $\sigma_{ox} = \sigma_o = \dfrac{M}{W}$，$m = \sigma_o / \sigma_s$，$n = \sigma_{my} / \sigma_s$，则式(4-143)化简为

$$0.79n^2 + 0.4nm + m^2 = 1 \tag{4-144}$$

式中，m 为梁整体弯曲应力，当主梁之间布置次梁时，m 取 0.25～0.45；当主梁之间不布置水平次梁时，m 取 0.45～0.67。

由式(4-143)解得

$$n = \frac{\sqrt{3.16 - 3m^2} - 0.4m}{1.58} \tag{4-145}$$

根据面板弹塑性调整系数的物理意义，有

$$\alpha_{mA} = \frac{\sigma_{my}}{[\sigma]} = \frac{n\sigma_s}{[\sigma]} = 1.5n = \frac{1.5\sqrt{3.16 - 3m^2} - 0.6m}{1.58} \tag{4-146}$$

体现梁整体弯曲应力影响的弹塑性调整系数 α_m 与 m 关系曲线如图4-14所示。由图4-14可知，弹塑性调整系数随梁整体弯曲应力的增大而迅速减小。

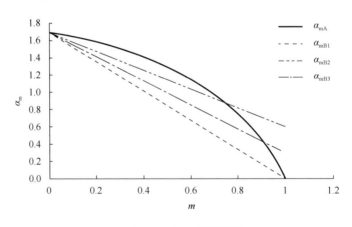

图 4-14　α_m 与 m 关系曲线

2. 面板短边中点(记作 B 点)下游面

采用与长边中点一样的方法求解。此时有

$$\sigma_{my}^2 + (\sigma_{mx} + \sigma_{ox})^2 - \sigma_{my}(\sigma_{mx} + \sigma_{ox}) = \sigma_s^2 \tag{4-147}$$

令 $\sigma_{ox}=(1.5\xi_1-0.5)\sigma_o=\lambda\sigma_o$，$m=\sigma_o/\sigma_s$，$n=\sigma_{mx}=\sigma_s$，$\lambda=1.5\xi_1-0.5$，$\xi_1$ 为面板兼作主次梁翼缘有效宽度系数，可以查阅规范中的取值。同理可得

$$0.79n^2 + 1.7\lambda nm + \lambda^2 m^2 = 1 \tag{4-148}$$

解得

$$n = \frac{\sqrt{3.16 - 0.27\lambda^2 m^2} - 1.7\lambda m}{1.58} \tag{4-149}$$

根据面板弹塑性调整系数的物理意义，有

$$\alpha_{mB} = \frac{1.5\sqrt{3.16 - 0.27\lambda^2 m^2} - 2.55\lambda m}{1.58} \tag{4-150}$$

3. 考虑面板长宽比及梁整体弯曲应力的弹塑性调整系数

体现面板长宽比影响的弹塑性调整系数 α_p 与体现梁整体弯曲应力影响的弹塑性调整系数 α_m，这两者是独立且无关的。因此，同时考虑面板长宽比及整体弯曲应力的弹塑性调整系数 α 的表达式如下：

$$\alpha = \alpha_p \alpha_m \tag{4-151}$$

实际工程中为了充分发挥面板承载能力，常使面板长宽比 $\beta=b/a>1.5$，且面板长边沿主梁轴线方向布置，于是面板内应力最大的部位常出现在梁格的长边中点，因此一般只需验算 A 点的折算应力。鉴于此，给出长边中点 A 点上游面的弹塑性调整系数 α_A：

$$\alpha_A = \alpha_p \cdot \alpha_{mA} = \frac{1}{6} \frac{2\beta^2\sqrt{1+3\beta^2} + 5\beta^2 + 0.87\beta^3 + 6\beta^4}{1 + \frac{4}{7}\beta^2 + \beta^4}$$

$$\times \frac{1.5\sqrt{3.16 - 3m^2} - 0.6m}{1.58} \tag{4-152}$$

A 点的 α、β 与 m 三维关系如图 4-15 所示。

由图 4-13 可以看出：①弹塑性调整系数 α 受面板长宽比和梁整体弯曲应力的共同影响，呈现连续变化，并不是一个固定不变的值；②梁整体弯曲应力对弹塑性调整系数 α 的影响显著，梁整体弯曲应力越大，弹塑性调整系数越小。当 $m\leqslant 0.6$ 时，$\alpha\geqslant 1.5$，说明此时规范值是偏于保守的；相反，当 $m>0.6$ 时，$\alpha<1.5$，说明此时规范值是偏于危险的。

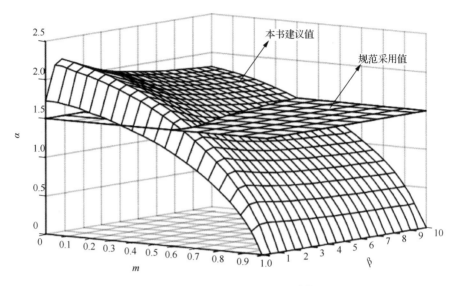

图 4-15 　α、β 与 m 的三维关系[12]

4. 基于规范屈服状态的面板长边的超载范围讨论

如上所述，钢闸门面板的屈服模式较多，但究竟允许屈服状态是什么，一直没有明确的结论。现基于规范屈服极限状态，反演面板折算应力超过容许应力的范围，以评价考虑弹塑性调整以后面板的超载范围和规范屈服极限状态的合理性。

求解方法：由于梁整体弯曲应力对面板弹塑性调整系数的影响在规范中以强度验算公式[式(4-1)]体现，依据强度验算公式[式(4-1)]，再结合弹性薄板理论的物理关系，就可以得到面板长边中点达到塑性极限状态时的临界荷载 P_{cr}，然后按式(4-153)(容许应力法)求解双向应力状态下面板长边的超载范围，表示为

$$\sqrt{\sigma_{my}^2 + \left(\sigma_{mx} + \sigma_{ox}\right)^2 - \sigma_{my}\left(\sigma_{mx} + \sigma_{ox}\right)} \leqslant [\sigma] \tag{4-153}$$

取四边固支的矩形薄板中面(令 b 为较长边)，求弹性荷载极限时的位移函数，得

$$w = \frac{7P_{cr}\left[x^2 - \left(\dfrac{b}{2}\right)^2\right]^2 \left[y^2 - \left(\dfrac{a}{2}\right)^2\right]^2}{8D\left(a^4 + b^4 + \dfrac{4}{7}a^2b^2\right)} \tag{4-154}$$

根据弹性薄板理论，内力与挠度有如下物理关系：

$$\begin{cases} M_x = -D\left(\dfrac{\partial^2 \omega}{\partial y^2} + \mu \dfrac{\partial^2 \omega}{\partial x^2}\right) \\[3mm] M_y = -D\left(\dfrac{\partial^2 \omega}{\partial x^2} + \mu \dfrac{\partial^2 \omega}{\partial y^2}\right) \\[3mm] M_{xy} = -D\left(1 - \mu \dfrac{\partial^2 w}{\partial x \partial y}\right) \end{cases} \tag{4-155}$$

应力与内力的关系为

$$\begin{cases} \sigma_x = \dfrac{12z}{\delta^3} M_x \\[3mm] \sigma_y = \dfrac{12z}{\delta^3} M_y \\[3mm] \tau_{xy} = \dfrac{12z}{\delta^3} M_{xy} \end{cases} \tag{4-156}$$

式中，μ 为钢材的泊松比，取 0.3；δ 为面板厚度，m；$D = \dfrac{E\delta^3}{12(1-\mu^2)}$，为面板的弯曲刚度，N/m。

由上述弹性薄板理论的物理关系，可得垂直于主次梁轴线方向面板支承长边的局部弯曲应力 σ_{my} 为

$$\sigma_{my}\Big|_{y=\pm\frac{a}{2}} = \frac{12z}{\delta^3} M_y = \frac{6}{\delta^2} \frac{7P_{cr}}{2\left(a^4 + b^4 + \dfrac{4}{7}a^2b^2\right)} \times \left\{ 2\left(\frac{a}{2}\right)^2 \times \left[x^2 - \left(\frac{b}{2}\right)^2\right]^2 \right\} \tag{4-157}$$

在长边中点 A 点，有

$$\sigma_{my}\Big|_{\substack{x=0 \\ y=\pm\frac{a}{2}}} = \frac{12z}{\delta^3}, \quad M_y = \frac{6}{\delta^2} \frac{7P_{cr}a^2b^2}{64\left(a^4 + b^4 + \dfrac{4}{7}a^2b^2\right)} \tag{4-158}$$

将式(4-158)代入规范屈服极限状态条件，得到临界荷载 P_{cr} 为

$$P_{cr} = \frac{32\delta^2\sigma_s\left(a^4 + b^4 + \dfrac{4}{7}a^2b^2\right)}{21a^2b^2} \frac{\left(\sqrt{3.16 - 3m^2} - 0.4m\right)}{1.58} \tag{4-159}$$

将式(4-159)代入式(4-157)，可得基于规范屈服状态的面板长边局部弯曲应力 σ_{my} 的表达式，再代入式(4-153)中求得长边上折算应力达到容许应力 $[\sigma]$ 的坐标。

$$\left[x^2 - \left(\frac{b}{2}\right)^2\right]^2 = \frac{b^4\left(\sqrt{3.16 - 6.75m^2} - 0.6m\right)}{24\left(\sqrt{3.16 - 3m^2} - 0.4m\right)} \tag{4-160}$$

由式(4-160)可确定面板长边的超载范围。不同 m 值对应的基于规范屈服状态的面板长边超载范围如表 4-3 所示。

表 4-3　不同 m 值对应的基于规范屈服状态的面板长边的超载范围

m	0	0.1	0.2	0.3	0.4	0.5	0.6	2/3
超载范围	$\pm0.454b$	$\pm0.452b$	$\pm0.449b$	$\pm0.443b$	$\pm0.434b$	$\pm0.418b$	$\pm0.381b$	$\pm0.25b$

由表 4-3 与前文分析可知，当梁整体弯曲应力 σ_{ox} 为零时，超载范围几乎趋于全部长边；当整体弯曲应力 σ_{ox} 达到容许应力 $[\sigma]$ 时，超载范围趋于长边一半。超载范围的这一变化规律与梁整体弯曲应力影响的弹塑性调整系数的变化规律一致，证明了上述方法考虑整体弯曲影响的正确性和极限状态的合理性。

5. 面板厚度合理直接设计方法的提出

闸门面板受力情况及屈服模式复杂，按现行规范方法设计既复杂繁琐又很难做到安全与经济的统一，加之现行规范中的面板设计采用先初选厚度再强度验算的两步循环试算法，相互脱节，初选面板厚度时不能考虑整体弯曲应力的影响，以致强度验算时不满足要求或过于保守，需要反复试选厚度。

在得到准确考虑了面板长宽比和梁整体弯曲应力影响的弹塑性调整系数 $(\alpha=\alpha_p\alpha_m)$ 后，可以直接由强度条件 $\sigma_{my}\leqslant\alpha[\sigma]$ 设计面板厚度。本书作者曾提出面板厚度计算公式为

$$\delta\geqslant a\sqrt{\frac{kP_{cr}}{\alpha[\sigma]}} \tag{4-161}$$

式中，k 为厚度计算参数；由式(4-151)求得 α，再由式(4-161)直接计算面板厚度。

4.9　水工钢闸门面板厚度计算方法探讨

以某水电站露顶式水工弧形钢闸门为例计算面板厚度。面板材料为 Q235B，闸底高程为 112.946m，正常水位为 119.0m，闸门高度为 6.554m，吊点间距为 6.8m，水工弧形钢闸门半径为 10m。采用双主横梁，梁格长边方向与主横梁轴线方向平行，闸门结构如图 4-16 所示。按我国规范中面板的初选厚度和美国规范中面板的厚度计算，再按式(4-151)和式(4-161)可直接确定出面板的厚度并进行比较。三种不同方法的面板厚度计算结果如表 4-4 所示。

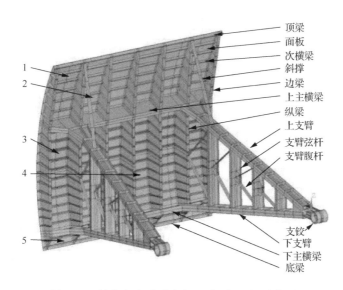

顶梁
面板
次横梁
斜撑
边梁
上主横梁
纵梁
上支臂
支臂弦杆
支臂腹杆

支铰
下支臂
下主横梁
底梁

图 4-16　某水电站露顶式水工弧形钢闸门结构图

1-上部梁格(Ⅰ)；2-上部梁格(Ⅱ)；3-中部梁格(Ⅰ)；4-中部梁格(Ⅱ)；5-下部梁格(Ⅰ)

表 4-4　三种不同方法的面板厚度计算结果　　　　　　（单位：mm）

部位	a	b	δ		
			我国规范法	美国规范法	直接计算法
下部梁格(Ⅰ)	622	2390	7.3	10.2	6.5
中部梁格(Ⅰ)	520	2390	5.7	7.9	5.1
中部梁格(Ⅱ)	632	2390	6.6	9.2	5.9
上部梁格(Ⅰ)	800	2390	5.9	8.5	5.4
上部梁格(Ⅱ)	942	2390	5.4	7.9	4.9

由计算结果可知，采用美国规范 *Hydraulic Design of Navigation Dams* (EM 1110-2-1605)(《船闸坝的水利设计》)[13]计算的水工弧形钢闸门面板厚度最大，我国规范方法其次，王正中团队提出的直接计算法最小。同时可知，我国规范中的方法是先初选面板的厚度，然后考虑面板参与梁格整体弯曲，再进行复杂的反复强度校核，设计过程繁琐；本书计算方法简捷，一次就可计算出面板的厚度，方便且结果准确；美国规范方法考虑因素不全，但简易程度介于前两者之间。

4.10　本 章 小 结

本章基于薄板小挠度理论、大挠度理论，系统性地分析了水工钢闸门结构面板的弹性极限荷载及塑性极限荷载，建立了钢闸门面板弹塑性临界荷载的非线性力学模型。首次从理论上系统地证明了 1976 年河海大学原型试验成果的合理性及准确性，得到了理论解析解，为规范修订提供了理论依据，并给出了各种屈服模式下钢闸门面板的弹塑性调整系数。提出了更为合理、明确的面板弹塑性调整系数表达式，是基于现行规范极限状态、考虑面板参与深孔闸门主梁弯曲及薄板长宽比影响的面板弹塑性调整系数，进一步利用该系数给出了面板厚度的直接计算法，避免了现行规范试算方法的繁琐和偏差，并且更为准确合理和简单实用。

参 考 文 献

[1] 俞良正, 陶碧霞. 钢闸门面板试验主要成果与建议[J]. 水力发电, 1986, 12(10): 32-42.

[2] 中华人民共和国水利部. 水利水电工程钢闸门设计规范: SL 74—2019[S]. 北京: 中国水利水电出版社, 2019.

[3] 王正中, 沙际德. 深孔钢闸门主梁横力弯曲正应力及挠度计算[J]. 水利学报, 1995, 9(9): 40-46.

[4] 徐芝纶. 弹性力学: 下册[M]. 5 版. 北京: 高等教育出版社, 2016.

[5] 徐秉业, 刘信声. 结构塑性极限分析[M]. 北京: 中国建筑工业出版社, 1985.

[6] 王正中, 李宗利, 冷畅俭, 等. 钢闸门面板弹塑性临界荷载计算[J]. 西安矿业学院学报, 1998, 18(3): 1-5.

[7] 王正中, 徐永前. 对四边固支矩形钢面板弹塑性调整系数理论值的探讨[J]. 水力发电, 1989, 15(5): 39-43.

[8] 王正中. 钢闸门面板弹塑性调整系数的研究[J]. 西北农业大学学报, 1995, 23(2): 84-88.

[9] 王正中. 按大挠度理论对四边固支矩形钢面板弹塑性调整系数的进一步探讨[J]. 水电站设计, 1994, 10(4): 4-12.

[10] 安徽省水利局勘测设计院. 水工钢闸门设计[M]. 北京: 水利出版社, 1980.

[11] 王正中, 余小孔, 王慧阳. 基于钢闸门设计规范屈服状态的面板弹塑性调整系数[J]. 水力发电学报, 2010, 29(5): 141-146.

[12] 张雪才, 王正中, 孙丹霞, 等. 中美水工钢闸门设计规范的对比与评价[J]. 水力发电学报, 2017, 36(3): 78-89.

[13] US Army Corps of Engineers(USACE). Hydraulic design of navigation dams: EM 1110-2-1605 [S]. Washington D.C.: US Army Corps of Engineers, 1987.

第5章　高水头水工钢闸门主梁非线性分析

5.1　概　述

随着水电、土木及交通事业的发展，高水头的深孔平面钢闸门及大荷载作用下的组合截面钢梁应用非常广泛，且大都采用在荷载作用下发生横力弯曲的深梁，如水工结构中深孔钢闸门的主梁、门式框架的主梁、吊车梁等，其主梁的跨高比 l/h 介于 3～8，一般采用组合工字形或箱形薄壁截面，属于均布荷载作用下横力弯曲的短梁。对于这类薄壁截面的短梁，目前仍沿用细长梁纯弯曲理论计算弯曲正应力与挠度，忽视了剪力对弯曲正应力与挠度的影响，并且弯矩和剪力作用会导致梁的横截面发生翘曲。各横截面剪力不同，导致翘曲不同步，相邻横截面的纵向纤维发生拉伸或压缩，从而影响弯曲应力的分布。另外，在与中性层平行的纵向纤维上，还有由横向力引起的挤压应力。用材料力学中的细长梁纯弯曲理论计算其应力时，采用平截面和纵向纤维无挤压的假设，忽略了剪力对弯曲应力的影响，造成较大的误差。对此类深梁而言，细长梁纯弯曲理论不再适用，深梁的纵向纤维挤压和非平截面翘曲及其相邻横截面的非同步翘曲变形已上升为重要影响因素。

本章通过对考虑弯剪耦合效应的薄壁深梁弯曲应力及变形的研究现状进行分析，建立水工钢闸门复杂截面深梁横力弯曲的力学模型，揭示薄壁深梁结构考虑弯剪耦合效应的变形机理，依据铁摩辛柯梁(S.Timoshenko)理论和弹性力学原理提出各种复杂截面、不同荷载、不同支承方式下深梁应力、变形的解析计算方法；并提出梁临界跨高比的新概念，既可丰富著名力学家铁摩辛柯的深梁理论，又为深孔钢闸门设计提供理论方法，为修订规范提供理论基础。

目前，国内外对深梁的应力计算已有不少研究成果。Timoshenko[1]给出了均布荷载作用下矩形截面简支梁的弯曲应力计算方法。王桂芳[2]以简支矩形截面深梁为例，利用变量分离法及原控制方程的特解构造了一个满足控制方程的通解，利用边界条件确定积分常数，直接得到问题的解答。丁大钧等[3]用杆件力学解法求出了简支深梁的力学解。Yao 等[4-5]利用平截面假设得到了梁纯弯曲时的应力，并在此基础上得到了横力弯曲梁的正应力。但这些理论都是针对矩形截面深梁，工字形截面梁截面复杂，使其受力机理比矩形截面梁更为复杂，应力分布不仅受到跨高比、荷载分布、支座形式的影响，还受截面特征的影响，目前仍无正确反映其受力机理的理论解。杨伯源等[6]、梅甫良等[7]研究了有限元法在深梁理论中的应用。陈林之等[8]采用级数解法对深梁理论进行了探究。Wang 等[9]研究了大变形下集中力作用的梁的受力特性。蒋玉川等[10]采用和函数法求解了弹性力学平面问题，对简支深梁受三角形荷载作用时的应力进行了分析，同时给出了该问题的傅里叶级数解答。2000 年，龚克[11]提出了单广义位移深梁理论，并利用该理论建立了深梁单元，是对两个广义位移梁理论的发展。2004 年，夏桂云等[12]从深梁的两个广义位移梁理论出发，利用解析试函数直接建立了深梁单元横向位移、转角、剪切应变的插值函数，进而导出了考虑剪切变形影响的单元线弹性刚度矩阵、一致质量矩阵和几何刚度矩阵。Przemieniecki[13]、胡海昌[14]、周世军等[15]、夏桂云等[12]推导得出的单元位移模式、线弹性刚度矩阵都相同，是深梁单元的标准形式，为多数商业软件所采用，能克服剪切闭锁问题。2015 年，夏桂云等[16]重点以铁摩辛柯梁理论为线索，总结了深梁理论的发展及其在几何非线性、材料非线性、振动和剪滞作用下的延伸，进而概述了其在箱型结构、弹性地基梁及具体工程中的应用。利用铁摩辛柯梁理论进行结构分析时，最为关键的问题是梁截面的剪切修正系数的计算问题。剪切修正系数又称为剪切变形系数、剪应力分布不均匀系数、剪切系数等。引入这个系数的目的主要是克服假定剪切应变沿梁截面均匀分布、剪应力却非均匀分布的误差影响。历史上有多种计算理论和方法，有的根据深梁振动频谱来定义剪切修正系数，有的根据深梁静力分析理论来定义剪切修正系数。目前，主要有铁摩辛柯方法、Cowper-Symonds 本构模型方法、Stephen-Hutchinson方法、梯形分块算法、材料力学方法、有限元法、弹性力学方法等。一般认为，截面剪切修正系数受截面形式、结构材料、边界条件和作用荷载等因素的影响。

5.2 细长梁理论

材料力学中将主要承受横向荷载而发生弯曲变形的杆件简化为梁。一般情形下，平面弯曲时，梁的横截面上将有两个内力分量，即剪力和弯矩。如果梁的横截面上只有一个弯矩和一个内力分量，这种平面弯曲称为纯弯曲。纯弯曲情形下，梁的横截面上只有弯矩，因此只有可以组成弯矩的垂直于横截面的正应力。梁在垂直梁轴线的横向力作用下，其横截面上将同时产生剪力和弯矩，这时梁的横截面上不仅有正应力，还有剪应力，这种弯曲称为横向弯曲，简称为横弯曲。

5.2.1 纯弯曲时梁横截面上的正应力分析

分析梁横截面上的正应力，就是要确定梁横截面上各点的正应力与弯矩、横截面的形状和尺寸之间的关系。由于横截面上的应力是不可见的，而梁的变形是可见的，应力又与变形有关，可以根据梁的变形情形推知梁横截面上的正应力分布。

1. 平面假定与应变分布

如果用容易变形的材料,如橡胶、海绵等,制成梁的模型,然后让梁的模型产生纯弯曲,可以看到梁弯曲后单层中一些层的纵向发生伸长变形,另一些层则会发生缩短变形[图 5-1(a)];在伸长层与缩短层交界处那一层,既不伸长也不缩短,称为梁的中性层或中性面[图 5-1(b)]。中性层与梁横截面的交线称为截面的中性轴。中性轴垂直于加载方向,对于具有对称轴的横截面梁,中性轴垂直于横截面的对称轴。

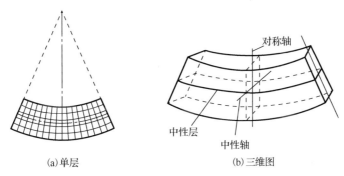

(a)单层　　　　　　(b)三维图

图 5-1　纯弯曲时梁的变形

在相邻的两个横截面从梁上取长度为 dx 的一微段,假定梁发生纯弯曲变形后,微段的两个横截面仍然保持平面,但是绕各自中性轴转过一定角度 $d\theta$,这一假定称为平面假定。

纯弯曲时的平面假定与微段梁的变形如图 5-2 所示,在横截面上建立 $Oxyz$ 坐标系,其中 x 轴沿梁的轴线方向,z 轴与中性轴重合,y 轴沿横截面高度方向并与加载方向(如图中箭头所示)一致。

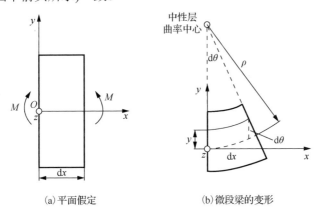

(a)平面假定　　　　　　(b)微段梁的变形

图 5-2　纯弯曲时的平面假定与微段梁的变形示意图

在图示的坐标系中，微段上到中性层的距离为 y 时，该层长度的改变量为

$$\Delta \mathrm{d}x = -y\mathrm{d}\theta \tag{5-1}$$

式中，负号表示 y 轴坐标为正时产生压缩变形，y 轴坐标为负时产生伸长变形。

将长度改变量除以原长 $\mathrm{d}x$，即为线段的正应变 ε。于是，由式(5-1)得到

$$\varepsilon = \frac{\Delta \mathrm{d}x}{\mathrm{d}x} = -y\frac{\mathrm{d}\theta}{\mathrm{d}x} = -\frac{y}{\rho} \tag{5-2}$$

这就是正应变沿横截面高度方向分布的数学表达式，有

$$\frac{1}{\rho} = \frac{\mathrm{d}\theta}{\mathrm{d}x} \tag{5-3}$$

式中，$\dfrac{1}{\rho}$ 为中性层(或梁轴线)弯曲后的曲率。从图 5-2 中可以看出，ρ 就是中性层弯曲后的曲率半径，也就是梁的轴线弯曲后的曲率半径。因为 ρ 与 y 轴坐标无关，所以式(5-2)和式(5-3)中 ρ 为常数。

2. 胡克定律与应力分布

应用弹性范围内的应力-应变关系，即胡克定律，有

$$\sigma = E\varepsilon \tag{5-4}$$

将所得到的正应变分布的数学表达式[式(5-2)]代入式(5-4)后，便得到正应力沿横截面高度分布的数学表达式：

$$\sigma = -\frac{E}{\rho}y \tag{5-5}$$

式中，E 为材料弹性模量，MPa；ρ 为中性层的曲率半径，m；对于横截面上各点而言，二者都是常量。这表明，横截面上的弯曲正应力沿横截面的高度方向从中性轴为零开始呈线性分布。

上述表达式虽然给出了横截面上的正应力分布，但仍然不能用于计算横截面上各点的正应力。这是因为尚有两个问题没有解决：一是 y 轴坐标是从中性轴开始计算的，中性轴的位置还没有确定；二是中性层的曲率半径 ρ 也没有确定。

3. 应用静力方程确定待定常数

确定中性轴的位置及中性层的曲率半径，需要应用静力方程。为此，以横截面的形心为坐标原点，建立 $Cxyz$ 坐标系，其中 x 轴沿着梁的轴线方向，y 轴垂直于轴线，z 轴与中性轴重合。

正应力在横截面上可以组成一个轴力和一个弯矩，但是根据截面法和平衡条件，纯弯曲时横截面上只能有弯矩的一个内力分量，轴力必须等于零。于是，应用积分的方法，横截面上正应力组成的内力分量如图 5-3 所示。

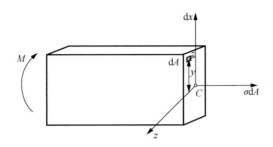

图 5-3　横截面上正应力组成的内力分量

正应力与内力分量之间的关系有

$$\int_A \sigma \mathrm{d}A = F_N = 0 \tag{5-6}$$

$$\int_A (\sigma \mathrm{d}A) y = -M_z \tag{5-7}$$

式中，F_N 为外力和；M_z 为作用在横截面内的弯矩，N·m，负号表示 y 轴坐标为正值时微面积 $\mathrm{d}A$ 上的力对 z 轴的力矩为负值(弯矩矢量与 z 轴正向相反)。

将式(5-5)代入式(5-7)，得到

$$\int_A \left(-\frac{E}{\rho} y \mathrm{d}A \right) y = -\frac{E}{\rho} \int_A y^2 \mathrm{d}A = -M_z \tag{5-8}$$

根据横截面惯性矩的定义，式(5-8)中的积分就是梁的横截面面积 A 对于 z 轴的惯性矩，用 I_z 表示，即

$$\int_A y^2 \mathrm{d}A = I_z \tag{5-9}$$

代入式(5-8)后，得到

$$\frac{1}{\rho} = \frac{M_z}{EI_z} \tag{5-10}$$

式中，E 为梁材料的弹性模量，MPa；EI_z 为弯曲刚度，N/m。因为 ρ 为中性层的曲率半径，所以式(5-10)就是中性层的曲率与横截面上的弯矩及弯曲刚度的关系式。

再将式(5-10)代入式(5-5)，最后得到弯曲时梁横截面上正应力的计算公式为

$$\sigma = -\frac{M_z y}{I_z} \tag{5-11}$$

式(5-11)中弯矩 M_z 由平衡求得；横截面对于中性轴的惯性矩 I_z 既与横截面的形状有关，又与横截面的尺寸有关。

4. 中性轴的位置

为了利用式(5-11)计算梁弯曲时横截面上的正应力，还需要确定中性轴的位置。将式(5-5)代入静力方程[式(5-6)]，有

$$\int_A -\frac{E}{\rho} y \mathrm{d}A = -\frac{E}{\rho} \int_A y \mathrm{d}A = 0 \tag{5-12}$$

根据横截面静矩的定义，式(5-12)中的积分即为横截面面积对于 z 轴的静矩 S_z。又由于 $E/\rho \neq 0$，静矩必须等于零，即

$$S_z = \int_A y \mathrm{d}A = 0 \tag{5-13}$$

如果横截面面积对于某一轴的静矩等于零，则必定通过横截面的形心。在设置坐标系时，已经指定 z 轴与中性轴重合，因此，这一结果表明在平面弯曲的情形下，中性轴 z 轴通过截面形心，从而确定了中性轴的位置。

5. 最大正应力公式与弯曲截面模量

工程上最感兴趣的是横截面上的最大正应力，也就是横截面上到中性轴最远点的正应力。这些点的 y 轴坐标最大，即 $y = y_{\max}$。将 $y = y_{\max}$ 代入式(5-11)计算正应力得到

$$\sigma = \frac{M_z y_{\max}}{I_z} = \frac{M_z}{W_z} \tag{5-14}$$

式中，$W_z = I_z / y_{\max}$，称为弯曲截面模量，mm^3 或 m^3。

5.2.2　梁的位移分析

1. 梁弯曲后的挠度曲线

梁在弯矩的作用下发生弯曲变形，如果在弹性范围内加载，梁的轴线在梁弯曲后变成一条连续光滑曲线，这一连续光滑曲线称为弹性曲线或挠度曲线，简称为挠曲线。梁在弯曲变形后，横截面的位置将发生改变，这种位置的改变称为位移，梁的位移包括三部分：

(1) 横截面形心处垂直于变形前梁的轴线方向线位移，称为挠度，用 ω 表示；

(2) 变形后的横截面相对于变形前位置绕中性轴转过的角度，称为转角，用 θ 表示；

(3) 横截面形心沿变形前梁的轴线方向的线位移，称为轴向位移或水平位移，用 u 表示。

在小变形情形下，上述位移中，轴向位移 u 与挠度 ω 相比为高阶小量，因此通常不予考虑。挠度与转角存在下列关系：

$$\frac{\mathrm{d}\omega}{\mathrm{d}x} = \tan\theta \tag{5-15}$$

在小变形条件下，挠度曲线较为平坦，即 θ 很小，式(5-15)中 $\tan\theta \approx \theta$。于是有

$$\frac{\mathrm{d}\omega}{\mathrm{d}x} = \theta \tag{5-16}$$

式中，$\omega = \omega(x)$，称为挠度方程。

2. 小挠度微分方程

应用挠度曲线的曲率与弯矩和弯曲刚度之间的关系式[式(5-10)]，以及数学中关于曲线的曲率公式，有

$$\frac{1}{\rho} = \frac{|\omega''|}{\left[1 + \left(\dfrac{\mathrm{d}\omega}{\mathrm{d}x}\right)^2\right]^{3/2}} \tag{5-17}$$

得到

$$\frac{\dfrac{\mathrm{d}^2\omega}{\mathrm{d}x^2}}{\left[1 + \left(\dfrac{\mathrm{d}\omega}{\mathrm{d}x}\right)^2\right]^{3/2}} = \pm\frac{M}{EI} \tag{5-18}$$

在小变形情形下，式(5-18)将变为

$$\frac{\mathrm{d}^2\omega}{\mathrm{d}x^2} = \pm\frac{M}{EI} \tag{5-19}$$

式(5-19)为确定梁的挠度和转角的微分方程，称为小挠度微分方程。式(5-19)中的正负号与坐标取向有关。对于细长梁，剪力对梁的位移影响很小，可以忽略不计。

对于等截面梁，写出弯矩方程 $M(x)$，代入式(5-19)，对 x 做不定积分，得到包含积分常数的挠度方程与转角方程，即

$$\frac{\mathrm{d}\omega}{\mathrm{d}x} = -\int_l \frac{M(x)}{EI}\mathrm{d}x + C \tag{5-20}$$

$$\omega = \int_l \left[-\int_l \frac{M(x)}{EI}\mathrm{d}x\right]\mathrm{d}x + Cx + D \tag{5-21}$$

式中，C、D 为积分常数；l 为广义梁的长度；M 为弯矩。

积分常数的确定由梁的约束条件与连续条件确定，约束条件是指约束对于挠度和转角的限制：

(1) 在固定铰链支座和辊轴支座处，约束条件为挠度等于零，即 $\omega=0$；

(2) 在固定端处，约束条件为挠度和转角都等于零，即 $\omega=0$，$\theta=0$。

连续条件是指梁在弹性范围内加载，其轴线将弯曲成一条连续光滑曲线。因此，在集中力、集中力偶及分布荷载间断处，两侧的挠度、转角对应相等，即 $\omega_1=\omega_2$，$\theta_1=\theta_2$。

5.3　基于铁摩辛柯梁理论的水工钢闸门主梁应力及变形计算

5.3.1　铁摩辛柯梁理论

细长梁理论认为梁横截面在变形前和变形后都垂直于中心轴且不受任何应变，换句话说，翘曲和横向剪切变形的影响及横向正应变非常小，可以忽略不计。但对于深梁问题，横向剪切变形不可以忽略。铁摩辛柯梁理论认为，考虑剪切变形与转动惯量，但假设原来垂直于中性面的横截面变形后仍保持为平面，需要考虑横向剪切变形影响的情况。对于深梁而言，此时梁内横向剪切力所产生的剪切变形将引起梁的附加挠度，并使原来垂直于中性面的横截面变形后不再与中性面垂直，且发生翘曲。

剪切变形产生附加挠度，对于矩形截面梁，剪切变形引起长度为 dx 的梁单元发生如图 5-4(a)所示的变形。因为剪应力沿梁高度而变，梁的横截面将形成曲线形，图 5-4(a)仅说明剪切所产生的变形，图中将弯曲变形和作用于该单元上的弯矩省略了。*mn* 线代表梁的原来轴线，假设此线水平，而 *mp* 线表示原来轴线在剪切变形产生之后的位置。如果假设 *m* 点和 *n* 点处该单元的侧边保持竖直，那么梁的顶缘和底缘将平行于 *mp* 线，该 *mp* 线与水平线成一定角度γ_0(γ_0为中性轴处的剪切应变)。如果将该单元分成许多层，每一层假设处于纯剪切状态，那么该单元的变形可以较容易地形象化表示为图 5-4(b)。第 1 层中，其剪切应变为γ_0，但是第 2 层和第 3 层中的剪切应变将小于γ_0，最外第 4 层中的剪切应变必定为零，因此，此层的侧边成直角。

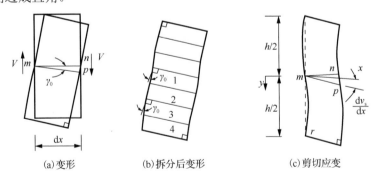

(a)变形　　　　(b)拆分后变形　　　　(c)剪切应变

图 5-4　梁内的剪切变形

剪切单独作用所产生的梁的挠度曲线斜度近似地等于中性轴处的剪切应变[图 5-4(c)]，因此，用v_s代表剪切单独作用产生的挠度，可得到斜度的表达式为

$$\frac{\mathrm{d}v_s}{\mathrm{d}x} = \gamma_0 = \frac{\alpha_s V}{GA} \tag{5-22}$$

式中，V/A 为剪力 V 除以梁的横截面面积所得的平均剪应力，Pa；α_s 为数值因数(或剪切系数)，用它与平均剪应力相乘得到横截面形心处的剪应力，Pa；G 为剪切弹性模量，MPa。

当梁上作用有均布荷载 q 时，V 为连续函数，可对 x 进行微分，剪切单独作用引起的曲率为

$$\frac{\mathrm{d}^2 v_s}{\mathrm{d}x^2} = \frac{\alpha_s}{GA}\frac{\mathrm{d}V}{\mathrm{d}x} = -\frac{\alpha_s q}{GA} \tag{5-23}$$

梁的总挠度为弯曲挠度 v_b 和剪切挠度 v_s 之和，$v = v_b + v_s$，总曲率为

$$\frac{\mathrm{d}^2 v_b}{\mathrm{d}x^2} + \frac{\mathrm{d}^2 v_s}{\mathrm{d}x^2} = -\frac{M}{EI} - \frac{\alpha_s q}{GA} \tag{5-24}$$

采用连续积分求解式(5-24)，以确定出必须考虑剪切影响情况下的梁挠度。梁的端点条件可用来求解式(5-3)解中出现的积分常数。

为说明剪切挠度的计算，以作用有均布荷载 q 的简单梁为例，该梁的曲率方程为

$$\frac{\mathrm{d}^2 v_s}{\mathrm{d}x^2} = -\frac{q}{2EI}(xl - x^2) - \frac{\alpha_s q}{GA} \tag{5-25}$$

连续两次积分后，得出挠度 v 为

$$v = \frac{q}{24EI}(x^4 - 2x^3 l) - \frac{\alpha_s q}{2GA}x^2 + C_1 x + C_2 \tag{5-26}$$

梁端点处($x=0$ 和 $x=l$)挠度为零，从而得出

$$C_1 = \frac{ql^3}{24EI} + \frac{\alpha_s ql}{2GA} \tag{5-27}$$

$$C_2 = 0 \tag{5-28}$$

因此，梁的挠度曲线为

$$v = \frac{ql^4}{24EI}\frac{x}{l}\left(\frac{x^3}{l^3} - 2\frac{x^2}{l^2} + 1\right) + \frac{\alpha_s ql^2}{2GA}\frac{x}{l}\left(1 - \frac{x}{l}\right) \tag{5-29}$$

式(5-29)的等号右边有两项，第一项为弯矩产生的挠度，第二项为剪切变形产生的附加挠度。

在梁的中心处($x=l/2$)，其挠度为

$$v_c = \frac{5ql^4}{384EI} + \frac{\alpha_s ql^2}{8GA} = \frac{5ql^4}{384EI}\left(1 + \frac{48}{5}\frac{\alpha_s EI}{GAl^2}\right) \tag{5-30}$$

剪切效应的相对重要性可用式(5-29)判断。如果剪切变形忽略不计，那么其效应与假设梁在受剪上为无穷大刚度一样，因此式(5-29)中最后一项变为零，只留下弯曲挠度。当计入剪切效应时，保留最后一项。

对于梁高为 h，$E/G=2.5$ 的矩形截面梁($\alpha_s=1.5$，$I/A=h^2/12$)，其中心处挠度为

$$v_c = \frac{5ql^4}{384EI}\left(1 + 3\frac{h^2}{l^2}\right) \tag{5-31}$$

可以看出，对于 $l/h=10$ 的情况，剪切变形的效应为使其挠度增大 3%；对于 l/h 较小的情况，即深梁，此效应增大。对于工字形梁，其效应与矩形梁相似，只是剪切挠度通常大 2～3 倍。

对于梁中点作用集中荷载 P 的简支梁，在梁的左半部，其弯矩、剪力和荷载的强度分别为 $M=P_x/2$，$V=P/2$ 和 $q=0$。因此，由弯矩和剪力产生的曲率方程为

$$\begin{cases} \dfrac{d^2v_b}{dx^2} = -\dfrac{P_x}{2EI} \\ \dfrac{d^2v_s}{dx^2} = 0 \end{cases} \tag{5-32}$$

对 v_b 的微分方程连续两次积分，以 $x=l/2$ 处 $dv_b/dv_x=0$ 和 $x=0$ 处 $v_b=0$ 作为边界条件，得出弯曲挠度为

$$v_b = \frac{Pl^3}{48EI}\frac{x}{l}\left(3 - 4\frac{x^2}{l^2}\right), \quad 0 \leqslant x \leqslant \frac{l}{2} \tag{5-33}$$

对于 v_s 的微分方程积分，得出

$$\frac{dv_s}{dx} = C_1 \tag{5-34}$$

以上分析表明，由剪切产生的斜度在整个梁的左半部为常数，第二次积分，结合 $x=0$ 时 $v_s=0$ 的条件，得出由剪切单独作用所产生的挠度方程：

$$v_s = \frac{\alpha_s}{2}\frac{P_x}{GA}, \quad 0 \leqslant x \leqslant \frac{l}{2} \tag{5-35}$$

总挠度为

$$v = v_b + v_s = \frac{Pl^3}{48EI}\left(\frac{x}{l}\right)\left(3 - 4\frac{x^2}{l^2}\right), \quad 0 \leqslant x \leqslant \frac{l}{2} \tag{5-36}$$

梁中心处的挠度为

$$v_c = \frac{Pl^3}{48EI}\left(1 + \frac{12\alpha_s EI}{GAl^2}\right) \tag{5-37}$$

对于 $E/G=2.5$ 的矩形截面梁，代入式(5-37)得

$$v_c = \frac{Pl^3}{48EI}\left(1 + 3.75\frac{h^2}{l^2}\right) \tag{5-38}$$

5.3.2 工字形组合梁横力弯曲微分方程

1. 横力弯曲梁挠曲微分方程

钢闸门短主梁在均布荷载作用下，除受弯矩作用横截面绕中性轴转动外，还因剪应力沿横截面高度非均布而发生翘曲，各横截面上剪力不同，使各横截面翘曲不同步，相邻横截面间纵向纤维发生拉伸或压缩，从而影响了弯曲正应力的分布。横力弯曲时梁挠曲微分方程为

$$f'' = -\frac{M}{EI} + \frac{Kq}{GA} \tag{5-39}$$

$$K = \frac{A}{I^2} \int_A y \left[\int_0^y \frac{S^*}{b(y_1)} \mathrm{d}y_1 \right] \mathrm{d}A \tag{5-40}$$

式中，K 为标志横截面特征的无量纲数；q 为均布荷载；f'' 为挠度二阶导数；M 为横截面上的弯矩，N·m；E 为材料的弹性模量，Pa；G 为剪切模量，Pa；A 为横截面面积，m^2；I 为横截面对中性轴的惯性矩，m^4；$b(y_1)$ 为距中性轴 y_1 处横截面宽度，m；S^* 为横截面距中性轴 y_1 以外部分面积对中性轴的面积矩，m^3。

横力弯曲正应力为

$$\sigma(y) = \frac{My}{I} + \frac{2(1+\mu)q}{I} \int_0^y \frac{S^*}{b(y_1)} \mathrm{d}y_1 - \frac{2(1+\mu)qKy}{A} \tag{5-41}$$

式中，μ 为泊松比。

2. 典型工字形组合梁截面特性

水工钢闸门主梁典型截面为单轴对称的工字形截面，闸门主梁截面如图 5-5 所示，设上、下翼缘面积分别为 A_2、A_1，宽度分别为 b_2、b_1，距中性轴距离分别为 h_2 和 h_1；腹板高度为 h_0，厚度为 δ，面积为 A_f；梁高为 h；横截面总面积为 A。

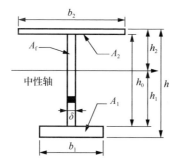

图 5-5　闸门主梁截面

为便于计算，设

$$
\begin{cases}
\dfrac{A_1}{A_f} = \beta_1 \\[2mm]
\dfrac{A_2}{A_f} = \beta_2 \\[2mm]
\dfrac{h_1}{h} = \alpha_1 \\[2mm]
\dfrac{h_2}{h} = \alpha_2 \\[2mm]
\dfrac{h - h_0}{h} = 0
\end{cases}
\tag{5-42}
$$

则

$$
\begin{cases}
\alpha_1 = \dfrac{1 + 2\beta_2}{2(1 + \beta_1 + \beta_2)} \\[3mm]
\alpha_2 = \dfrac{1 + 2\beta_1}{2(1 + \beta_1 + \beta_2)}
\end{cases}
\tag{5-43}
$$

$$
A = (1 + \beta_1 + \beta_2) A_f
\tag{5-44}
$$

$$
I = \frac{A_f h^2}{12} \frac{1 + 4\beta_1 + 4\beta_2 + 12\beta_1\beta_2}{1 + \beta_1 + \beta_2}
\tag{5-45}
$$

$$
S^* = \begin{cases}
A_1\alpha_1 h_0 + \dfrac{\delta}{2}(\alpha_1^2 h_0^2 + y_1^2), b(y_1) = \delta & (0 \leqslant y_1 < \alpha_1 h_0) \\[3mm]
\dfrac{b_1}{2}(\alpha_1^2 h_1^2 - y_1^2), b(y_1) = b_1 & (\alpha_1 h_0 \leqslant y_1 < \alpha_1 h) \\[3mm]
-A_2\alpha_2 h_0 - \dfrac{\delta}{2}(\alpha_2^2 h_0^2 - y_1^2), b(y_1) = \delta & (-\alpha_2 h_0 \leqslant y_1 < 0) \\[3mm]
-\dfrac{b_2}{2}(\alpha_2^2 h^2 - y_1^2), b(y_1) = b_2 & (-\alpha_2 h \leqslant y_1 < -\alpha_2 h_0)
\end{cases}
\tag{5-46}
$$

$$
\int_0^y \frac{S^* \mathrm{d}y_1}{b(y_1)} = \begin{cases}
\dfrac{A_1\alpha_1 h_0}{\delta} + \dfrac{1}{2}\left(\alpha_1^2 h_0^2 y - \dfrac{1}{3}y^3\right) & (0 \leqslant y < \alpha_1 h_0) \\[3mm]
\dfrac{A_1\alpha_1^2 h_0^2}{\delta} + \dfrac{1}{2}\left(\alpha_1^2 h^2 y - \dfrac{1}{3}y^3\right) & (\alpha_1 h_0 \leqslant y < \alpha_1 h) \\[3mm]
-\dfrac{A_2\alpha_2 h_0}{\delta}y - \dfrac{1}{2}\left(\alpha_1^2 h_0^2 y - \dfrac{1}{3}y^3\right) & (-\alpha_2 h_0 \leqslant y < 0) \\[3mm]
-\dfrac{A_2\alpha_2^2 h_0^2}{\delta} - \dfrac{1}{2}\left(\alpha_1^2 h^2 y - \dfrac{1}{3}y^3\right) & (-\alpha_2 h \leqslant y < -\alpha_2 h_0)
\end{cases}
\tag{5-47}
$$

$$\int_A y\left[\int_0^y \frac{S^* \mathrm{d}y_1}{b(y_1)}\right]\mathrm{d}A = \frac{A_f h^4}{15}[\alpha_1^4(1+15\beta_1+30\beta_1^2)]+[\alpha_2^4(1+15\beta_1+30\beta_2^2)] \quad (5\text{-}48)$$

$$\begin{aligned}
K &= \frac{A}{I^2}\int_A y\left[\int_0^y \frac{S^* \mathrm{d}y_1}{b(y_1)}\right]\mathrm{d}A \\
&= \frac{3[(1+2\beta_2)^4(1+15\beta_1+30\beta_1^2)+(1+2\beta_1)^4(1+15\beta_1+30\beta_2^2)]}{5(1+\beta_1+\beta_2)(1+4\beta_1+4\beta_2+12\beta_1\beta_2)^2}
\end{aligned} \quad (5\text{-}49)$$

$$\int_0^{\alpha_1 h} \frac{S^* \mathrm{d}y_1}{b(y_1)} = \frac{(1+2\beta_2)^2[6\beta_1(1+\beta_1+\beta_2)+2\beta_2+1]h^3}{24(1+\beta_1+\beta_2)^3} \quad (5\text{-}50)$$

本小节公式对箱形截面也完全适用[17-19]。

5.3.3 深孔水工平面钢闸门简支主梁横力弯曲正应力及挠度计算

深孔水工平面钢闸门的主梁可简化为两端简支的情况加以分析，水压力可以近似按对称(平面弯曲)均布荷载处理。设梁计算跨度为 l，单位长度上荷载为 q，取钢材的泊松比 $\mu=0.3$，则弯曲正应力及挠度计算如下[20]。

1. 弯曲正应力

最大弯矩 M_{max} 发生在跨中，$M_{max}=ql^2/8$，最大弯曲正应力 σ_{max} 在该截面的下翼缘外侧 $y=\alpha_1 h$ 处，则由式(5-41)、式(5-44)、式(5-45)和式(5-50)得

$$\begin{aligned}
\sigma_{max} &= \frac{3ql_0^2(1+2\beta_2)}{4\delta h^2(1+4\beta_1+4\beta_2+12\beta_1\beta_2)} \\
&\times \left\{1+\frac{7\left[(1+4\beta_1+4\beta_2+12\beta_1\beta_2)K-(1+2\beta_2)(1+2\beta_2+6\beta_1\beta_2+6\beta_1^2+6\beta_1)\right]}{4(1+\beta_1+\beta_2)^2(l/h)^2}\right\}
\end{aligned}$$
$$(5\text{-}51)$$

对于双轴对称工字形截面，翼缘面积与腹板面积之比(截面特征系数) $\beta=\beta_1=\beta_2$，式(5-51)可写为

$$\sigma_{max} = \frac{3ql^2}{4\delta h^2(1+6\beta)}\left[1+\frac{0.35(1+30\beta)}{(1+6\beta)(l/h)^2}\right] \quad (5\text{-}52)$$

显然，式(5-52)中括号内第二项代表剪力对弯曲正应力的影响，它不仅与跨高比有关，而且与各翼缘与腹板的面积比有关。为了直观地反映不同跨高比、不同截面特征的简支梁剪力对弯曲正应力的定量影响，引入无量纲系数：

$$\lambda_\sigma = \frac{0.35(1+30\beta)}{(1+6\beta)(h/l)^2} \quad (5\text{-}53)$$

并绘出简支梁 λ_σ-l/h-β 的关系曲线，如图 5-6 所示。

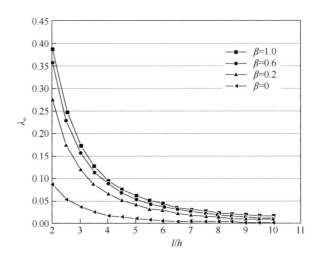

图 5-6　简支梁 λ_σ-l/h-β 的关系曲线

对矩形截面(β=0)梁，当跨高比 l/h=4，λ_σ=0.022 时，剪力对弯曲正应力的影响占纯弯曲正应力的 2.2%，这与弹性力学结论相同[21]。但 β 从 0 变为 0.2 时，即截面由矩形变为工字形时，λ_σ 增大很快，当 l/h=4 时，λ_σ=0.07，此时剪力对工字形梁弯曲正应力的影响占总应力的 7%，已不可忽略。从整体的趋势看，随着 l/h 的减小，剪力对弯曲正应力的影响急速增大。随着 β 的增大，剪力对弯曲正应力的影响也增大，但在闸门中 β 介于 0～1，在此范围内 β 对 λ 的最大影响约为矩形梁的 5 倍。

2. 挠度计算

对横力弯曲梁挠曲线微分方程连续进行两次积分，并考虑边界条件，即可求出跨中最大挠度。

如果简支梁的坐标原点在支座处，弯矩方程式为

$$M(x) = \frac{1}{2}q(lx - x^2) \tag{5-54}$$

将式(5-54)代入式(5-39)并积分得

$$y = \frac{-q}{24EI}(2lx^3 - x^4) - \frac{Kq}{2GA}x^2 + Cx + D \tag{5-55}$$

代入边界条件 $y|_{x=0} = y|_{x=l} = 0$，得 $D = 0$，$C = \frac{ql^3}{24EI} + \frac{Kql}{2GA}$。

跨中最大挠度为

$$f_{max} = \frac{5ql^4}{384EI}\left(1 + \frac{9.6EIK}{GAl^2}\right) = \frac{5ql^4}{384EI}\left[1 + \frac{25K(1 + 4\beta_1 + 4\beta_2 + 12\beta_1\beta_2)}{12(1 + \beta_1 + \beta_2)^2(l/h)}\right] \tag{5-56}$$

如果截面为双轴对称工字形，则 $\beta=\beta_1=\beta_2$。

$$f_{\max} = \frac{5ql^4}{384EI}\left[1 + 2.5\frac{(1+15\beta+30\beta^2)}{(1+6\beta)(l/h)^2}\right] \tag{5-57}$$

同理，式(5-57)中括号内第二项代表剪力对挠度的影响，它不仅与跨高比有关，而且与各翼缘与腹板面积之比有关。对比式(5-53)和式(5-57)，可以看出，剪力对挠度的影响较之对弯曲正应力的影响更为明显，不仅表现在跨高比上，而且也表现在截面特征上。为了直观反映剪力对不同跨高比、不同截面特征简支梁挠度的定量影响，引入无量纲系数：

$$\lambda_{\mathrm{f}} = 2.5\frac{(1+15\beta+30\beta^2)}{(1+6\beta)}\left(\frac{h}{l}\right)^2 \tag{5-58}$$

绘出简支梁 λ_{f}-l/h-β 关系曲线，如图 5-7 所示。

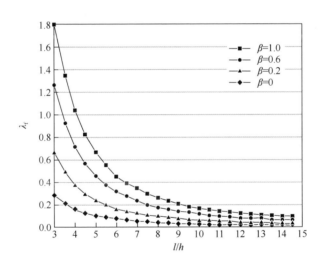

图 5-7　简支梁 λ_{f}-l/h-β 关系曲线

对于矩形截面(即 $\beta=0$)梁，当 $l/h=4$ 时，$\lambda_{\mathrm{f}}=0.156$，即剪力对挠度的影响占纯弯曲挠度的 15.6%，已不可忽略，这也与弹性力学结果一致[21]。当 β 从 0 变为 0.2 时，λ_{f} 增大得很快。从整体趋势，也基本与剪力对弯曲正应力的影响规律一致。区别如前文所述，剪力对挠度的影响明显比剪力对弯曲正应力的影响要大。

5.3.4　深孔水工弧形钢闸门双悬臂主梁横力弯曲正应力及挠度计算

双悬臂主梁因其内力及挠度较小，对跨度较大的深孔水工弧形钢闸门更为适用[18]。为了使主梁跨中与支座的正、负弯矩数值基本相等，内力分布较为均匀，《水利水电工程钢闸门设计规范》(SL 74—2019)建议其悬臂端长度选用 0.2 倍的梁长[22]。仍取均布荷载为 q，主梁中间跨长为 l_0，深孔水工弧形钢闸门双悬臂主梁的计算简图如图 5-8 所示。

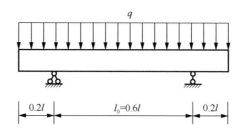

图 5-8　深孔水工弧形钢闸门双悬臂主梁的计算简图

1. 正应力计算

由以上分析知，最大正、负弯矩绝对值分别为 $M^-=ql_0^2/18$，$M^+=5ql_0^2/72$。最大正应力在弯矩最大的跨中截面下翼缘外侧，$y=\alpha_1 h$，则由式(5-41)、式(5-44)、式(5-45)和式(5-50)得

$$\sigma_{max} = \frac{3.3ql_0^2(1+2\beta_2)}{8\delta h^2(1+4\beta_1+4\beta_2+12\beta_1\beta_2)}$$
$$\times\left\{1+\frac{6.3\left[\left(1+4\beta_1+4\beta_2+12\beta_1\beta_2\right)K-(1+2\beta_2)(1+2\beta_2+6\beta_1\beta_2+6\beta_1^2+6\beta_1)\right]}{(1+\beta_1+\beta_2)^2(l/h)^2}\right\}$$

(5-59)

式中，等号右边第一项是弯矩产生的正应力；第二项是剪力产生的正应力。与式(5-51)比较可以看出，双悬臂主梁弯矩减小为简支梁弯矩的一半，因而第一项减小为简支梁的一半，但均布荷载没有变，剪力产生的弯曲正应力没有改变，从而使剪力产生的正应力的权重增大为简支梁的 2 倍。对于双轴对称工字形截面梁 $\beta=\beta_1=\beta_2$，则式(5-59)可简化为

$$\sigma_{max} = \frac{3.3ql_0^2}{8\delta h^2(1+6\beta)}\left[1+0.63\frac{(1+30\beta)h^2}{(1+6\beta)l_0^2}\right]$$

(5-60)

若引入无量纲系数 λ_σ'，表示为

$$\lambda_\sigma' = 0.63\frac{(1+30\beta)h^2}{(1+6\beta)l_0^2}$$

(5-61)

要说明的是，对于双悬臂梁 l_0 是指主梁的中间跨度，λ_σ' 随跨高比、各翼缘面积与腹板面积之比的变化规律与简支梁相似，双悬臂梁 λ_σ'-l/h-β 关系曲线如图 5-9 所示。

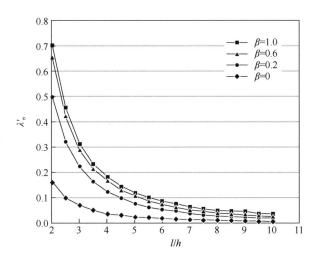

图 5-9　双悬臂梁 λ'_σ -l/h-β关系曲线

2. 挠度计算

同理，对横力弯曲的挠曲微分方程连续积分两次，并考虑边界条件，即可求出挠曲线方程，不同的仅是弯矩方程分为三段，在支座处变位协调。由于只求跨中最大挠度，只考虑中间段，坐标原点在左支座处时，有

$$M(x) = -M + \frac{1}{2}q\left(l_0 x - x^2\right) = -\frac{1}{18}ql_0^2 + \frac{1}{2}\left(l_0 x - x^2\right) \tag{5-62}$$

对微分方程积分，并代入边界条件 $y\big|_{x=0} = y\big|_{x=l_0} = 0$，得 $D = 0$，$C = \dfrac{ql_0^3}{72EI} + \dfrac{Kql_0}{2GA}$。

因此，跨中最大挠度为

$$f_{\max} = \frac{ql_0^4}{160EI} + \frac{Kql_0^2}{8GA} = \frac{ql_0^4}{160EI}\left[1 + \frac{17.5K\left(1 + 4\beta_1 + 4\beta_2 + 12\beta_1\beta_2\right)}{4\left(1 + \beta_1 + \beta_2\right)^2\left(l_0 / h\right)^2}\right] \tag{5-63}$$

式中，中括号内第二项代表剪力对双悬臂主梁跨中最大挠度的影响。

可见，在相同荷载条件下，由于双悬臂梁弯矩减小，剪力对挠度的影响增大到简支梁的 2.1 倍。

对双轴对称工字梁，$\beta = \beta_1 = \beta_2$，式(5-63)改写为

$$f_{\max} = \frac{ql_0^4}{160EI}\left[1 + 5.25\frac{\left(1 + 15\beta + 30\beta^2\right)}{\left(1 + 6\beta\right)}\left(\frac{h}{l_0}\right)^2\right] \tag{5-64}$$

同理，引出无量纲系数 λ_f'：

$$\lambda_f' = 5.25 \frac{(1+15\beta+30\beta^2)h^2}{(1+6\beta)}\left(\frac{h}{l_0}\right)^2 \tag{5-65}$$

为直观反映剪力的影响，给出双悬臂梁 λ_f'-l/h-β关系曲线，见图 5-10。

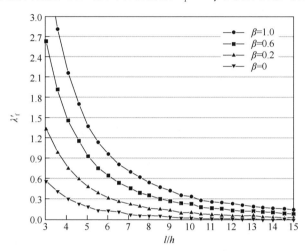

图 5-10　双悬臂梁 λ_f'-l/h-β关系曲线

5.3.5　应用实例

1. 深孔水工平面钢闸门主梁

某深孔水工平面钢闸门水头 H_s=43.5m，主梁跨度 l=5.56m，高度 h=1.04m，A_1=60cm^2，A_2=132cm^2，A_f=200cm^2，最大弯曲应力 σ_{max}^0=144.8MPa，最大挠度 $f_{max}^0 = 0.395\,\text{cm}$，允许应力 $[\sigma]$=156.9MPa，允许相对挠度 $[f]$=$l/750$。

根据前文方法可知，β_1=A_1/A_f=0.3，β_2=A_2/A_f=0.66，跨高比 l/h=5.35，则按式(5-51)计算最大弯曲正应力：

$$\sigma_{max} = \sigma_{max}^0\left(1+\frac{0.35\times224.4}{28.6\times54.34}\right) = 1.051\sigma_{max}^0 \tag{5-66}$$

即按均布荷载作用下横力弯曲计算时，跨中最大弯曲正应力增大了 5.1%。

由式(5-56)可得跨中最大挠度：

$$f_{max} = f_{max}^0\left(1+1.25\times\frac{394}{54.3\times28.6}\right) = 0.520\text{cm} \tag{5-67}$$

$$[f] = \frac{l}{750} = \frac{556}{750} = 0.741\text{cm} \tag{5-68}$$

因此，f_{max} 仍小于允许相对挠度，但实际挠度要比原计算挠度大 31.7%。

2. 深孔水工弧形钢闸门主梁

深孔水工平面钢闸门水头 H_s=60m，双悬臂主横梁中间跨度为 l_0=4.8m，悬臂长 0.6m，梁高 h=1.335m，A_1=A_2=80cm^2，A_f=388.5cm^2，最大弯曲正应力 σ_{max}^0=192MPa，允许正应力$[\sigma]$=205MPa。由于双悬臂梁挠度很小，算例没有计算，也无允许相对挠度，本小节按纯弯曲理论得 f_{max}^0=6.2mm。

根据本节方法计算该主梁最大横力弯曲正应力及挠度，$\beta=A_1/A_f=A_2/A_f$=0.206，主梁跨高比 l_0/h=3.60。

根据式(5-60)计算最大弯曲正应力，得

$$\sigma_{max} =1.148\sigma_{max}^0 = 220\text{MPa} \qquad (5-69)$$

即按横力弯曲计算此梁正应力增大 14.8%，这时 σ_{max}=220MPa＞$[\sigma]$=205MPa，超过允许应力的 7.3%。

根据式(5-64)计算跨中最大挠度，得

$$f_{max} =1.915f_{max}^0 = 11.9\text{mm} \qquad (5-70)$$

按横力弯曲计算，此梁跨中最大挠度增大 1 倍，并且稍超过允许挠度。深孔闸门的主梁多属于短梁，剪力对其弯曲正应力及挠度的影响已不可忽略，且剪力对挠度影响更大；对于简支梁和双悬臂梁，剪力对双悬臂梁的弯曲正应力及挠度影响更大。

5.4　基于弹性力学理论的水工钢闸门主梁应力及变形计算

基于弹性力学的问题解析，首先均需建立平衡方程、几何方程和物理方程。可采用最为常用的半逆解法，针对所要求解的问题，根据弹性体的边界形状和受力情况，假设部分或全部应力分量为某种形式的函数，推出应力函数 Φ，进而来考察这个应力函数是否满足相容方程，以及原来所假设的应力分量和由这个应力函数求出的其余应力分量是否满足应力边界条件(对于多连体，还要满足位移单值条件)。如果相容方程和各方面的条件都能满足，自然也就得出正确的解答；如果某一方面不能满足，就要另作假设，重新考察。以下以矩形梁为例，讨论其受纯弯曲作用及横力弯曲作用的应力计算方法。

5.4.1　矩形梁的纯弯曲

设有矩形截面的长梁(长度 l 远大于高度 h)，它的宽度远小于高度和长度(近似的平面应力情况)，或者远大于高度和长度(近似的平面应力情况)，在两端受相反的力偶作用而弯曲，体力可以不计。为了方便计算，取单位宽度的长梁来考察，长梁计算示意图如图 5-11 所示，并令单位宽度上力偶的矩为 M。

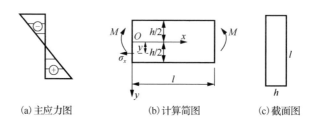

(a) 主应力图　　　　　　(b) 计算简图　　　　　(c) 截面图

图 5-11　长梁计算示意图

满足相容方程的应力函数为

$$\Phi = ay^3 \tag{5-71}$$

能解决纯弯曲的问题，相应的应力分量为

$$\begin{cases} \sigma_x = 6ay \\ \sigma_y = 0 \\ \tau_{xy} = \tau_{yx} = 0 \\ \sigma(y) = \dfrac{My}{I} + \dfrac{2(1+\mu)q}{I}\displaystyle\int_0^y \dfrac{S^*}{b(y_1)}\mathrm{d}y_1 - \dfrac{2(1+\mu)qKy}{A} \end{cases} \tag{5-72}$$

由于梁的长度远大于梁的高度，梁的上、下两个边界占全部边界的绝大部分，因此是主要边界。在主要边界上，必须精确满足边界条件，在次要边界上(很小部分的边界上)，如果不能精确满足边界条件，就可以引用圣维南原理，使边界条件得到近似满足，仍然可以得出有用的解答。

首先，考察上边和下边两个主要边界的条件。在上边和下边，没有面力，要求 $(\sigma_y)_{y=\pm h/2}=0$，$(\tau_{yx})_{y=\pm h/2}=0$，这是可以满足的，因为在所有点都有 $\sigma_y=0$ 和 $\tau_{yx}=0$。

其次，考察左右两端的次要边界条件。在左端和右端，没有铅直方向的面力，分别要求 $(\tau_{xy})_{x=0}=0$ 和 $(\tau_{xy})_{x=l}=0$，这也是可以满足的，因为在所有点都有 $\tau_{xy}=0$。

最后，在左端和右端，受到水平方向面力的作用，虽然并不知道水平面力的具体形式，但水平面力合成的主矢量(合力)为零，水平面力合成的力偶矩为 M。应用圣维南原理写出等效的应力边界条件，要求 $\displaystyle\int_{-\frac{h}{2}}^{\frac{h}{2}} \sigma_x \mathrm{d}y = 0$，$\displaystyle\int_{-\frac{h}{2}}^{\frac{h}{2}} \sigma_x y\mathrm{d}y = M$，将式(5-60)中的 σ_x 代入，可得 $a=2M/h^3$，进而可得 $\sigma_x=12My/h^3$，$\sigma_y=0$，$\tau_{xy}=\tau_{yx}=0$。

梁截面的惯性矩 $I=lh^3/12$，式(5-72)又可以写成

$$\begin{cases} \sigma_x = \dfrac{M}{I}y \\ \sigma_y = 0 \\ \tau_{xy} = \tau_{yx} = 0 \end{cases} \tag{5-73}$$

这就是矩形梁受纯弯曲时的应力分量，结果与材料力学中完全相同。

应当指出，组成梁端力偶的面力必须按图 5-11 所示的直线分布，而且在梁截面的中心处为零，式(5-73)才是完全精确的。如果梁端的面力按其他方式分布，式(5-73)是有误差的，但是按照圣维南原理，只在梁的两端附近有显著的误差，在离开梁端较远之处误差可以不计。由此可见，对于长度远大于高度的梁，式(5-73)是有实用价值的。对于长度与高度相差不大的深梁，这个解答没有什么实用意义。

5.4.2　矩形梁的横力弯曲

简支梁受均布荷载，设有矩形截面的简支梁深度为 h，长度为 $2l$，体力可以不计，在上面受有均布荷载 q，由两端的反力 q_1 维持平衡，如图 5-12 所示，为计算简便，仍然取单位宽度的梁来考虑。

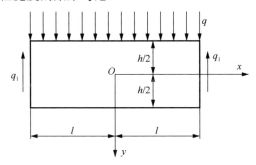

图 5-12　简支梁计算简图

采用半逆解法求解。由材料力学已知，弯曲应力 σ_x 主要是由弯矩引起的，切应力 τ_{xy} 主要是由剪应力引起的，挤压应力 σ_y 主要是由直接均布荷载 q 引起的。现在，q 是不随 x 而变的常量，因此可以假设 σ_y 不随 x 而变，也就是假设 σ_y 只是 y 的函数，得

$$\sigma_y = f(y) \tag{5-74}$$

从而应力函数为

$$\frac{\partial^2 \Phi}{\partial x^2} = f(y) \tag{5-75}$$

对 x 积分，有

$$\frac{\partial \Phi}{\partial x} = f(y)x + f_1(y) \tag{5-76}$$

$$\Phi = \frac{x^2}{2}f(y) + xf_1(y) + f_2(y) \tag{5-77}$$

式中，$f(y)$、$f_1(y)$ 和 $f_2(y)$ 都是任意函数，即待定函数。

为了考察式(5-75)所示的应力函数是否满足相容方程，求出式(5-77)的四阶导数：

$$\begin{cases} \dfrac{\partial^4 \Phi}{\partial x^4} = 0 \\[2mm] \dfrac{\partial^4 \Phi}{\partial x^2 \partial y^2} = \dfrac{\mathrm{d}^2 f(y)}{\mathrm{d}y^2} \\[2mm] \dfrac{\partial^4 \Phi}{\partial y^4} = \dfrac{x^2 \mathrm{d}^4 f(y)}{2\mathrm{d}y^4} + x\dfrac{\mathrm{d}^4 f_1(y)}{\mathrm{d}y^4} + \dfrac{\mathrm{d}^4 f_2(y)}{\mathrm{d}y^4} \end{cases} \tag{5-78}$$

代入相容方程，可知各个待定函数应当满足方程：

$$\frac{1}{2}\frac{\mathrm{d}^4 f(y)}{\mathrm{d}y^4}x^2 + \frac{\mathrm{d}^4 f_1(y)}{\mathrm{d}y^4}x + \frac{\mathrm{d}^4 f_2(y)}{\mathrm{d}y^4} + 2\frac{\mathrm{d}^2 f(y)}{\mathrm{d}y^2} = 0 \tag{5-79}$$

式(5-79)是 x 的二次方程，但相容条件要求其具有无数多的根(全梁内的 x 值都应该满足该方程)，因此，这个二次方程的系数和自由项都必须等于零，即

$$\begin{cases} \dfrac{\mathrm{d}^4 f(y)}{\mathrm{d}y^4} = 0 \\[2mm] \dfrac{\mathrm{d}^4 f_1(y)}{\mathrm{d}y^4} = 0 \\[2mm] \dfrac{\mathrm{d}^4 f_2(y)}{\mathrm{d}y^4} + 2\dfrac{\mathrm{d}^2 f(y)}{\mathrm{d}y^2} = 0 \end{cases} \tag{5-80}$$

式(5-80)的前两个方程要求

$$\begin{cases} f(y) = Ay^3 + By^2 + Cy + D \\ f_1(y) = Ey^3 + Fy^2 + Gy \end{cases} \tag{5-81}$$

$f_1(y)$ 中的常数项已被略去，因为这一项在 Φ 的表达式中[式(5-77)]成为 x 的一次项，不影响应力分量。式(5-80)第三个方程则要求

$$\frac{\mathrm{d}^4 f_2(y)}{\mathrm{d}y^4} = -2\frac{\mathrm{d}^2 f(y)}{\mathrm{d}y^2} = -12Ay - 4B \tag{5-82}$$

也就是要求

$$f_2(y) = -\frac{A}{10}y^5 - \frac{B}{6}y^4 + Hy^3 + Ky^2 \tag{5-83}$$

其中，一次项及常数项都被略去，因为它们不影响应力分量。将式(5-81)与式(5-82)代入式(5-77)，得应力函数

$$\Phi = \frac{x^2}{2}(Ay^3 + By^2 + Cy + D) + x(Ey^3 + Fy^2 + Gy) - \frac{A}{10}y^5 - \frac{B}{6}y^4 + Hy^3 + Ky^2 \tag{5-84}$$

将式(5-84)代入式(5-72)，得应力分量

$$\sigma_x = \frac{x^2}{2}(6Ay + 2B) + x(6Ey + 2F) - 2Ay^3 - 2By^2 + 6Hy + 2K \tag{5-85}$$

$$\sigma_y = Ay^3 + By^2 + Cy + D \tag{5-86}$$

$$\tau_{xy} = -x(3Ay^2 + 2By + C) - (3Ey^2 + 2Ey + G) \tag{5-87}$$

这些应力分量是满足微分方程和相容方程的。因此，如果能够选择适当的常数 A，B，$\cdots$，H，使所有的边界条件都被满足，则应力分量[式(5-85)、式(5-86)和式(5-87)]就是正确的解答。

在考虑边界条件以前，先考虑问题的对称性(如果这个问题有对称性)，往往可以减少一些运算工作。在这里，因为 yz 面是梁和荷载的对称面，所以应力分布应当对称于 yz 面。这样，σ_x 和 σ_y 应当是 x 的偶函数，而 τ_{xy} 应当是 x 的奇函数。于是，由式(5-85)和式(5-87)可得

$$E = F = G = 0 \tag{5-88}$$

如果不考虑问题的对称性，则在考虑过全部边界条件以后，也可以得出同样的结果，但运算工作比较多。

首先，考虑上、下两边(主要边界)的边界条件：

$$\begin{cases} \left(\sigma_y\right)_{y=\frac{h}{2}} = 0 \\ \left(\sigma_y\right)_{y=-\frac{h}{2}} = -q \\ \left(\tau_{xy}\right)_{y=\pm\frac{h}{2}} = 0 \end{cases} \tag{5-89}$$

将应力分量[式(5-86)和式(5-87)]代入式(5-89)，并注意已经得出的 $E=F=G=0$，可知，这些边界条件要求 $\dfrac{h^3}{8}A + \dfrac{h^2}{4}B + \dfrac{h}{2}C + D = 0$，$-\dfrac{h^3}{8}A + \dfrac{h^2}{4}B + \dfrac{h}{2}C + D = 0$，$-x\left(\dfrac{3}{4}h^2A + hB + C\right) = 0$ 即 $\dfrac{3}{4}h^2A + hB + C = 0$，$-x\left(\dfrac{3}{4}h^2A - hB + C\right) = 0$ 即 $\dfrac{3}{4}h^2A - hB + C = 0$。由于这四个方程是互不依赖的，也就是不相矛盾的，而且只包含四个未知数，可以联立求解而得出 $A=-2q/h^3$，$B=0$，$C=2h/3q$，$D=-q/2$。

将以上已确定的常数代入式(5-85)、式(5-86)和式(5-87)，得

$$\sigma_x = -\frac{6q}{h^3}x^2y + \frac{4q}{h^3}y^3 + 6Hy + 2K \tag{5-90}$$

$$\sigma_y = -\frac{2q}{h^3}y^3 + \frac{3q}{2h}y - \frac{q}{2} \tag{5-91}$$

$$\tau_{xy} = \frac{6q}{h^3}xy^2 - \frac{3q}{2h}x \tag{5-92}$$

其次，考虑左右两边(次要边界)的边界条件。由于问题的对称性，只需考虑其中一边，如右边。如果右边的边界条件能满足，那么左边的自然也能满足。在

梁的右边，没有水平面力，这就要求当 $x=l$ 时，不论 y 取任何值（$-h/2 \leqslant y \leqslant h/2$），都有 $\sigma_x=0$。由式(5-90)可知，这是不能满足的，除非 $q=0$。因此，用多项式求解只能要求 σ_x 在这部分边界上合成为平衡力系，也就是要求

$$\int_{-\frac{h}{2}}^{\frac{h}{2}} (\sigma_x)_{x=l}\mathrm{d}y = 0 \tag{5-93}$$

$$\int_{-\frac{h}{2}}^{\frac{h}{2}} (\sigma_x)_{x=l} y\mathrm{d}y = 0 \tag{5-94}$$

将式(5-90)代入式(5-93)得

$$\int_{-\frac{h}{2}}^{\frac{h}{2}} \left(-\frac{6q}{h^3}l^2 y + \frac{4q}{h^3}y^3 + 6Hy + 2K \right)\mathrm{d}y = 0 \tag{5-95}$$

积分以后得 $K=0$。

将式(5-90)代入式(5-94)，得

$$\int_{-\frac{h}{2}}^{\frac{h}{2}} \left(-\frac{6q}{h^3}l^2 y + \frac{4q}{h^3}y^3 + 6Hy \right)y\mathrm{d}y = 0 \tag{5-96}$$

积分以后得 $H = \frac{ql^2}{h^3} - \frac{q}{10h}$。

将 H 和 K 的值代入式(5-90)，得

$$\sigma_x = -\frac{6q}{h^3}x^2 y + \frac{4q}{h^3}y^3 + \frac{6ql^2}{h^3}y - \frac{3q}{5h}y \tag{5-97}$$

在梁的右边，切应力 τ_{xy} 应当合成为向上的反力 q_1，这就要求

$$\int_{-\frac{h}{2}}^{\frac{h}{2}} (\tau_{xy})_{x=l}\mathrm{d}y = -ql \tag{5-98}$$

这里在 ql 前面加了负号，是因为右边的切应力 τ_{xy} 以向下为正，而 q_1 是向上的。将式(5-92)代入式(5-98)，得

$$\int_{-\frac{h}{2}}^{\frac{h}{2}} \left(\frac{6q_1}{h^3}y^2 - \frac{3ql}{2h} \right)\mathrm{d}y = -q_1 \tag{5-99}$$

积分以后，可见这一条件是满足的。

将式(5-91)、式(5-92)、式(5-98)整理可得到应力分量的最后解答：

$$\begin{cases} \sigma_x = \dfrac{6q}{h^3}(l^2-x^2)y + q\dfrac{y}{h}\left(4\dfrac{y^2}{h^2} - \dfrac{3}{5}\right) \\ \sigma_y = -\dfrac{q}{2}\left(1+\dfrac{y}{h}\right)\left(1-\dfrac{2y}{h}\right)^2 \\ \tau_{xy} = -\dfrac{6q}{h^3}\left(\dfrac{h^2}{4} - y^2\right) \end{cases} \tag{5-100}$$

各应力分量沿铅直方向的变化大致如图 5-13 所示。

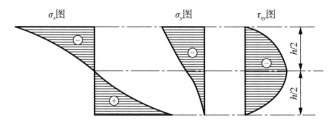

图 5-13　应力分量沿铅直方向变化图

由于梁截面的宽度 $b=1$，惯性矩 $I=h^3/12$，静矩 $S=h^2/8-y^2/2$，而梁的任一横截面上的弯矩和剪力分别为 $M=q/2(l^2-x^2)$，$F_S=-qs$，式(5-100)可以改写为

$$
\begin{cases}
\sigma_x = \dfrac{M}{I}y + q\dfrac{y}{h}\left(4\dfrac{y^2}{h^2}-\dfrac{3}{5}\right) \\[2mm]
\sigma_y = -\dfrac{q}{2}\left(1+\dfrac{y}{h}\right)\left(1-\dfrac{2y}{h}\right)^2 \\[2mm]
\tau_{xy} = \dfrac{F_S S}{bI}
\end{cases}
\tag{5-101}
$$

在应力分量 σ_x 的表达式[式(5-101)]中，第一项是主要项，其量级与 ql^2/h^2 同阶，和材料力学中的解答相同；第二项则是弹性力学提出的修正项，其量级与 q 同阶。对于通常的浅梁(l 远大于 h)，修正项所占的比例很小，可以不计。对于较深的梁，则须注意修正项。应力分量 σ_y 乃是梁的各纤维之间的挤压应力，其量级也与 q 同阶，最大绝对值是 q，发生在梁顶，在材料力学中，一般不考虑这个应力分量。切应力 τ_{xy} 的量级与 ql/h 同阶，其表达式和材料力学里完全相同。

5.4.3　均布荷载作用下主梁的应力与变形

1. 主梁在均布荷载作用下的弹性力学分析

水工钢闸门主梁的主要结构为工字形梁，根据工字形梁截面传力机理，将腹板和上、下翼缘隔离开，分别研究腹板及翼缘的平衡和受力机理，其计算简图分别如图 5-14 和图 5-15 所示[23-25]。

直角坐标系的原点位于跨中截面上，τ_1 和 τ_2 分别为上、下翼缘与腹板相接处的切应力，其方向如图 5-14 和图 5-15 所示，简支梁内任一横截面上的剪力和弯矩分别为

$$
F_S\left(x\right) = -qx
\tag{5-102}
$$

$$
M\left(x\right) = \frac{q}{2}\left(l^2-x^2\right)
\tag{5-103}
$$

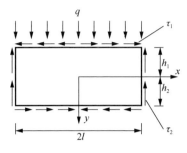

图 5-14　腹板的计算简图

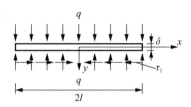

图 5-15　翼缘的计算简图

则

$$\tau_1 = \frac{F_s(x)S_1}{l}, \quad \tau_2 = \frac{F_s(x)S_2}{l} \tag{5-104}$$

式中，S_1 为翼缘截面面积；S_2 为腹板面积。梁受到横向均布荷载而发生横力弯曲，记腹板上的弯曲应力为σ_x，挤压应力为σ_y，在横截面上有剪力，相应的就有切应力，记为τ_{xy}，两端的支反力皆为 q_1。因 q 不随 x 而变，故可假设σ_y只是 y 的函数，即$\sigma_y = f(y)$，应用弹性力学中的半逆解法来求解各应力分量，算得各应力的弹性力学解答为

$$\begin{cases} \sigma_x = \dfrac{x^2}{2}(6Ay + 2B) - 2Ay^3 - 2By^2 + 6Hy + 2K \\[2mm] \sigma_y = Ay^3 + By^2 + Cy + D \\[2mm] \tau_{xy} = -x\left(Ay^2 + By + C\right) \end{cases} \tag{5-105}$$

式中，A、B、C、D、H、K 为待定常数，下面根据边界条件来确定这几个参数。在上、下两个主要边界上，应力边界条件为

$$\begin{cases} \left(\sigma_y\right)_{y=-h_1} = -q \\[2mm] \left(\tau_{xy}\right)_{y=-h_1} = \tau_1 \\[2mm] \left(\sigma_y\right)_{y=h_2} = 0 \\[2mm] \left(\tau_{xy}\right)_{y=h_2} = \tau_2 \end{cases} \tag{5-106}$$

结合式(5-105)和式(5-106)，可得

$$\begin{cases} -\alpha_1^3 h^3 A + \alpha_1^2 h^2 B - \alpha_1 hC + D = -q \\[2mm] \alpha_2^3 h^3 A + \alpha_2^2 h^2 B + \alpha_2 hC + D = 0 \\[2mm] 3\alpha_1^2 h^2 A - 2\alpha_1 hB + C = \dfrac{qS_1}{l} \\[2mm] 3\alpha_2^2 h^2 A + 2\alpha_2 hB + C = \dfrac{qS_2}{l} \end{cases} \tag{5-107}$$

由式(5-107)可求得

$$
\begin{cases}
A = \dfrac{q}{Ih^3}\big[h(S_1 + S_2) - 2I\big] \\[2mm]
B = \dfrac{q}{2Ih^2}\big[h(S_2 - S_1) - 3(\alpha_2 - \alpha_1)(S_1 + S_2) + 6I(\alpha_2 - \alpha_1)\big] \\[2mm]
C = \dfrac{q}{Ih}\big\{S_2 - \alpha_2 h\big[3\alpha_1(S_1 + S_2) + (S_2 - S_1)\big] + 6I\alpha_1\alpha_2\big\} \\[2mm]
D = \dfrac{q}{2I}\big\{\alpha_2^2\big[(\alpha_2 + 3\alpha_1)(S_1 + S_2) + (S_2 - S_1)\big] - (2\alpha_2^3 + 6\alpha_1\alpha_2)I - 2S_2 h\alpha_2\big\}
\end{cases}
\tag{5-108}
$$

还有 H、K 两个参数未求出，考虑横截面两个次要边界条件，取任一横截面 σ_x 合成的主矢为 0，主矩为 $M(x)$。有三部分对主矢和主矩有贡献，即上、下翼缘和腹板，此时须要把腹板和上、下翼缘重新组合成一个整体来考虑。考虑到翼缘很薄，取腹板顶端应力作为翼缘的应力，运用圣维南原理，积分边界条件为

$$
\begin{cases}
\displaystyle\int_{-h_1}^{h_2} \sigma_x\,\mathrm{d}y + (\sigma_x)_{y=h_2} \times A_2 + (\sigma_x)_{y=-h_1} \times A_1 = 0 \\[3mm]
\displaystyle\int_{-h_1}^{h_2} \sigma_x y\,\mathrm{d}y + (\sigma_x)_{y=h_2} \times A_2 \times h_2 - (\sigma_x)_{y=-h_1} \times A_1 \times h_1 = M(x)
\end{cases}
\tag{5-109}
$$

令

$$
\begin{cases}
A_1 = \alpha_2 - \alpha_1 + 2\alpha_2\beta_2 - 2\alpha_1\beta_1 \\
B_1 = \beta_2 + \beta_1 + 1 \\
C_1 = 4(3\beta_1\beta_2 + \beta_2 + \beta_1) + 1 \\
D_1 = \alpha_2^3 + \alpha_1^3 + 3\alpha_2^2\beta_2 + 3\alpha_1^2\beta_1 \\
R = \alpha_2^4 - \alpha_1^4 + 4\alpha_2^3\beta_2 - 4\alpha_1^3\beta_1 \\
N = \alpha_2^5 + \alpha_1^5 + 5\alpha_2^4\beta_2 + 5\alpha_1^4\beta_1
\end{cases}
\tag{5-110}
$$

求得

$$
\begin{cases}
H = \dfrac{-\dfrac{1}{2}Al^2(4D_1 B_1 - 3A_1^2) + \dfrac{1}{10}Ah^2(8NB_1 - 5RA_1)}{C_1} + \dfrac{\dfrac{1}{3}Bh(3RB_1 - 2D_1 A_1)}{C_1} \\[6mm]
K = \dfrac{\dfrac{1}{2}Bl^2(3A_1^2 - 4D_1 B_1) + \dfrac{1}{5}Ah^3(5RD_1 - 6NA_1)}{C_1} + \dfrac{\dfrac{1}{6}Bh^2(8D_1^2 - 9RA_1)}{C_1}
\end{cases}
\tag{5-111}
$$

将 A、B、C、D、H、K 的表达式代入式(5-105)中，即可得到横向均布荷载作用下单轴对称工字形截面两端简支深梁应力分量的弹性力学解答。

2. 弹性力学解答修正

以上弹性力学求解过程不作平截面假设和纵向纤维无挤压假设,得到了弹性力学解答。传统的弹性力学建立在广义胡克定律、变形谐调原理及静力平衡原理的基础上,广义胡克定律认为剪应变只会引起剪应力,而不会引起正应力,正应力只由线应变引起。但对于本章所研究的工字形截面薄壁深梁,各横截面剪力不同,相邻横截面翘曲不同步,使得纵向纤维发生拉伸或压缩,将在横截面上引起附加的弯曲应力(暂且称为弯剪耦合效应)。传统的弹性力学中忽略了弯剪耦合效应,因此没有考虑这一项。本小节提出用附加的翘曲正应力对弹性力学解答进行修正。

记相邻横截面的翘曲不同步引起的附加翘曲正应力为 σ_{q},则由文献[19]得

$$\sigma_{\mathrm{q}} = \frac{2(1+\mu)q}{I} \int_0^y \frac{S^*}{b(y)} \mathrm{d}y \tag{5-112}$$

式中,μ 为泊松比;S^* 为横截面距中性轴 y 以外部分面积对中性轴的面积矩,m^3;$b(y)$ 为距中性轴 y 处横截面的宽度,m,由本书前面的约定,取 $b(y)=1$。可以算得

$$\int_0^y S^* \mathrm{d}(y) = \begin{cases} A_2\alpha_2 hy + \dfrac{1}{2}\left(\alpha_2^2 h^2 y - \dfrac{1}{3}y^3 \right), & 0 \leqslant y \leqslant \alpha_2 h \\[3mm] A_1\alpha_1 hy + \dfrac{1}{2}\left(\alpha_1^2 h^2 y - \dfrac{1}{3}y^3 \right), & -\alpha_1 h \leqslant y < 0 \end{cases} \tag{5-113}$$

记弹性力学求得的弯曲应力解答为 $\sigma_{\mathrm{e弹}}$,则修正后的弯曲应力解答表示为

$$\sigma_{\mathrm{e}} = \sigma_{\mathrm{e弹}} + \sigma_{\mathrm{q}} \tag{5-114}$$

为了分析跨高比、剪跨比和截面特征对弯曲应力分布规律的影响,下面将以典型双轴对称工字形截面简支深梁为例进行分析。双轴对称工字形截面梁是单轴对称工字形截面梁的特例,易得

$$\begin{cases} A = -\dfrac{2q}{h^3} \dfrac{1}{6\beta+1} \\[3mm] B = 0 \\[3mm] C = \dfrac{3q}{2h} \dfrac{4\beta+1}{6\beta+1} \\[3mm] D = -\dfrac{q}{2} \\[3mm] H = \dfrac{q_1^2}{h^3} \dfrac{1}{6\beta+1} - \dfrac{q}{10h} \dfrac{10\beta+1}{(6\beta+1)^2} \\[3mm] K = 0 \end{cases} \tag{5-115}$$

可得

$$\sigma_{\mathrm{q}} = \frac{12(1+\mu)q}{h^3(6\beta+1)}\left(h^2\beta y + \frac{h^2}{4}y - \frac{1}{3}y^3\right) \tag{5-116}$$

则算得各应力分量的解析计算公式如下：

$$\begin{cases} \sigma_x = \frac{6q}{h^3(6\beta+1)}\left(h^2\beta y + \frac{h^2}{4}y - \frac{1}{3}y^3\right) \\ \sigma_y = -\frac{2q}{(6\beta+1)}\left(\frac{y}{h}\right)^2 + \frac{3q(4\beta+1)}{2(6\beta+1)}\frac{y}{h} - \frac{q}{2} \\ \tau_{xy} = \frac{6q}{h^3(6\beta+1)}x\left[y^2 - \frac{h^2}{4}(4\beta+1)\right] \end{cases} \tag{5-117}$$

弯曲应力 σ_x 表达式括号中的第一项是弯矩产生的主要项，和材料力学的解答相同；第二项则是应用弹性力学提出横截面翘曲引起的应力修正项；第三项是相邻横截面翘曲不同步由微变形谐调理论提出的弯剪耦合修正项。材料力学不考虑梁各纤维间的挤压应力，切应力解的表达式则和材料力学的解答完全一样。

当 $\beta=0$ 时，梁截面形状退化为矩形，式(5-117)变为

$$\begin{cases} \sigma_x = \frac{M(x)y}{I} + q\frac{y}{h}\left(4\frac{y^2}{h^2} - \frac{3}{5}\right) + \frac{12(1+\mu)q}{h^3}\left(\frac{h^2}{4}y - \frac{1}{3}y^3\right) \\ \sigma_y = -\frac{q}{2}\left(\frac{y}{h}+1\right)\left(1-\frac{2y}{h}\right)^2 \\ \tau_{xy} = \frac{F_s(x)S}{I} \end{cases} \tag{5-118}$$

这就是矩形截面简支深梁上翼缘受横向均布荷载时的应力分量表达式，除 σ_x 有相邻横截面不同步翘曲引起的修正项外，其他项均和文献[21]的解答一样，这也验证了求解过程的正确性。

从本小节的推导过程可以看出，工字形截面简支薄壁深梁的应力分布规律相当复杂，其影响因素也较多。深梁在横向均布荷载作用下，不能简单地按照材料力学中细长梁纯弯曲理论求解应力，其应力不仅受弯矩的影响，而且受剪力的影响，即弯剪耦合作用，使其应力分布高度非线性化，这种影响可以用无量纲 λ 来描述。得出了如下结论：剪力对弯曲应力的影响随跨高比的减小而增大；随翼缘与腹板面积比的增大而增大；沿跨长随剪力与弯矩之比同步变化，沿梁高与剪应力分布规律一致。

本小节通过建立合理的力学计算模型，推导出均布荷载作用下单轴对称和双轴对称工字形截面简支的应力解析计算公式,并对其进行了进一步的分析研究。在推求过程中，为了避免复杂截面对应力分析的影响，先将腹板与翼缘隔离开来单独分析，把翼缘对腹板的影响用切应力和横向均布荷载代替，再研究腹板的平

衡。应用弹性力学理论考虑主要边界及次要边界，需要说明的是，在考虑次要边界条件时，由于翼缘对积分条件的影响很大，将翼缘与腹板重新组合在一起考虑。相邻横截面翘曲不同步引起附加的翘曲正应力，使得弯剪耦合效应不可忽略，本小节提出用该附加的正应力对弹性力学解答进行修正。

5.4.4　集中荷载作用下主梁的应力

1.　简支深梁在集中力作用下的应力分析

研究两端简支和两端固支集中荷载作用在跨中时的横力弯曲问题，以矩形截面为例，计算结果可推广到工字形截面。在研究深梁的受力特点及应力分布时，基于以下考虑：深梁跨中有单位厚度上集中力 F 的作用；当深梁为简支时，两端只有集中反力 R 的作用；当深梁为固支时，梁两端受到剪力和弯矩的共同作用。由深梁的特点可知，当深梁受有集中力时，跨度小，梁高大，其跨中截面的挠度较小。因此，对深梁而言，在以力的作用点为圆心的区域内一半平面考虑应力分布，计算简图如图 5-16 所示。根据弹性力学半平面体在边界上受集中力作用时的应力计算方法，得出深梁内的应力分布[26]。

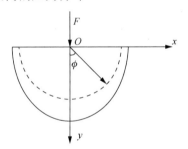

图 5-16　深梁应力计算简图

在此，只研究深梁在弯矩与剪力共同作用下的横截面弯曲应力，即图 5-16 中坐标系所示的 x 向应力 σ_x，由文献[10]推知，σ_x 的直角坐标表达式为

$$\sigma_x = -\frac{2F}{\pi} \frac{xy^2}{\left(x^2 + y^2\right)^2} \tag{5-119}$$

同理，在梁两端集中反力作用下，梁内也会产生应力场，按照叠加原理，梁内应力由这三个力产生的应力场叠加而得。为统一起见，建立如图 5-17 所示的坐标系。可以看到，此坐标系与前述半平面体应力计算公式的坐标系有差异，因此需要对各个集中力作用下不同的坐标系进行坐标变换。对于集中力 F 产生的应力场，有如下坐标变换式：

$$\begin{cases} x_F = x - \dfrac{l}{2} \\ y_F = y + \dfrac{h}{2} \end{cases} \tag{5-120}$$

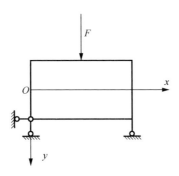

图 5-17　简支深梁在集中力作用下的计算简图

对于支座反力 R_1 产生的应力场，有如下坐标变换式：

$$\begin{cases} x_{R_1} = -x \\ y_{R_1} = -y + \dfrac{h}{2} \end{cases}$$ (5-121)

对于支座反力 R_2 产生的应力场，有如下坐标变换式：

$$\begin{cases} x_{R_2} = l - x \\ y_{R_2} = -y + \dfrac{h}{2} \end{cases}$$ (5-122)

式中，(x_F, y_F)、(x_{R_1}, y_{R_1})、(x_{R_2}, y_{R_2}) 分别为跨中集中力 F、支座反力 R_1、支座反力 R_2 在图 5-17 所示的整体坐标系下的坐标变换。将式(5-120)和式(5-121)代入式(5-119)，又由力的平衡原理知 $R_1=R_2=F/2$，可得

$$\sigma_x = \frac{2F}{\pi} \frac{\left(x - \dfrac{l}{2}\right)^2 \left(y + \dfrac{h}{2}\right)}{\left[\left(x - \dfrac{l}{2}\right)^2 + \left(y + \dfrac{h}{2}\right)^2\right]^2} - \frac{F}{\pi} \frac{x^2 \left(-y + \dfrac{h}{2}\right)}{\left[x^2 + \left(-y + \dfrac{h}{2}\right)^2\right]^2}$$

$$- \frac{F}{\pi} \frac{(l-x)^2 \left(-y + \dfrac{h}{2}\right)}{\left[(l-x)^2 + \left(-y + \dfrac{h}{2}\right)^2\right]^2}$$ (5-123)

式(5-119)～式(5-123)中，F、R_1、R_2 的方向以梁的总体坐标方向为准；h 为梁高，m；l 为梁跨长，m。

梁在集中力作用下，不仅会引起剪力，还会产生弯矩，因此需要考虑弯矩和剪力共同作用产生的应力。上述三力共同作用下梁的弯矩按照细长梁理论会产生弯曲应力 $\sigma = My/I$。应用迭加原理，本小节提出在弯剪共同作用下，弯曲应力为

$$\sigma_x = \frac{My}{I} + \frac{2F}{\pi} \frac{\left(x-\frac{l}{2}\right)^2 \left(y+\frac{h}{2}\right)}{\left[\left(x-\frac{l}{2}\right)^2 + \left(y+\frac{h}{2}\right)^2\right]^2} - \frac{F}{\pi} \frac{x^2\left(-y+\frac{h}{2}\right)}{\left[x^2 + \left(-y+\frac{h}{2}\right)^2\right]^2}$$

$$- \frac{F}{\pi} \frac{\left(l-x\right)^2\left(-y+\frac{h}{2}\right)}{\left[\left(l-x\right)^2 + \left(-y+\frac{h}{2}\right)^2\right]^2} \tag{5-124}$$

2. 公式的无量纲化分析

为了便于计算和分析，引入以下无量纲 $\xi=y/h/2$，$\eta=x/l(0<\eta<1)$，跨高比 $\alpha=l/h$。将无量纲代入式(5-124)，可得

$$\sigma_x = \frac{My}{I} + \frac{F}{2\pi h}\left\{ \frac{2\alpha^2\left(\eta-\frac{l}{2}\right)^2 (\xi+1)}{\left[\alpha^2\left(\eta-\frac{l}{2}\right)^2 + \frac{1}{4}(\xi+1)^2\right]^2} - \frac{\alpha^2\eta^2(-\xi+1)}{\left[\alpha^2\eta^2 + \frac{1}{4}(-\xi+1)^2\right]^2} \right.$$

$$\left. - \frac{\alpha^2(1-\eta)^2(-\xi+1)}{\left[\alpha^2(1-\eta)^2 + \frac{1}{4}(-\xi+1)^2\right]^2} \right\} \tag{5-125}$$

令

$$\lambda = \frac{2\alpha^2\left(\eta-\frac{l}{2}\right)^2 (\xi+1)}{\left[\alpha^2\left(\eta-\frac{l}{2}\right)^2 + \frac{1}{4}(\xi+1)^2\right]^2} - \frac{\alpha^2\eta^2(-\xi+1)}{\left[\alpha^2\eta^2 + \frac{1}{4}(-\xi+1)^2\right]^2}$$

$$- \frac{\alpha^2(1-\eta)^2(-\xi+1)}{\left[\alpha^2(1-\eta)^2 + \frac{1}{4}(-\xi+1)^2\right]^2} \tag{5-126}$$

则 $\sigma_x = \dfrac{My}{I} + \dfrac{F\lambda}{2\pi h}$。

易知，无量纲 λ 反映了式(5-126)所表达的深梁应力计算方法与材料力学细长梁理论之间应力的差别。由于 λ 是从深梁微元受力分析得出的，对梁整体而言，没有任何前提，即没有忽略弯剪共同作用的影响及截面形式、跨高比、支座形式、

平截面假设、纵向纤维无挤压等问题，所以具有通用性。为了更直观地表示 F 引起的翘曲应力的影响，引入无量纲翘曲应力系数 $\lambda_\sigma = \dfrac{F\lambda}{2\pi h} \cdot \dfrac{I}{My}$，则无量纲弯曲正应力为

$$\bar{\sigma} = \begin{cases} 1 + \lambda_{\sigma 1}, \eta \leqslant \dfrac{1}{2} \\ 1 + \lambda_{\sigma 2}, \eta > \dfrac{1}{2} \end{cases} \tag{5-127}$$

以下按不同支座约束和不同截面下给出无量纲翘曲应力。

(1) 当支座形式为简支时，剪跨比满足

$$\begin{cases} \eta < \dfrac{1}{2} 时, \ M = \dfrac{F}{2}x \\ \eta \geqslant \dfrac{1}{2} 时, \ M = \dfrac{F}{2}(l - x) \end{cases} \tag{5-128}$$

对于矩形截面，将 $I = bh^3/12$ 代入无量纲应力表达式，得

$$\begin{cases} \lambda_{\sigma 1} = \dfrac{\lambda}{6\pi\alpha\xi\eta}, \ \eta \leqslant \dfrac{1}{2} \\ \lambda_{\sigma 2} = \dfrac{\lambda}{6\pi\alpha\xi(1-\eta)}, \ \eta > \dfrac{1}{2} \end{cases} \tag{5-129}$$

对于工字形截面，对应于工程实际，只考虑双轴对称工字钢(图 5-18)，设上翼缘、下翼缘面积为 A，宽度为 b，距中性轴距离分别为 h_2、h_1；腹板高度为 h_0，厚度为 δ，面积为 A_f；梁高为 h。

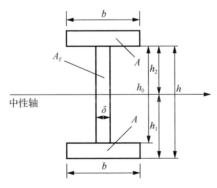

图 5-18　工字钢截面

为便于计算，再设 $h_1/h = \alpha_1$，$h_2/h = \alpha_2$，$A/A_f = \beta$，则 $\alpha_1 = \alpha_2 = 1/2$，$A = (1+2\beta)A_f$，得

$$I = \frac{A_f h^2}{12} \frac{1 + 8\beta + 12\beta^2}{1 + 2\beta} \tag{5-130}$$

将式(5-130)代入无量纲应力表达式，得

$$
\begin{cases}
\lambda_{\sigma 1} = \dfrac{\lambda(1+6\beta)}{6\pi \cdot \alpha\xi\eta}, & \eta \leqslant \dfrac{1}{2} \\[4mm]
\lambda_{\sigma 2} = \dfrac{\lambda}{6\pi \cdot \alpha\xi(1-\eta)}, & \eta > \dfrac{1}{2}
\end{cases}
\tag{5-131}
$$

(2) 当支座形式为固支时，剪跨比满足

$$
\begin{cases}
\eta < \dfrac{1}{2}\text{时}, & M = -\dfrac{F}{2}x + \dfrac{Fl}{8} \\[4mm]
\eta \geqslant \dfrac{1}{2}\text{时}, & M = \dfrac{F}{2}x - \dfrac{3Fl}{8}
\end{cases}
\tag{5-132}
$$

对于矩形截面，将 $I=bh^3/12$ 代入无量纲应力表达式，得

$$
\begin{cases}
\lambda_{\sigma 1} = \dfrac{2\lambda}{3\pi\alpha\xi(1-4\eta)}, & \eta \leqslant \dfrac{1}{2} \\[4mm]
\lambda_{\sigma 2} = \dfrac{2\lambda}{3\pi\alpha\xi(4\eta-3)}, & \eta > \dfrac{1}{2}
\end{cases}
\tag{5-133}
$$

对于工字形截面，同式(5-131)推导方法，得

$$
\begin{cases}
\lambda_{\sigma 1} = \dfrac{2\lambda(1+6\beta)}{3\pi\alpha\xi(1-4\eta)}, & \eta \leqslant \dfrac{1}{2} \\[4mm]
\lambda_{\sigma 2} = \dfrac{2\lambda(1+6\beta)}{3\pi\alpha\xi(4\eta-3)}, & \eta > \dfrac{1}{2}
\end{cases}
\tag{5-134}
$$

3. 分析验证

由式(5-131)可以看出，本小节定义的无量纲翘曲应力系数 λ_σ 实际上说明了深梁应力计算结果与细长梁理论解之间的误差值。为方便起见，图 5-19、图 5-20 分别给出了在不同跨高比 α 下，矩形截面梁和工字形截面梁的 λ_σ-η 关系图(由于对称，只给出剪跨比 $\eta<1/2$ 的值)。由图 5-19 可以看出，当梁为矩形截面梁时，随着跨高比的增大，梁顶($\xi=-1$)无量纲翘曲应力系数的影响范围逐渐减小并且误差较小，当跨高比为 5 时，梁顶的应力和材料力学计算结果相比不超过 10%，在结构设计中已是可以接受的范围；而对于工字形截面梁来说，由于截面形状对于梁内应力分布有重要影响，若为工字形深梁，采用材料力学公式计算则误差会很大且不可忽略。当跨高比为 5 时，在剪跨比为 0.2 处，计算结果比材料力学理论解大 20%以上。对同一跨高比下的深梁而言，由图 5-19 和图 5-20 可以看到，当深梁跨高比一定时，随着剪跨比的减小，λ_σ-η 关系曲线均有不同程度的拐点出现，这是由于支座集中反力在深梁内产生的应力场和跨中集中力产生的应力场在此处叠加，而跨中应力场的影响小于支座集中反力应力场的影响，使在梁两端产生拐点。跨高比越大，拐点越明显。这说明本小节的解是符合真实情况的。由图 5-19 和

图 5-20 可以看出，无论矩形截面梁还是工字形截面梁，λ_σ 都随着剪跨比 η 的减小而增大，在同一截面处，随着跨高比的减小而增大，这说明剪力引起的翘曲在深梁计算中有重要影响。并且由图 5-19、图 5-20 中的拐点可以看出，工字形截面受到剪力的影响要比矩形截面的大。

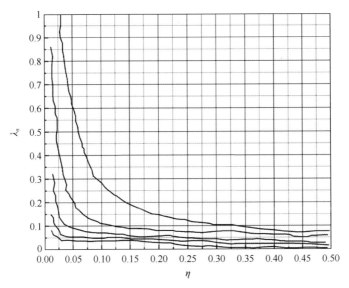

图 5-19　矩形截面梁 λ_σ-η 关系图

从上到下依次为 $\alpha=1$、$\alpha=2$、$\alpha=3$、$\alpha=4$、$\alpha=5$

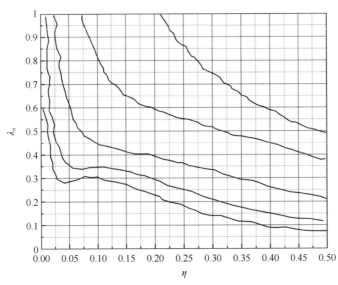

图 5-20　工字形截面梁 λ_σ-η 关系图

从上到下依次为 $\alpha=1$、$\alpha=2$、$\alpha=3$、$\alpha=4$、$\alpha=5$

　　为了验证公式的正确性，本小节以一实际例题来说明。设有一矩形截面深梁，两端简支，$h=0.7$m，$l=2.1$m，$E=210$GPa，$\mu=0.3$。当梁在跨中集中力 $F=1000$N 的作用下，分别用本小节公式、材料力学和有限元法计算出跨中截面的分布(为了与推导过程中所建坐标系一致，采用如图 5-17 所示坐标，本小节只计算控制截面应力分布)。为了直观描述，计算结果的处理以材料力学公式计算的梁顶应力为基准，绘制跨中截面相对应力分布规律图，如图 5-21 所示。图 5-21 中可以看出梁中应力分布趋势总体与有限元法计算结果相似。

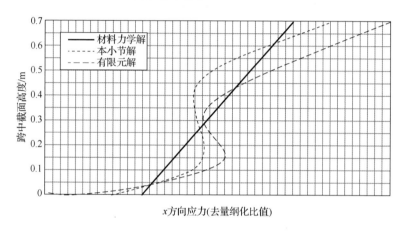

图 5-21　跨中截面相对应力分布规律图

　　由图 5-21 可以看出，在跨中梁顶和梁底，本小节计算结果介于有限元计算结果与材料力学解之间。由圣维南原理可知，这是符合事实的，深梁中性轴下移，而不与梁的中心线重合，这是纵向纤维挤压的缘故。在梁内力的推导过程中，认为力是垂直于作用面的，事实上，当梁弯曲后，支座反力并不垂直于梁底，因此本小节公式是有误差的。但由于深梁挠度非常小，这个误差也是可以忽略的。

　　综上所述，深梁在集中力作用下，不能按照细长梁理论仅考虑弯矩产生的应力，深梁中剪力也产生了很大影响，若用无量纲翘曲应力系数 λ_σ 来描述这种影响，则 λ_σ 随剪跨比减小而增大，随跨高比减小而增大，截面形式也对 λ_σ 的变化产生影响。当然，理论中也有缺陷，当梁在集中力作用下产生挠度，使梁顶不再是平面，也使支座处集中力不再垂直于梁底平面。但由于深梁挠度小，对此产生的影响非常小，可以认为集中力垂直于平面作用于深梁。用弹性力学理论推导出了集中力作用下的深梁弯曲正应力计算公式，一改以往深梁理论解的复杂性，使深梁问题的解更接近工程实际。

5.5　考虑全截面剪滞的水工钢闸门主梁应力计算

上述研究没有充分考虑翼缘截面特性，本节在上述研究的基础上统一其强度分析安全度，令均布荷载作用下，不同截面特性及支座形式的梁(如矩形两端固定梁、工字形悬臂梁等)最大正应力与矩形截面 $\xi=5$ 的简支梁最大正应力相等时，所对应的跨高比为临界跨高比，并以此作为是否需要应用剪切变形梁理论的判定准则，当跨高比大于临界跨高比时称为细长梁段，反之称为剪切变形梁段[27]。

为研究工字形截面的截面特性对梁划分的影响，以有限元数值模拟为准，给出不同跨高比的伯努利-欧拉弯曲正应力解随翼缘与腹板面积比变化的误差，如图 5-22 所示。

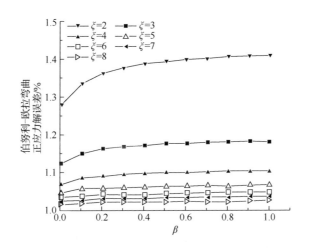

图 5-22　不同跨高比的伯努利-欧拉弯曲正应力解随翼缘与腹板面积比变化的误差

从图 5-22 中可以发现，随翼缘与腹板面积比的增加和 ξ 的减小，传统伯努利-欧拉弯曲正应力解的误差逐渐增大。分析可知，当 $\beta=0$，$\xi=5$ 时，相对误差为 4.45%；当 $\beta=0$，$\xi=2$ 时，相对误差为 30.81%，误差增大较快，增幅为 592%。而翼缘与腹板面积比大于 0.3 时，误差增幅趋于平缓，最大增幅仅为 9.6%，远小于 ξ 的影响。因此，在确定工字形梁是否需要考虑弯剪耦合效应时，应以 $\beta=0.3$ 时对应的跨中截面最大正应力与基准相等为原则，推求相应的临界跨高比，计算结果见表 5-1。

表 5-1　临界跨高比计算结果

支座形式	截面形式	
	矩形截面	工字形截面
悬臂梁	2.14	5.07
简支梁	5.00	7.25
一端固定一端简支	6.59	9.28
两端固定	8.66	12.83

5.5.1　弯曲正应力解析计算方法

本小节从剪切变形与梁的竖向挠度、纵向位移的关系入手，构造纵向位移函数和翘曲形函数，采用能量变分原理推导出考虑全截面剪切效应弯剪耦合的弯曲正应力解析计算公式。

1. 纵向位移函数表达式

翘曲修正方法的选择方法大致分为两种，多参数翘曲函数法和平均翘曲修正法。相较而言，平均翘曲修正法的假定参数较少，可以得到简明解析解，且精度满足工程需要。从各种改进修正方法的计算结果来看，不同方法间的误差不超过 5%，增益效果并不明显。由此可知，修正方法的选择并不是弯剪耦合问题的主要矛盾所在，本书作者从高效、简明解决问题的原则出发，采用平均翘曲修正法推导了工字形截面解析计算公式，得

$$u(x, y, z) = -zf'(x) + \varphi(y, z)U(x) \tag{5-135}$$

式中，$\varphi(y, z)$ 为翘曲形函数；$U(x)$ 为翘曲形函数沿梁轴向的强度函数。

在翘曲形函数的研究方面，自赖斯纳(Reissner)以来，众多学者就纵向翘曲沿周线分布函数给出了高阶抛物线型、三角函数型、指数型、悬链线型翘曲形函数假设。王修信[28]通过二维弹性理论数值分析及实测结果对比，认为均布荷载作用下翘曲函数呈二次抛物线分布，在跨中集中荷载作用下呈三次抛物线分布。何余良等[29]通过变分推导，认为抛物线阶数越高，越接近试验值。刘寒冰等[30]通过辛弹性力学对 T 梁的推导可知，悬臂 T 梁受均布荷载或在自由端集中荷载作用下纵向位移函数符合二次抛物线变化，在线性荷载作用下位移函数按四次抛物线变化。舒小娟等[31]和张元海等[32]从纵向位移差和剪应变的关系角度论证了翼缘、腹板处翘曲函数呈二阶、三阶抛物线型分布。从上述研究结果可知，位移函数假定与截面形式及结构受力有关，但甘亚南等[33]和肖军等[34]的研究表明，通过翘曲函数的

选择难以达到提高求解精度的目的，在不同的分析域内对弯剪耦合效应各有利弊。三角函数可以通过泰勒展开为高阶抛物线形式，更具普适性，且钱寅泉等[35]已证明其具有较好的收敛性和较高的精度。翘曲形函数$\varphi(y,z)$表示如下：

$$\varphi(y,z) = \begin{cases} \sin \dfrac{\pi y}{b_i} + d, & z < -h_1, z > h_2 \\[3mm] \sin \dfrac{\pi z}{2(h_1 + h_2)} + d, & -h_1 \leqslant z \leqslant h_2 \end{cases} \tag{5-136}$$

为了保持截面上翘曲应力引起的轴力自平衡，令$E\displaystyle\int_A \varphi(y,z)U'(x)\mathrm{d}A = 0$，得

$$d = (h_1 + h_2) \frac{\displaystyle\sum_{i=1}^{2} (-1)^{i+1} \cos \frac{\pi h_i}{2(h_1 + h_2)}}{2\pi(b_1 + b_2 + h_1 + h_2)} \tag{5-137}$$

2. 控制微分方程推导

应用弹性力学原理，纵向应变ε_x为

$$\varepsilon_x = \frac{\partial u(x,y,z)}{\partial x} = -zf''(x) + \varphi(y,z)U'(x) \tag{5-138}$$

以往文献中为简化运算过程，忽略了挠度随梁长的变化，在翼缘中剪应变表示为$\gamma_{xy} = \mathrm{d}u/\mathrm{d}y$，在腹板中表示为$\gamma_{xz} = \mathrm{d}u/\mathrm{d}z$。本小节按工字形截面剪力流分布模式，推导剪应变为

$$\gamma_{xs} = \frac{\partial u(x,y,z)}{\partial s} + \frac{\partial f(x)}{\partial x} \tag{5-139}$$

式中，s为剪力流周线方向(y,z)。

由弹性理论可知，工字形梁的应变能表达式为

$$\begin{aligned} U_e &= \frac{1}{2} \iiint \left(E\varepsilon_x^2 + G\gamma_{xs}^2 \right) \mathrm{d}x\mathrm{d}y\mathrm{d}z \\[2mm] &= \frac{1}{2} \int \left[E\left(I_1 f''^2 + I_2 U'^2 - 2I_3 f''U' \right) + G\left(I_4 f'^2 + I_5 U^2 + 2I_6 fU \right) \right] \mathrm{d}x \\[2mm] &= \frac{1}{2} I_1 \int \left[E\left(\alpha_1 f''^2 + \alpha_2 U'^2 - 2\alpha_3 f''U' \right) + G\left(\alpha_4 f'^2 + \alpha_5 U^2 + 2\alpha_6 fU \right) \right] \mathrm{d}x \end{aligned} \tag{5-140}$$

式中，

$$\alpha_i = \frac{I_i}{I_1} \quad (i = 1,2,\cdots,6) \tag{5-141}$$

梁受弯时的外力势能为

$$V = -\int_0^l q(x) f(x) \mathrm{d}x + Q(x) f(x) \big|_0^l + M(x) f'(x) \big|_0^l \tag{5-142}$$

体系总势能表达式为

$$\begin{aligned}
\Pi &= U_e - V \\
&= \frac{1}{2} I_1 \int \Big[E \big(\alpha_1 f''^2 + \alpha_2 U'^2 - 2\alpha_3 f'' U' \big) \\
&\quad + G \big(\alpha_4 f'^2 + \alpha_5 U^2 + 2\alpha_6 f' U \big) \Big] \mathrm{d}x - \int_0^l qf\mathrm{d}x
\end{aligned} \tag{5-143}$$

由最小势能原理的驻值条件 $\delta\Pi=0$，对式(5-143)变分运算后得

$$\begin{aligned}
\delta\Pi &= \delta \frac{1}{2} I_1 \int \Big[E \big(\alpha_1 f''^2 + \alpha_2 U'^2 - 2\alpha_3 f'' U' \big) \\
&\quad + G \big(\alpha_4 f'^2 + \alpha_5 U^2 + 2\alpha_6 f' U \big) \Big] \mathrm{d}x - \delta \int_0^l qf\mathrm{d}x = 0
\end{aligned} \tag{5-144}$$

将式(5-144)分部积分整理后可得控制微分方程：

$$\alpha_1 f^{(4)} - \alpha_3 U''' - \frac{G}{E}\alpha_4 f'' - \frac{G}{E}\alpha_6 U' - \frac{q}{EI_1} = 0 \tag{5-145}$$

$$\alpha_2 U'' - \alpha_3 f''' - \frac{G}{E}\alpha_5 U - \frac{G}{E}\alpha_6 f' = 0 \tag{5-146}$$

结合边界条件和微分方程性质，利用 MATLAB 数值求解得到挠度函数 $f(x)$、强度函数 $U(x)$，进一步可计算弯曲正应力。

5.5.2　主梁非线性分析与传统分析方法的对比

通过 ANSYS，采用网格间距为 0.01m 的 SHELL63 壳单元，建立限制侧向扭转变形，两端简支约束的空间板壳有限元工字形截面梁，评价本章及现有解析方法正确性及适用性。材料参数及几何参数为 E=210GPa，μ=0.30，h=1.0m，δ_1=δ_2=0.02m(δ_1 为上翼缘厚度，δ_2 为下翼缘厚度)，腹板厚度 δ_{w}=0.03m；均布荷载 $q(x)$=2.1×10³kN/m；集中力 $P(l/2)$=2.1×10³kN；为便于参数化分析引入跨高比 ξ=l/h，跨宽比 ϕ=l/b_2，剪切影响系数 λ=$\sigma_x/\sigma_{\mathrm{Euler}}$($\sigma_x$ 为不同方法弯曲正应力；σ_{Euler} 为 Euler 弯曲正应力)。

图 5-23(a)给出了均布荷载作用下该梁(ϕ=2)翼缘跨中剪切影响系数 λ 沿翼缘宽度的分布；图 5-23(b)给出不同跨高比下最大应力处剪切影响系数 λ 随跨宽比 ϕ 的变化规律，其中本小节解为考虑全截面剪切变形作用。

从图 5-23 可以得到，在均布荷载作用下，本小节方法与有限元模拟结果最为

接近，在ξ为3～8，ϕ为2～5的区间内误差不超过5%，偏于安全；当不考虑翼缘剪滞作用，不能反映剪切效应随翼缘的变化，当本小节分析区间内，最小误差为8.41%(ξ=4，ϕ=3)，最大误差为60.33%(ξ=8，ϕ=1)，当ξ为3～4，ϕ为3～5时有一定参考价值；未考虑腹板剪切变形作用时，当ξ为4～8，ϕ为4～5时误差不超过5%；而σ_{Euler}最小误差为9%(ξ=8，ϕ=5)，最大误差达到140%(ξ=2，ϕ=1)，无法满足工程设计需求。

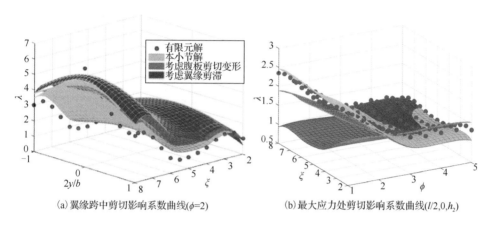

(a)翼缘跨中剪切影响系数曲线(ϕ=2)　　　　(b)最大应力处剪切影响系数曲线($l/2,0,h_2$)

图 5-23　均布荷载作用下剪切影响系数曲线(见彩图)

进一步分析可知：①沿翼缘宽度方向剪切影响系数呈钟形分布，剪滞与弯剪耦合效应较为显著，两者对弯曲正应力有较大影响；②跨高比、跨宽比是弯曲正应力的两个最主要影响因素，且影响趋势一致，当跨高比与跨宽比越小时，剪切影响系数越大；③而当跨高比ξ=8，跨宽比ϕ=5时，各种方法计算结果误差均未超过3%，由此可知，随着跨高比与跨宽比逐渐增大，剪切影响系数逐渐降低，各种方法解收敛于伯努利-欧拉理论解。

图 5-24(a)给出了集中荷载作用下该梁(ϕ=2)翼缘跨中剪切影响系数λ沿翼缘宽度的分布；图 5-24(b)给出不同跨高比下最大应力处剪切影响系数λ随跨宽比ϕ的变化规律。

从图 5-24 中可以得到，在集中荷载作用下，剪切影响系数变化趋势与均布荷载作用下一致，但剪切效应影响程度更为显著，误差也较均布荷载工况下有所增加，此时伯努利-欧拉理论解在跨高比小于 3 时不再适用，最小误差达到 29%；相比于相关文献的推导解，本小节解更为精确，当ξ为2～8，ϕ为3～5时，可用于设计参考。

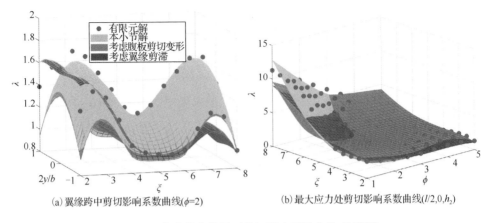

(a) 翼缘跨中剪切影响系数曲线($\phi=2$)　　　　(b) 最大应力处剪切影响系数曲线($l/2,0,h_2$)

图 5-24　集中荷载作用下剪切影响系数曲线(见彩图)

5.6　本 章 小 结

本章分析了考虑弯剪耦合效应的薄壁深梁弯曲应力及变形的研究现状。建立了水工钢闸门复杂截面深梁横力弯曲的力学模型，揭示了薄壁深梁弯剪耦合变形机理，依据铁摩辛柯梁理论和弹性力学原理提出了各种复杂截面、不同荷载、不同支承方式的深梁应力、变形的解析计算方法；并提出了梁临界跨高比的新概念，既丰富了著名力学家 S.Timoshenko 深梁理论，又为深孔钢闸门设计提供了理论方法，为修订规范提供了理论基础。通过数值模拟分析，评价了现有弯曲正应力解析计算方法的适用性和准确性。考虑全截面弯剪耦合效应的计算方法，相比于现有方法计算精度更高，适用范围更广。通过深梁结构参数分析可知，跨高比与跨宽比越小，剪切效应越明显；集中荷载作用下，剪切效应较均布荷载作用更为显著。对于均布荷载作用下双轴对称工字形简支深梁，本章提出的计算公式应力最大误差为 5.51%，而材料力学解的最大误差则达到了 31.11%，变形计算的误差甚至达到 100% 以上。说明本章提出的计算方法要比使用材料力学方法计算的结果更精确，并且梁的跨高比越小，翼缘与腹板面积比越大，该解越精确。

上述研究结果完整给出了薄壁深梁结构解析求解方法，特别是高水头深孔钢闸门深梁应力及变形，计算方法适应结构型式的多样性变化要求。现有研究存在着改进和进一步拓展的空间，主要表现在：①弹性半逆解法中对于翼缘腹板传力形式的深入探讨；②能量变分法在动力荷载下的位移函数假定形式；③对变截面梁应在已有精确解析解得基础上进行有限差分；④对不规则约束下的解析方法探讨。

参 考 文 献

[1] 铁摩辛柯. 材料力学: 高等理论及问题[M]. 汪一麟, 译. 北京: 科学出版社, 1964.

[2] 王桂芳. 简支深梁的应力分析[J]. 成都科技大学学报, 1993, 70(3)：70-76.

[3] 丁大钧, 刘伟庆. 深梁杆件力学解[J]. 工程力学, 1993, 10(1)：10-18.

[4] YAO W J, YE Z M. Analytical solution of bending compression column using differenttension-compression modulus[J]. Applied Mathematics and Mechanics, 2004, 25 (9)：983-993.

[5] YAO W J, YE Z M. Analytical solution for bending beam subject to lateral force with different modulus [J]. Applied Mathematics and Mechanics, 2004, 25(10): 1107-1117.

[6] 杨伯源, 巫绪涛, 李和平. 剪切弯曲下短深梁位移数值计算精度的研究[J]. 应用力学学报, 2003, 20(2): 145-146.

[7] 梅甫良, 曾德顺. 深梁的精确解[J]. 力学与实践, 2002, 24(3): 58-60.

[8] 陈林之, 李章政. 均布荷载作用下连续深梁问题的级数解答[J]. 设计与研究, 2005, 32(9): 30-32.

[9] WANG C M, LAM K Y, HE X Q, et al. Large deflections of an end supported beam subjected to a point load[J]. International Journal of Non-Linear Mechanics, 1997, 32(1): 63-72.

[10] 蒋玉川, 胡兴福, 陈辉. 简支深梁用和函数法的级数解答[J]. 四川大学学报(工程科学版), 2006, 38(6): 63-67.

[11] 龚克. 单广义位移的深梁理论和中厚板理论[J]. 应用数学和力学, 2000, 21(9): 984-990.

[12] 夏桂云, 曾庆元, 李传习, 等. 建立 Timoshenko 深梁单元的新方法[J]. 交通运输工程学报, 2004, 4(2): 27-32.

[13] PRZEMIENIECKI J S . Theory of Matrix Structural Analysis[M]. New York: McGraw-Hill, 1968.

[14] 胡海昌. 弹性力学的变分原理及其应用[M]. 北京: 科学出版社, 1981.

[15] 周世军, 朱晞. 一组新的 Timoshenko 梁单元一致矩阵公式[J]. 兰州铁道学院学报, 1994, 13(2): 1-7.

[16] 夏桂云, 曾庆元. 深梁理论的研究现状与工程应用[J]. 力学与实践, 2015, 37(3): 302-316.

[17] 龙驭球, 包世华, 袁驷. 结构力学. 1, 基本教程[M]. 3 版. 北京: 高等教育出版社, 2012.

[18] 王正中, 李良晨. 薄壁钢梁的临界跨高比[J]. 力学与实践, 1997, 19(4): 23-24.

[19] 王正中, 沙际德. 深孔钢闸门主梁横力弯曲正应力与挠度计算[J]. 水利学报, 1995(9): 40-46.

[20] 王正中, 刘计良, 牟声远, 等. 深孔平面钢闸门主梁应力计算方法研究[J]. 水力发电学报, 2010, 29(3): 170-176.

[21] 徐芝纶. 弹性力学简明教程[M]. 3 版. 北京: 高等教育出版, 2002.

[22] 中华人民共和国水利部. 水利水电工程钢闸门设计规范: SL 74—2019[S]. 北京: 中国水利水电出版社, 2019.

[23] 刘计良, 张学森, 王正中, 等. 支座约束及荷载分布对薄壁深梁应力的影响[J]. 工程力学, 2011, 28(8): 23-29.

[24] 刘计良, 王正中, 韩彦宝, 等. 均布荷载作用下工字形截面单跨超静定深梁应力计算方法研究[J]. 工程力学, 2010, 27(3): 174-179.

[25] 刘计良, 王正中, 陈立杰, 等. 均布荷载作用下悬臂深梁应力计算方法[J]. 清华大学学报(自然科学版), 2010, 50(2): 316-320.

[26] 王正中, 朱军祚, 谌磊, 等. 集中力作用下深梁弯剪耦合变形应力计算方法[J]. 工程力学, 2008, 25(4): 115-117.

[27] 吴思远, 王正中. 考虑全截面剪切的钢闸门宽翼工字形深梁解析计算方法[J]. 清华大学学报(自然科学版), 2019, 59(5): 380-387.

[28] 王修信. 面板剪滞有效宽度的二维弹性理论解答[J]. 宁波大学学报(理工版), 1991, 4(1): 57-67.

[29] 何余良, 项贻强, 李少俊, 等. 基于不同抛物线翘曲函数组合箱梁剪力滞[J]. 浙江大学学报(工学版), 2014, 48(11): 1933-1940, 1961.

[30] 刘寒冰, 秦绪喜, 焦玉玲, 等. 悬臂 T 梁剪力滞现象的圣维南解析解[J]. 吉林大学学报(工学版), 2009, 39(3): 691-696.

[31] 舒小娟, 钟新谷, 沈明燕, 等. 统筹考虑全截面剪切变形能的单剪滞位移参数的薄壁箱梁剪力滞计算方法[J]. 土木工程学报, 2016, 49(6): 32-37.

[32] 张元海, 白昕, 林丽霞. 箱形梁剪力滞效应的改进分析方法研究[J]. 土木工程学报, 2012, 45(11): 153-158.

[33] 甘亚南, 周广春. 薄壁箱梁纵向剪滞翘曲函数精度选择的研究[J]. 工程力学, 2008, 25(6): 108-114.

[34] 肖军, 李小珍, 刘德军, 等. 不同位移函数对箱梁剪力滞效应的影响[J]. 中国公路学报, 2016, 29(9): 90-96.

[35] 钱寅泉, 倪元增. 箱梁剪力滞计算的翘曲函数法[J]. 铁道学报, 1990, 12(2): 57-70.

第6章　水工弧形钢闸门主框架静力稳定性分析

6.1　概　　述

水工弧形钢闸门的主框架是其主要承重结构，也是保证水工弧形钢闸门安全运行的关键结构。主框架的型式有主横梁式门式框架、主横梁式梯形框架及主纵梁式多层三角形框架(图6-1)。

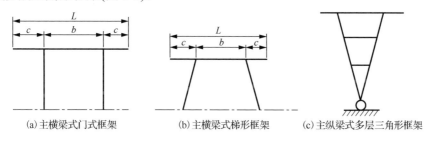

(a)主横梁式门式框架　　　(b)主横梁式梯形框架　　　(c)主纵梁式多层三角形框架

图6-1　水工弧形钢闸门框架型式

L-主横梁长度(闸门跨度)；*b*-横梁跨中长度；*c*-横梁悬臂端长度

在国内外工程建设发展进程中，存在许多水工弧形钢闸门事故案例。日本和知(现位于京都)坝堰顶有四孔水工弧形钢闸门，闸门高度为12m，宽度为11m，面板半径为13m。1967年7月，其中一孔水工弧形钢闸门在运行过程中突然破坏，此时其他三孔完全关闭。事故发生前，闸门小开度泄流近3h，在接近全关时闸门突然破坏，破坏时闸门整个支臂的框架失稳屈曲，支撑被拉断，闸门被冲至下游120m处。美国加利福尼亚州福尔瑟姆大坝坝顶溢洪道有5孔表孔水工弧形钢闸门，闸门跨度为12.8m，高度为15.5m，面板半径为14.33m，门质量为87t。1995年，操作人员在开启3号水工弧形钢闸门过程中感觉到闸门振动，随后闸门右侧缓慢转动打开，闸门失事破坏。通过有限元模型计算发现，考虑支铰销轴摩擦系数时，该闸门失效模态得到验证。水工弧形钢闸门失事的主要原因在于支铰销轴锈蚀，支铰处对闸门产生摩擦力矩及闸门支臂刚度不足，在结构设计中并未考虑支铰摩擦力矩。摩擦力矩的存在，使水工弧形钢闸门第3和第4支臂靠近支铰处对角斜支撑的螺栓连接件发生过载失效，导致斜支撑失效，进而其余连接支撑屈曲失效，底端第3和第4支臂绕其弱轴失去支撑，向下弯曲失稳，闸门整体框架产生了严重的变形破坏，而闸门面板仍然完好无损。我国早期建造的部分水库溢洪道及各类水闸中的低水头水工弧形钢闸门也曾多次发生破坏[1-2]。

对国内外水工弧形钢闸门事故调查分析发现，闸门失事的原因较多，如水工结构布置不当、制造安装要求不严、运行管理不当及闸门支臂刚度较差等。从主要破坏特征来看，水工弧形钢闸门失事主要是由于支臂丧失稳定，发生弯扭屈曲，整扇闸门丧失挡水能力而遭受破坏。闸门设计不当，门叶与支臂的刚度分布不合理，主梁与支臂的单位刚度比较大，支臂刚度相对较弱[1,3-5]。同时，水工弧形钢闸门泄流时易受到动水压力作用，主框架产生强烈振动进而导致闸门破坏。现行《水利水电工程钢闸门设计规范》中推荐的分析方法无法精确反映高水头水工弧形钢闸门主框架各构件的结构特征、受力特点及真实工作状态，不能满足高水头水工弧形钢闸门的结构设计要求，常使设计出来的结构过于保守或安全度不够[6]。有时不得不增大构件的刚度，并在主框架上盲目设置大量的辅助支撑结构来保证安全，使整体结构型式复杂笨重，传力路径迂回延长，浪费材料且增大启闭机容量，对土建支承结构也提出了更高的要求，直接影响着高水头水工弧形钢闸门的安全性和经济性。因此，有必要针对高水头水工弧形钢闸门主框架的结构特征及受力特点，改进分析方法，提高闸门的设计水平，提出科学合理的设计方法弥补现有设计方法的不足。

水工弧形钢闸门主框架是主要承载结构，水工弧形钢闸门结构稳定性主要取决于其主框架稳定性[4]。基于此，对水工弧形钢闸门主框架进行稳定性分析，探究水工弧形钢闸门主框架主梁-支臂刚度分布与支臂柱计算长度系数之间的关系，为水工弧形钢闸门主框架结构设计提供合理参考，具有重要意义。在空间主框架平面内或平面外都应考虑柱的稳定性。本章将围绕水工弧形钢闸门主框架的静力稳定问题展开研究，采用结构稳定性分析理论分别对主横梁式门式框架、主横梁式梯形框架及主纵梁式多层三角形框架的稳定性进行分析，对大型水工弧形钢闸门树状支臂框架的静力稳定性进行研究，并对主横梁式门式框架、主横梁式梯形框架及主纵梁式多层三角形框架的屈曲模态、主框架柱的计算长度系数取值进行研究。此外，就王正中提出的水工弧形钢闸门树状支臂稳定性进行分析研究；提出大型树状支臂水工弧形钢闸门这一新型闸门结构构型，根据结构稳定性分析理论建立水工弧形钢闸门树状支臂枝干稳定性分析模型，对枝干屈曲形态进行分析；推导树干、树枝两种屈曲形态的计算长度系数的理论公式，给出相应计算长度系数的实用计算公式，并通过有限元分析验证本书实用计算公式的准确性。

6.2　水工弧形钢闸门主框架的静力稳定性

6.2.1　静力稳定性分析理论

强度、刚度、稳定性是结构设计中的三个核心问题，其中稳定性是钢结构的关键问题。稳定性分析理论是对结构力学中平衡状态稳定性的深入研究，属于结构力学的一个分支。平衡状态有稳定和不稳定两种[7-9]。

1. 稳定性概念和失稳判断准则

常用的平衡稳定性的准则包括静力准则和能量准则[10-11]。

静力准则：结构在满足平衡条件且受到微小扰动偏离平衡位置时，当扰动去除后，由扰动变形产生的指向原平衡位置的恢复力迅速使体系恢复原来位置，则称原平衡是稳定的，为稳定平衡；如果由扰动变形产生的恢复力使偏离越来越大，则称原平衡是不稳定的，为不稳定平衡；如果扰动消失后变形不恢复也不继续偏离，则为中性平衡，即临界状态，此临界状态下原平衡体系受到的荷载称为临界荷载。

能量准则：结构体系的平衡稳定性还可以由体系的总势能 Π 来判别，体系的总势能由应变能 U 和外荷载产生的势能 V 两部分组成。如果体系在微小扰动后变形，总势能增加，原体系总势能具有极小值，则原体系平衡为稳定平衡；总势能减小，原体系总势能具有极大值，则原体系平衡为不稳定平衡；如果总势能不发生变化，则为中性平衡，即临界状态。

静力准则与能量准则在物理意义上是一致的，在判别时，利用总势能的一次变分为零和受微小扰动后建立的静力平衡方程得到同样的结果。

2. 失稳类型

钢结构的失稳类型是多种多样的，按性质可归为平衡分岔失稳、极值失稳、跃越失稳。

1) 平衡分岔失稳

一个完善的无任何缺陷的轴心受压结构体系，或完善的中面内受压的平板，以及理想受弯构件和受压圆柱壳等的失稳，都属于平衡分岔失稳问题。以理想轴心受压构件为例，当端部荷载未达到某一限值时，构件始终保持挺直的稳定平衡状态，构件的截面只承受均匀的压应力，构件处于轴向压缩平衡状态。此时，受横向微小扰动会发生弯曲，但去除扰动后又可恢复原来的直线平衡状态。端部荷载达到限值时，构件将会从原来的轴向压缩直线平衡状态突然转变为弯曲平衡状态，这种现象称为屈曲，或者称为失稳。由于结构的荷载-挠度曲线在同一临界点分岔，出现两个平衡途径，称为平衡分岔失稳，传统上称为第一类稳定问题。

平衡分岔失稳又分为稳定分岔失稳和不稳定分岔失稳两种。若按大挠度理论分析，轴压构件屈曲后，挠度增加时荷载略有增加，不致马上破坏，见图 6-2(a)，屈曲后构件的荷载-挠度曲线为 AB 或 AB'，此时平衡可继续维持，属于稳定分岔失稳。还有一类情况是，构件在屈曲后只能在远比临界荷载低的条件下维持平衡，其荷载-挠度曲线见图 6-2(b)的 *AB* 或 *AB'*。这种失稳现象属于不稳定分岔失稳，也称为有限干挠屈曲。结构在一定小扰动下，在未达到平衡分岔临界荷载之前就可能由屈曲前的稳定平衡跃越到非邻近平衡状态。也就是说，结构实际承受的极限荷载远小于理论上的平衡分岔失稳临界荷载。

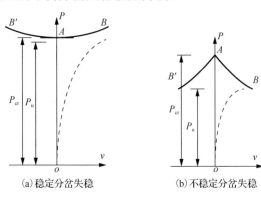

图 6-2　平衡分岔失稳

P_{cr}-临界荷载；P_u-极限荷载；v-挠度

2) 极值失稳

受偏心轴压荷载的构件，初始偏心引起的弯矩使结构产生弯曲变形，挠度随着荷载增加而增大，其荷载-挠度曲线如图 6-3 中的 *OAB* 段所示。当荷载达到 P_u 时，即曲线上的 *A* 点，构件中部截面的边缘纤维应力达到屈服强度，随着塑性区向内扩展，弯曲变形加快，维持平衡的荷载也会相应减小，此时荷载-挠度曲线出现下降段 *BC*，屈曲后结构将不再承载。因此，受偏心轴压构件的临界荷载只存在一个极值点，构件弯曲变形性质没有改变，只是一个渐变过程，此失稳称为极值失稳，也称为第二类稳定问题。

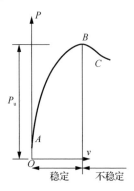

图 6-3　极值失稳

3) 跃越失稳

对于两端铰接较平坦的拱结构，在均布荷载 q 作用下产生一定挠度变形 w，对应图 6-4 中荷载-挠度曲线上升段 OA，到最高点 A 时会突然反拱下垂，产生很大变形，对应曲线中的 AB 段。虽然 BC 段还可上升，但结构已破坏无法使用。这种失稳称为跃越失稳。现实中，扁壳和扁平的网壳结构就有可能发生整体或局部跃越失稳。

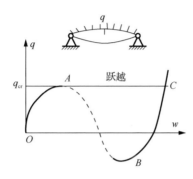

图 6-4　跃越失稳

q_{cr}-坦拱的临界荷载

3. 稳定性问题分析方法

稳定性计算除了要确定临界荷载外，还要明确屈曲后平衡状态的稳定性。稳定性分析方法都是针对变形后(构件失稳前)变形构形来进行的，对于复杂结构还要考虑构件与整体结构的约束连接关系，以及由此产生的局部失稳和整体失稳的耦合关系。由于所研究的变形与荷载之间是一种非线性关系，稳定性分析方法为几何非线性的二阶分析方法，即考虑变形对内力的影响。稳定计算中有简单的理想弹性稳定问题，也有涉及材料非线性、初始缺陷、残余应力等复杂影响因素的弹塑性非线性稳定问题。稳定问题的分析方法如下。

1) 静力法

由静力准则分析结构体系稳定性的方法称为静力法，也称为静力平衡法，是求解结构稳定临界荷载最基本的方法。静力法根据已产生微小变形后结构的受力条件，建立静力平衡方程求解临界荷载。如果静力平衡方程有多个解，则取最小值作为该结构的临界荷载。静力法只能求解出临界荷载，不能对平衡状态稳定性做出判断。由于这种方法是建立在二阶力学分析方法上的，通常可方便地获得临界荷载精确解。

2) 能量法

由能量准则分析稳定性的方法称为能量法。结构处于平衡状态时，总势能必有驻值,可先由总势能对位移一阶变分为零得到平衡方程,再求解分岔临界荷载。按照小变形理论,能量法一般得到的是近似解,精度取决于事先对屈曲后形式失效模式的假定是否合理。能量法用于小挠度理论分析时,可对屈曲后稳定性做出判断。利用总势能对位移的二阶微分是否为正值来确定平衡是否稳定,其实质是最小势能原理。若二阶微分为负,平衡为不稳定的;若为零,结构处于中性平衡。由总势能驻值原理可以求解临界荷载,用最小势能原理可以判断屈曲后稳定性。

4. 杆的稳定性

杆的稳定常包括轴心受压杆件和偏心受压杆件的稳定。实际的钢压杆不可避免地存在初始缺陷,即使是中心受压的杆件,也需要考虑任意方向的初始变形或偶然偏心的影响,都是受压受弯杆件,因此受压受弯杆件的稳定性是钢结构稳定性分析理论中一个具有普遍意义的问题。钢结构中受压受弯杆件的稳定性问题属于极值失稳问题,一般均在弹塑性工作阶段失稳。失稳时弹塑性应变不但沿杆件的横截面变化,而且沿长度方向变化,使得钢压杆的稳定临界荷载分析非常复杂。

两端铰接的挺直轴心受压构件示意图如图 6-5(a)所示,先按照小挠度理论求解中性平衡稳定状态时弹性分岔弯曲临界荷载,即欧拉荷载,再按照大挠度理论得到构件的荷载-挠度曲线,了解其屈曲后性能,见图 6-5(b)中的曲线 2。细长的挺直杆可能在弹性状态屈曲,但粗短和中等长度的杆件可能在弹塑性状态屈曲。因此,需要从理论上阐明切线模量临界荷载和双模量临界荷载,同时还要研究残余应力对轴心受压构件临界荷载的影响。图 6-5(b)中的曲线 3 和 4 分别表示有初始弯曲和初偏心非完善的轴心受压构件的弹性荷载-挠度曲线。有几何缺陷的轴心受压构件由于塑性发展,其荷载-挠度曲线实际上如图 6-5(b)中的曲线 3′和 4′所示,曲线有上升段和下降段,其性质和压弯构件一样属于极值失稳问题,极限荷载需要用数值法确定。当然,轴心受压构件还可能发生扭转屈曲和弯扭屈曲,属于产生空间变位的稳定问题。

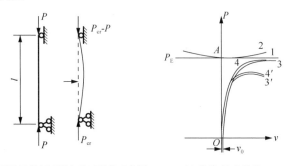

(a)两端铰接的挺直轴心受压构件示意图　　　(b)荷载-挠度曲线

图 6-5　两端铰接的挺直轴心受压构件示意图与荷载-挠度曲线

1) 轴心受压构件的弹性弯曲屈曲

对于如图 6-5(a)所示的两端铰接的挺直轴心受压构件，在外荷载压力的作用下，根据构件屈曲时存在微小屈曲变形的条件，先建立平衡微分方程，而后求解构件的分岔临界荷载。在建立平衡微分方程时有如下假定：①构件是理想的等截面挺直杆；②压力沿构件原来的轴线作用；③材料符合胡克定律，即应力和应变呈线性关系；④构件变形之前的平截面在弯曲变形之后仍为平面；⑤构架的弯曲变形是微小的，曲率可以近似采用变形的二次微分表示，即 $\phi=-y''$。用中性平衡法计算构件的分岔临界荷载时，取如图 6-6 所示的隔离体，与下端距离为 x 处挠度为 y，作用于截面的外弯矩 $M_e=Py$，内力矩即为截面的抵抗力矩 $M_i=EI\phi=-EIy''$，平衡方程是 $M_i=M_e$。

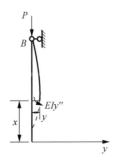

图 6-6　分岔屈曲时的平衡状态

$$EIy'' + Py = 0 \tag{6-1}$$

式中，E 为材料的弹性模量，MPa；I 为截面的惯性矩，m^4。引入符号 $k^2=P/(EI)$，式(6-1)将变为一常系数微分方程

$$y'' + k^2 y = 0 \tag{6-2}$$

式(6-2)的通解为

$$y = A\sin kx + B\cos kx \tag{6-3}$$

式中，未知常数 A、B 和待定值 k，有两个独立的边界条件 $y(0)=0$ 和 $y(l)=l$，以此代入式(6-3)后得

$$\begin{cases} B = 0 \\ A\sin kl = 0 \end{cases} \tag{6-4}$$

满足式(6-4)的解有两个。平凡解 $A=0$，说明构件仍处于挺直状态，不符合构件已处在微小弯曲状态的原假设，因此只有非平凡解。因为 $A\neq0$，所以

$$\sin kl = 0 \tag{6-5}$$

由于图中轴心受压构件是一个多自由度的弹性杆，满足上式的解有 $kl=\pi$，2π，$\cdots$，$n\pi$，由 $k^2=P/(EI)$ 得到

$$P = n^2\pi^2 EI / l^2 \tag{6-6}$$

式中，$n=1$ 使构件具有中性平衡状态时的最小荷载，即分岔临界荷载 P_{cr}，又称为欧拉荷载 P_E。将 $B=0$ 和 $k=\pi/l$ 代入式(6-3)中，可以得到构件屈曲后的挠度曲线为一正弦曲线的半波，曲线表示为

$$y = A\sin\frac{\pi x}{l} \tag{6-7}$$

式中，A 仍为未知常数。

按照最小变形理论，在建立平衡方程时曲率近似地取为变形的二阶导数。因此，求解后只能得到构件屈曲后变形的形状，而不能得到构件任一点的挠度。对于其他边界条件的轴心受压构件，也可以根据边界条件画出计算简图，进一步建立微分方程求解。

2) 偏心受压构件的稳定性

同时承受轴向力和弯矩的构件，称为偏心受压构件。在实际工程中，理想的轴心受压构件是不存在的。当构件以轴心受压为主时，虽然实际上存在初弯曲和荷载的初偏心，但其引起的弯矩很小，称为轴心受压构件。当构件以受弯为主，而轴向力很小时，便称为梁。当构件轴向力和弯矩同时存在且二者都是主要内力时，称为偏心受压构件。偏心受压构件既有弯矩又有轴向力，其性质介于梁与柱之间的构件，称为梁柱。

常见的偏心受压构件的破坏形式有弯矩作用平面内失稳、弯矩作用平面外失稳、翼缘和腹板的局部失稳等[12]。本小节主要讨论偏心受压构件在弯矩作用平面内的稳定性。目前，国内外有很多种计算偏心受压构件在弯矩作用平面内稳定性的方法，在弹性工作阶段采用边缘屈服准则的计算方法，即认为当偏心受压构件边缘纤维的最大压应力达到材料的屈服点时，该构件达到极限状态；在弹塑性阶段采用压溃理论的计算方法，即认为当偏心受压构件的最大荷载达到压溃荷载(通常称为临界荷载)，构件就达到最大承载能力而丧失稳定；根据相关公式计算和准则，即根据偏心受压构件的轴向力与弯矩之间相关的最大强度条件来判断是否失稳，此外还有简化计算方法。

偏心受压构件同时承受轴向力和弯矩作用，因此称为压弯构件。当弯矩作用在一个对称平面内时，称为单向压弯构件；当弯矩作用偏离对称平面时，称为双向压弯构件。单向压弯构件的稳定有两种类型。①若压弯构件在垂直于弯矩作用平面有足够的侧向支撑，在施加荷载的过程中，压弯构件便在弯矩作用平面内产生弯曲变形，其荷载-挠度曲线如图 6-7 所示。如果材料为无限弹性，荷载-挠度曲线为 OAB，当荷载趋于临界荷载时，位移将趋于无穷大；如果材料为理想弹塑性，荷载-挠度曲线为 OACD，其中 OAC 段是稳定的，CD 段是不稳定的，当荷载达到该曲线极值点 C 的对应极限荷载时，构件在弯矩作用平面内丧失稳定，称

为压溃。因此，压弯构件在弯矩作用平面内的稳定极限荷载又称为压溃荷载。
②如果压弯构件在侧向没有足够的支撑，构件不仅在弯矩平面内发生变形，也可能在弯矩平面外发生变形。产生侧向弯曲和扭转，使构件在未达到弯矩作用平面内的极限荷载时已发生失稳，如图 6-7 中的 *OEF* 曲线所示，属于弯矩作用平面外的稳定问题，又称弯扭失稳，此时的承载力称为弯矩作用平面外的稳定临界荷载。

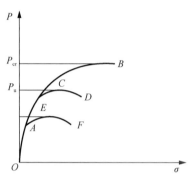

图 6-7　压弯构件的荷载-挠度曲线

偏心受压构件在弹性阶段按边缘屈服准则的方法计算，实质是以应力问题的形式来求解稳定性问题，其缺点是没有考虑弹塑性阶段的承载能力，因此设计结果偏于保守。在过去的工程设计中，也有按照压溃理论来确定偏心受压构件临界荷载的，并以此作为构件的极限荷载。该方法的优点是利用了钢材的塑性性能，计算结果比较经济；缺点在于计算复杂，表格繁多，不便于应用。我国钢结构设计规范以相关公式来确定偏心受压构件整体稳定性的承载力。相关公式确定的承载力又称为联合作用力，它既考虑轴向力又考虑弯矩作用，其承载能力小于构件分别单独承受轴向力或弯矩时的承载力。相关公式是通过理论研究得到的估算轴向力与弯矩联合作用时的计算公式，并经数值分析和试验验证。因此，这种计算方法是一种半理论半经验公式。下面先考虑弹性阶段的相关公式，然后再引出弹塑性阶段的相关公式。根据偏心受压构件边缘屈服准则，偏心受压构件在弹性阶段的稳定性计算按构件中最大压应力达到屈服点作为设计准则，其设计公式为

$$\frac{P}{A}+\frac{1}{W}\times\frac{C_{\mathrm{m}}M_{\mathrm{q}}+Pa_{0}}{1-\alpha}\leqslant\sigma_{\mathrm{i}} \tag{6-8}$$

若偏心受压构件无初始缺陷，则式(6-8)中的缺陷系数 a_{0} 为零，再取 $C_{\mathrm{m}}\approx1$，这样式(6-8)可以改写为

$$\frac{P}{A}+\frac{1}{W}\times\frac{M_{\mathrm{q}}}{1-\alpha}\leqslant\sigma_{\mathrm{i}} \tag{6-9}$$

式(6-9)两端同除以 σ_i 得到

$$\frac{P}{A\sigma_i} + \frac{1}{W\sigma_i} \times \frac{M_q}{(1-\alpha)\sigma_i} \leqslant 1.0 \tag{6-10}$$

或

$$\frac{P}{P_i} + \frac{M_q}{M_i(1-\alpha)} \leqslant 1.0 \tag{6-11}$$

式中，P 为轴向力与弯矩联合作用时的轴心荷载，N；P_i 为仅有轴向力时受压构件的极限荷载，N，$P_i = A\sigma_i$；M_q 为由横向荷载或偏心压力产生的最大弯矩，N·m；M_i 为仅有弯矩作用时构件的弹性极限弯矩，N·m，$M_i = W\sigma_i$；W 为截面模量；σ_i 为受压构件应力；$\dfrac{1}{(1-\alpha)}$ 为由于轴心荷载 P 的存在，最大弯矩 M_q 增大的系数，$\dfrac{1}{(1-\alpha)} = \dfrac{1}{(1-P/P_E)}$。

当偏心受压构件进入弹塑性阶段工作时，必须考虑两个条件：当 $M=0$ 时，$P=P_u$，P_u 为轴心受压构件的临界荷载；当 $P=0$ 时，$M=M_u=W_P\sigma_i$，M_u 为塑性铰弯矩，W_P 为抵抗矩。现用 P_u 和 M_u 代替式(6-11)中的 P_i 和 M_i，则得到偏心受压构件在弹塑性阶段的相关公式为

$$\frac{P}{P_u} + \frac{M}{M_u(1-\alpha)} \leqslant 1.0 \tag{6-12}$$

式中，P 为轴向力与弯矩联合作用下偏心受压构件破坏时的轴心荷载，N；P_u 为仅有轴向力时受压构件的极限荷载，即屈曲荷载，N；M 为轴向力与弯矩联合作用下构件破坏时的最大弯矩，N·m；M_u 为仅有弯矩作用时构件接截面的塑性铰弯矩，N·m。

如果偏心受压构件两端的弯矩不相等，且 $M_1 \geqslant M_2$，则可用 M_1 乘以等效弯矩系数 C_m，从而得到相关公式的最后形式如下：

弹性阶段偏心受压构件的相关公式为

$$\frac{P}{P_i} + \frac{C_m M_i}{M_i(1-\alpha)} \leqslant 1.0 \tag{6-13}$$

弹塑性阶段偏心受压构件的相关公式为

$$\frac{P}{P_u} + \frac{C_m M_i}{M_u(1-\alpha)} \leqslant 1.0 \tag{6-14}$$

式中，$\dfrac{C_m}{1-\alpha}$ 为弯矩增大系数；C_m 为等效弯矩系数。

绘制 P/P_u 与 M/M_u 的关系曲线，如图 6-8 所示，图中的实线代表式(6-13)～式(6-14)，实线附近的矩形点表示矩形截面用近似解获得的压溃荷载，圆形点表示工字形钢梁用数值积分法获得的压溃荷载，三角形点为铝合金管构件按试验获得

的压溃荷载。这充分证明，偏心受压构件按理论分析和试验结果的破坏荷载与该曲线基本相符。图 6-8 中虚线为相关方程的雏形，表示在弯矩和轴向力共同作用下，必须符合 $P/P_u<1$，$M/M_u<1$，从而得到二者的关系曲线必须通过(1, 0)，(0, 1)两点，其关系式即虚线表示的相关方程应为 $P/P_u+M/M_u=1.0$。

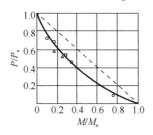

图 6-8　P/P_u 与 M/M_u 的关系曲线

6.2.2　计算假定及计算模型

1. 水工弧形钢闸门主框架结构型式

水工弧形钢闸门是水利水电工程中的主要结构物，它是由门叶结构(面板和梁格系统)和主框架(主梁和柱)两部分组成的一个复杂的空间结构。水工弧形钢闸门空间框架的结构型式如图 6-9 所示，水工弧形钢闸门根据主梁的布置可分为主横梁式和主纵梁式。对于宽高比较大的水工弧形钢闸门，宜采用主横梁式结构，主横梁式水工弧形钢闸门的主梁为水平放置，主横梁与左右两个支臂构成主框架。

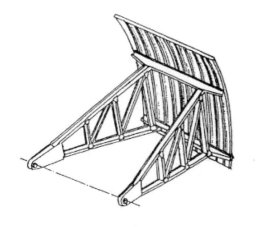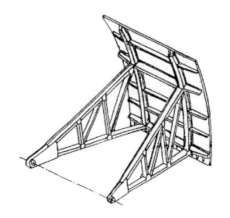

(a) 主横梁式水工弧形钢闸门结构　　　　　　　(b) 主纵梁式水工弧形钢闸门结构

图 6-9　水工弧形钢闸门空间框架的结构型式

水工弧形钢闸门主框架一般有下列四种型式。

(1) 主横梁式门式框架支臂方向与主梁正交[图 6-10(a)]。主框架主梁可为实腹式或桁架式，支臂常用实腹截面。

(2) 主横梁式梯形框架支臂与主梁斜交[图 6-10(b)]。这种主框架的主梁两端为悬臂，主梁的跨度较小。在两端悬臂上的荷载会产生负弯矩，可以有效减小主梁跨中部分的正弯矩，因此主梁有可能采用高度不大的组合梁。这样不仅可节约主梁材料，而且也相应减小了闸门横向连接系的高度，使整个闸门的自重较小。因此，这种型式的闸门在水利工程中得到了广泛应用。

(3) 带悬臂的主横梁式门式框架[图 6-10(c)]。这种主框架的优点是构造简单，各个构件的弯矩都很小。不少潜孔式钢闸门采用这种型式，但是一般水闸中采用这种型式的闸门需在跨中另设门墩，对水流不利。

(4) 主纵梁式框架[图 6-10(d)]。主纵梁式水工弧形钢闸门的主梁为竖直放置。主纵梁与上下两个支臂杆构成主框架。对于孔口宽高比较小的水工弧形钢闸门，可采用主纵梁式框架型式。

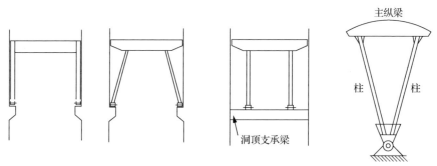

(a)主横梁式门式框架　(b)主横梁式梯形框架　(c)带悬臂的主横梁式门式框架　(d)主纵梁式框架

图 6-10　水工弧形钢闸门主框架型式

2. 计算假定

为了便于研究，本书将空间水工弧形钢闸门简化为平面钢框架。经济合理的框架设计，应使框架所有柱同时失稳。水工弧形钢闸门主框架结构、荷载及约束的对称性，满足所有柱同时失稳条件的弹性稳定，与框架的任一柱的弹性稳定有等价关系。因此，框架结构的弹性稳定可近似转化为框架柱的稳定计算，而框架柱的弹性临界力即为框架整体弹性失稳时该框架柱承受的轴力。这样，水工弧形钢闸门框架结构的弹性稳定性分析问题就可转化为框架柱的长度计算问题。为了计算框架整体稳定的简便，对其计算模型进行以下计算假定：①材料是完全弹性体；②框架只在节点上承受竖向荷载及弯矩，主梁上有均布荷载，忽略梁、柱的剪切变形影响；③在进行静力稳定性分析时不计柱的轴向压缩变形；④不计框架屈曲时横梁的轴向力；⑤框架中所有柱子同时失稳；⑥柱截面为双轴对称，弯曲中心与截面形心重合，屈曲时不发生扭转；⑦柱纵向弯曲的挠度微小，因此小挠度压杆的曲率半径 ρ 可近似地用 $\dfrac{1}{\rho} \approx \dfrac{\mathrm{d}^2 u}{\mathrm{d}z^2}$ 表示，u 为位移；⑧当发生无侧移对称屈曲时，横梁两端转角的大小相等且方向相反，当发生有限侧移反对称屈曲时，横梁两端转角大小相等且方向相同。

在上述假定下发生的屈曲，可认为是理想的小挠度压杆弹性屈曲。

3. 计算模型

1) 水工弧形钢闸门的计算模型

本小节只研究框架平面内发生弯曲屈曲的稳定问题。在框架平面内，框架的失稳屈曲形式必须针对框架的组成和荷载作用的条件进行分析。因组成条件不同，框架在失稳时其柱有两种屈曲形式，一种是无侧移对称屈曲，另一种是有限侧移反对称屈曲，模态如图 6-11 所示。通常情况下，有限侧移反对称屈曲的临界力较对称屈曲小，对框架的稳定性起控制作用。

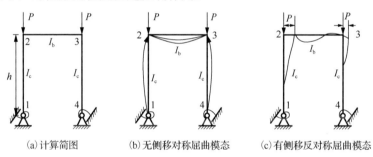

(a) 计算简图　　　　(b) 无侧移对称屈曲模态　　　　(c) 有侧移反对称屈曲模态

图 6-11　框架失稳屈曲形式

2) 支臂的计算模型

水工弧形钢闸门的失稳主要是支臂的动力失稳引起的，因此需要对支臂进行动力稳定性分析。简化后的支臂杆受到闸门支铰和主横梁的约束，横梁对支臂的约束既限制了支臂节点横向的平动，又对其转动自由度有很强的约束。这样的约束实际上是弹性约束，考虑弹性约束势必使问题变得复杂，在实际近似计算中不宜采用这种弹性约束，而将这种约束简化为铰支座或者固定支座进行计算。从理论上分析，当采用固定支座时，其约束将比实际情况强，使计算出的自振频率比实际情况偏高；当采用铰支座时，其约束将比实际情况弱，使计算结果比实际情况偏低。考虑到设计上总是希望闸门的基本自振频率高于水流脉动主频率，计算结果偏低是更为安全的。因此，本书将构件的弹性约束简化为铰支座，以斜支臂框架为例，图 6-12 为支臂的计算模型简图。

3) 斜支臂框架的计算模型

由主横梁和支臂构成的斜支臂框架在垂直于框架平面的方向(竖向)受到其他构件很强的约束，因此，在对斜支臂框架进行动力计算时，可以只考虑其在框架平面内的振动，即把斜支臂框架简化为平面框架进行计算。对于斜支臂平面框架，主要受支铰和侧向支承导轮的约束。在空间状态下，闸门支铰约束了该节点的五个自由度，只允许绕支铰的销轴转动。简化为平面问题以后，该约束成为平面内的固定铰支座。主横梁两端的侧向支承导轮限制了横梁轴向的平动，可以简化为铰支座。经过这些处理后的斜支臂框架计算模型简图如图 6-13 所示。

 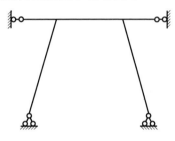

图 6-12　斜支臂框架计算模型简图　　　　图 6-13　简化后的斜支臂框架计算模型简图

6.3　水工弧形钢闸门横向框架静力稳定性分析

对于主横梁式门式框架，主框架平面内柱的稳定性是很重要的。对于主纵梁主框架，主框架平面内和平面外都应考虑柱的稳定性。

6.3.1　主横梁式门式框架静力稳定性分析

对于水工弧形钢闸门主横梁式门式框架，为了计算框架整体稳定的简便，对其计算模型的假定同 6.2 节相同，此处不再赘述[4,13-14]。

主横梁式门式框架在横梁上承受均布荷载(水压力)。根据研究可知，在临界荷载范围内可将均布荷载化为作用在柱上的集中荷载，有限侧移屈曲框架模型如图 6-14(a)所示。由于侧轮与侧墙之间有间隙，并且止水橡皮可以产生压缩变形，框架可能产生侧移屈曲，其失稳的临界荷载小于对称屈曲的临界荷载。侧止水橡皮的压缩是有限的，且侧轮与侧墙的间隙也是按照设计、安装需要确定出来的，因此上述框架产生的侧移屈曲为有限侧移，并非一般的自由侧移。根据两侧止水橡皮的接触情况，屈曲柱的变形可表示为对称模型和反对称模型两种，分别如图 6-14(b)和(c)所示。图中 $r_1\theta_1$ 和 $r_2\theta_2$ 分别为柱底端和顶端的抗弯力矩，$t=T\delta$ 为止水橡皮的弹性抗力，r_1 和 r_2 为相应的弹性系数。

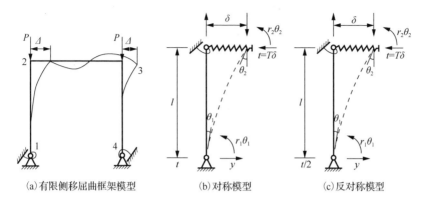

(a)有限侧移屈曲框架模型　　　(b)对称模型　　　(c)反对称模型

图 6-14　主横梁式门式框架及屈曲柱计算简图

P-荷载；Δ-侧移位移；l-柱长；δ-偏移微小位移；θ_1，θ_2-偏转角度；T-弹簧的弹性系数

1. 横向框架屈曲方程静力法计算

假定钢材处于弹性阶段，按可能出现的最不利的有限侧移反对称屈曲来推导稳定方程[图 6-14(c)][15-16]。

柱的平衡微分方程为

$$EI_c \frac{\mathrm{d}^2 v}{\mathrm{d}z^2} + M = 0 \tag{6-15}$$

式中，I_c 为柱的惯性矩；v 为 y 方向的位移。柱上任意截面 z 处的弯矩 M 为

$$M = r_2\theta_2 + \frac{t}{2}(l-z) - P(\delta - v) \tag{6-16}$$

将式(6-16)代入式(6-15)，并引入 $t=T\delta$，$P/EI_c=k^2$，得

$$\frac{\mathrm{d}^2 v}{\mathrm{d}z^2} + k^2 v = 0.5 \frac{T\delta}{EI_c} z + \frac{P - 0.5Tl}{EI_c} - \frac{r_2\theta_2}{EI_c} \tag{6-17}$$

式(6-17)为二阶线性齐次微分方程，通解为

$$v = A_1 \cos kz + A_2 \sin kz + \frac{0.5T\delta}{P} z + \left(1 - \frac{0.5Tl}{P}\right)\delta - \frac{r_2\theta_2}{P} \tag{6-18}$$

根据边界条件：当 $z=0$ 时，$v=0$，$\dfrac{\mathrm{d}v}{\mathrm{d}z}=\theta_1$；当 $z=l$ 时，$v=\delta$，$\dfrac{\mathrm{d}v}{\mathrm{d}z}=\theta_2$。

整个柱的平衡条件为

$$r_1\theta_1 + r_2\theta_2 + \frac{tl}{2} - P\delta = 0 \tag{6-19}$$

将式(6-19)展开可以得到稳定方程

$$\left\{ (kl)^5 - \left(R + R_1 R_2\right)(kl)^3 + \left[R_1 R_2 - \left(R_1 - R_2\right)\right]Rkl\right\}\sin kl = 0 \tag{6-20}$$

$$\left[\left(R_1 + R_2\right)(kl)^4 - \left(R_1 + R_2\right)R(kl)^2 - 2R_1 R_2 R\right]\cos kl - 2R_1 R_2 R = 0 \tag{6-21}$$

$$(kl)^5 = \frac{P_{cr}l^2}{EI_c} \tag{6-22}$$

$$\begin{cases} R_1 = 0.5\dfrac{r_1 l}{EI_c} \\[2mm] R_2 = 0.5\dfrac{r_2 l}{EI_c} \end{cases} \tag{6-23}$$

$$R = 0.5\frac{Tl^3}{EI_c} = R_b \tag{6-24}$$

式(6-16)～式(6-24)中，I_c 为柱的惯性矩，m^4；l 为柱的柱长，m；E 为钢材的弹性模量，MPa；R_1 为柱底端支撑刚度；R_2 为柱顶端支撑刚度；R 为支撑刚度；R_b 为计算支撑刚度。

当框架产生反对称屈曲时，柱顶抗弯力矩 $M = r_2 \theta_2$ 应按反对称屈曲确定。此时，$r_1 = M/\theta_2 = 6EI_b/b$，$R_2 = 6(EI_b/b)/(EI_c/l)$，其中 I_b 为主横梁的惯性矩，b 为主横梁的跨度，$K_b = (EI_b/b)/(EI_c/l)$，为梁与柱的单位刚度比，又由 $kl = \pi/\mu$，则稳定方程可简化为

$$\tan\frac{\pi}{\mu} = \frac{\dfrac{R\mu}{\pi} - \dfrac{\pi}{\mu}}{\dfrac{R}{(\pi/\mu)^2} + \dfrac{R}{R_2} - \dfrac{(\pi/\mu)^2}{R_2}} \tag{6-25}$$

式中，$\pi/\mu = (P_{cr}l^2/EI_c)^{1/2}$；$\mu$ 为柱的计算长度系数。

当框架产生无侧移对称屈曲时，相当于侧止水橡皮的弹性系数 $T \to \infty$，则 $R \to \infty$，一般水工弧形钢闸门支铰可认为是铰接，则 $R_1 = 0$，$R_2 = 2(EI_b/b)/(EI_c/l) = 2K_b$。因此，稳定方程为

$$\tan\frac{\pi}{\mu} = \frac{2K_b \times \dfrac{\pi}{\mu}}{2K_b + \left(\dfrac{\pi}{\mu}\right)^2} \tag{6-26}$$

根据式(6-26)求得，μ 为 0.7～1.0，即当 $K_b \to \infty$ 时，$\mu = 0.7$；当 $K_b = 0$ 时，$\mu = 1.0$。如果没有侧墙，即无弹性抗力，则稳定方程为

$$\tan\frac{\pi}{\mu} = \frac{\left(R_1 + R_2\right) \times \dfrac{\pi}{\mu}}{\left(\dfrac{\pi}{\mu}\right)^2 - R_1 R_2} \tag{6-27}$$

当柱底端为铰接，即 $R_1=0$，反对称屈曲模型 $R_2=6K_b$，则式(6-27)变为

$$\frac{\pi}{\mu}\tan\frac{\pi}{\mu} = 6K_b \tag{6-28}$$

当柱底端为固接，即 $R_1 \to \infty$，$R_2=6K_b$，则有

$$\frac{\pi}{\mu}\cot\frac{\pi}{\mu} = -6K_b \tag{6-29}$$

式(6-28)和式(6-29)为铰接柱脚门式框架稳定方程和固接柱脚门式框架稳定方程。

综上所述，稳定方程为单层单跨框架柱的通用稳定方程，适用于无侧移、自由侧移、有限侧移的部分侧移，柱两端为铰接、固接、弹性约束等情况。

2. 横向框架柱屈曲方程能量法计算

根据能量法、势能驻值原理及里茨法建立有限侧移反对称屈曲框架柱计算长度系数实用公式，可移动弹簧铰构件计算简图如图 6-15 所示。

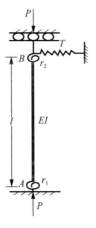

图 6-15　可移动弹簧铰构件计算简图

有限侧移框架柱计算长度系数实用方法的应变能表达式为

$$U = \int_0^1 \frac{EI}{2}\left(y''\right)^2 \mathrm{d}x + \frac{1}{2}r_1\theta_1^2 + \frac{1}{2}r_2\theta_2^2 + \frac{1}{2}T\delta^2 \tag{6-30}$$

式中，$r_1\theta_1$ 和 $r_2\theta_2$ 分别为柱脚和柱顶的抗力矩，N·m；r_1 为柱脚支座抗弯弹性系数；r_2 为柱顶支座抗弯弹性系数；T 为柱顶支座抗侧移弹性系数。

主弯矩对有限侧移反对称框架临界荷载的影响很小，常可忽略不计，故外力势能表达式为

$$V = -W = -\frac{P}{2} \int_0^l (y')^2 \, \mathrm{d}x \tag{6-31}$$

根据能量原理及势能驻值原理，可得系统总势能为

$$\Pi = U + V \tag{6-32}$$

$$\delta \Pi = 0 \tag{6-33}$$

根据计算模型假设，主横梁式门式框架柱的约束为柱下端弹性铰接约束，上端为有限侧移弹性铰接约束，如图 6-15 所示，满足水工弧形钢闸门主框架柱端约束的挠屈曲线可假定为

$$y = c_1 \sin\frac{\pi z}{l} + c_2 \sin\frac{\pi z}{2l} \tag{6-34}$$

式中，计算系数 c_1、c_2 为常数。

经验证，式(6-31)满足柱脚弹性铰支柱端有限侧移弹性铰约束的模型假设约束条件。

根据现行钢结构设计规范简化 $R_1 = r_1 l/(EI)$，$R_2 = r_2 l/(EI)$，$R = Tl^3/(EI)$，参数 $K_\mathrm{p} = P/EI$，将式(6-34)代入式(6-30)和式(6-31)，化简后为

$$(kl)^4 - a(kl)^2 + b = 0 \tag{6-35}$$

式中，$a = 10.72 + 2.81R_1 + 2.44R_2 + 0.99R$；$b = 8.31 + 9.67R_1 + 6.02R_2 + 9.77R + 1.98R_2R + 4.88R_1R_2 + 1.98R_1R$。

$$\mu = \frac{\pi}{l} \sqrt{\frac{EI_\mathrm{c}}{P_\mathrm{cr}}} \tag{6-36}$$

由式(6-35)解得

$$kl^2 = \frac{a - \sqrt{a^2 - 4b}}{2} \tag{6-37}$$

则计算长度系数可表达为

$$\mu = \frac{\pi}{kl} = \frac{\sqrt{2}\pi}{\sqrt{a - \sqrt{a^2 - 4b}}} \tag{6-38}$$

式(6-38)即为水工弧形钢闸门主横梁式门式框架柱计算长度系数的实用公式。

6.3.2　水工弧形钢闸门主框架柱的计算长度系数

水工弧形钢闸门主框架是主要的承载结构，根据设计水头、孔口尺寸不同可分为主纵梁式、主横梁式及空间框架式三类，其中主横梁式又细分为门式框架和梯形框架。对于宽高比较小的水工弧形钢闸门，宜采用主纵梁式框架结构来进行设计，主横梁式框架结构则适用于宽高比较大的水工弧形钢闸门。

　　由于早期水工弧形钢闸门设计理论与设计规范不完善，低水头水工弧形钢闸门失事时有发生。何运林等[7]基于弹性稳定理论，结合大量工程资料，在不同构造和支承的情况下，对水工弧形钢闸门支臂进行了理论研究和计算，提出了支臂在各种情况下计算长度系数的可选范围。其研究结果如表 6-1 所示。

表6-1　计算长度系数 μ 的推荐取值

水工弧形钢闸门类别	杆端情况	侧移性质	推荐取值
主横梁式圆柱铰支	上端-弹性支承 下端-弹性支承	约束侧移	1.0～1.1
主横梁式圆柱	上端-弹性支承 下端-近似铰接	约束侧移	1.2～1.5
主横梁式球铰	上端-弹性支承 下端-理想铰接	约束侧移	1.3～1.5

　　随后，何运林[2-3]对 20 座失事水工弧形钢闸门进行分析，发现大多数失事水工弧形钢闸门于 1978 年前设计时执行的是 1964 年的规范，失事的根本原因在于设计采用的计算长度系数不一致。虽然许多学者对框架和柱的稳定性进行了研究，但由于构造和边界条件的差异，与实际工程还有一定的区别。前文提及的推荐计算长度系数适用于主横梁式门式框架，不能应用于梯形框架中。基于此，何运林[7]应用有限元法对该问题进行了进一步研究，从而揭示了止水弹性系数 T_s 与梁柱单位刚度比 K_b 对水工弧形钢闸门梯形框架柱的计算长度系数和临界荷载的影响及规律。分析过程及结论简述如下。①采用有限元法对水工弧形钢闸门主横梁式梯形框架的稳定性进行研究，单元划分中将两侧止水橡皮视为两个弹簧单元。研究中根据 K_b 和 T_s 的不同取值，共分析了 160 组框架的屈曲模型，其中大多数模型为反对称屈曲。②计算长度系数随着止水弹性系数及梁柱单位刚度比的变化而变化，止水弹性系数越小，计算长度系数越大；梁柱单位刚度比越小，计算长度系数越大。当梯形框架无侧移，将产生对称屈曲，计算长度系数为 0.7～1.0；当梯形框架存在侧向约束时，将产生反对称屈曲，计算长度系数较大；当止水弹性系数为 0 时，将获得最大计算长度系数。以 $K_b=4$ 为例，当 $T_s=0$ 时，$\mu_{max}=1.565$。③梯形框架柱的临界荷载 P_{cr} 随着止水弹性系数与梁柱单元刚度比的变化而变化。止水弹性系数越大，框架柱的临界荷载也越大，当 $T_s \geq 1234 \mathrm{kg/cm}$ 时，所研究的典型水工弧形钢闸门梯形框架柱的临界荷载达到最大值，这是因为此时框架产生反对称屈曲。K_b 越大，临界荷载 P_{cr} 也越大，当 K_b 在 10 左右时，P_{cr} 接近最大值。

　　现行规范[6]水工弧形钢闸门框架柱的屈曲模态分为无侧移屈曲模态与有侧移屈曲模态，这是两类性质不同的失稳形式。传统的无侧移屈曲与有侧移屈曲为框架柱屈曲的两个极端(限)状态，实际工况的框架柱的屈曲属于在一定抗侧刚度下的屈曲，其屈曲模态介于无侧移和有侧移这两种极端状态之间，为有限侧移的屈曲模态。根据水工弧形钢闸门主横梁式门式框架的构造特征及现行规范[6]的规定，水工弧形钢闸门主横梁式门式框架的屈曲模态为弱支撑框架有限侧移反对称屈曲。任意抗侧刚度下框架柱的计算长度系数，介于无侧移和有侧移这两种极端情况下的框架柱计算长度系数之间，为有限侧移的屈曲模态。水工弧形钢闸门主框架柱的屈曲就是这种模态。任意抗侧刚度下的有限侧移框架的稳定方程为超越方程，不能直接求解，只能采用试算法或图表法确定计算长度系数。试算法运算量大且图表法精度不够，本小节将讨论一种近似计算水工弧形钢闸门主框架柱计算长度系数的方法，以便工程实际应用。

1. 水工弧形钢闸门主框架计算长度系数的近似计算公式

由主横梁式门式框架的稳定方程

$$(u^4 - R - 6K_1)u^2 \tan u + 6K_1(u^2 - R)(\tan u - u) = 0 \tag{6-39}$$

当 K_1 给定时，随着支撑刚度从零开始增加，临界荷载增加，柱子的计算长度系数随有限侧移框架的计算长度系数 μ_0 减小。当支撑刚度增加到一定值时，由式(6-39)确定的主横梁式门式框架的临界荷载将大于无侧移失稳框架的临界荷载，表示屈曲将由无侧移失稳控制。将根据式(6-39)求解得到临界荷载相同时对应的支撑刚度为门槛刚度，记为 R_{TH}。由 $u_1 = \pi/\mu_1$，则有

$$R_{\text{TH}} = \frac{u_1^4 \tan u_1 - 6K_1 u_1^3}{u_1^2 \tan u_1 + 6K_1(\tan u_1 - 6K_1 u_1)} \tag{6-40}$$

临界荷载与支撑刚度的关系，采用数据拟合得到如下公式：

$$P = P_{\text{cr0}} + (P_{\text{cr0}} - P_{\text{cr0}})\left(\frac{R}{R_{\text{TH}}}\right)^{\left[1+\left(\frac{R}{R_{\text{TH}}}\right)0.7K_1\right]^{-1/2}} \tag{6-41}$$

由式(6-41)得到计算长度系数 μ 的表达式：

$$\frac{1}{\mu^2} = \frac{1}{\mu_0^2} + \left(\frac{1}{\mu_1^2} - \frac{1}{\mu_0^2}\right)\left(\frac{R}{R_{\text{TH}}}\right)^{\left[1+\left(\frac{R}{R_{\text{TH}}}\right)0.7K_1\right]^{-1/2}} \tag{6-42}$$

式中，μ_0 为由有限侧移单跨框架稳定方程确定的柱计算长度系数，μ_1 为无侧移单跨框架稳定方程确定的柱计算长度系数，分别表示如下：

$$\mu_0 = 2\sqrt{1 + \frac{0.38}{K_1}} \tag{6-43}$$

$$\mu_1 = \frac{1.4K_1 + 3}{2K_1 + 3} \tag{6-44}$$

2. 有限侧移反对称屈曲模态框架柱实用计算公式

采用能量法推导得到的式(6-38)实质上为有限侧移反对称屈曲模态框架柱计算长度系数的实用计算公式。另外，根据式(6-38)可推导出一个新的有限侧移反对称屈曲模态框架柱计算长度系数的实用计算公式。

根据有限侧移屈曲柱端约束条件，令 $R=0$，代入(6-35)得

$$\begin{cases} a_{有限侧移} = 10.72 + 2.81R_1 + 2.44R_2 \\ b_{有限侧移} = 8.31 + 9.67R_1 + 6.02R_2 + 4.88R_1R_2 \end{cases} \tag{6-45}$$

将式(6-45)代入式(6-38)，可直接计算有限侧移反对称屈曲模态框架柱计算长度系数。

当 $R_1=0$ 时，主框架梁柱单位刚度比 K_b 在常用工程范围内(取值为 $1\sim10$)，式(6-38)计算误差不是很大，最大误差为 1.9%，当 K_b 太小时，误差较大。当 R_1 较小时，式(6-38)的计算误差可以满足工程精度要求。

参数 R_1、R_2、R 的合理确定对式(6-38)的使用关系重大，参数 R_1、R_2、R 的确定与系数 r_1、r_2 有关。当柱脚采用球铰时，视为铰接；当采用圆柱铰时，一部分视为铰接，一部分视为弹性支撑。有限元计算结果显示，两种不同柱铰支撑条件对支臂临界荷载几乎没有影响。一般水工弧形钢闸门支铰处可认为是铰接，$r_1=0$，即 $R_1=0$；主框架柱与横梁为刚性连接，屈曲模态为反对称屈曲，$r_2=6EI_b/l_b$，即 $R_2 = \dfrac{6EI_b/l_b}{EI_c/l_c}$，$K_b = \dfrac{EI_b/l_b}{EI_c/l_c}$ 为梁与柱的单位刚度比；R 可在实际止水橡皮弹簧刚度系数确定后计算，也可参考规范图表得到。

3. 算例及精度分析

水工弧形钢闸门两侧止水弹簧起作用时 $R=9.8343$，一侧止水弹簧起作用时 $R=4.9172$，$R_1=0$，$R_2=6K_b$，分别计算 $K_b=4$ 时柱的计算长度系数。现行《水利水电工程钢闸门设计规范》(SL 74—2019)[6]推荐主横梁式门式框架水工弧形钢闸门支臂计算长度系数取值范围为 $1.2\sim1.5$。

将 R、R_1、R_2 分别代入式(6-36)，计算得 a、b 后代入式(6-38)，使用本小节公式及现行规范《水利水电工程钢闸门设计规范》(SL 74—2019)[6]中精确计算公式(以下简称精确值)计算得到的两类主横梁式门式框架水工弧形钢闸门支臂计算长度系数见表6-2。

表6-2　两类主横梁式门式框架水工弧形钢闸门支臂计算长度系数

R	μ		误差	
	精确值 (最大值)	本书公式 计算值	本书公式计算值 与精确值误差	现行规范推荐值与精确值误差
9.8343	1.001	0.972	-2.90%	19.88%~49.85%
4.9172	1.255	1.240	-1.20%	-4.38%~19.52%

通过大量算例分析，式(6-38)在工程实用水工弧形钢闸门主框架梁柱单位刚度比 K_b 为 4～10 的常用范围内，计算柱的计算长度系数与精确值最大误差为-3.7%，精度满足工程要求；式(6-38)对单层单跨柱脚铰接、柱顶刚接框架柱的计算长度系数的计算精度，在 K_b 为 1～20 的常用范围内满足工程要求。当水工弧形钢闸门主框架柱的柱顶为一侧弹簧起作用时，计算精度在 K_b 为 1～20 的常用范围内可达到工程精度要求；当水工弧形钢闸门主框架柱的柱顶为两侧弹簧起作用时，本书公式计算误差偏大，但在 K_b 为 4～10 的常用范围内，计算精度可达到工程精度要求。《水利水电工程钢闸门设计规范》(SL 74-2019)中推荐值与精确值的误差最大接近50%，很不精确[6]。

6.3.3　主横梁式梯形框架静力稳定性数值分析

典型水工弧形钢闸门主横梁式梯形框架如图 6-10(b)所示。对于一般梯形门式侧倾框架，在竖向荷载作用下横梁的轴线压力不大，其对横梁抗弯刚度的影响很小。但是对于倾斜(梯形框架)的有限侧移框架柱，梁中轴线压力对横梁的抗弯刚度的影响不可忽略不计，且水工弧形钢闸门主横梁式梯形框架的二阶效应对其稳定性的影响比较大，不能忽略。因此，直接用中性平衡法与转角位移法计算梯形框架柱临界荷载与计算长度系数欠妥，现采用有限元法分析如下。

梯形框架有限元法分析采用结构分析的位移法。将框架离散，共 18 个单元，包括两侧的两个弹簧单元，共 19 个节点，如图 6-16 所示。

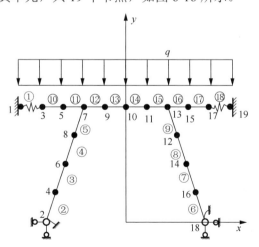

图 6-16　梯形框架的离散

在单元坐标系下，单元节点力与单元节点位移之间的关系式为

$$\left[\,\overline{K}\,\right]\{\overline{\delta}\}=\{\overline{f}\} \tag{6-46}$$

式中，$\{\bar{\delta}\}$ 为单元节点力与单元节点位移之间的关系列阵；$\{\bar{f}\}$ 为单元节点力列阵；$[\bar{K}]$ 为单元坐标系下的单元刚度矩阵。

$[\bar{K}]$ 可以通过下式变换为结构坐标系下的单元刚度矩阵 $\{K_g\}$，即

$$\left\{\bar{K}_g\right\} = [R]^{\mathrm{T}}[\bar{K}][R] \tag{6-47}$$

组集结构刚度矩阵，该框架总自由度 $n=19\times3=57$，因此无约束结构的总刚度矩阵 $\{K\}$ 为 57×57 的方阵。将每个单元的单元刚度矩阵按相应位移序号计入总单元刚度矩阵，即可得到 $\{\bar{K}\}$。解线性方程组，采用楚列斯基分解法，对称正定矩阵 $\{\bar{K}\}$ 可以分解为

$$\left\{\bar{K}\right\} = [U]^{\mathrm{T}}[U] \tag{6-48}$$

可以得到

$$[U]^{\mathrm{T}}[U]\{X\} = \{B\} \tag{6-49}$$

式中，$\{X\}$ 为位移列阵；$\{B\}$ 为荷载列阵。

按照楚列斯基分解法，可以求出节点力和节点位移，为了求出该框架的临界荷载，必须求解特征值，可按照下列方程求解特征值问题：

$$\left\{\boldsymbol{K} - q_{\mathrm{cr}}[K_{\mathrm{cr}}]\right\}\{\delta\} = 0 \tag{6-50}$$

式中，$\boldsymbol{K}$ 为总刚度矩阵；$[K_{\mathrm{cr}}]$ 为总应力刚度矩阵；q_{cr} 为框架的临界荷载(最小特征值就是临界荷载)；$\{\delta\}$ 为特征向量(屈曲模态)。

按照上述方程，采用迭代法求得框架的临界荷载 q_{cr} 后，即可得到柱的临界荷载 P_{cr}。由欧拉公式可求得柱的计算长度系数 μ：

$$\mu = \frac{\pi}{l}\sqrt{\frac{EI_{\mathrm{c}}}{P_{\mathrm{cr}}}} \tag{6-51}$$

6.4 水工弧形钢闸门纵向框架静力稳定性分析

水工弧形钢闸门纵向框架是指支臂与纵向主梁组成的框架平面。水工弧形钢闸门纵向框架的稳定性，可以根据主纵梁式框架的稳定性进行分析，纵向框架的计算简图可参考现行水工钢闸门设计规范主纵梁式框架的计算简图。这里由支臂和纵向主梁组成的框架虽不在同一平面内，但为了计算简便，近似地简化为一竖向平面框架。主纵梁式框架在侧向的约束较少，侧移较大，在分析主纵梁式框架平面的稳定时需考虑二阶效应的影响。因此，在主纵梁式框架弹性稳定性分析的基础上，提出了考虑二阶效应的纵向框架的稳定性分析方法[7,17-20]。

6.4.1 多层三角形框架静力稳定性分析

图 6-17 为水工弧形钢闸门的主纵梁式三角形框架计算简图。这种主框架水工

弧形钢闸门一般用于深孔，门顶水压力与门底水压力很接近，暂时不考虑动力稳定，因此主纵梁上的水压力可以近似视为均匀分布。

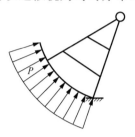

图 6-17　主纵梁式三角形框架计算简图

为了计算临界荷载，可将均布荷载简化为两个作用在柱上的集中荷载 P_1 和 P_2，多层三角形框架屈曲模态及其计算简图见图 6-18。框架中的构件 CD 和 EF 两端的弯矩很小，因此可将 CD 和 EF 视为连系杆件。

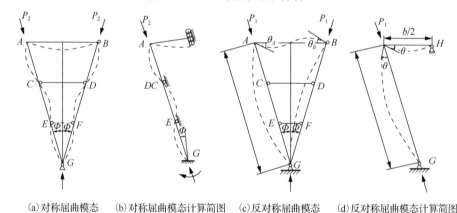

(a)对称屈曲模态　(b)对称屈曲模态计算简图　(c)反对称屈曲模态　(d)反对称屈曲模态计算简图

图 6-18　多层三角形框架屈曲模态及其计算简图

以图 6-18(c)的反对称屈曲模态为例，推导主纵梁式多层三角形框架的稳定方程。对于左柱 AG，整体刚度 $K_c=EI/l_c$，有

$$M_{AG} = K_c \left(C\theta_A + S\theta_G \right) \tag{6-52}$$

$$M_{GA}=K_c \left(S\theta_A + C\theta_G \right) = 0 \tag{6-53}$$

式中，C、S 为稳定系数，则有

$$S\theta_A + C\theta_G = 0 \tag{6-54}$$

对于主纵梁，$K_b=EI_b/l_b$，$\theta_A=\theta_B$，故

$$M_{AH} = K_b \left(4\theta_A + 2\theta_B \right) = 6K_b\theta_B \tag{6-55}$$

由节点 A 的平衡条件 $M_{AH}+M_{AG}=0$，得到

$$K_c \left(C\theta_A - S\theta_B \right) + 6K_b\theta_A = 0 \tag{6-56}$$

令 $K_1=K_b/K_c=I_bl_c/I_cl_b$，$K_1$ 为横梁和柱的单位刚度之比。

$$(C+6K_1)\theta_A + S\theta_G = 0 \tag{6-57}$$

由式(6-55)和式(6-57)可得到框架的屈曲方程

$$C^2 - S^2 + 6K_1C = 0 \tag{6-58}$$

将稳定系数 $C=u(\tan u-u)/\{\tan u[2\tan(u/2)-u]\}$，$S=u(u-\sin u)/\{\sin u[2\tan(u/2)-u]\}$，$u=kl_c$ 代入 $C-S^2/C+2K_1=0$ 后，可得到主纵梁式多层三角形框架的屈曲方程

$$\tan u = \frac{6K_1 u}{6K_1 + u^2} \tag{6-59}$$

根据式(6-25)，令 $R_1=0$，$R_2=6K_1$，$R\to\infty$，也可得

$$\tan u = \frac{6K_1 u}{6K_1 + u^2} \tag{6-60}$$

式(6-60)与规范及文献[2]相同，是超越方程，规范已给出 u-K_1 关系图，可以用图解法求解。

参考无侧移对称框架柱屈曲计算长度系数的实用计算公式[式(6-44)]，经过大量的演算及数据拟合，得出有限侧移反对称屈曲框架柱计算长度系数实用计算公式为

$$\mu=\frac{1.4K_1+1}{2K_1+1} \tag{6-61}$$

分析反对称屈曲模态，获得较低的临界荷载，其特征方程经推导得

$$\tan\frac{\pi}{\mu} = \frac{6K_b\left(\dfrac{\pi}{\mu}\right)}{6K_b+\left(\dfrac{\pi}{\mu}\right)^2} \tag{6-62}$$

进一步得到多层三角形框架柱的 μ-K_b 关系曲线如图 6-19 所示。对于主纵梁式框架，除了考虑在竖直平面内柱的整体稳定性以外，也要考虑垂直于竖直平面内柱的稳定性，后者可按主横梁式矩形框架柱的方法进行计算。

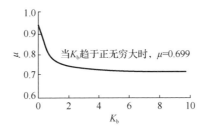

图 6-19　多层三角形框架柱的 μ-K_b 关系曲线

综上所述，将主横梁式门式框架、主横梁式梯形框架及主纵梁式多层三角形框架中柱的计算长度系数 μ 列入表 6-3 中。

表 6-3 不同型式水工弧形钢闸门框架柱的计算长度系数 μ 值

框架型式	无侧移		有限侧移
	$0 \leqslant K_b \leqslant \infty$	$K_b = 4$	$K_b = 4$
梯形	0.7~1.0	0.775	$\mu_{max} = 1.565$(当 $T_s = 0$ 时)
门式	0.7~1.0	0.775	$\mu_{max} = 1.565$
多层三角形	0.7~1.0	0.730	—

6.4.2 纵向框架稳定性的二阶分析方法

水工弧形钢闸门是特定约束条件下的钢框架，由于二阶效应对钢结构框架稳定性的影响，越来越多的规范、文献中要求或建议用二阶内力分析法分析钢框架的稳定性。对于水工弧形钢闸门侧移较大的纵向框架，也可考虑二阶效应对框架的稳定性影响。我国原规范《钢结构设计标准》(GB J17—88)采用计算长度系数法间接体现二阶效应对结构的极限状态设计，在此基础上，现行规范《钢结构设计标准》(GB 50017—2017)对框架结构的内力提出了二阶弹性分析的方法。框架二阶分析不同于一阶分析的特点首先是计入竖载侧移效应(P-δ 效应)及 P-Δ 效应，其次表现在梁轴线压力对构件刚度的影响及构件的压缩变形等影响。

在上述两个效应之中，P-δ 效应在一阶内力分析的时候不需要考虑，但是在框架柱二阶效应的稳定性屈曲分析中不能忽略。框架在水平荷载 R 和柱顶集中荷载 P 的作用下，柱顶产生侧移 Δ，这样一来两根柱顶的 P-Δ 对框架形成外力作用，对框架的稳定性有一定的影响，有时这种影响较大，不可忽视，称为框架整体的 P-Δ 效应，即框架的二阶效应。考虑该效应的主要近似计算方法有放大系数法、迭代法、负支撑杆件法、放大侧向荷载法等。由于方法的推导过程与本小节研究内容无关，不再一一赘述。

通过上述钢框架结构 P-Δ 效应的近似计算方法，现提出水工弧形钢闸门纵向框架稳定性的二阶分析方法。

(1) 将主纵梁式三角形框架(图 6-20)根据单位刚度比不变的方法等效转化成多层框架(图 6-21)。

(2) 在竖向荷载作用下进行一阶弹性分析，求取多层框架各框架柱的内力。

(3) 在水平荷载作用下进行一阶弹性分析，求取多层框架各框架柱的内力。

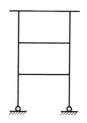

图 6-20　主纵梁式三角形框架　　　　　　图 6-21　多层框架

(4) 无侧移框架的弯矩为 M_1，考虑柱本身的 P-δ 效应，η_1 为无侧移弯矩放大系数，有

$$\eta_1 = \frac{\beta_{\max}}{1 - \dfrac{P}{P_{cr}}} \tag{6-63}$$

式中，$\beta_{\max}$ 为等效弯矩系数，应按现行钢结构设计规范取值。$\beta_{\max}$ =0.6+ 0.4M_1/M_2，其中 M_1/M_2 为弯矩作用平面内未设支撑构件两端较小弯矩与较大弯矩的比值，当受弯构件两端曲率相反时，M_1/M_2 为正，当曲率相同时，M_1/M_2 为负。

(5) 有限侧移框架的弯矩为 M_2，考虑有限侧移框架整体的 P-Δ 效应，η_2 为有限侧移弯矩放大系数。

$$\eta_2 = 1/(1 - \sum P_i / \sum P_{ai}) \text{ 或 } \eta_2 = 1/(1 - \sum P_i \Delta_0 / \sum Hh) \tag{6-64}$$

式中，$\sum P_i$ 为各柱的轴向力之和；$\sum P_{ai}$ 为各柱的轴向力之和；Δ_0 为层间水平侧移；h 为层高；$\sum H$ 为产生 Δ_0 的水平荷载之和。

(6) 根据水工弧形钢闸门主框架的计算长度系数 μ 和框架计算直径 i_x 计算框架柱的长细比 λ_x，得

$$\lambda_x = \frac{\mu h}{i_x} \tag{6-65}$$

(7) 侧移框架柱的二阶弯矩为

$$M_x = \eta_1 M_1 + \eta_2 M_2 \tag{6-66}$$

(8) 根据框架柱的长细比、截面几何参数及构件端部约束条件，确定轴心受压构件的稳定系数 φ_x，可用钢结构现行规范推荐计算公式计算或查表得到。

(9) 按照下式进行水工弧形钢闸门主框架弯矩平面内的稳定验算：

$$\frac{P}{\varphi_x A} + \frac{\beta_{\max} M_x}{W_x (1 - 0.8 P / P_{Ex})} \leqslant f \tag{6-67}$$

式中，φ_x 为轴心受压构件的稳定系数；W_x 为弯矩作用平面内较大受压纤维的毛截面抵抗矩，m^3；P_{Ex} 为欧拉临界力，P_{Ex}=$\pi^2 EA / \lambda_x$，N^2；f 为钢材的容许应力，N。

6.5　水工弧形钢闸门树状支臂结构静力稳定性分析

随着水工弧形钢闸门向高水头、大泄量的方向发展，对水工弧形钢闸门提出了更高的要求，纯粹加大支臂刚度不仅浪费材料，而且无限增大启闭机容量，既无法实现，又不经济。现行规范中多采用传统的二支臂与三支臂结构，传统的多支臂结构整体刚度虽较二支臂结构大，但多支臂框架杆件尺寸及截面均减小，使其局部结构稳定性差，易发生失稳破坏；且三支臂框架的中间支臂靠近闸门质心，使其动力特性不够合理。因此，探求集中少支臂与多支臂结构优点且克服其缺点的新型水工弧形钢闸门结构，实现大型水工弧形钢闸门的安全性与经济性的统一，是非常有意义的。

在水工弧形钢闸门运行过程中，支臂框架是承受水压力的主要结构，也是容易失事破坏的薄弱环节。因此，对水工弧形钢闸门结构型式的创新及结构优化设计的研究，一般集中在支臂框架方面。立足于水工弧形钢闸门结构创新与优化，采用空间仿生结构设计理念，王正中研究团队提出一种新型树状支臂井字梁框架的水工弧形钢闸门结构型式，其支臂为树状分叉柱型式，树干底端支承在支铰上，树枝顶端支承在井字梁结构的交叉点上。这种新型树状支臂水工弧形钢闸门能集中二支臂和三支臂优点并克服各自缺点，可实现闸门轻型与稳定的统一[21-24]。本节应用 ANSYS 拓扑优化方法，证明这种新型水工弧形钢闸门的支臂结构具有传力路径最优、刚度大、材料分布模式最优、抗振性能好等优点，且支撑覆盖范围广(挡水面积大)，能有效地减小梁和柱的长度，起到强干丰枝作用，可用较小的杆件体积形成较大的支撑空间。这些特性都与大型水工弧形钢闸门的理想结构性能非常吻合，拓扑优化结果如图 6-22 所示。目前对这种新型水工弧形钢闸门的结构性能及设计理论缺乏研究，很有必要对其进行详细分析和深入研究，以适应大型水工弧形钢闸门的发展需求，填补现行规范的空白，也可为树状支臂井字梁框架的扩展应用(如大型海洋平台及大跨度桥梁的支承框架)提供参考[25]。

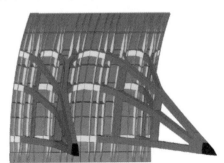

(a) 横向框架优化结果　　　　　　　　(b) 空间框架优化结果

图 6-22　水工弧形钢闸门拓扑优化结果

针对该新型树状支臂水工弧形钢闸门的布置问题，学者展开了一系列研究。Cai 等[23]通过有限元分析软件 HyperWorks，采用大型管桁式表孔水工弧形钢闸门树状支臂优化研究的分步拓扑优化方法，进行了新型水工弧形钢闸门设计方法的探索。王正中研究团队[26-31]对水工弧形钢闸门纵向框架内的树状支臂计算长度系数进行了理论推导，并给出了计算公式，同时结合工程实例对树状支臂水工弧形钢闸门进行了数值计算，证明了树状支臂水工弧形钢闸门具有优良的力学性能。结合有限元分析软件 ANSYS 对主纵梁式水工弧形钢闸门树状支臂进行了数值找形，获得树状支臂分叉点的合理位置。同时从 Y 形柱的稳定性出发，重点探究了影响 Y 形柱稳定的主要几何因素，给出合理取值并进一步提出考虑稳定性的空间树状结构形态布局方法；在此基础之上，提出大跨度空间树状支臂管桁式水工弧形钢闸门结构型式，并验证该类型闸门的整体稳定性；进一步将基于稳定性的三维拓扑优化应用于水工弧形钢闸门的形态布置上，进行新型水工弧形钢闸门树状支臂铸钢节点的优化设计与力学性能研究，获得水工弧形钢闸门树状支臂三维构型。虽然树状支臂框架结构是最合理的水工弧形钢闸门支承型式之一，但对其承载机理尚不清楚，没有相应的结构计算及设计方法，严重地制约了新型水工弧形钢闸门结构的推广应用。基于此，本节借鉴建筑结构中树状柱与传统水工弧形钢闸门支臂的研究成果，应用结构静、动力稳定性分析理论和有限元数值分析，对树状支臂框架水工弧形钢闸门结构的承载机理进行分析，归纳计算图式、设计参数及构造要求，提出相应的设计理论与方法。这对水工弧形钢闸门结构型式创新及应用推广，以及丰富《水利水电工程钢闸门设计规范》(SL 74—2019)的内容并提高其水平，具有现实意义和理论价值。

6.5.1　树状支臂静力稳定性分析模型与屈曲模态

大型水工弧形钢闸门树状支臂集中了多支臂整体刚度大与少支臂整体稳定性好的优点，并克服了前者稳定性差与后者刚度低的缺点，是一种性能优异的新型支臂结构。树状支臂结构的复杂型式决定了无法采用现行结构规范进行稳定性分析与结构设计。采用合理的方法对结构进行整体稳定性分析，计算出临界荷载，反推出支臂的计算长度，然后采用单根构件的稳定设计公式进行验算。简单、合理且有效的平面解析计算模型更受工程界的欢迎，也便于与现行规范统一。

目前，水利水电工程钢闸门设计规范只对传统型式支臂的计算长度系数做了简要说明，推荐数值范围无确定性且误差较大，未涉及树状支臂结构稳定性设计方法。王正中团队[20]针对规范中的问题，提出了水工弧形钢闸门树状支臂计算长度系数的实用计算方法，分别通过解析法推导和有限元分析，对树状分叉柱结构的分叉数量、计算长度系数、临界荷载等设计参数与稳定性设计方法进行了初步探讨。此外，也有学者[25,32-33]分别利用遗传算法、逆吊递推找形法及结构拓扑优化方法对树状柱结构形态进行优化研究。对于新型水工弧形钢闸门树状支臂的稳定性设计问题，目前还未有文献提及，本小节基于结构稳定性分析理论，构建出树状支臂的稳定性分析模型，并对枝干屈曲形态进行分析，提出树状支臂稳定性分析理论方程及计算长度系数的实用计算方法，并给出相应的分析结果与设计建议，为新型水工弧形钢闸门树状支臂的稳定设计提供理论依据。

1. 分析模型

根据《水利水电工程钢闸门设计规范》(SL 74—2019)[6]，水工弧形钢闸门支臂框架可按横向或纵向平面框架进行简化设计，树状支臂框架一般可简化为平面内纵向框架。经济合理的水工弧形钢闸门框架设计应该使所有支臂同时失稳，树状支臂的树枝与树干同时屈曲。水工弧形钢闸门树状支臂结构分析模型可做如下简化。

(1) 根据前文中的结构布置原则，假设面板上的分布荷载通过主梁按纵向和横向平面框架分解到每个支臂上，在临界荷载范围内，可将分布水荷载化为作用在支臂上轴向集中荷载与支臂端部弯矩作用。

(2) 支臂受到水工弧形钢闸门支铰、主梁及上、下止水橡皮的约束，在支铰处按弹性固定铰支处理，主梁连接处按弹性移动铰接处理。

根据树状支臂水工弧形钢闸门框架计算模型的假定，弧形门纵向框架的弹性稳定性分析可转化为树状支臂稳定性分析，确定树状支臂在纵向平面内的计算长度系数。树状支臂框架在横向为空间结构，可按树状支臂平面外稳定进行整体分析，再进行树干及树枝等局部杆件稳定性校核。

2. 树状支臂屈曲模态

支臂的内力随水工弧形钢闸门的开度而变化，支臂的最大内力发生在校核水头下水工弧形钢闸门开启瞬间(即底槛对水工弧形钢闸门止水的反力为零)。支臂的屈曲模态在水工弧形钢闸门不同工况下的差异较大，当水工弧形钢闸门为完全关闭状态(即开度为零)，水工弧形钢闸门底槛及门槽侧止水橡皮可以产生压缩变形，支臂框架可能发生有限侧移屈曲(弱支撑框架屈曲)，并非一般的自由侧移。《水利水电工程钢闸门设计规范》(SL 74—2019)中水工弧形钢闸门纵向支臂框架发生无侧移屈曲，忽略底槛止水橡皮的弹性变形[6]。若启闭设备为液压启闭机，则树状支臂有平面外弹性支撑，需要验算启闭机液压杆的临界压力。

树状支臂整体屈曲符合一般水工弧形钢闸门支臂的屈曲模态特征，但树干及树枝的屈曲模态需要具体分析。根据水工弧形钢闸门支臂的研究成果与《水利水电工程钢闸门设计规范》(SL 74—2019)，主纵梁式多层三角形框架的支臂计算长度系数取 1.0，支臂屈曲模态一般为无侧移对称屈曲。由于主纵梁式水工弧形钢闸门树状支臂的结构分叉，其屈曲模态比较复杂。水工弧形钢闸门主纵梁框架较传统支臂刚度大，支臂发生无侧移对称屈曲，然而树状支臂的分叉树枝截面小于传统支臂截面，因此树状支臂从整体上仍满足无侧移对称屈曲模态。树状支臂水工弧形钢闸门的结构有限元分析也验证了这个结论。虽然单根树枝的刚度小，但其相互约束，使整体树枝刚度较树干刚度大，整体变形相对于树干可忽略不计。

　　根据上述分析，水工弧形钢闸门树状支臂屈曲模态为无侧移对称屈曲，树状支臂计算示意图与屈曲模态如图 6-23 所示。树干存在有限侧移屈曲与无侧移屈曲两种模态，实际屈曲模态形式取决于树枝框架刚度与树干刚度的强弱对比。

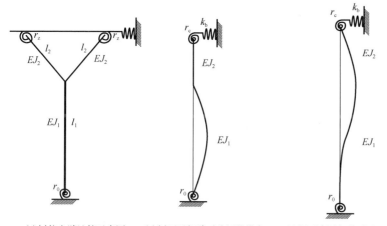

(a) 树状支臂计算示意图　　(b) 树干无侧移对称屈曲模态　　(c) 树干有限侧移对称屈曲模态

图 6-23　树状支臂计算示意图与屈曲模态

l_1-树干长度；l_2-树枝长度；r_0-支臂柱脚支座抗弯弹簧刚度系数；r_z-树枝顶与横梁连接的抗弯弹簧刚度系数；
r_c-等效阶梯柱顶抗弯弹簧刚度系数；k_b-树状支臂侧向支撑刚度；EJ_1-树干抗弯刚度；
EJ_2-树枝等效抗弯刚度

　　单根树枝上端为很强的主梁框架支撑约束，可简化为弹性固定支座约束；下端为树干与其他树枝支撑约束，若约束较强，则为弹性固定约束。树干与其他树枝对单根树枝的约束很强，支臂树枝屈曲模态一般为无侧移屈曲[图 6-24(a)]；理论上也不排除支臂树枝可能发生有限侧移屈曲[图 6-24(b)]。树枝在平面外无支撑，则其屈曲模态为有限侧移屈曲。

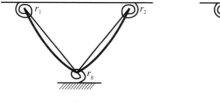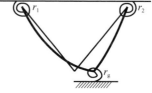

(a) 无侧移对称屈曲　　　　　　　　(b) 有限侧移反对称屈曲

图 6-24　支臂树枝屈曲模态

6.5.2　树状支臂静力稳定性分析

对水工弧形钢闸门树状支臂进行稳定性分析时，其树枝与树干均简化为轴压杆，树枝与树干的刚度比决定两端约束的大小，影响计算长度系数，决定树状支臂的稳定性[34]。任意轴压杆弯曲失稳的微分方程为

$$EIy'''' + Py'' = 0 \tag{6-68}$$

式中，EI 为压杆刚度，N/m²；P 为压杆轴力，N；y 为压杆侧向位移，m。式(6-68)的解为 $y=C_1 \sin kx + C_2 \cos kx + C_3 x$，其中 $k^2 = P/EI$，C_1、C_2、C_3、C_4 为任意常数。

1. 无侧移屈曲的主干及分支稳定性分析

无侧移屈曲的杆件支撑边界条件简化为两端弹性转动约束，约束可表示为

$$\begin{cases} y(l) = 0 \\ EIy''(l) = -k_2 y'(l) \\ y(0) = 0 \\ EIy''(0) = -k_1 y'(0) \end{cases} \tag{6-69}$$

式中，k_1、k_2 为压杆两端单位抗弯刚度，N/m；l 为压杆长度，m，则压杆的临界方程如下($u=kl$)：

$$\begin{vmatrix} P\sin u - k_2 k \cos u & P\cos u + k_2 k \sin u & -k_2 \\ \sin u & \cos u - 1 & l \\ k_1 k & P & k_1 \end{vmatrix} = 0 \tag{6-70}$$

式中，k 为压杆计算系数；u 为压杆计算长度。令 $R_1 = k_1 l/(EI)$，$R_2 = k_2 l/(EI)$，则临界方程可简化为

$$\sin u \left[u^2 + (R_1 + R_2) - R_1 R_2 \right] + \cos u \left[u^2(R_1 + R_2) + 2R_1 R_2 \right] + 2R_1 R_2 = 0 \tag{6-71}$$

式中，$R_1 = 2K_1$，$R_2 = 2K_2$，K_1、K_2 为杆件两端梁柱单位刚度比。式(6-71)为两端弹性转动约束杆件无侧移屈曲的典型方程，是超越方程，可用式(6-72)计算杆件的计算长度系数：

$$\mu_1 = \frac{0.64 K_1 K_2 + 1.4(K_1 + K_2) + 3}{1.28 K_1 K_2 + 2(K_1 + K_2) + 3} \tag{6-72}$$

2. 有限侧移屈曲的主干及分支稳定性分析

有限侧移屈曲杆件支撑边界条件简化为一端弹性转动约束，另一端有限侧移弹性转动约束，则约束条件为

$$\begin{cases} PC_3 = k_b y(l) \\ EIy''(l) = -k_2 y'(l) \\ y(0) = 0 \\ EIy''(0) = -k_1 y'(0) \end{cases} \tag{6-73}$$

假定 $R_1=k_1l/(EI)$，$R_2=k_2l/(EI)$，$R_b=k_bl/(EI)$，则可得压杆的临界方程：

$$u\sin u\left[\left(R_b-u^2\right)\left(R_1R_2-u^2\right)-R_b\left(R_1+R_2\right)\right]$$
$$+\cos u\left[u^2\left(R_b-u^2\right)\left(R_1+R_2\right)+2R_1R_2R_b\right]+2R_1R_2R_b=0 \tag{6-74}$$

其中，$R_1=6K_1$，$R_2=6K_2$，K_1、K_2 为杆件两端梁柱单位刚度比。式(6-74)为一端固定弹性转动约束，另一端为弹性转动约束的有限侧移屈曲的典型方程，是典型的有限侧移屈曲超越方程，可用式(6-75)计算杆件的计算长度系数：

$$\mu_2=\frac{\sqrt{2}\pi}{\sqrt{a-\sqrt{a^2-4b}}} \tag{6-75}$$

式中，$a=10.72+2.81R_1+2.44R_2+0.99R_b$；$b=8.31+9.67R_1+6.02R_2+9.77R_b+1.98R_1R_b+4.88R_1R_2+1.98R_bR_2$。

3. 相关刚度的确定

1) 杆端约束刚度

树状支臂树干底端约束一般采用球铰或平面内圆柱铰，均可简化为铰接，即 $R_1=0$；平面外圆柱铰可简化为弹性约束。主纵梁框架树干上端与树枝相接，可将树枝抗弯刚度按梁柱关系分解，按式(6-76)计算梁柱单位刚度比 K_2：

$$K_2=\frac{\sum EI_z\sin\alpha/l_z}{EI_g/l_g} \tag{6-76}$$

式中，α 为树枝与树干轴线夹角；EI_z 为树枝侧向抗弯刚度；EI_g 为树干抗弯刚度。

水工弧形钢闸门主纵梁框架树状支臂树干上端无平面外转动约束，则 $K_2=0$。计算主纵梁框架树枝对树干支撑刚度，按梁柱关系对树枝轴压刚度进行分解，得到侧向支撑刚度 k_b：

$$k_b=\sum EA_z\sin\alpha/l_z \tag{6-77}$$

树干及树枝按梁柱正交关系分解，确定该树枝的侧向支撑，顶端按纵向梁柱刚度比确定 K_2 与 k_b。树状支臂树枝与树干相接但树枝平面外无转动约束，则 $K_1=0$，树枝平面外按横向梁柱刚度比确定 K_2。

2) 门槛刚度

随着支撑刚度从零增加到有限侧移刚度，临界荷载增加，柱的计算长度系数减小。当支撑刚度增加到一定值时，柱的临界荷载将大于无侧移失稳框架的临界荷载，即屈曲将由无侧移失稳控制。临界荷载从有限侧移屈曲增加到无侧移屈曲时对应的支撑刚度为门槛刚度 R_d，若 μ_1 为无侧移屈曲计算长度系数，$u_1=\pi/\mu_1$，根据式(6-74)推导门槛刚度 R_d 为

$$R_{\mathrm{d}} = \frac{u_1^{\,3}\left(R_1 R_2 - u_1^{\,2}\right)\tan u_1 + u_1^{\,4}\left(R_1 + R_2\right)}{2R_1 R_2\left(1 + \sec u_1\right) + u_1^{\,2}\left(R_1 + R_2\right) + u_1 \tan u_1\left[\left(R_1 R_2 - u_1^{\,2}\right) - \left(R_1 + R_2\right)\right]} \tag{6-78}$$

4. 树状支臂夹角对树状支臂稳定性的影响

树状支臂最大的特点在于分叉，树状支臂夹角对其稳定性影响较大。为了便于比较，对水工弧形钢闸门支臂的约束条件进行简化，认为水工弧形钢闸门支铰为理想铰接，简化纵梁对支臂的转动约束，因此枝干底端约束可认为 $K_1=0$。

若枝干长度比不变，仅变化夹角，则根据式(6-72)与式(6-78)，得出不同刚度比时树干无侧移屈曲计算长度系数与夹角 α 以及树干门槛刚度与夹角的关系，如图 6-25 和图 6-26 所示。树干平面内无侧移屈曲计算长度系数随着夹角的增大而减小，承载力增大，夹角大于 45°且刚度比小于 0.6 时，曲线趋于平缓；当树枝与树干刚度比大于 1.0 时，计算长度系数随着夹角增大有所减小，且刚度比越大相差越大。门槛刚度则随着夹角的增大而增大，刚度比越大曲线增大越快，刚度比小于 4.0 且夹角大于 45°时，曲线趋于平缓，但夹角对门槛刚度影响超过 20%。

令支撑刚度比 $m=R_{\mathrm{b}}/R_2$，根据式(6-74)，随 m 与 R_2 变化，树干有限侧移屈曲计算长度系数 μ_2 与树状支臂夹角 α 的关系如图 6-27、图 6-28 所示。当 $R_2=3$ 时，随着 m 与 α 的增大，μ_2 逐渐减小；当 α 大于 45°时，曲线趋于平缓，但 α 对 μ_2 的影响超过 27.6%。当 $m=0.5$ 时，随着 R_2 与 α 的增大，μ_2 逐渐减小；当 α 大于 45°时，曲线趋于平缓，但 α 对 μ_2 的影响超过 47.3%。

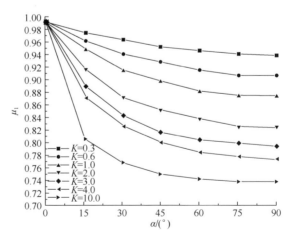

图 6-25　树干无侧移屈曲计算长度系数与夹角的关系

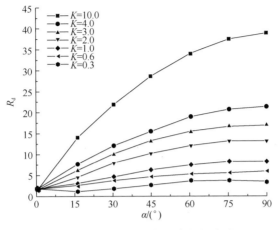

图 6-26　树干门槛刚度与夹角的关系

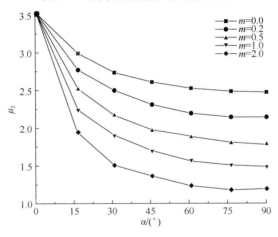

图 6-27　$R_2=3$ 时树干有限侧移屈曲计算长度系数与夹角的关系

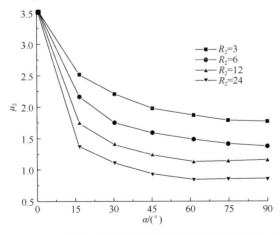

图 6-28　$m=0.5$ 时树干有限侧移屈曲计算长度系数与夹角的关系

6.5.3　树状支臂临界荷载分析

本小节在研究树状支臂主干和分支计算长度系数的基础上，讨论树状支臂的临界荷载。根据结构稳定性分析理论建立侧向支撑的等效阶梯柱分析模型，利用能量原理及最小势能原理推导树状支臂临界荷载的计算公式，利用 ANSYS 建模分析，验证本书计算公式的准确性，最后通过对几何参数、约束参数等的讨论，建议合理的水工弧形钢闸门树状支臂结构设计参数，供设计单位参考。

本小节利用有限元数值分析结果反算出支臂结构临界荷载，用有限元分析的临界状态截面平均等效应力乘以截面面积，近似计算临界荷载。由于计算结果是利用平均等效应力近似得到的，产生较大的计算误差，理论上来讲不适合很精确评价实用公式计算结果，但其结果对实用公式计算临界荷载具有参考价值。此外，与有限元分析方法比较，临界荷载实用计算公式不仅可以方便、实用地计算水工弧形钢闸门树状支臂结构的临界荷载，而且可以进行相关参数分析，从而对结构型式进行优化。

1. 树状支臂等效阶梯柱分析模型

树状支臂形态与阶梯柱相似，树状结构树干的截面规格和高度与阶梯柱下柱的截面规格和高度类似，因此可认为树状结构树枝的平面外等效刚度为阶梯柱上柱的刚度。

平面内树状支臂与阶梯柱的差异在于树枝段对下部树干存在弯曲及侧向约束，树状支臂分析模型及屈曲模态如图 6-29 所示，其中图 6-29(a)为几何模型，图 6-29(b)为简化阶梯柱模型，图 6-29(c)为动力屈曲模态。平面外树形结构分析模型为图 6-29(b)的特例，即侧向约束 $K=0$。

2. 树状支臂临界荷载与计算长度系数

由于树状支臂变形满足两端弹性固定约束条件，设其横向位移

$$V(x) = A\sin\left(\frac{\pi x}{l}\right) \tag{6-79}$$

式中，A 为常数；x 为沿着树状支臂长度方向的距离，m；l 为树状支臂的等效长度，m。

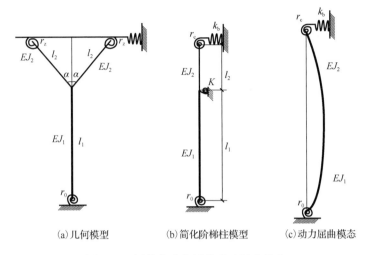

(a) 几何模型　　　　(b) 简化阶梯柱模型　　　　(c) 动力屈曲模态

图 6-29　树状支臂分析模型及屈曲模态

l_1-树干长度；l_2-树枝长度；r_0-支臂柱脚支座抗弯弹簧刚度系数；r_z-树枝顶与横梁连接的抗弯弹簧刚度系数；
r_c-等效梯柱顶抗弯弹簧刚度系数；k_b-树状支臂侧向支撑刚度；EJ_1-树干抗弯刚度；
EJ_2-树枝等效抗弯刚度；K-树状支臂的树枝与树干弯曲刚度比

根据水工弧形钢闸门树状支臂支铰与纵梁约束，则支臂变形势能 U_1 为

$$U_1(t) = \frac{1}{2} \int_0^{l_1} EJ_1 \left(\frac{\partial^2 V}{\partial x^2} \right)^2 \mathrm{d}x + \frac{1}{2} \int_{l_1}^{l_1+l_2} EJ_2 \left(\frac{\partial^2 V}{\partial x^2} \right)^2 \mathrm{d}x$$

$$= \frac{EJ_1 \pi^4}{4l^3} f^2(t) \left(\frac{1+C_3 C_2}{1+C_2} + \frac{C_3-1}{2\pi} \sin \frac{2\pi}{1+C_2} \right) \tag{6-80}$$

式中，J_1 为树干惯性矩，m^4；J_2 为树枝等效惯性矩，m^4。α_i 为枝干轴线夹角；J_{zi} 为树枝的惯性矩，m^4，则 $J_2 = \sum J_{zi} \cos \alpha_i$。

令 $l=l_1+l_2$，$A_2/A_1=C_1$，$l_2/l_1=C_2$，$J_2/J_1=C_3$，$R_1=(r_1 l)/(EJ_1)$，$R_2=(r_2 l)/(EJ_2)$，$R_0=(k_b l^3)/(EJ_2)$。其中 A_1 为树状支臂树干的截面面积，m^2；A_2 为树状支臂树枝的截面面积，m^2。

假定支臂等效阶梯柱顶部侧移为 δ，根据树枝变形几何关系，则

$$\delta = l_2 \frac{\partial V}{\partial x} \bigg|_{x=l} \tag{6-81}$$

支臂端部约束势能 U_2 为

$$U_2(t) = \frac{1}{2} r_1 \left(\frac{\partial V}{\partial x} \bigg|_{x=0} \right)^2 + \frac{1}{2} r_2 \left(\frac{\partial V}{\partial x} \bigg|_{x=l} \right)^2 + \frac{1}{2} k_b \delta^2$$

$$= \frac{EJ_1 \pi^2}{2l^3} f^2(t) \left[R_1 + R_2 C_3 + \frac{C_2}{l(1+C_2)} RC_3 \right] \tag{6-82}$$

　　若 k_b 为树枝约束树干的侧向支撑刚度，树干按有限侧移屈曲，则 $k_b=6KEJ_1/l$。树枝对树形柱的侧向弯曲约束势能 U_3 为

$$U_3(t)=\frac{1}{2}k_bV^2(l_1)=\frac{3P^2EJ_1}{2l^3}Kf^2(t)\left(1+\cos\frac{2\pi}{1+C_2}\right) \tag{6-83}$$

式中，K 为树状支臂枝干弯曲单位刚度比，即树枝垂直于树干轴线方向的刚度与树干刚度的比值，类似于框架结构梁柱刚度比，即

$$K=\frac{\sum J_{zi}\sin\alpha/l_2}{J_1/l_1}=\frac{C_3}{C_2}\tan\alpha \tag{6-84}$$

　　树状支臂树枝顶部弯矩很小，一般对水工弧形钢闸门树状支臂临界荷载的影响很小，常可忽略不计，因此外力势能 V 表达式为

$$V=-W=-\frac{1}{2}\int_0^l P\left(\frac{\partial V}{\partial x}\right)^2 dx \tag{6-85}$$

$$P=U+V=U_1+U_2+U_3+V \tag{6-86}$$

根据最小势能原理，利用变分法可得系统势能 Π：

$$\delta\Pi=0 \tag{6-87}$$

树形框架平面内临界荷载 P_{cr-1} 为

$$\begin{aligned}P_{cr-1}=&\frac{1+C_2C_3}{1+C_2}+\frac{C_3-1}{2\pi}\sin\frac{2\pi}{1+C_2}+\frac{2}{\pi^2}\left(R_1+R_2C_3+R_0C_3C_2^2\right)\\&+\frac{6C_3\tan\alpha}{\pi^2C_2}\left(1+\cos\frac{2\pi}{1+C_2}\right)\end{aligned} \tag{6-88}$$

树形框架平面外临界荷载 P_{cr-2} 为

$$P_{cr-2}=\frac{\pi^2EJ_{1y}}{l^2}\left[\frac{1+C_2C_3}{1+C_2}+\frac{C_3-1}{2\pi}\sin\frac{2\pi}{1+C_2}+\frac{2}{\pi^2}\left(R_1+R_2C_3+RC_3C_2^2\right)\right] \tag{6-89}$$

　　根据临界荷载与计算长度系数的关系，树状支臂的计算长度系数可以表示为

$$\mu=\sqrt{\frac{\pi^2EI}{P_{cr}l^2}} \tag{6-90}$$

3. 树状支臂设计参数对结构临界荷载的影响

　　许多因素影响着水工弧形钢闸门树状支臂的临界荷载，因此，需要对荷载条件、几何参数与边界约束参数的影响进行讨论，且不同的研究方法也有一定的影响。利用解析公式更易于分析参数变化的影响。

　　1）几何参数的影响

　　以平面内临界荷载为例，假定边界约束条件为 $R_1=R_2=R_3=0$，根据式(6-87)和式(6-88)，枝干刚度比 C_3 与临界荷载 P_{cr} 为线性关系，而枝干长度比 C_2 及夹角 α 与临界荷载 P_{cr} 为复杂的非线性关系。假定 $C_3=1$，P_{cr} 的变化如图 6-30 所示；当

C_2=1.0 时，P_{cr} 为最小值 $\pi^2 EJ/l^2$，随着 α 的增大，树状支臂承载力增大；当枝干长度比 C_2>1.0 时，随着其增大而临界荷载增大。

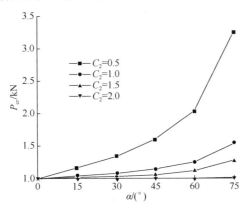

图 6-30　几何参数对临界荷载的影响

2) 边界约束参数的影响

以平面外临界荷载为例，假定几何参数 C_2 和 C_3 为常数，边界约束参数 R_1、R_2 和 R_0 与临界荷载 P_{cr} 的关系为线性关系。根据支铰与止水的边界条件，对于球铰与柱铰，R_1 的取值范围为 0～0.6，平面外 R_0 的取值范围也为 0～0.6。R_2 的取值必须根据主梁与树状分叉树枝的刚度比计算确定，然而目前对这方面的研究较少。根据柱稳定理论，当 C_3=1 时，树状支臂的临界荷载取值范围为（$\dfrac{\pi^2 EJ}{l^2}$，$\dfrac{4\pi^2 EJ}{l^2}$），不同边界条件下的简图与计算结果如表 6-4 所示。

表 6-4　不同边界条件下的简图与计算结果

边界条件	两端简支	两端固定	固定+简支	固定+自由
简图				
临界荷载/kN	1.00	4.00	2.05	0.50
有效长度	l	0.5l	0.7l	2l

根据式(6-88)和式(6-89)，C_3=1 与 R_0=0 条件下 P_{cr} 的变化如图 6-31 所示，随

着支臂端部约束的增强，树状支臂的临界荷载增大，但其最大承载力不超过支臂两端为固定端约束条件的临界荷载。根据图 6-31 所示，当 $R_1=5.0$ 时，临界荷载 P_{cr} 接近边界条件为固定+简支的临界荷载，即 $R_1=5$，$R_2=0$ 或 $R_1=0$，$R_2=5$。因此，当 $R_1>5$ 或 $R_2>5$ 时，可假定约束边界为固定端约束。

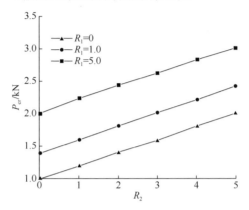

图 6-31　边界约束参数的影响

6.5.4　有限元分析及工程案例

有限元数值分析是研究仿生结构最好的方法之一，本小节利用有限元分析软件 ANSYS 对树状支臂水工弧形钢闸门结构性能进行研究。

1. 水工弧形钢闸门树状支臂的案例

利用 ANSYS 进行线弹性屈曲分析，根据有限元计算的杆件临界荷载 P_{cr} 反推理想状态下的树状结构各杆件的计算长度系数 μ，l 为杆件长度，则

$$\mu = \sqrt{\frac{\pi^2 EI}{P_{cr}l^2}} \tag{6-91}$$

某水电站弧形工作闸门的孔口尺寸为 13m×17m，设计水头为 16.8m，底槛高程为 193.50m。正常蓄水位为 210.30m，作为水工弧形钢闸门的设计挡水位和操作运行水位，需要考虑 0.5m 的涌水超高。门叶结构采用主横梁布置方案，弧面半径 R 为 25.6m，面板厚度统一取 14mm。水平次梁采用工字型钢，主横梁和支臂均为箱型结构，满足局部稳定要求。使树干处于水荷载合力作用位置，取树干长度 $l_0=0.5$m，$R=12.8$m；两树枝对称于树干分布，枝干夹角 $\alpha_1=19.80$，$\alpha_2=19.80$；树枝长度 $l_1=13.19$m，$l_2=13.19$m；树干箱型截面宽度为 1.4m，高度为 1.6m，腹板厚度为 0.038m，底顶板厚度为 0.026m；树枝箱型截面宽度为 0.66m，高度为 1.6m，腹板厚度为 0.024m，底顶板厚度为 0.02m。通过有限元弹性屈曲分析，反推得到

树状支臂树干与两树枝的计算长度系数：μ_0=1.36，μ_1=0.88，μ_2=0.88。

公式结果验证：树干底端为铰接，则 R_1=6K_1=0.6；根据式(6-76)与式(6-77)可得 R_2=6K_2=1.8，侧向支撑刚度 k_b=3.01，根据式(6-75)计算无侧移屈曲计算长度系数 μ_1=0.93，根据式(6-78)计算门槛刚度 R_d=12.74；由于 k_b<R_d，树干为有限侧移屈曲，根据式(6-75)得到计算长度系数 μ_0=1.39。该结果与有限元分析结果的误差为2.21%，符合工程计算精度要求。

树枝底端与树干及其他树枝连接，根据式(6-76)与式(6-77)可得 K_2=0.64，侧向支撑刚度 k_b=54.4；树枝上端与主梁框架连接，树形平面内转动约束 K_1=0.14，侧向刚度接近无穷大。根据式(6-72)计算无侧移屈曲计算长度系数 μ_1=0.89，根据式(6-78)计算门槛刚度 R_d=14.90；由于 k_b>R_d，树枝为无侧移屈曲，即计算长度系数为 0.89；该结果与有限元分析结果误差为 1.14%，符合工程计算精度要求。

通过对比水工弧形钢闸门树状支臂与原二支臂设计的计算结果，发现在保证具有相同面板径向位移的情况下，树状支臂材料用量比二支臂节省 5.2%，支臂柔度减小 73.21%，稳定性提高 69.3%，强度控制应力水平降低 35.6%，表明树状支臂相比传统支臂能显著提高稳定承载力。

2. 水工弧形钢闸门树状支臂的有限元模型

结构有限元模型包括三维有限元模型、荷载条件、边界条件和材料力学参数等。利用 ANSYS 构建三维有限元模型。在该模型中，水工弧形钢闸门的一些细部构造被忽略，主梁和树状支臂用 2 节点三维梁单元 BEAM188，面板用 4 节点三维壳单元 SHELL181；水工弧形钢闸门树状支臂的有限元模型包括 2556 个节点和 2444 个单元，1157 个 BEAM188 单元和 1287 个 SHELL181 单元，有限元模型及网格划分见图 6-32。

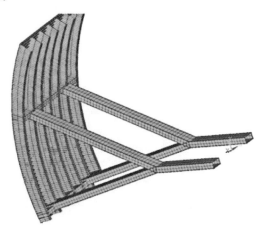

图 6-32　水工弧形钢闸门树状支臂的有限元模型及网格划分

荷载条件：荷载条件分为设计工况和校核工况，各工况荷载条件包括水工弧形钢闸门自重荷载和水头。

边界约束条件：当升降水工弧形钢闸门时，水工弧形钢闸门柱铰绕水平轴转动，球铰绕球铰中心转动，支铰固定在水工弧形钢闸门柱墩上。因此，支铰设置为三个平动自由度(X、Y和Z)和两个转动自由度($RotX$和$RotY$)。水工弧形钢闸门底脚与基底止水为接触连接，底部节点Y方向自由度被约束，侧止水限定了梁的侧移。

材料力学参数：水工弧形钢闸门及其支臂采用 Q345 钢材制造，为弹性材料连续模型，材料力学参数见表 6-5。

表 6-5　材料力学参数

类型	密度	弹性模量	泊松比	屈服点应力
符号/单位	$\gamma_g/(kN/m^3)$	E/MPa	μ	σ_s/MPa
数据	78.5	2.1×10^5	0.2963	270

弹性临界荷载和计算长度系数：由于树状支臂长细比小于 60，考虑初弯曲及初偏心，则支臂屈曲形式应为极值点弹塑性屈曲，即可用截面最大等效应力估算临界荷载。采用有限元法静力分析和局部屈曲几何非线性分析，计算树状支臂的位移和应力结果，根据树干与树枝截面面积和平均等效应力计算弹性临界荷载，按照式(6-90)计算长度系数。

按照实用计算公式计算树状支臂的弹性临界荷载和计算长度系数。树干底部铰接，$R_1=0.6$；根据纵梁与树枝平面内刚度比，则 $R_{2Y}=0$ 和 $R_{2Z}=1.8$；水平侧向刚度 $R_Z=54.4$，$R_Y=0$；对树干和树枝，根据截面参数计算的单位刚度比与长度比分别为 0.87 和 0.97。利用式(6-88)、式(6-89)和式(6-90)计算临界荷载及计算长度系数。

3. 结果与分析

对水工弧形钢闸门结构进行有限元分析，总位移及等效应力的分析结果如图 6-33 和图 6-34 所示。树状支臂的最大位移为 0.019m，位于树枝的顶部；支臂最大等效应力为 137.4MPa，平均最大等效应力为 120.4MPa，位于树干顶部。根据等效应力和截面面积，可计算临界荷载和计算长度系数。

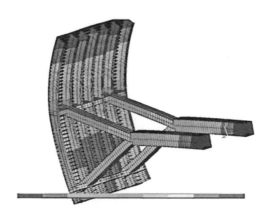

图 6-33　总位移有限元分析结果

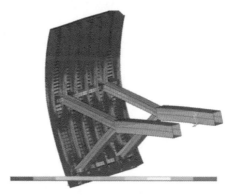

图 6-34　等效应力有限元分析结果

4. 树状支臂的合理型式数值优化

根据结构优化设计的基本思想建立求解分权点的优化模型，树状支臂闸门优化模型如图 6-35 所示。在满足局部稳定的前提下，以树干和树枝同时失稳为目标进行横截面尺寸优化；在横截面尺寸优化的基础上，以二分权树状支臂结构的强度、刚度和稳定性为约束条件，以整体结构稳定性最高、质量最小为目标，建立求解二分权树状支臂结构的树型优化模型；采用结构有限元法，对二分权树状支臂结构进行特征值屈曲分析、双重非线性屈曲分析和优化求解。

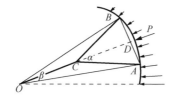

图 6-35　树状支臂闸门优化模型

具体优化模型如下。

(1) 设计变量。i_{gz} 为树干与树枝的单位刚度比，α/β 为两树枝夹角与二支臂夹角之比。

(2) 目标函数。满足支臂的材料用量 M 与结构整体临界荷载 P_{cr} 的比值最小。

(3) 约束条件。①强度：$\sigma_i \leqslant [\sigma]$，$i=1,2,3$，$\sigma_i$ 表示树干和两个树枝的临界应力，钢材的容许应力 $[\sigma]=345\text{MPa}$。②刚度：$\lambda_{\max} \leqslant [\lambda]$，规范规定压杆的最大柔度 $\lambda_{\max}$ 必须小于容许值，并满足中柔度压杆柔度的取值范围，在弧形闸门规范中支臂的柔度容许值 $[\lambda]$ 取 120。③整体稳定性：采用结构有限元法对二分权树状支臂结构进行双重非线性分析，保证结构的整体稳定性。④局部稳定性：保证翼缘宽厚比满足 $\dfrac{a-2t}{t} \leqslant 40\sqrt{\dfrac{235}{\sigma_s}}$ 的要求，其中，σ_s 为材料的屈服应力，取 345MPa，得到截面宽厚比满足 $a/t \leqslant 35$，定义局部稳定系数 $j=\dfrac{a-2t}{t}\bigg/40\sqrt{\dfrac{235}{\sigma_s}}$。为了充分利用材料和提高计算效率，选取不同局部稳定系数进行优化计算。

采用特征值法和双重非线性有限元法，分别计算分权点在不同位置时二分权树状支臂结构和二支臂结构的临界荷载，为消除树干长度与横截面尺寸、树枝长度与横截面尺寸的绝对尺寸影响，采用树干和树枝单位刚度比作为无量纲参数，比较二分权树状支臂结构与二支臂结构的优劣性。二分权树状支臂结构与二支臂结构的临界荷载比随干枝单位刚度比的变化如图 6-36 所示。

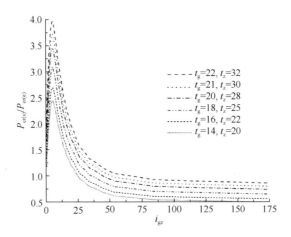

图 6-36　i_{gz} 与 $P_{cr(s)}/P_{cr(e)}$ 的关系图

t_g-树干的宽厚比；t_z-树枝的宽厚比；i_{gz}-树干和树枝的单位刚度比；$P_{cr(s)}$-二分权树状支臂结构的临界荷载(kN)；$P_{cr(e)}$-二支臂结构的临界荷载(kN)

　　由图 6-36 可知，相同材料用量下，当干枝单位刚度比 i_{gz} 为 0.99～5.67 时，二分权树状支臂结构与二支臂结构的临界荷载比 $P_{cr(s)}/P_{cr(e)}$ 随干枝单位刚度比 i_{gz} 的增大而增大；当干枝单位刚度比 i_{gz} 在区间(5.67，171.88)内时，二分权树状支臂结构与二支臂结构的临界荷载比 $P_{cr(s)}/P_{cr(e)}$ 随干枝单位刚度比 i_{gz} 的增大而减小。值得注意的是，当干枝单位刚度比在区间(0.99，26.78)内时，二者的比值均大于 1.0，说明在此范围内二分权树状支臂结构的临界荷载大于二支臂结构的临界荷载；当干枝单位刚度比为 5.67 时，二分权树状支臂结构的临界荷载与二支臂结构的临界荷载的比值最大，为 2.5～4.0，其具体变化范围取决于局部稳定系数的大小，局部稳定系数为 1 时有最大值。

　　绘制局部稳定系数与相同临界荷载下二分权树状支臂结构材料节省率的关系，如图 6-37 所示。

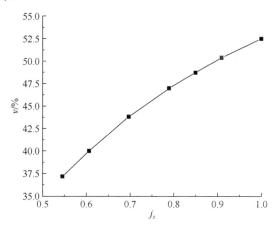

图 6-37　j_z 与 v 的关系图

j_z-局部稳定系数；v-相同临界荷载下二分权树状支臂结构的材料节省率(%)，$v=(m_e-m_s)/m_e \times 100\%$，$m_e$ 为二支臂结构的材料用量(kg)，m_s 为二分权树状支臂结构的材料用量(kg)

　　由图 6-37 可知，临界荷载相等时，二分权树状支臂结构的材料节省率(v)与局部稳定系数 j_z 呈正相关关系。局部稳定系数为 1.0 时，材料节省率有最大值，为 52.54%；局部稳定系数为 0.545 时，材料节省率有最小值，为 37.19%。在合理结构布置下，相同材料的二分权树状支臂结构的临界荷载大于二支臂结构，其临界荷载最大值是二支臂结构的 4.34 倍；相同临界荷载的二分权树状支臂结构自重小于二支臂结构，其材料节省率达到 52.54%。这充分说明了合理的二分权树状支臂结构具有稳定性高与质量小的优点。

　　为确定最优树型，绘制 $G_{(x)}/P_{cr(x)}$ 随干枝单位刚度比 i_{gz} 和 α/β 的关系图，如图 6-38 和图 6-39 所示。其中，$G_{(x)}/P_{cr(x)}$ 为二分权树状支臂的材料重量与其临界荷载的比值，α 为二分权树状支臂的两树枝间的夹角，β 为二支臂夹角。

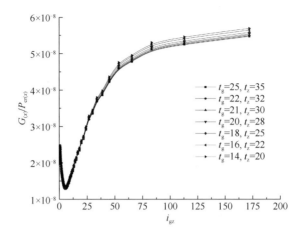

图 6-38　$G_{(x)}/P_{\mathrm{cr}(x)}$ 和 i_{gz} 的关系图

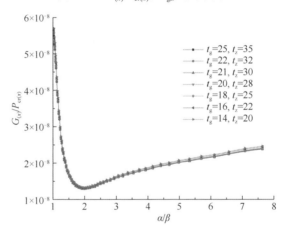

图 6-39　$G_{(x)}/P_{\mathrm{cr}(x)}$ 和 α/β 的关系图

　　由图 6-38 可知，干枝单位刚度比 i_{gz} 在区间(0.99, 5.67)内时，材料重量与二分权树状支臂结构临界荷载的比值 $G_{(x)}/P_{\mathrm{cr}(x)}$ 随干枝单位刚度比 i_{gz} 的增大而减小；干枝单位刚度比在区间(5.67, 171.88)内时，材料重量与二分权树状支臂结构临界荷载的比值 $G_{(x)}/P_{\mathrm{cr}(x)}$ 随干枝单位刚度比的增大而增大。干枝单位刚度比在[5.33, 6.02]范围时，目标函数达到最小值，即两区间的分界点，说明此时树型最优。目标函数 $G_{(x)}/P_{\mathrm{cr}(x)}$ 也随树枝和树干局部稳定系数的增大而减小，但变化很小，局部稳定系数为 1 时目标函数有最小值。

　　由图 6-39 可知，两树枝夹角与二支臂夹角之比 α/β 在(1.03, 1.98)内时，材料重量与二分权树状支臂结构临界荷载之比随两树枝夹角与二支臂夹角之比的增大而减小；两树枝夹角与二支臂夹角之比 α/β 在(1.98, 7.65)内时，材料重量与二分权树状支臂结构临界荷载之比随两树枝夹角与二支臂夹角之比的增大而增大。两树枝夹角与二支臂夹角之比在[1.92，2.04]范围时，目标函数达到最小值，即两区间的分界点，说明此时树型最优。目标函数也随树枝和树干局部稳定系数的增大而减小，但变化很小，局部稳定系数为 1 时目标函数有最小值。

综上，水工弧形钢闸门二分权支臂最优树型为树干与树枝的单位刚度比为 5.33～6.02，树枝间夹角与二支臂夹角之比为 1.92～2.04。与此对应的树型支臂的枝干长度比为 1.02，树干与树枝的截面高度比和厚度比分别为 1.805 和 1.405。此时，二分权树状支臂结构整体稳定性最高、质量最小。

5. 实用公式准确性验证

利用实用公式[式(6-89)～式(6-91)]与有限元法计算临界荷载与计算长度系数，结果如表 6-6 所示。平面内临界荷载误差比平面外的小，平面外临界荷载最大误差为 4.71%，不超过 5%。表明实用公式精度满足工程计算精度要求。

表 6-6　实用公式与有限元法计算结果

计算方法	平面内		平面外	
	P_{cr}/kN	μ	P_{cr}/kN	μ
实用公式	22613.30	0.98	22303.62	0.99
有限元	23405.75	0.96	23405.75	0.96

有限元和实用公式计算结果显示树状支臂的屈曲模态接近无侧移屈曲，计算长度系数不超过 1.00。此外，树状支臂临界荷载比传统支臂的临界荷载高。从本章结果得到的结论符合树状支臂的结构机理分析，树状支臂的树枝与主梁的刚度比传统水工弧形钢闸门支臂与主梁的刚度比小，是树状支臂比传统支臂临界荷载大的主要原因。

本节通过比较有限元与实用公式计算结果，水工弧形钢闸门树状支臂的分析模型与分析方法的正确性得到了验证，可使用两种方法分析水工弧形钢闸门树状支臂结构。

6.6　本 章 小 结

水工弧形钢闸门主横梁式门式框架柱计算长度系数的实用公式为 $\mu = \dfrac{\pi}{kl} = \dfrac{\sqrt{2}\pi}{\sqrt{a - \sqrt{a^2 - 4b}}}$。有限侧移单跨框架稳定方程确定的柱计算长度系数为 $\mu_0 = 2\sqrt{1 + \dfrac{0.38}{K_1}}$，无侧移单跨框架稳定方程确定的柱计算长度系数为

$\mu_1 = \dfrac{1.4K_1 + 3}{2K_1 + 3}$。水工弧形钢闸门稳定性决定着水工结构是否安全运行，其主要取

决于主框架稳定性。本章对水工弧形钢闸门主框架稳定性进行了系统地分析研究，对主横梁式门式框架、主横梁式梯形框架及纵向框架的屈曲模态，主框架柱的计算长度系数取值进行了研究，提出了大型树状支臂水工弧形钢闸门这种新型闸门结构型式。根据结构稳定性分析理论，建立了水工弧形钢闸门树状支臂枝干稳定性分析模型，对枝干屈曲形态进行了分析，推导出了树干、树枝两种屈曲模态计算长度系数理论公式，给出相应计算长度系数的实用公式，并通过有限元分析验证了本章实用公式的准确性。树状支臂的屈曲模态接近无侧移屈曲模态，即计算长度系数小于 1.00，这个结果符合树状支臂的结构特征。通过分析几何参数与边界约束条件的影响，分析了树状支臂临界荷载及计算长度系数的变化，给出了部分设计建议。对比水工弧形钢闸门树状支臂与原二支臂，发现在保证具有相同面板径向位移的情况下，树状支臂材料用量比二支臂节省 5.2%，支臂柔度减小73.21%，稳定性提高 69.3%，强度控制应力水平降低 35.6%，表明树状支臂相比传统二支臂能显著提高稳定承载力。为了进一步推广使用树状支臂结构，还需要继续研究结构优化设计参数，探索影响结构屈曲的因素与结构的动力屈曲特征。

参 考 文 献

[1] 章继光, 刘恭忍. 轻型弧形钢闸门事故分析研究[J]. 水力发电学报, 1992, 11(3): 49-57.
[2] 何运林. 世界闸门现状及发展趋势[J]. 西北农林科技大学学报(自然科学版), 1991, 19(4): 85-90.
[3] 何运林. 水工闸门动态[J]. 水力发电学报, 1993, 12(3): 87-97.
[4] 章继光, 山田孝一郎, 松本芳纪. 弧形钢闸门支臂的空间屈曲荷载研究[J]. 水利学报, 1992, (6): 67-73.
[5] 章继光. 弧形钢闸门支臂稳定性探讨[J]. 西安理工大学学报, 1981(2): 69-81.
[6] 中华人民共和国水利部. 水利水电工程钢闸门设计规范: SL 74—2019[S]. 北京: 水利电力出版社, 2019.
[7] 何运林, 黄振. 弧形钢闸门柱的有效长度[J]. 水力发电学报, 1987, 6(1): 46-60.
[8] 铁摩辛柯, 盖莱. 弹性稳定理论 (第二版)[M]. 张福范, 译. 北京: 科学出版社, 1958.
[9] 何运林. 结构稳定理论[M]. 北京: 水利电力出版社, 1996.
[10] 陈骥. 钢结构稳定理论与设计[M]. 4 版. 北京: 科学技术文献出版社, 2008.
[11] 童根树. 钢结构的平面内稳定[M]. 北京: 中国建筑出版社, 2005.
[12] 杨岳民, 刘伯权. 杆系结构的动力几何非线性分析[J]. 地震工程与工程振动, 1998, 18(1): 22-28.
[13] 曲淑英, 曲乃泗. 空间框架结构动力不稳定区域的确定[J]. 应用力学学报, 1999, 16(2): 106-111.
[14] 李忠学, 沈祖炎, 邓长根. 杆系结构非线性动力稳定性识别与判定准则[J]. 同济大学学报, 2000(4): 147-152.
[15] 余卫华. 弧形钢闸门主框架的稳定性分析[D]. 杨凌: 西北农林科技大学, 2008.
[16] 吉小艳. 弧形钢闸门主框架动力稳定性研究[D]. 杨凌: 西北农林科技大学, 2004.
[17] 王正中. 弧门主框架单位刚度比的分析计算[C]//中国力学学会. 第二届全国结构工程学术会议论文集(上). 北京: 清华大学出版社, 1993.
[18] 何运林. 弧形钢闸门支臂计算长度系数的确定——关于"钢闸门设计规范"中弧门支臂计算长度系数的取值问题[J]. 西北农林科技大学学报(自然科学版), 1979(3): 59-73.
[19] 何运林. 弧形钢闸门梯形框架稳定性的有限元分析[J]. 西北农林科技大学学报(自然科学版), 1989(2): 35-41.
[20] 申永康, 王正中, 邵建华. 弧形钢闸门主框架柱计算长度系数实用计算方法[J]. 水利水电科技进展, 2006(4): 56-58.

[21] 朱军祚. 大型水工弧形钢闸门的拓扑优化与分析[D]. 杨凌: 西北农林科技大学, 2007.

[22] 屈超. 弧形钢闸门拓扑优化与结构布置研究[D]. 杨凌: 西北农林科技大学, 2008.

[23] CAI K, ZHANG C. An optimal construction of a hydropower arch gate[C]. 2010 International Conference on Computer-aided Manufacturing & Design, Hongkong, 2001.

[24] 苏立钢. 考虑支臂稳定的弧形钢闸门结构拓扑优化研究[D]. 杨凌: 西北农林科技大学, 2017.

[25] Von B P. Following a Thread: A tree column for a tree house[C]. Proceedings of the IASS 2006 International Symposium: The 8th Asian Pacific Conference on New Shell and Spatial Structures, Beijing, 2006.

[26] Li H J, Wang Z Z . Reliability and sensitivity analysis of double-layer spherical lattice shells using multiple performance functions[J]. Progress in Steel Building Structures, 2013, 15(2): 11-20, 51.

[27] SHEN Y K. Computation method on stability design of dendritic arms in radial gate[J]. Energy Education Science and Technology Part A: Energy Science and Research. 2014, 32(5): 3433-3440.

[28] 赵春龙. 大型水工弧门树状支臂失稳机制与结构优化的研究[D]. 杨凌: 西北农林科技大学, 2013.

[29] 徐超. Y 型钢管柱整体稳定性能有限元分析[J]. 钢结构, 2017, 32(4): 64-68.

[30] 徐超, 王正中, 刘铨鸿. 考虑稳定性的树状结构形态布局优化研究[J]. 建筑结构学报, 2018, 39(6): 61-68.

[31] 高歌. 主纵梁式弧门树状柱找形及其强度稳定分析[D]. 杨凌: 西北农林科技大学, 2015.

[32] 武岳, 张建亮, 曹正罡. 树状结构找形分析及工程应用[J]. 建筑结构学报, 2011, 32(11): 162-168.

[33] 彭细荣. 基于连续体结构拓扑优化的树状结构拓扑创构[J]. 建筑结构学报, 2018, 39(3): 26-31.

[34] 申永康. 大型弧门树状支臂框架结构承载机理及动力稳定性研究[D]. 杨凌: 西北农林科技大学, 2014.

第7章　水工钢闸门流固耦合作用分析

7.1　概　　述

水工钢闸门在水利工程控制和调节水流方面具有重要作用。在启闭过程中或局部开启的工作状态下，闸门往往会发生振动，振动较为严重时，会造成闸门及周围建筑物的破坏。因此，水工钢闸门的振动一直是闸门设计中迫切需要解决的问题[1]。闸门振动的原因十分复杂，主要是泄流过程中流固耦合作用不平稳，这通常与闸门开度、门后淹没水跃、止水漏水、闸门底缘型式等因素有关。目前，虽然已经有不少学者对闸门振动破坏的机理及爬振做了很多工作，取得了一定的成果，但研究还有待进一步深入。由于闸门的流激耦合振动问题十分复杂，其力学分析具有特殊性和复杂性，较其他结构的分析复杂得多，必须从水力学和结构力学及二者的相互作用入手，从而揭示闸门振动的特征。

水工平面钢闸门的底缘结构型式直接关系到过闸水流的情况，对闸门系统的安全运行有着重要影响。由于底缘结构设计不合理，闸下出流条件差，水流会出现脱壁现象，闸下射流与底缘之间出现空隙，空隙处若无法及时补气，则此处易出现不稳定的负压。这不仅使闸门底缘处的水压力脉动性增强，产生下吸力，而且会使闸门产生空蚀，并导致闸门垂直振动。此外，负压和振动现象会随水流流速的增大而更加严重，导致闸门产生空蚀或振动破坏，甚至无法正常启闭。针对钢闸门的空蚀和振动问题，过闸水流产生的负压和脉动压力是其主要外因，已有不少研究讨论了流固耦合理论在闸门振动分析中的应用[2]。已有研究多以闸门型式或闸门的工作状态为讨论对象，直接利用软件做简要分析，而关于闸门底缘结构型式对闸门的影响分析较少。因此，采用什么理论和方法才能真实反映水工平面钢闸门的运行情况及精确计算水动力荷载，如何合理布置闸门结构型式和选取闸门构件型式才能减小振动破坏，有待更进一步研究，从而在保证闸门安全性的前提下能够灵活运行。

流固耦合力学是一门研究流体与固体相互作用下力学行为的学科。泄流状态下，水流与闸门结构是相互作用的两个系统，水流动力使结构变形，而结构变形又导致流场改变，从而形成一个流固耦合作用过程。本章基于对流固耦合作用较为敏感的水工平面钢闸门进行流固耦合分析，阐明闸门流固耦合研究现状、流固耦合数值模拟的基本理论与方法，以及采用数值模拟方法进行流固耦合分析的基本步骤，并对泄流过程中闸后水动力学特性进行数值模拟分析，着重研究闸下出流过程中底缘局部水流流态与底缘结构型式的关系，分析闸门底缘结构型式对闸底负压及脉动压力的影响，及其对闸门结构振动特性的影响，为其他类型闸门和涉及流固耦合问题的工程项目提供借鉴。

　　流固耦合问题复杂多变，目前主要是采用数值计算的方法进行分析研究。流固耦合的数值计算方法随着计算技术的提高而逐渐发展起来，可以处理比较复杂的几何及边界条件，应用较为广泛。早期的流固耦合问题研究由于受相关学科制约，主要是进行试验模拟及简单的理论分析。近年来，随着计算流体动力学(computational fluid dynamics，CFD)和计算结构动力学(computational structural dynamics，CSD)的发展，以及计算机性能的提高和大规模并行计算的成熟，流固耦合问题的计算得到长足的发展。人们对流固耦合现象的早期认识源于飞机工程中的气动弹性问题。莱特兄弟和其他航空先驱者都曾遇到过气动弹性问题。直到1939 年第二次世界大战前夕，由于飞机工业的迅猛发展，大量出现的飞机气动弹性问题的需要解决，一大批科学家和工程师投入了这一问题的研究，气动弹性力学开始发展成为力学的一门分支学科。如果将与飞机颤振密切相关的气动弹性研究作为流固耦合研究的第一次高潮，那么与风激振动及化工容器密切相关的研究可作为流固耦合研究的第二次高潮。流固耦合问题计算的难点主要在于流体域和固体域的模拟、流体和固体界面的数据传递及网格变形的动网格处理。针对以上问题，国内外众多学者先后开展了研究。Sanchez 等[3]对于规则横浪中的船舶，考虑了阻尼力矩和复原力矩的非线性，研究了船舶具有和不具有定常横倾角时在不同波倾和遭遇频率下，横摇运动的稳定性和复杂动力学响应问题。Hsieh[4]基于自由面的非线性建立了二阶流动势的耦合方程，解释了大幅重力波问题产生的原因。刘习军等[5]利用非线性理论，对柱形弹性容器中液体在高频激励下产生的低频大幅重力波现象进行了研究，发现了此现象是组合共振引起的。1969 年，Edwards[6]首先运用有限元法，对储液罐-流体系统的地震响应进行了流固耦合研究。Zienkiewicz 等[7]提出了解决流固耦合振动问题的方法，认为可用附加质量矩阵来修改固体结构的质量矩阵，从而将流固耦合振动问题简化为修改结构的问题，流固耦合作用通过液体附加质量矩阵来反映。将流体与结构的耦合振动现象归纳为数学模型，对结构运动方程和流体运动方程联合求解，其中对流场的处理是问题的关键所在。如果将振动引起的扰动流场视为满足拉普拉斯(Laplace)方程的势流场，由拉格朗日(Lagrange)方程求出势流场的压力，运用结构与流体交界面处满足运动连续条件，给出边界条件，可以得到流固耦合的解析解。基于这种思路，一些研究者分析了某些简单边界条件下平面闸门的振动特性，给出了稳定条件判别式，或推导出了附加质量的解析表达式。

　　早期流固耦合问题主要是与飞机相关的空气动力学问题，在水利工程方面，

Westergaard[8]首次研究了重力坝在地震荷载下的动水压力分布情况。Fenves 等[9]对大坝与水体耦合情况进行了研究。在闸门流固耦合问题的数值分析方面，我国许多学者也进行了大量研究，并取得了丰富的成果。严根华等[10]用三维边界元与有限元的混合模型计算了水工弧形钢闸门的水弹性耦合共振频率。谢省宗[11]推导出一般条件下的结构-水流流固耦合基本方程与定解条件及其对应的有限元方程，给出了流固耦合的附加惯性、阻尼和刚度的离散形式，分析了坝-水库、水工闸门-水流耦合的动力特性，得到了一些具有实用价值的成果。刘亚坤[12]在前者的研究基础上，将水力模型试验和数值计算相结合，有效地研究了闸门的动力特性。杨敏等[13]从激励机理的角度综述了目前国内外水流诱发闸门振动的研究成果，结合模型试验，阐述了平板闸门自激稳态响应的动力过程。王普[14]对上下游有压条件下的平板闸门进行了数值分析，进行了二维和三维单向流固耦合数值模拟。陈赟[15]研究了双向流固耦合对闸门振动激励后的水流流态，并进行了数值分析。肖天铎[16]研究了单跨梁和溢洪道底板在平行水流作用下的自由振动，给出了主振型的频率及稳定条件，郑哲敏等[17]、谢省宗[11]、于希哲[18]、马吉明[19]均对此进行了研究。郭桂祯[20]对闸门的垂向自激振动进行了研究。

计算流固耦合问题的相关商业软件不断被开发与应用，为人们探讨流固耦合问题提供了很好的技术平台，越来越多研究人员和工作人员通过软件解决流固耦合问题，同时也促进了流固耦合理论在工程实际中的广泛应用。目前常用的计算流固耦合问题的商业软件主要有 ANSYS、LS-DYNA、ADINA、FLUENT、COSMIC Nastran、COMSOL Multi-physics 和 STAR-CD 等。软件各有优劣，多采用联合数值仿真。在流固耦合数值计算方面，结构与水动力的求解是 CFD 与 CSD 耦合的基础。流固耦合面的数据传递是 CFD 与 CSD 的桥梁。流体与固体界面的数据传递涉及流体域和固体域求解的时间同步推进技术和界面信息转换技术，界面信息转换主要是确保耦合面上质量、动量、能量的守恒及求解耦合方程，水动力计算中高效的网格变形技术、流体与结构耦合时域的计算效率也是流固耦合高效数值计算的重要保证。

7.2　基本理论与方法

7.2.1　流固耦合基本理论方法及控制方程

1. 流固耦合基本理论方法

流固耦合力学是流体力学与固体力学交叉而形成的一门力学分支学科，研究变形固体在流场作用下的各种行为，以及固体位形对流场影响流体和固体的交互作用。流固耦合的重要特征是两相介质之间存在相互作用，变形固体在流体荷载的作用下产生变形或运动，而变形或运动又反过来影响流场，从而改变流体荷载的分布和大小。正是由于这种相互作用，在不同条件下会产生不同的流固耦合现象[21]。流固耦合问题可由其耦合方程定义，这组方程的定义域同时包括流体域与固体域，未知变量含有描述流体现象的变量与描述固体现象的变量，一般而言，具有两点特征：①流体域和固体域均不能单独求解；②无法显式地消去描述流体运动的独立变量或描述固体运动的独立变量。

从总体上看，流体-结构耦合计算中，流体计算与结构计算的描述方式不同。流体使用欧拉方法描述，而结构使用拉格朗日方法描述，因此在流场中需要对边界条件进行处理。流固耦合问题的求解方法从控制方程解法上可分为直接求解的强耦合方法和分区迭代的弱耦合方法。强耦合方法是将流体域、固体域和耦合作用构造在同一控制方程中，在同一时间步内同时求解所有变量。弱耦合方法是在每一时间步内分别依次对 CFD 方程和 CSD 方程求解，通过中介交换固体域和流体域的计算结果，从而实现耦合求解。强耦合方法的关键在于构造控制方程，改写流体与结构控制方程，使其成为同一种形式，然后对控制方程直接求解。其优点是物理概念清晰，计算准确程度和收敛性较高；缺点是对计算机资源要求较高，不能使用已有的得到广泛应用的流体和结构求解器，而且积分的推导过程十分冗长乏味。因此，在实际中，模拟复杂流场与弹性变形较大的结构之间的相互作用非常费时费力。利用流固耦合方法求解问题时必须进行适当的简化，从而难以保证计算的准确程度。此外，求解要求流场与结构在网格特性上一致，而在实际问题中，流场分析和结构分析数值计算要求的网格往往相差甚远，因此该方法并不适用于实际工程。按照耦合机理，流固耦合问题可以分为两大类。第一大类问题的耦合作用仅发生在两相交界面上，耦合效应是通过在方程中引入两相耦合面的平衡及协调关系来实现的，如气动弹性、水动弹性问题等。第二大类问题的两相域部分或全部重叠在一起，难以明显地分开，使描述物理现象的方程，特别是本构方程需要针对具体的物理现象来建立，耦合是通过描述问题的微分方程来体现的，如渗流问题[22]。从数据传递的角度，流固耦合分析可以分为单向流固耦合分析和双向流固耦合分析。单向流固耦合分析是指耦合交界面处的数据传递是单向的，一般将流体分析结果传递给结构分析，但是没有结构分析结果传递给流体分析的过程。也就是说，流体分析对结构分析有重大影响，而结构分析的变形等非常小，因此对流体分析的影响可以忽略不计。双向流固耦合分析是指数据交换是双向的，也就是既有流体分析结果传递给结构分析，也有结构分析结果反向传递给流体分析，常见的闸门泄流时水流振动问题分析就属于双向流固耦合分析。

闸门振动是流激振动，水流作用在闸门上的随机荷载诱发闸门振动，而闸门的随机振动又引起流场的扰动，互相作用与反馈，形成一定状态的水-固系统运动。

这种运动系统的研究属水弹性力学问题[23]，主要经历了结构质量分布相似与刚度分布变态相似及全水弹性相似两个发展阶段。早期，荷兰的代尔夫特理工大学水工研究所 Kolkman[24]教授在巨型挡潮闸的振动研究中，成功地采用了刚度分布变态相似模型，并取得了与工程原型观测一致的结果。20 世纪 90 年代前，我国也主要采用这种方法模拟研究闸门水弹性振动，解决了许多工程问题。在闸门泄水流固耦合的过程中，其附加项对闸门的振动特性起着显著的影响，其中附加质量的影响最大，国内外大量学者曾用试验或理论分析的方法给出其经验表达式，但在结构振动的过程中，附加质量是一个非线性变化的量，难以定量解析。

2. 流固耦合控制方程

1) 流体动压力

流场内任意一点的流速或压力都服从三维波动方程，假定水体是不可压缩的，则服从三维的拉普拉斯方程：

$$\begin{cases} \nabla^2 P = \dfrac{\partial^2 P}{\partial^2 x^2} + \dfrac{\partial^2 P}{\partial^2 y^2} + \dfrac{\partial^2 P}{\partial^2 z^2} = 0 \\ P = \overline{P} \end{cases} \tag{7-1}$$

在 S_n 上，有

$$\frac{\partial P}{\partial n} = -\rho \frac{\partial^2 U_n}{t^2} \tag{7-2}$$

式(7-1)和式(7-2)中，$\overline{P}$ 为已知动水压力，N；P 为水压力；t 为时间；S_n 为与结构接触的流体界面；U_n 为边界位移的法向分量；n 为接触面法线，其正向指向流体外部；ρ 为流体的质量密度，kg/m^3。

与上述方程对应的泛函为

$$\chi = \int_V \frac{1}{2} \left[\left(\frac{\partial P}{\partial x} \right)^2 + \left(\frac{\partial P}{\partial y} \right)^2 + \left(\frac{\partial P}{\partial z} \right)^2 \right] dv + \int_{S_n} \left(\rho \frac{\partial^2 U_n}{\partial t^2} \right) P ds \tag{7-3}$$

将整个流体域离散成 N_E 个单元，在节点处的连续与平衡条件约束下，式(7-3)可写为

$$\chi = \sum_{e=1}^{N_E} \chi_e \tag{7-4}$$

式中，$\chi_e = \int_{V_e} \frac{1}{2} \left[\left(\frac{\partial P}{\partial x} \right)^2 + \left(\frac{\partial P}{\partial y} \right)^2 + \left(\frac{\partial P}{\partial z} \right)^2 \right] dv + \int_{S_{ne}} \left(\rho \frac{\partial^2 U_n}{\partial t^2} \right) P ds$。

设流体单元中有 n 个节点，则该单元的动压力为

$$P = \underset{(1 \times n)}{[N]} \underset{(n \times 1)}{\{q\}_e} \tag{7-5}$$

式中，$[N]$ 为插值函数；$\{q\}_e$ 为单元节点处的动压力，Pa。

设流体单元与结构接触面 S_{ne} 上有 S 个节点，则该面域上的法向位移为

$$\underset{(1\times S)}{U_n} = \underset{(1\times S)}{[N_S]}\underset{(S\times 1)}{\{d_n\}_e} \tag{7-6}$$

式中，$[N_S]$ 为定义在接触面 S_{ne} 上的插值函数；$\{d_n\}_e$ 为该面上各节点处的法向位移，m。将式(7-5)和式(7-6)代入式(7-4)，取驻值，即可得到流体单元的基本方程为

$$\underset{(n\times n)}{[N]_e}\underset{(n\times 1)}{\{q\}_e} = -\underset{(n\times S)}{[B_s]_e}\underset{(S\times 1)}{\{\ddot{d}_n\}_e} \tag{7-7}$$

式中，$\{\ddot{d}_n\}_e$ 为界面上各节点的法向位移加速度，m/s²。

$$\begin{cases} \{F\}_e = -[B_S]_e\{\ddot{d}_n\}_e \\ [H]_e = \int_V \left(\dfrac{\partial [N]^{\mathrm{T}}}{\partial x}\dfrac{\partial [N]}{\partial x} + \dfrac{\partial [N]^{\mathrm{T}}}{\partial y}\dfrac{\partial [N]}{\partial y} + \dfrac{\partial [N]^{\mathrm{T}}}{\partial z}\dfrac{\partial [N]}{\partial z} \right) \mathrm{d}v \\ [B_s]_e = \int_{S_{ne}} [N]^{\mathrm{T}} \xi [N_S] \mathrm{d}s \end{cases} \tag{7-8}$$

式中，$\{F\}_e$ 为节点动压力；$[H]_e$ 为节点位移；$[B_s]_e$ 为穿过节点的力；ξ 为节点计算系数；$[N_S]$ 为接触面上的插值函数。假设将整个流体域离散成 N_E 个单元和 N_P 个节点，与结构的全部接触面上有 g 个节点。令

$$\begin{cases} \{Q\} = \left[q_1, q_2, \cdots, q_{N_P} \right]^{\mathrm{T}} \\ [F] = \left[F_1, F_2, \cdots, F_{N_P} \right]^{\mathrm{T}} \\ \{\ddot{D}_S\} = \left[\ddot{d}_1, \ddot{d}_2, \cdots, \ddot{d}_{N_g} \right]^{\mathrm{T}} \end{cases} \tag{7-9}$$

式中，$\{Q\}$ 为表示流体域的节点动压力，Pa；$[F]$ 为等效节点荷载，N；$\{\ddot{D}_S\}$ 为节点法向加速度，m/s²。根据节点处动压力的平衡条件和加速度的协调条件，可组合成整个流体域的基本方程：

$$\underset{(N_P\times N_P)}{[H]}\underset{(N_P\times 1)}{\{Q\}} = \underset{(N_P\times 1)}{\{F\}_e} = -\underset{(N_P\times g)}{[B]}\underset{(g\times 1)}{\{\ddot{D}_S\}} \tag{7-10}$$

2) 接触面上的动压力

将节点动压力分成三部分且按顺序排列成

$$\underset{(N_P\times 1)}{\{Q\}} = \left[\underset{(f\times 1)}{\{Q_P\}^{\mathrm{T}}} \ \underset{(g\times 1)}{\{Q_n\}^{\mathrm{T}}} \ \underset{(h\times 1)}{\{Q_u\}^{\mathrm{T}}} \right] \tag{7-11}$$

式中，$\{Q_P\}$ 为边界 S_P 上的节点动压力，Pa；$\{Q_n\}$ 为流体与结构接触面 S_n 上的节点动压力，Pa；$\{Q_u\}$ 为其余节点上的动压力，Pa。

只考虑结构振动引起的动压力，假定 S_P 置于距结构足够远处，则有 $\{Q_P\}=0$，将式(7-11)展开得

$$\begin{bmatrix} [H_{PP}] & [H_{Pn}] & [H_{Pu}] \\ [H_{nP}] & [H_{nn}] & [H_{nu}] \\ [H_{uP}] & [H_{un}] & [H_{uu}] \end{bmatrix} \begin{Bmatrix} \{Q_P\} \\ \{Q_n\} \\ \{Q_u\} \end{Bmatrix} = \begin{Bmatrix} \{F_P\} \\ \{F_n\} \\ \{F_u\} \end{Bmatrix} = - \begin{Bmatrix} \{B_P\} \\ \{B_n\} \\ \{B_u\} \end{Bmatrix} \{\ddot{D}_S\} \tag{7-12}$$

由此可得到关于 $\{Q_n\}$ 的基本方程:

$$\underset{(g\times g)}{[H_N]}\underset{(g\times 1)}{\{Q_n\}} = \underset{(g\times 1)}{\{F_N\}_e} = -\underset{(g\times g)}{[B_N]}\underset{(g\times 1)}{\{\ddot{D}_S\}} \tag{7-13}$$

其中,

$$\begin{cases} [H_N] = [H_{nn}] - [H_{nu}][H_{uu}]^{-1}[H_{un}] \\ [F_N] = [F_n] - [H_{nu}][H_{uu}]^{-1}[F_u] \\ [B_N] = [B_n] - [H_{nu}][H_{uu}]^{-1}[B_u] \end{cases} \tag{7-14}$$

同时可得

$$\underset{(h\times 1)}{\{Q_n\}} = \underset{(h\times h)}{[H_{uu}]^{-1}} \left(\underset{(h\times 1)}{\{F_u\}} - \underset{(h\times g)}{[H_{un}]}\underset{(g\times 1)}{\{Q_n\}} \right) \tag{7-15}$$

3) 等效节点荷载

引入位序矩阵 $[A]_{(k)}$,从 $\{Q_n\}$ 中分解出第 k 号单元接触面 S_{nk} 上 S 个节点处的动压力为

$$\underset{(g\times 1)}{\{q\}_{(k)}} = \underset{(S\times g)}{[A]_{(k)}}\underset{(g\times 1)}{\{Q_n\}}, k=1,2,\cdots,S_E \tag{7-16}$$

式中, S_E 为与结构相接触的流体单元数。该接触面上的动压力可表示为

$$\underset{(1\times S)}{P_{(k)} = [N_s]_{(k)}}\underset{(S\times 1)}{\{q\}_{(k)}} = \underset{(1\times S)}{[N_S]_{(k)}}\underset{(S\times g)}{[A]_{(k)}}\underset{(g\times 1)}{\{Q_n\}} \tag{7-17}$$

沿该接触面法线施加一虚位移 δU_n,根据式(7-17)可知 $P_{(k)}$ 做虚功:

$$\delta W = \int_{S_{n(k)}} \delta U_n^{\mathrm{T}} P_{(k)} \mathrm{d}s = \delta(d_n)_{(k)}^{\mathrm{T}} \int_{S_{n(k)}} [N_S]_{(k)}^{\mathrm{T}} P_{(k)} \mathrm{d}s \tag{7-18}$$

则 $(F_e)_{(k)}$ 在相应的虚位移上做虚功:

$$\delta W = \delta(d_n)_{(k)}^{\mathrm{T}} (F_e)_{(k)} \tag{7-19}$$

比较式(7-18)和式(7-19),得

$$(F_e)_{(k)} = \int_{S_{n(k)}} [N_S]_{(k)}^{\mathrm{T}} P_{(k)} \mathrm{d}s \tag{7-20}$$

假设接触面上流体动压力的全部等效节点荷载 (F_Q) 元素排列次序与 (Q_n) 一致,则第 k 号单元的节点荷载 $(F_e)_{(k)}$ 在 (F_Q) 中的位置同样用位序矩阵 $[A]_{(k)}$ 确定如下:

$$\underset{(g\times 1)}{(F_Q)_{(k)}} = \underset{(g\times S)}{[A]_{(k)}^{\mathrm{T}}}\underset{(S\times 1)}{\{F_e\}_{(k)}}, k=1,2,\cdots,S_E \tag{7-21}$$

接触面的所有单元做上述运算后,通过叠加就能得到流体内附加动压力在结构上产生的等效节点荷载,即

$$\{F_e\}_{(k)} = \left[\sum_{k=1}^{S_E} [A]_{(k)}^{\mathrm{T}} \left(\int_{S_{n(k)}} [N_S]_{(k)}^{\mathrm{T}} [N_S]_{(k)} \, \mathrm{d}s \right) [A]_{(k)} \right] [H_N]^{-1} [B_N] \{\ddot{D}_S\} \tag{7-22}$$

$$\underset{(k \times k)}{(L)_{(k)}} = \int_{S_{n(k)}} \underset{(S \times 1)}{[N_S]_{(k)}^{\mathrm{T}}} \underset{(1 \times S)}{[N_S]_{(k)}} \, \mathrm{d}s \tag{7-23}$$

$$\underset{(g \times g)}{[M_{\mathrm{P}}]} = \left(\sum_{k=1}^{S_E} \underset{(g \times S)}{[A]_{(k)}^{\mathrm{T}}} \underset{(S \times S)}{(L)_{(k)}} \underset{(S \times g)}{[A]_{(k)}} \underset{(g \times g)}{[H_N]^{-1}} \underset{(g \times g)}{[B_N]} \right) \tag{7-24}$$

式中，(L) 为位移矩阵；$[M_{\mathrm{P}}]$ 为弯矩矩阵。由式(7-22)、式(7-23)和式(7-24)可得

$$\underset{(g \times 1)}{\{F_Q\}} = -\underset{(g \times g)}{[M_{\mathrm{P}}]} \underset{(g \times 1)}{\{\ddot{D}_S\}} \tag{7-25}$$

式中，$\{F_Q\}$、$\{\ddot{D}_S\}$ 中各元素的正方向沿本节点所在表面的法线，规定其正向均指向流体内部。因此，将上式用于结构分析之前，尚需按结构坐标系进行转换。设结构坐标系为 $(\bar{x}, \bar{y}, \bar{z})$，接触面上 A 点的法线为 n_A，沿法线的位移 $U_{n(A)}$ 在 $\bar{x} \text{-} \bar{y} \text{-} \bar{z}$ 坐标系的分量可以表示为

$$U_{n(A)} = \left[\cos(n_A, x), \cos(n_A, y), \cos(n_A, z) \right] \left[\bar{U}_A, \bar{V}_A, \bar{W}_A \right] = [T]_{(A)} \{d\}_{(A)} \tag{7-26}$$

式中，$\bar{U}_A$、$\bar{V}_A$、$\bar{W}_A$ 分别为三个方向的位移分量；$[T]_{(A)}$ 为接触面的 T 矩阵；$\{d\}_{(A)}$ 为各个节点的位移分量。接触面上所有点按规定顺序排列

$$\begin{Bmatrix} U_{n(1)} \\ U_{n(2)} \\ M \\ U_{n(g)} \end{Bmatrix} = \begin{bmatrix} [T]_{(1)} & & & \\ & [T]_{(2)} & & \\ & & 0 & \\ & & & [T]_{(g)} \end{bmatrix} \begin{Bmatrix} \{\bar{d}\}_{(1)} \\ \{\bar{d}\}_{(2)} \\ M \\ \{\bar{d}\}_{(g)} \end{Bmatrix} \tag{7-27}$$

记作

$$\{D_S\} = [\lambda] \{\overline{D_S}\} \tag{7-28}$$

式中，$[\lambda]$ 为计算系数矩阵。节点力、加速度有同样的关系，即

$$\{F_Q\} = [\lambda] \{\overline{F_Q}\} \tag{7-29}$$

$$\{\ddot{D}_S\} = [\lambda] \left\{ \overline{\ddot{D}_S} \right\} \tag{7-30}$$

将式(7-29)和式(7-30)代入式(7-25)，根据矩阵 $[\lambda]$ 的正交性，得到结构坐标系中标定的附加动压力的等效节点荷载为

$$\{\overline{F_Q}\} = -\left[\overline{M}_{\mathrm{P}} \right] \left\{ \overline{\ddot{D}_S} \right\} \tag{7-31}$$

式中，

$$\left[\overline{M}_{\mathrm{P}}\right]=\left[\lambda\right]^{\mathrm{T}}\left[M_{\mathrm{P}}\right]\left[\lambda\right] \tag{7-32}$$

4) 动力平衡方程

在结构坐标系中，离散化的结构动力平衡方程为

$$\left[\overline{M}\right]\left\{\ddot{\overline{D}}\right\}+\left[\overline{C}\right]\left\{\dot{\overline{D}}\right\}+\left[K\right]\left\{\overline{D}\right\}=\left\{\overline{F}_{\mathrm{S}}\left(t\right)\right\}+\left\{\overline{F}_{\mathrm{G}}\left(t\right)\right\} \tag{7-33}$$

式中，$[\overline{M}]$、$[\overline{C}]$、$[K]$ 分别为结构的质量矩阵、阻尼矩阵和刚度矩阵；$\{\overline{D}\}$ 为结构总节点自由度；$\{\overline{F}_{\mathrm{S}}\}$ 为仅由流体附加压动力引起的节点荷载；$\{\overline{F}_{\mathrm{G}}\}$ 为作用在结构上的其余荷载。闸门在水体中的振动是典型的耦合振动，水流脉动压力与闸门振动产生的作用力相互作用，需要对振动方程进行修正，其总自由度可以分解为

$$\left\{\overline{D}\right\}=\left[\left[\overline{D}_{\mathrm{S}}\right]^{\mathrm{T}}\left[\overline{D}_{\mathrm{G}}\right]^{\mathrm{T}}\right]^{\mathrm{T}} \tag{7-34}$$

式中，$[\overline{D}_{\mathrm{S}}]$ 为结构与流体接触表面上的自由度，称为湿自由度；$[\overline{D}_{\mathrm{G}}]$ 为结构不与流体接触的自由度，称为干自由度。

$$\left\{\overline{F}_{\mathrm{S}}\right\}=\left\{\begin{array}{c}\left\{\overline{F}_{\mathrm{G}}\right\}\\\{0\}\end{array}\right\}=\left[\begin{array}{cc}\left[\overline{M}_{\mathrm{P}}\right] & [0]\\ [0] & [0]\end{array}\right]\left\{\begin{array}{c}\ddot{\overline{D}}_{\mathrm{S}}\\\ddot{\overline{D}}_{\mathrm{G}}\end{array}\right\} \tag{7-35}$$

记为

$$\left\{\overline{F}_{\mathrm{S}}\right\}=-\left[\overline{M}_{\mathrm{P}}\right]\left\{\ddot{\overline{D}}\right\} \tag{7-36}$$

代入式(7-33)，移项后得

$$\left(\left[\overline{M}\right]+\left[\overline{M}_{\mathrm{G}}\right]\right)\left\{\ddot{\overline{D}}\right\}+\left[\overline{C}\right]\left\{\dot{\overline{D}}\right\}+\left[K\right]\left\{\overline{D}\right\}=\left\{\overline{F}_{\mathrm{G}}\left(t\right)\right\} \tag{7-37}$$

式中，$\left[\overline{M}_{\mathrm{G}}\right]$ 为其余质量矩阵。当考虑结构的自由振动时，荷载向量为 0。大量的实例证明，结构的阻尼对结构的自振频率和振型影响很小，不考虑结构阻尼使结构自振特性计算的工作量大为减少，因此，可以忽略阻尼的影响来确定系统的自振频率和振型。则式(7-37)变为

$$\left(\left[\overline{M}\right]+\left[\overline{M}_{\mathrm{G}}\right]\right)\left\{\ddot{\overline{D}}\right\}+\left[K\right]\left\{\overline{D}\right\}=0 \tag{7-38}$$

7.2.2　数值分析方法

在工程实际应用中，解决流固耦合问题常用到的数值求解方法有有限差分法

(finite difference method，FDM)、有限元法和有限体积法(finite volume method，FVM)等。

1. 有限差分法

有限差分法通过用差商代替微商，用差分方程逼近微分方程，并根据原问题的初始边值条件合理地给出离散化代数方程的初始边值条件，从而实现离散化、代数化这一过程。对不可压流场控制方程的差分离散格式有很多种，如果控制方程是有黏性的，所采用的格式精度必须是二阶或二阶以上。在人们长期的研究中，探索出了很多高精度、高效率的差分格式，如比姆-沃明(Beam-Warming)近似因式分解格式、上下对称高斯-塞德尔(Gauss-Seidel)分解格式、麦科马克(MacCormack)两步差分格式、全变差下降(total variation diminishing，TVD)格式和非振荡非自由参量耗散差分格式(non-oscillatory and non-free-parameter dissipation difference scheme，NND scheme)等。其中 TVD 格式和 NND 格式主要用来捕捉激波；Gauss-Seidel 格式即使对三维问题也只有两个因子，且只涉及标量求逆，计算效益较高；MacCormack 两步差分格式具有时间一阶精度和空间二阶精度，满足计算所需的精度要求，计算效益较高，从而得到广泛应用。

2. 有限元法

有限元法的基础是变分原理和加权余量法，基本求解思想是把计算域划分为有限个互不重叠的单元，在每个单元内选择合适的节点作为求解函数的插值点，将微分方程中的变量改写成由各变量或其导数的节点值与所选用的插值函数组成的线性表达式，借助变分原理或加权余量法，将微分方程离散求解。有限元法与有限差分法有许多不同之处，有限差分法基于节点近似，用离散的网格节点上的值来近似表达连续函数。有限元法得到的是一个充分光滑的近似解，在单元内导数存在，该近似解在单元之间的边界上满足相容性条件。有限元法的收敛是由误差的权积分定义的，对计算域的单元剖分没有特别的限制，剖分灵活，特别适于处理具有复杂边界的实际问题。

在一般情况下，用有限差分法与有限元法会将同一偏微分方程离散成不同的代数方程组。在有限差分法中，由于选用的格式不同，对于同一偏微分方程也可得到多种不同的代数方程组。同样，在有限元法中，由于选取的插值函数和权函数不同，也可得到各不相同的代数方程组，这许多不同代数方程组的解都是偏微分方程的近似解。有时用有限差分法和有限元法可将同一偏微分方程离散成相同的代数方程组，因此，在某种意义上讲有限元法是有限差分法的一种特殊形式。有限元法往往适用于某些特殊问题，而有限差分法的应用更为广泛，它们有着各自的优点和缺点及最适合解决的问题。有限元法以加权余量法或变分原理为基础，结合分块逼近技术，形成系统化的数值计算方法。伽辽金法在计算域的整体上选取整体基函数，组合整体近似解，导出代数方程组，是一种整体代数化的方法。有限元法将计算域离散化，把计算域剖分成互相连接又互不重叠的一定形状的有限个子区域，称为单元。在单元中选择基函数，组合单元近似解。由单元分析建立单元有限元方程，然后组合成总体有限元方程，进而求解。有限元法的求解步骤：①区域剖分；②选取单元插值函数；③写出伽辽金积分表达式；④元素分析；⑤总体合成；⑥边界条件的处理；⑦解有限元方程，计算有关物理量。

3. 有限体积法

有限体积法又称为控制体积法，基本思路是将计算区域划分为一系列不重复的控制体积，并使每个网格点周围有一个控制体积；将待解的微分方程对每一个控制体积积分，得出一组离散方程，其中的未知数是网格点上因变量的数值。为了求出控制体积的积分，必须假定值在网格点之间的变化规律，即假设值的分段分布剖面。从积分区域的选取方法来看，有限体积法属于加权余量法中的子区域法；从未知解的近似方法来看，有限体积法是采用局部近似的离散方法。简言之，子区域法属于有限体积法的基本方法。有限体积法的基本思路易于理解，并能得出直接的物理解释。离散方程的物理意义，就是因变量在有限大小的控制体积中的守恒原理，如同微分方程表示因变量在无限小的控制体积中的守恒原理一样。有限体积法得出的离散方程，要求因变量的积分守恒满足任意一组控制体积，自然也满足整个计算域，这是有限体积法的优点。而其他离散方法，如有限差分法，仅当网格极其细密时，离散方程才满足积分守恒。有限体积法即使在网格较粗的情况下，也显示出准确的积分守恒。有限体积法可视作有限元法和有限差分法的中间方法。有限元法必须假定值在网格点之间的变化规律(即插值函数)，并将其作为近似解。有限差分法只考虑网格点上的数值而不考虑值在网格点之间如何变化。有限体积法只寻求节点值，这与有限差分法类似，但有限体积法在寻求控制体积的积分时，必须假定值在网格点之间的分布，这又与有限元法类似。在有限体积法中，插值函数只用于计算控制体积的积分，得出离散方程之后，便可忘掉插值函数。如果需要的话，可以对微分方程中不同的项采取不同的插值函数。目前，大部分 CFD 软件如 FLUENT、FloTHERM 等采用的数值方法都是有限体积法。

7.2.3　水工钢闸门流固耦合分析的基本步骤

水工钢闸门流固耦合分析过程与其静力分析过程相似，大致包含以下基本步骤：建立模型、划分网格、加载求解和后处理。采用大型通用有限元分析软件 ANSYS 进行流固耦合分析，主要采用荷载传递法求解流固耦合问题。目前进行流固耦合分析的主要平台为 ANSYS Workbench，水工钢闸门流固耦合分析的主要步骤如下。

(1) 模型的建立及导入。建立闸门结构的三维 CAD 几何模型，在 HyperMesh 中进行模型网格划分，并定义材料属性、施加边界约束。ANSYS Workbench 提供的多软件协同运作平台可以兼容多种有限元分析软件的模型导入及修改，常用的建模软件有 ANSYS、CATIA、ADINA 等，完成定义材料、组件、建立计算实体模型等计算分析的前期工作。为了使模型通用，一般保存为.iges 格式，如果模型有网格划分，则应保存为.cbd 格式。

(2) 加载求解设置。与静力求解所加荷载的不同之处在于，其荷载来源于流体运动分析的计算结果，在流体计算软件(CFX、FLUENT)中抑制实体结构模型，以其模型边界作为流体计算分析的边界条件，定义流体与固体交界面为耦合面，设置流体速度、压力、流态等一系列流体分析参数，把流体计算软件得到的结果导入结构分析软件(ANSYS)，进而对固体结构进行数值分析。耦合主要是指耦合界面处的数据传递，以 CFX-Post 传递耦合界面数据的方式创建 ANSYS Mechanical APDL 荷载为例，说明荷载传递的基本步骤：

① 建立闸门结构的三维 CAD 几何模型，导入 HyperMesh 中进行模型网格划分，并定义材料属性、施加边界约束；

② 在 ANSYS Mechanical APDL 中导入模型，设置结构单元类型、面单元和实参数，然后分别划分结构网格和耦合面网格，保存并输出所有有限单元信息；

③ 在 CFX-Post 中打开流体分析.rst 格式的结果文件，指定流体分析中的相应面为相关边界，映射到目标传递面，并导入 ANSYS cbd 网格；

④ 进行数据传递，导出文件，创建 ANSYS 荷载数据文件；

⑤ 回到 Mechanical APDL 界面，导入荷载文件，设置约束及其他边界条件，进行结构求解分析。

(3) 后处理。后处理中的静力分析与第 3 章静力分析过程相似，结果文件中一般包含以下数据：基本数据，即节点位移信息；导出数据，即节点和单元应力、节点和单元应变、单元集中力及节点支反力等，此处不再赘述。如果需要提取动态的数值处理结果，应在 moniter 中设置需要监控的项目，比如位移随时间变化量、应力随时间变化量等数值变量，否则无法提取。

7.3　二维闸后水跃数值模拟

数值模拟、理论分析和模型试验是现代水力学的三种主要研究手段。这三种研究手段只有相互配合，相互补充，相互促进，才能共同推进水力学的发展并解决各种工程实际问题。理论分析方法是在研究流体运动规律的基础上提出简化流动模型，建立控制方程，在一定的假设条件下，经过一系列的推导和运算得到问题的解析解。模型试验是研究流动机理、分析流动现象、探讨并获得流动新概念，以及推动流体力学发展的主要手段。

　　数值模拟的特点是，在花费较小的情况下能够给出比模型试验更详细的流场内部流动细节。只要数值模拟的控制方程、边界条件和数值算法是正确的，就可以在较广泛的流动参数(如雷诺数、空化数等)和物理设计参数范围内较快地计算出流场结果，不受试验固有约束条件的影响。因此，随着计算流体力学和计算机科学的迅速发展，数值模拟在科学技术研究中将具有更大的优势和发展空间，主要体现在：

　　(1) 在某种意义下，数值模拟比理论分析和模型试验对流体运动过程的认识更加深刻、细致，不仅可以得到运动的结果，还可以了解整体和局部的细节行为；

　　(2) 在解决实际问题的过程中，利用数值模拟可以选择最佳的设计方案或试验方案，从而减少试验次数、周期及费用；

　　(3) 可实现对多种复杂物理条件下流场真实和全域的模拟，也可实现理想状态下的模拟，比如可以将某一现象单独隔离开来进行研究；

　　(4) 数值模拟可以从理论上探索流体运动的现象和规律，还可以模拟一些昂贵的、危险的甚至难以实现的试验，如水坝溃坝等。

　　数值模拟中涉及的计算流体力学问题以理论流体力学和计算数学为基础，将描述流体运动的连续介质数学模型离散成大型代数方程组，建立可在计算机上求解的算法。以理论流体力学的数学模型为基础，通过时空离散化的方法，把连续的时间离散成间断有限的时间，把连续介质离散成间断有限的空间模型，从而将偏微分方程转变成有限的代数方程。因此，数值模拟的实质就是离散化和代数化，离散将无限信息系统变成有限信息系统，代数化将偏微分方程变成代数方程。

7.3.1　水跃数值模拟

　　当明渠水流由急流流态过渡到缓流流态时，会产生一种水面突然跃起的特殊的局部水流现象，即在较短的渠段内水深从小于临界水深急剧地跃至大于临界水深，这种特殊的局部水流现象称为水跃。水平渠底等宽矩形断面渠道中的水跃是最简单的水跃，一般将其称为经典水跃，水跃示意图如图 7-1 所示。图中表面漩滚起点的过水断面 1-1 称为跃前断面，该断面处水深 h_1，称为跃前水深。表面漩滚末端的过水断面 2-2 为跃后断面，该断面处水深 h_2，称为跃后水深，跃后水深与跃前水深之比称为共轭水深比，记为 $Y=h_2/h_1$。跃前、跃后水深之差称为跃高，两断面之间的距离称为水跃长度，用 L_j 表示。图 7-1 中的 K-K 线为正常水深线。

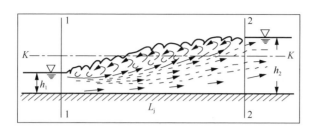

图 7-1　水跃示意图

常按照下游水深与跃后水深的大小关系对水跃进行分类，包括自由水跃、临界水跃和淹没式水跃。研究水跃的参数主要是共轭水深比、消能率和水跃长度。共轭水深比与消能率可分别由动量方程和能量方程确定，水跃长度尚无理论解，只能由试验确定或用经验公式估计。除了上述三个参数外，水跃的脉动也是一个重要属性，但目前对其认识还不够深入。闸门在局部开启情况下，受上游与下游水位、水流流速及边界条件等影响，往往会发生水跃。水跃的位置、形式及紊动程度反过来又会影响闸门的运行。本小节主要就水跃数值模拟中经常用到的湍流模拟方法和自由面模拟方法进行介绍。

1. 湍流数值模拟

工程中大多数流体都是湍流，其流体力学问题都应当用湍流理论进行处理，但实际工程中的流动比较复杂，目前的湍流理论和计算技术尚未达到可以大量解决实际工程中流体力学问题的水平。过闸水流是比较典型的湍流，因此需要运用湍流原理解决相关问题。

湍流数值模拟属于计算流体动力学的范畴。流场的数值模拟，包括建立流场的数学模型(描述流动的数学与物理方程及其定解条件)，对流场的空间域和时间域进行剖分离散(计算网格的生成)，应用计算方法将数学模型离散，构成代数方程组(离散方程)，再利用求解代数方程组的方法，结合离散的定解条件求解离散方程。目前的湍流数值模拟方法可以分为直接数值模拟方法和非直接数值模拟方法。直接数值模拟方法是指直接求解瞬时湍流控制方程，非直接数值模拟方法不直接计算湍流的脉动特性，而是设法对湍流做某种程度的近似和简化处理。根据采用的近似和简化方法不同，非直接数值模拟方法可分为大涡模拟方法和雷诺平均法。其中，又以雷诺平均法中的双方程模型在工程中使用最为广泛，也倍受研究工作者青睐。最基本的双方程模型是标准 k-ε 湍流模型。

标准 k-ε 湍流模型在湍动能 k 方程的基础上，引入一个湍动能耗散率 ε 的方程，形成双方程模型。在模型中，k 和 ε 是两个基本未知量，湍动黏滞系数 μ_t 可表示成 k 和 ε 的函数，即

$$\mu_{\text{t}} = C_\mu \rho \frac{k^2}{\varepsilon} \tag{7-39}$$

式中，C_μ 为经验常数；ρ 为水的密度。

采用标准 k-ε 湍流模型求解湍流问题时，控制方程包括连续方程、动量方程、能量方程及 k-ε 方程。

在笛卡儿坐标系下，不可压缩流体的控制方程由连续方程和运动方程组成。

连续方程：

$$\frac{\partial u_j}{\partial x_j} = 0 \tag{7-40}$$

运动方程，即纳维-斯托克斯(Navier-Stokes)方程：

$$\frac{\partial u_i}{\partial t} + u_j \frac{\partial u_i}{\partial x_j} = -\frac{1}{\rho} \frac{\partial P}{\partial x_i} + \mu \frac{\partial^2 u_i}{\partial x_j \partial x_j} + g_i \tag{7-41}$$

标准 k-ε 方程：

$$\frac{\partial k}{\partial t} + u_j \frac{\partial k}{\partial x_j} = \frac{\partial}{\partial x_j}\left[\left(\mu + \frac{\mu_{\text{t}}}{\sigma_k}\right)\frac{\partial k}{\partial x_j}\right] + G_k - \varepsilon \tag{7-42}$$

$$\frac{\partial \varepsilon}{\partial t} + u \frac{\partial (u_i \varepsilon)}{\partial x_i} = \frac{\partial}{\partial x_j}\left[\left(\mu + \frac{\mu_{\text{t}}}{\sigma_\varepsilon}\right)\frac{\partial \varepsilon}{\partial x_j}\right] + C_{\varepsilon 1} G_k \frac{\varepsilon}{k} - C_{\varepsilon 2} \frac{\varepsilon^2}{k} \tag{7-43}$$

式中，t 为时间，s；i, j=1，2，分别代表 x 方向和 y 方向，且 $i \neq j$；u 为时均流速，m/s；ρ 为水的密度，kg/m^3；P 为压力，N；μ 为运动黏滞系数；μ_{t} 为湍流黏滞系数；k 为湍动能，m^2/s^2；ε 为湍动能耗散率；σ_k 和 σ_ε 分别为 k 和 ε 的湍流普朗特数；$C_{\varepsilon 1}$ 和 $C_{\varepsilon 2}$ 为 ε 方程的常数；G_k 为平均速度梯度引起的湍动能产生项。μ_{t} 和 G_k 可表示为

$$\begin{cases} \mu_{\text{t}} = C_\mu \dfrac{k^2}{\varepsilon} \\[2mm] G_k = \mu_{\text{t}}\left(\dfrac{\partial u_i}{\partial x_j} + \dfrac{\partial u_j}{\partial x_i}\right)\dfrac{\partial u_i}{\partial x_j} \end{cases} \tag{7-44}$$

根据有关学者的试验验证，模型常数取值为 C_μ=0.09，σ_k=1.0，σ_ε=1.3，$C_{\varepsilon 1}$=1.44，$C_{\varepsilon 2}$=1.92。

2. 自由面的追踪模拟

自由面问题是数值模拟计算中一个比较棘手的问题。这是因为自由面形状一般不是规则的几何面，并且自由面的形状和位置与自由面的边界条件有关，在计算之前通常是未知的。自由面模拟技术在水利工程、船舶工程、海洋工程、机械工程等领域有着深刻的现实意义和应用价值。希尔特(Hirt)提出用流体体积

(volume of fluid，VOF)法模拟自由面追踪技术，目前已经发展并形成了许多实用软件，如 FLUENT、CFX、VOF-3D、NASA-VOF、SOLA-VOF 等。

在水利工程中，带有自由边界的流动是一种极为普遍的流动，如明渠水流、泄水建筑物出流、潮汐水流、水跃等。自由液面问题是水动力学中最基本也是最广泛的研究领域，其研究具有重要的理论和工程实际意义。目前，自由液面问题的研究手段主要包括理论研究、试验研究和数值模拟三个方面。随着研究不断地深化和问题本身的复杂化，纯粹理论研究受到了很大的限制，试验研究在实施中也遇到了很多困难。从 20 世纪中叶计算机诞生到高速发展，现代数值模拟应运而生，同时很快得到了高速发展与应用，并逐渐成为一种重要的研究手段，流体力学的发展充分证实了这一点。真正意义上的自由面流动数值模拟，即直接利用数值方法求解流场的控制方程，是从 20 世纪 70 年代开始的，并在七八十年代得到蓬勃发展，目前使用的数值模拟方法基本是这段时间提出的，比较有代表性的有刚盖假定法、标高函数法、标记网格法、等值面法、流体体积法。

VOF 法是一种以流体占据网格单元体积比率来跟踪自由面演化的方法。不包含该流体的网格称为空网格，充满该流体的网格称为满网格，包含界面的网格称为半网格。VOF 法通过求解流体体积函数 α，实现对运动界面的追踪，改变了标记网格法中用标记点标记全部流场的做法，只对自由面进行跟踪。VOF 法的基本思想是引入一个流体体积函数 α，表示计算单元内某液体体积占计算单元体积的相对比率。当计算单元完全充满液体时，$\alpha=1$；当计算单元为空时，$\alpha=0$；当 α 为 0～1 时，表示该单元被液体部分充满，区域内存在自由面。在任意时刻，知道了这个函数在每个网格上的值，就可以构造运动界面。这种方法可以跟踪发生复杂变形的自由面，例如在自由面上发生了翻转、吞并、飞溅等复杂自由面现象。由于 VOF 法进行的是区域跟踪，并非直接跟踪自由表面的运动，可以避免面交叉等现象引起的逻辑问题。这种方法不论在二维还是在三维中都能很方便地被应用，并且其消耗内存较少的优点在处理三维问题时将带来更大的益处。

本章使用 VOF 法模拟由空气和水两相构成过闸水流的自由面，其实质是使用网格单元被流体填充的体积函数 α 进行模拟。对于自由水面的跟踪，VOF 法假设二相或多相流体之间不发生质量交换，在一个计算单元内，定义了每相流体的体积分数，单元内所有流体相的体积分数之和为 1。设 α_1 为水相的体积分数，则气相的体积分数 $\alpha_2=1-\alpha_1$。

7.3.2　模型验证

为验证所建模型的正确性，将计算结果与试验结果进行比较。在一小型水槽上进行闸后水跃模型试验，水槽长度为 3m，宽度为 0.1m，上游水深为 0.13m，下游水深为 0.10m，闸门开度为 0.06m。

入流边界为压力入口,给定上游水位(本小节设定上游水位 0.13m),由式(7-44)计算 k、ε。

出流边界为压力出口,认为下游出口处湍流已经充分发展,服从静压分布,以此给定下游水深(本小节设定下游水深 0.10m),工作压力为 101325Pa,相对压力为 0。

固壁边界:考虑壁面粗糙度的影响,粗糙高度 Ks 为 0.029m,粗糙系数 Cs 为 0.5,对于标准 k-ε 湍流模型,近壁面处采用标准壁面函数的方法处理。

初始条件:闸门突然开启,闸下水体初始流速为零,压力为静水压,水面水平。

图 7-2(a)为流速分布和水面线的计算结果,闸下外轮廓线为包含掺气和水面波动的最高边界线,这与试验观察到的水面现象较为一致。水跃漩滚区的水面波动随机性强,在试验中,这一现象易观察但难以测量,而数据模拟将这种现象较好地描述出来,并显示出波动面的最高位置。闸下内轮廓线为纯水面线,计算结果与试验结果较为吻合,对比见图 7-2(b)。1～4 断面流速分布的计算结果与试验结果基本相符,对比见图 7-2(c)。通过比较,说明本数值模拟是合理的,能够反映真实水流情况。

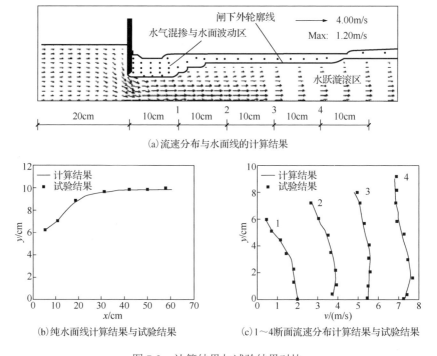

(a)流速分布与水面线的计算结果

(b)纯水面线计算结果与试验结果　　　(c)1～4断面流速分布计算结果与试验结果

图 7-2　计算结果与试验结果对比

7.3.3　底缘结构型式对闸后水跃影响的模拟分析

　　某一平底缘水闸, 闸门为平板闸门, 上游水深为 2.0m, 闸门上游长度为 4.0m, 下游长度为 20.0m, 闸门开度为 0.6m, 闸前平均流速为 1.0m/s, 流速分布按对数分布给定。下游水深分别为 0.8m 和 1.0m, 对应自由水跃和淹没水跃两种不同情况。根据三种不同底缘结构型式(平底式底缘、后倾角式底缘、前倾角式底缘), 分别建立模型并进行模拟计算, 计算结果如图 7-3～图 7-8 所示。

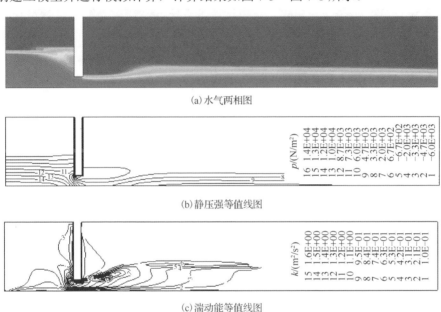

(a) 水气两相图

(b) 静压强等值线图

(c) 湍动能等值线图

图 7-3　t=40s 时平底式底缘闸后自由水跃计算结果

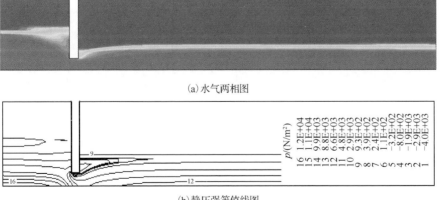

(a) 水气两相图

(b) 静压强等值线图

(c)湍动能等值线图

图 7-4　*t*=40s 时平底式底缘闸后淹没水跃计算结果

(a)水气两相图

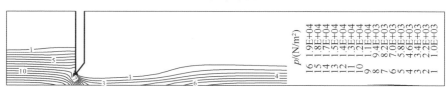

(b)静压强等值线图

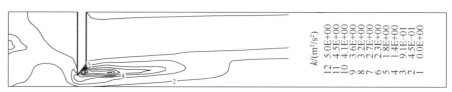

(c)湍动能等值线图

图 7-5　*t*=40s 时后倾角式底缘闸后自由水跃计算结果

(a)水气两相图

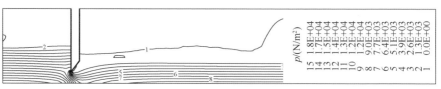

(b)静压强等值线图

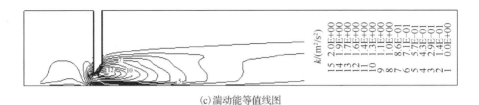

(c)湍动能等值线图

图 7-6　*t*=40s 时后倾角式底缘闸后淹没水跃计算结果

(a)水气两相图

(b)静压强等值线图

(c)湍动能等值线图

图 7-7　*t*=40s 时前倾角式底缘闸后自由水跃计算结果

(a)水气两相图

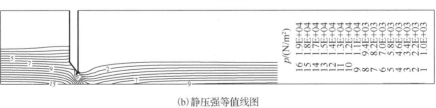

(b)静压强等值线图

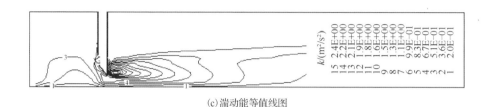

(c)湍动能等值线图

图 7-8 *t*=40s 时前倾角式底缘闸后淹没水跃计算结果

在三种不同的闸门底缘型式下，下游水位为 0.8m 时，闸前纯水面降落，水波动面涌高，闸后形成自由水跃，水跃区上部有回流现象，水跃主流流速和漩滚的切应力大，使得水气混掺和漩滚强烈。在水跃漩滚与主流的交界区湍动能较大，但由于远离闸门，对闸门没有直接影响。闸门上游静压强等值线接近于水平线，闸下水流收缩，静压强等值线下凹，跃后的涌浪使得静压强等值线又向上凸起。由图 7-3(b)可以看出，平底式闸门底缘有负压形成，可能会引发闸门的空蚀或振动破坏，不利于闸门的正常运行。当下游水位为 1.0m 时，闸前水面涌高，闸后形成淹没水跃，水跃漩滚区距离闸门较近，由湍动能等线图可以看出，湍动能较大的区域靠近闸门，分布于闸门的上下游和底缘处，且湍动能的最大值位于闸门底缘的边角处，水流的漩滚和掺气对闸门产生直接影响，可能会引起甚至加剧闸门的振动破坏。同自由水跃情况相似，闸门上游静压强等值线趋于水平，闸下水流发生收缩，闸后水流发生水跃，因此静压强等值线先向下凹，后在涌水处向上凸起。由图 7-4(b)可知，平底式闸门底缘仍然有负压形成，但数值较自由水跃时小，同样有可能引发闸门的空蚀或振动破坏，不利于闸门正常运行。对于三种不同型式的闸门底缘，前倾角式底缘的湍动能最大，其次是后倾角式底缘，平底式底缘的最小，但却能引发负压。因此，后倾角式底缘是三者之中较为有利的底缘型式。

7.4 水流-闸门流固耦合数值模拟实例分析

7.4.1 基本资料

某水电站尾水闸门为潜孔式平面定轮钢闸门，孔口尺寸为 5.4m×5.8m(宽×高)。设计水位差为 14m。闸门结构材料为 Q235 钢，容许抗压应力$[\sigma]$=160MPa，容许抗剪应力$[\tau]$=95MPa，钢材弹性模量 E_s=2.07×10^{11}N/m^2，泊松比μ=0.3，闸门自重为 224kN。梁格布置示意图见图 7-9，闸门的计算跨度为 6.0m，荷载跨度为 5.6m。底缘前倾角为 60°，双吊点，支承为 8 个悬臂轮，直径 *D*=793mm，启闭机为 2×300kN-8.5m(启门高度)卷扬启闭机。

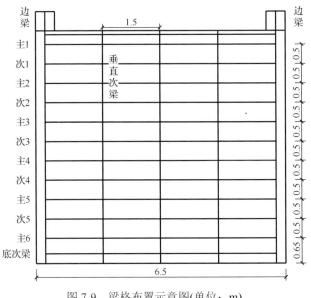

图 7-9　梁格布置示意图(单位：m)

闸门面板厚度为 0.02 m，边梁采用与主梁等高对称的工字形组合梁。因承受荷载较大，闸门顶部与底部的荷载变化不大，主梁等间距布置，各主梁采用对称的等截面工字形组合梁，翼缘计算时不计面板参与作用。小横梁、底横梁采用对称的工字形组合梁，垂直次梁采用面板兼作翼缘的 T 形截面组合梁。各截面示意图如图 7-10 和表 7-1 所示，t 为面板厚度。

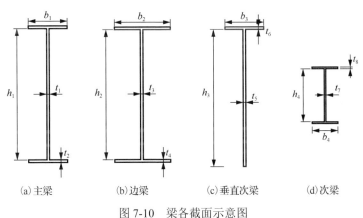

(a)主梁　　　　　(b)边梁　　　　　(c)垂直次梁　　　　(d)次梁

图 7-10　梁各截面示意图

表 7-1　梁各截面尺寸 （单位：mm）

符号	t	$t_1 \sim t_7$	b_1	b_2	b_3	b_4	h_1	h_2	h_3	h_4
尺寸	20	20	300	500	200	300	1000	1000	500	300

7.4.2　计算模型

在闸门局部开启运行时，闸后往往会出现淹没水跃。由于水跃区靠近闸门，水流的动力作用引发闸门振动，且伴有空蚀现象。闸门上、下游水位差为 14m，闸后发生淹没水跃。根据此情况，在闸门上游取长度为 10m 的流体域，下游取长度为 20m 的流体域，高度为 18m，建立水体-闸门单向流固耦合的计算模型如图 7-11 所示，闸门原模型主视图及网格划分如图 7-12 所示。X 轴正方向为顺水流方向，V 轴为闸门面板所在水平直线，W 轴为竖直方向。

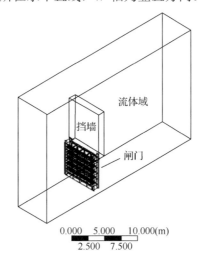

图 7-11　水体-闸门单向流固耦合计算模型

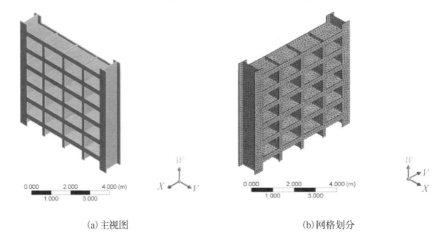

(a)主视图　　　　　　　　　　　　(b)网格划分

图 7-12　闸门原模型主视图及网格划分

　　在闸门原模型的基础上,对闸门底缘型式进行修改,分析底缘型式对闸门结构特性的影响。不同底缘型式的布置方案及其参数取值见表 7-2,分别建立闸门原模型和不同底缘型式修改方案的闸门模型,具体如图 7-13～图 7-18 所示。

表 7-2　不同底缘型式布置方案及其参数取值

底缘型式参数	原型	方案一	方案二	方案三	方案四	方案五
前倾角 α/(°)	0	45	45	0	45	45
后倾角 β/(°)	0	0	0	30	30	45
止水到上游面板距离 D/m	—	250	500	0	250	500

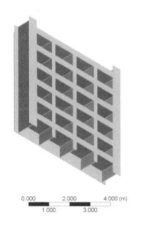

图 7-13　闸门原模型

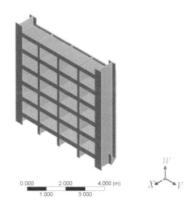

图 7-14　方案一闸门模型

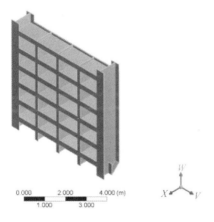

图 7-15　方案二闸门模型

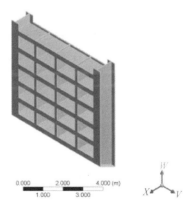

图 7-16　方案三闸门模型

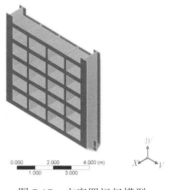

图 7-17　方案四闸门模型

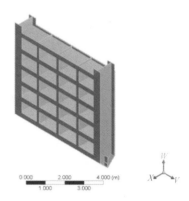

图 7-18　方案五闸门模型

7.4.3　结果分析

图 7-19 为不同底缘型式布置方案下的闸门底部静压强分布,原模型的负压区最大,且其负压值最大,五种布置方案中的闸底负压区均较原模型小,且其负压值也相对较小。方案一与方案二的闸门上游面板向下游倾斜,形成有 45°前倾角的底缘型式,方案二的负压区较方案一要小,但负压值都比较大,容易产生空蚀等不利现象。方案三的闸门上游面板保持不变,仅有后倾角,其负压区较小,但负压值仍然较大。方案四中闸门底缘的前倾角为45°,后倾角为30°,此时闸门底缘的负压区较大,但其负压值最小,并且压强分布最均匀。方案五中闸门上游面板向下游倾斜,同时下游有面板与底主梁下翼缘相连,形成既有前倾角又有后倾角的底缘结构型式,前、后倾角均为 45°,负压区较小;闸底平均静压强较大,但其静压强分布不均,高压主要分布在闸底前缘,而负压集中分布在闸底后缘,使得闸门底部产生较大的附加弯矩,且仍有可能诱发闸门振动或空蚀,不利于闸门的运行。因此,将修改后的五种底缘型式方案与原模型相比,闸底负压有了明显的改善,其中方案四的效果最好,更适合应用于此闸门结构布置。

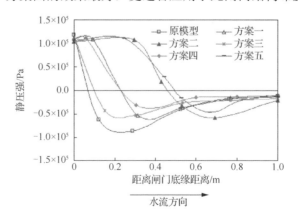

图 7-19　不同底缘型式布置方案下的闸门底部静压强分布

由图 7-20 和图 7-21 可知，原闸门结构的最大位移出现在闸门底部中间处，约为 0.8mm；结构的最大主应力出现在底主梁下翼缘处，约为 22.4MPa，均满足要求。修改后的不同底缘型式布置方案的结构变形及最大主应力情况见图 7-22～图 7-31。不难得出，修改方案中闸门结构的最大位移和最大主应力与原模型相比没有很大的改变(修改方案中与原模型相差最大的是，方案三结构最大位移约为 0.45mm，方案五最大主应力约为 18.3MPa)。

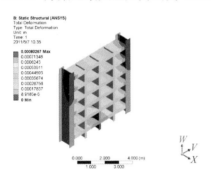

图 7-20　原闸门结构变形图(见彩图)

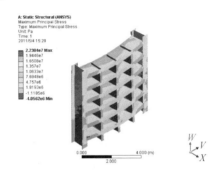

图 7-21　原闸门结构主应力分布图(见彩图)

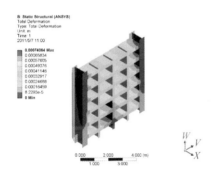

图 7-22　方案一闸门结构变形图(见彩图)

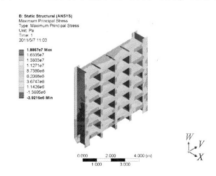

图 7-23　方案一闸门结构主应力分布图
(见彩图)

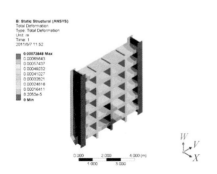

图 7-24　方案二闸门结构变形图
(见彩图)

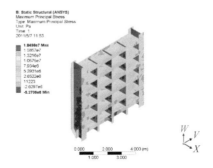

图 7-25　方案二闸门结构主应力分布图
(见彩图)

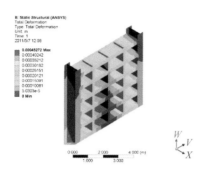

图 7-26　方案三闸门结构变形图
(见彩图)

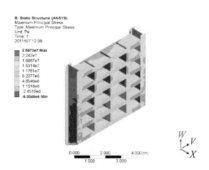

图 7-27　方案三闸门结构主应力分布图
(见彩图)

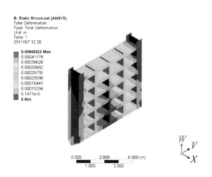

图 7-28　方案四闸门结构变形图
(见彩图)

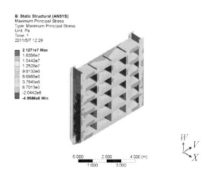

图 7-29　方案四闸门结构主应力分布图
(见彩图)

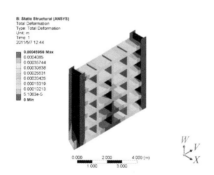

图 7-30　方案五闸门结构变形图
(见彩图)

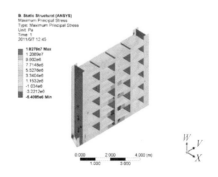

图 7-31　方案五闸门结构主应力分布图
(见彩图)

本小节介绍了某水电站尾水闸门的基本情况,运用 ANSYS Workbench 建立了水流与闸门单向流固耦合计算模型,分析闸门底缘型式通过水流对闸门的影响。提出并比较了五种修改方案,得出闸门底缘的前倾角为 45°,后倾角为 30°时,闸门底缘处的负压区较大,但负压值最小,并且静压强分布最为均匀,更适合应用于此闸门结构布置。修改方案中闸门结构最大位移和最大主应力与原模型相比没有很大的改变,说明底缘型式对闸门结构静力特性的影响不明显。

7.4.4　底缘型式对闸门自振特性的影响

水工平面钢闸门的底缘型式直接决定了闸下水流的流态,对闸门的平稳安全运行有着十分重要的影响。当闸门底缘型式设计不合理时,会直接导致闸下过流流态较差,发生水流脱壁的现象。如果闸下射流与底缘之间形成的空隙无法及时补气,则此处容易产生负压。这不仅使闸门底缘处的水压力脉动性增强,产生下吸力,而且会使闸门产生空蚀,并导致闸门垂直振动。此外,负压和振动现象会随水流流速的增大而更加严重,因此有可能引起闸门产生振动破坏,甚至会造成闸门无法正常启闭。对于水工平面钢闸门的振动问题,过闸水流产生的脉动压力是其主要产生原因。已有不少研究讨论了流固耦合理论在水工平面钢闸门设计中的应用,但是大多是以闸门型式或工作状态为研究对象进行的简要分析,而对闸门底缘型式对闸门的影响研究较少。鉴于此,本小节运用 ANSYS 对某水电站尾水闸门的运行情况进行流固耦合数值模拟,研究不同底缘型式对闸门自振特性的影响。

1. 计算模型

水工平面钢闸门在外荷载的所用下,其面板、主梁腹板、主梁上翼缘与下翼缘等构件会发生弯曲、轴向拉压、扭转、剪切等组合变形,因此选取实体单元模拟此空间结构所有构件,用 FLUID30 单元模拟水体。三维水体 FLUID30 单元是 8 节点六面体单元,每个节点有 4 个自由度,包括 x、y、z 方向的位移自由度和一个压迫自由度。FLUID30 单元在 ANSYS 中主要用于解决流体与固体相互作用的问题,其中最为经典的应用是水体与结构动力分析,该单元还适用于非对称和阻尼模态分析、全响应分析和瞬态分析。

水工平面钢闸门在局部开启的工作状态下,滚轮处受到水流方向的约束,顶部吊耳处受到吊绳在铅直方向的约束。此处主要研究闸门水流方向的弹性振动,不考虑吊绳的作用,简化为吊耳处节点受铅直方向的约束。水工平面钢闸门在全关的工作状态下,闸门底缘处受到底板竖直方向的约束及水流方向的约束,滚轮处受到水流方向的约束。在水体与闸门的接触面建立耦合面,水体单元与闸门单元存在公用节点。此处假定水体为理想的水体,无黏性,取长度为 10m 的水体为研究对象，不计闸门面板两侧的水体。该闸门为潜孔式闸门，整个闸门面板参与挡水，因此整个面板都为耦合面，原水体-闸门模型及其网格划分如图 7-32 所示。修改后的闸门底缘型式模型见图 7-14～图 7-18。

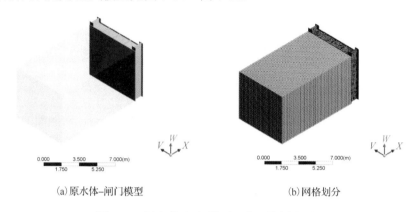

(a) 原水体-闸门模型　　　　　　　　　　　(b) 网格划分

图 7-32　原水体-闸门模型及其网格划分图

2. 结果分析

在闸门局部开启的情况下，顶部吊耳处受到吊绳在铅直方向的约束，两侧受到滚轮在水流方向的约束，局部开启时闸门自振频率如表 7-3 所示。闸门全部关闭时，滚轮处仍受到水流方向的约束，而铅直方向上的约束变为闸门底板对底缘的约束，全关时闸门自振频率如表 7-4 所示。

表 7-3　局部开启时闸门自振频率　　　　　　　　　　　　(单位：Hz)

模型(模态)	第一阶	第二阶	第三阶	第四阶	第五阶	第六阶	第七阶	第八阶	第九阶	第十阶
原模型(干)	31.43	33.32	53.18	57.00	66.29	80.10	81.86	81.96	83.75	84.09
原模型(湿)	11.32	21.67	25.66	37.51	53.88	55.29	55.54	55.99	57.21	57.69
方案一(干)	31.57	3.37	53.13	57.23	66.87	80.22	82.07	83.27	84.43	85.10
方案一(湿)	11.35	21.71	25.79	37.77	53.90	55.33	55.62	56.00	57.23	57.75
方案二(干)	31.83	33.46	53.31	57.50	67.02	80.27	82.11	83.48	84.48	85.31
方案二(湿)	11.17	21.37	25.40	36.92	52.73	54.11	55.41	56.04	57.27	57.61
方案三(干)	33.06	39.20	54.95	67.06	70.37	80.20	80.89	82.04	83.17	83.19
方案三(湿)	12.87	22.76	28.71	40.25	54.19	55.31	55.66	56.01	57.23	57.76
方案四(干)	33.05	41.42	55.11	68.06	74.41	80.24	82.08	83.36	84.46	85.19
方案四(湿)	13.25	23.43	29.23	41.68	54.28	55.34	55.77	56.03	57.24	57.82
方案五(干)	33.11	48.91	55.25	69.46	80.27	82.12	83.50	84.47	85.35	86.53
方案五(湿)	14.31	24.33	30.89	43.77	53.75	54.62	55.41	56.07	57.28	57.73

表 7-4　全关时闸门自振频率　　　　　　　（单位：Hz）

模型(模态)	第一阶	第二阶	第三阶	第四阶	第五阶	第六阶	第七阶	第八阶	第九阶	第十阶
原模型(干)	34.50	46.81	77.77	80.22	82.07	83.13	84.34	85.01	85.51	86.45
原模型(湿)	12.15	27.59	33.40	46.52	54.49	54.98	55.74	56.60	56.62	57.09
方案一(干)	34.55	42.16	77.81	80.26	82.11	83.31	84.42	85.19	85.66	86.48
方案一(湿)	12.09	25.34	33.62	46.53	54.31	55.00	55.76	56.58	56.69	57.18
方案二(干)	34.70	38.56	77.85	80.30	82.15	83.52	84.47	85.40	86.05	86.54
方案二(湿)	11.92	23.35	33.20	45.87	53.46	55.04	55.80	56.51	56.55	57.36
方案三(干)	32.79	41.21	75.45	80.22	81.04	82.07	82.66	83.23	83.59	84.49
方案三(湿)	13.52	20.77	34.24	44.36	53.67	54.98	55.74	56.58	56.71	57.10
方案四(干)	33.44	44.38	76.58	80.27	82.12	83.40	84.59	85.27	86.36	87.27
方案四(湿)	13.89	21.87	34.74	45.42	53.83	55.00	55.76	56.57	56.74	57.20
方案五(干)	33.65	61.76	77.56	80.30	82.16	83.55	84.68	85.43	86.52	87.90
方案五(湿)	15.02	26.01	35.89	46.43	53.07	55.04	55.78	56.46	56.57	57.36

　　根据表 7-3 和表 7-4，可以看出湿模态的闸门自振频率要显著低于干模态，这是由物质本身的固有属性决定的。水和金属中的声速相差不大，两种物质的压缩性也相差不大，闸门在水中振动引发波动，随后反射波又作用到闸门上，两种压缩性相差不大的物质间存在较强的相互作用，空气的压缩性相较于水和金属较小，从而造成了闸门在空气中的自振频率较大，说明闸门的流固耦合作用对闸门振动影响很大。由表 7-3 和表 7-4 可以得到，各方案闸门第一阶振动频率降幅达到了55%~65%，流固耦合作用是闸门研究中不可忽略的问题。

　　相较于原型，闸门全关时方案三、四、五的第一阶自振频率有所提高，其中又以方案四和方案五的湿模态影响为最大，分别提高了 14.3%和 23.6%，说明仅有前倾角的底缘型式对闸门的自振特性影响不明显，而既有前倾角又有后倾角的底缘型式对闸门自振特性影响较大，提高了闸门的自振频率。

　　水流的脉动主频率大多分布在 20Hz 以下，仅有极少数在 20Hz 以上[25]。如果闸门的自动频率大于 20Hz，则闸门运行安全就可以得到保障。闸门的振动频率与耦合作用面积相关[26]。为进一步探究耦合作用对闸门振动的影响，就各方案不同开度情况下的闸门自振频率进行研究，分析闸门开启全过程的自振频率，结果见表 7-5~表 7-10。

表 7-5　局部开启 0.3m 的闸门自振频率　　　　（单位：Hz）

模型	第一阶	第二阶	第三阶	第四阶	第五阶	第六阶	第七阶	第八阶	第九阶	第十阶
原模型	11.17	21.37	25.40	36.92	52.73	54.11	55.41	56.04	57.27	57.61
方案一	11.32	21.67	25.66	37.51	53.88	55.29	55.54	55.99	57.21	57.69
方案二	11.35	21.71	25.79	37.77	53.90	55.33	55.62	56.00	57.23	57.75
方案三	12.87	22.76	28.71	40.25	54.19	55.31	55.66	56.01	57.23	57.76
方案四	13.25	23.43	29.23	41.68	54.28	55.34	55.77	56.03	57.24	57.82
方案五	14.31	24.33	30.89	43.77	53.75	54.62	55.41	56.07	57.28	57.73

表 7-6　局部开启 1.3m 的闸门自振频率　　　　（单位：Hz）

模型	第一阶	第二阶	第三阶	第四阶	第五阶	第六阶	第七阶	第八阶	第九阶	第十阶
原模型	12.30	26.30	26.32	43.21	53.19	56.03	56.53	57.06	57.54	58.82
方案一	12.53	26.65	26.69	43.99	54.43	55.80	56.70	57.46	57.76	58.77
方案二	12.56	26.71	26.86	44.30	54.44	55.88	56.75	57.49	57.79	58.83
方案三	14.57	27.45	30.74	46.07	54.89	55.83	56.74	57.48	57.81	58.86
方案四	15.15	28.00	31.62	47.29	54.99	55.90	56.79	57.51	57.83	58.92
方案五	16.73	28.28	34.43	47.87	54.95	56.04	56.64	57.16	57.55	58.98

表 7-7　局部开启 2.3m 的闸门自振频率　　　　（单位：Hz）

模型	第一阶	第二阶	第三阶	第四阶	第五阶	第六阶	第七阶	第八阶	第九阶	第十阶
原模型	13.89	27.81	30.41	49.42	53.93	57.15	57.17	57.69	58.76	62.67
方案一	14.22	28.35	30.72	50.25	55.44	56.69	57.17	58.09	58.49	61.97
方案二	14.26	28.58	30.76	50.52	55.46	56.86	57.25	58.11	58.61	62.25
方案三	16.80	31.20	33.36	51.62	56.04	56.75	57.20	58.12	58.59	62.13
方案四	17.61	31.55	34.65	52.45	56.17	56.91	57.27	58.14	58.74	62.37
方案五	19.67	31.47	38.45	51.96	56.12	57.17	57.22	57.75	58.89	62.93

表 7-8　局部开启 3.3m 的闸门自振频率　　　　（单位：Hz）

模型	第一阶	第二阶	第三阶	第四阶	第五阶	第六阶	第七阶	第八阶	第九阶	第十阶
原模型	16.41	30.68	32.50	53.73	55.08	59.57	62.08	62.76	63.01	64.39
方案一	16.93	31.57	32.65	54.13	56.35	58.52	61.78	62.12	63.71	66.59
方案二	16.99	31.88	32.67	54.31	56.37	58.90	62.41	62.48	63.88	66.63
方案三	20.24	32.87	37.81	54.90	56.82	58.67	62.42	62.53	64.11	66.93
方案四	21.34	33.06	39.59	55.42	56.93	59.00	62.80	63.40	64.30	67.02
方案五	23.78	32.93	43.87	54.85	57.00	59.65	63.28	63.71	64.14	64.57

表 7-9　局部开启 4.3m 的闸门自振频率　　　　　　（单位：Hz）

模型	第一阶	第二阶	第三阶	第四阶	第五阶	第六阶	第七阶	第八阶	第九阶	第十阶
原模型	20.86	33.02	36.89	54.77	60.98	65.74	66.29	71.32	72.80	76.74
方案一	21.81	33.07	38.75	54.92	63.52	64.55	66.28	68.78	70.02	80.24
方案二	21.88	33.08	39.21	55.08	63.51	65.30	66.75	71.11	72.38	80.59
方案三	26.40	33.18	47.50	55.64	64.25	64.87	66.9	69.97	70.57	79.52
方案四	27.91	33.31	50.00	56.48	64.41	65.50	67.54	73.45	74.45	80.59
方案五	30.53	33.21	53.76	56.17	64.52	66.45	66.70	73.30	74.79	77.77

表 7-10　局部开启 5.3m 的闸门自振频率　　　　　　（单位：Hz）

模型	第一阶	第二阶	第三阶	第四阶	第五阶	第六阶	第七阶	第八阶	第九阶	第十阶
原模型	28.31	33.07	48.86	55.03	65.23	80.26	82.11	83.48	84.46	84.81
方案一	29.41	33.14	51.02	55.68	66.40	80.22	82.06	83.26	84.43	85.10
方案二	29.56	33.14	51.23	55.53	66.16	79.81	80.86	81.76	83.01	83.59
方案三	33.04	38.29	55.07	67.78	70.42	80.24	82.08	83.36	84.45	85.19
方案四	33.05	36.58	54.92	66.16	66.95	80.02	80.30	81.85	82.29	83.15
方案五	33.11	42.17	55.24	69.12	76.77	80.27	82.12	83.50	84.47	85.32

通过上述数值模拟的结果可以发现，随着闸门开度的增加，闸门的自振频率逐渐升高，并且接近无水时闸门振动的干模态的自振频率。闸门在局部开启时，自振频率最低降至近 10Hz，是闸门运行的最危险状态，此时与水流脉动频率接近，有可能引发闸门共振，甚至失稳破坏，在闸门设计及运行管理中需要特别关注。结构整体的自由模态分析能够显示结构各个部分的振动强弱及抗振的薄弱区域，可以为设计及结构优化提供必要的指导[27]，闸门原模型各开度的第一阶振型见图 7-33～图 7-35。

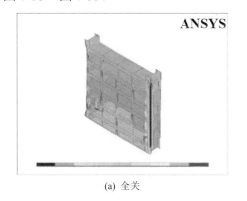
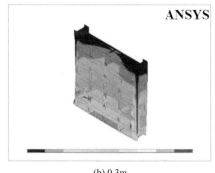

(a) 全关　　　　　　　　　　　　　　　　(b) 0.3m

图 7-33　闸门原模型全关和局部开启 0.3m 第一阶振型

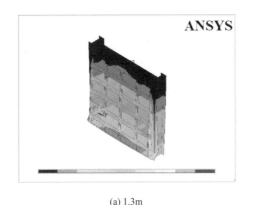 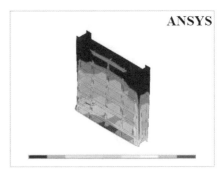

(a) 1.3m   (b) 2.3m

图 7-34   闸门原模型局部开启 1.3m 和 2.3m 第一阶振型

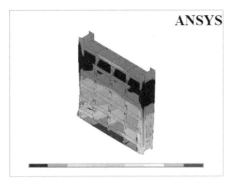 

(a) 4.3m   (b) 5.3m

图 7-35   闸门原模型局部开启 4.3m 和 5.3m 第一阶振型

从图 7-33～图 7-35 可以看出，闸门第一阶振型变形主要集中在闸门底缘，且随着闸门开度的提高，其变形幅度逐渐加大，其自振频率逐渐提高。此外，闸门结构变形区域总是靠近底部，说明合理改变闸门底缘型式对抑制闸门振动有积极的作用。

根据已有文献资料可知，在局部开度较小时，闸门振动位移最大[28]。闸门局部开启 0.3m 时的第一阶自振频率低于闸门全关时的第一阶自振频率，为整个开启过程中的最小自振频率，这是与已有研究相呼应的。随着闸门开度的提高，闸门自振频率也随之提高，其中以方案五闸门自振频率在闸门开启过程中增长最快，在 0.3m 开度时自振频率降低最小，为 14.31Hz，在频率变化率中，方案四仅 4.61% 为最低。各闸门底缘方案随着闸门开度的自振频率变化率见表 7-11。在高阶模态分析中，闸门自振频率各方案相差不大，都随着闸门开度的增加逐渐增大，在闸门低开度时没有明显的下降过程。

表 7-11　闸门局部开启过程中的自振频率变化率

闸门开度 H/m	原模型	方案一	方案二	方案三	方案四	方案五
0.3	6.83%	6.12%	6.29%	4.81%	4.61%	4.73%
1.3	-3.09%	-3.90%	-3.17%	-7.78%	-9.06%	-11.38%
2.3	-17.00%	-17.96%	-16.49%	-24.25%	-26.77%	-30.95%
3.3	-39.32%	-40.50%	-37.65%	-49.68%	-53.61%	-58.33%
4.3	-79.51%	-80.97%	-74.97%	-95.30%	-100.92%	-103.27%
5.3	-143.31%	-143.23%	-137.47%	-144.45%	-137.85%	-120.43%

7.4.5　深孔水工钢闸门泄流水动力结构响应

水工平面钢闸门在启闭的过程中出现无法正常启闭的现象时，常常伴有明显的振动，对周围水工建筑物造成破坏，以致整个工程产生安全问题，因此研究闸门的水力特性显得格外重要。闸门在动水中的启闭受到脉动水压力的影响，对闸门的结构响应分析可以分为闸门瞬态动力时域分析及闸门稳态受激后的频域分析。通过对时域上脉动流速的快速傅里叶转换(fast Fourier transformation，FFT)频谱分析及脉动水压力的提取，在 ANSYS 中将提取的脉动水压力用流固耦合方法施加在闸门结构上，对闸门的强度、刚度和稳定性分别分析，进而分析与评价闸门结构在高速水流的流固耦合作用下能否安全运行。

瞬态动力学分析是在时域上对结构的分析，通过任意随时间变化的荷载对结构的作用，研究结构动力响应过程。瞬态动力与静力分析的主要差别是在平衡方程中惯性力和阻力的引入，从而增加了质量矩阵和阻力矩阵，得到常微分方程组[29]。其计算步骤与静力分析一致，在闸门高速水流的作用下，结构本身的频率范围在变化，外荷载频率作用范围可能包含了结构自振频率范围，因此，有必要对结构时间历程进行瞬态动力学进行分析。由经典力学相关知识理论可知，结构动力学通用方程为

$$[M]\{x''\}+[C]\{x'\}+[K]\{x\}=\{F(t)\}$$
$$M\{x''\}+C\{x'\}+K\{x\}=\{F(t)\} \tag{7-45}$$

式中，M 为质量矩阵；C 为阻尼矩阵；K 为刚度矩阵；$\{x\}$ 为位移矢量；$\{x'\}$ 为速度矢量；$\{x''\}$ 为加速度矢量；$\{F(t)\}$ 为力矢量。

响应谱分析是一种频域分析，从频域角度计算结构的峰值响应，其输入荷载一般为与长度量纲相关的频谱[30]。谐响应分析是一种稳态响应分析，不考虑激励开始时的瞬态振动，可预测结构的持续动力特性，以避免共振、疲劳等其他受迫振动造成的不良影响[31]。频谱是用来描述理想化振动体系在动力荷载作用下响应的曲线，响应通常分为位移响应、速度响应和加速度响应。在进行响应谱分析之

前需要分析结构模态，提取出结构被激活振型的相关频率和振型，而且模态分析提取的结构响应频率应在输入荷载频谱曲线范围之内。

闸门在局部开启情况下会产生较大的结构动力响应，这是由于小开度的闸下出流会出现射流不稳定的现象，闸门的动力响应在小开度时达到峰值[32-33]。探究闸门泄流过程的动响应时，应选取闸门开度为 1.5m 的计算工况，以此作为数值模拟的计算工况，且闸门振动的主要不稳定区域在与水流接触充分的闸门底缘，因此主要监测闸门底缘的动水压力[34]。闸门布置及其他数值模拟条件见前文所述。

1. 闸门时域瞬态振动响应

在闸门泄流的仿真计算过程中，由于仿真计算困难，分析流体计算域时进行了简化计算，忽略了闸门的空间结构。闸门动水压力是周期性荷载，且闸门瞬态动力计算分析采用的完全法，为在节约计算消耗和提高计算精度之间平衡取舍，选取泄流初始具有代表性的 5s 作为计算时段，探究闸门流激特性，以采集频率为 100Hz 监测闸门动水压力，时间间隔为 0.001s。得到数据后选取典型测点数据，共采集得到 1000 个典型数据点，绘制动水压力信号时域波形图和信号频域波形图(图 7-36)。

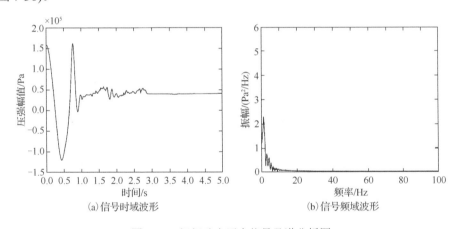

(a)信号时域波形　　　　　　　　(b)信号频域波形

图 7-36　闸门动水压力信号及谱分析图

从图 7-36 可以看出，动水压力时域曲线最大值为 1.6×10^5Pa，最小值为 -1.2×10^5Pa，且随着泄流时间的增大，动水压力变化趋于平稳，符合工程实际。对闸门动水压力进行 FFT 分析，可以得到其主要脉动频率属于低频，优势频率主要集中在 2Hz 以内的低频区域，这与前文得出的闸门最小自振频率为 10Hz 的结果相差较远，发生共振的可能性较小。为了进一步对闸门整体结构分析，导入流体模拟时段的动水压力对闸门进行瞬态动力学分析，闸门时域动水压力见表 7-12。

表 7-12　闸门时域动水压力

时间/s	压力/Pa	时间/s	压力/Pa	时间/s	压力/Pa
0.1	127000	1.8	28800	3.5	39900
0.2	48100	1.9	42000	3.6	39400
0.3	46200	2.0	41000	3.7	39100
0.4	115000	2.1	35600	3.8	40000
0.5	102000	2.2	36900	3.9	39800
0.6	51100	2.3	48000	4.0	40100
0.7	70800	2.4	41300	4.1	40400
0.8	118000	2.5	44800	4.2	40400
0.9	3310	2.6	47200	4.3	40200
1.0	35300	2.7	42400	4.4	40200
1.1	33400	2.8	48900	4.5	40200
1.2	37700	2.9	40400	4.6	40200
1.3	35800	3.0	40200	4.7	40300
1.4	41200	3.1	39900	4.8	40400
1.5	45100	3.2	40200	4.9	40400
1.6	53200	3.3	40200	5.0	48400
1.7	48400	3.4	40100		

　　通过对闸门动水压力时域曲线进行瞬态动力学分析，可以得到闸门瞬态动力学分析的最大动应力和最大动位移，如图 7-37 和图 7-38 所示。由应力分布图可以看出，闸门在动水压力作用下最大动应力约为 67.22MPa，远小于闸门材料的容许应力，满足强度要求，闸门应力主要分布在闸门与水体接触的部分及闸后支撑处，下支撑应力分布的广度和数值大于上支撑；闸门整体变形主要为弯曲变形，最大动位移也集中在闸门中下部，约为 1.12mm，远小于规范中的主梁容许最大位移 8mm，满足刚度要求。

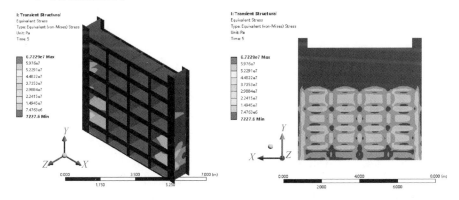

(a)闸门背水面瞬态动力学分析应力分布图　　(b)闸门挡水面瞬态动力学分析应力分布图

图 7-37　闸门瞬态动力学分析应力分布图(见彩图)

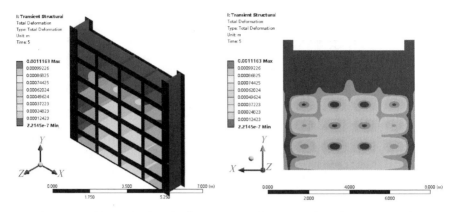

(a)闸门背水面瞬态动力学分析位移分布图　　　(b)闸门挡水面瞬态动力学分析位移分布图

图 7-38　闸门瞬态动力学分析位移分布图(见彩图)

为了反映闸门在泄流过程中的振动情况,选取闸门底缘一点作为监测点,采集全时段的位移响应数值,绘制闸门瞬态动力位移响应图(图 7-39)。由图 7-39 可知,闸门在动水压力作用下初始振动幅度较大,达到极值,随后在闸门泄流过程中闸门振动幅值在 0.3mm 左右,振动幅值逐渐减小,直至趋于平稳,代表闸门振动达到稳态。

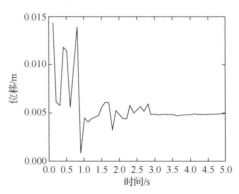

图 7-39　闸门瞬态动力位移响应

2. 闸门泄流振动频谱响应

为了提高谱分析数值模拟精度,首先需要对闸门施加重力场进行应力分析,接着分析闸门模态,最后才能对闸门进行谱分析。对闸门竖直方向施加重力加速度,从而得到闸门整体的重力场分析位移图和应力图(图 7-40 和图 7-41)。由图 7-40 可知,闸门最大位移主要集中在闸门跨中,约为 0.09mm,闸门两侧吊耳处位移最小;闸门在重力场中的应力分布主要集中在吊耳处,约为 10.71MPa。闸门模态分析见前文所述,此处不再赘述。在对闸门进行谱分析之前,需要输入荷载谱幅对闸门强迫振动。在本次数值模拟中，对闸门底缘多点进行流速监测，采集频率仍然是 100Hz，采集数据点数为 1000，时间间隔为 0.001s，并对采集点速度进行 FFT 变换，绘制典型闸门底缘测点信号时域波形和信号频域波形图(图 7-42 和图 7-43)。

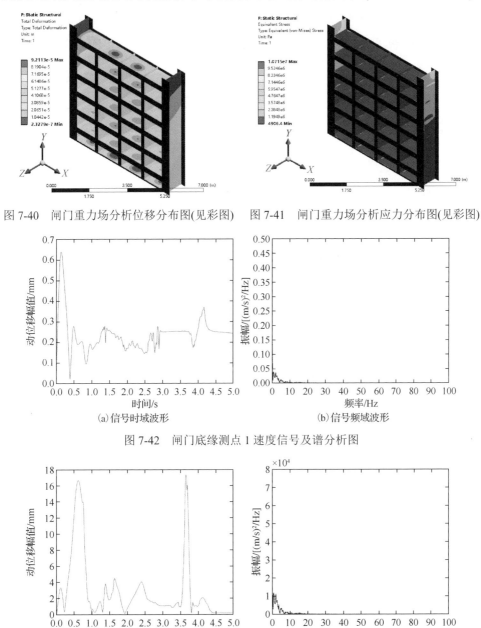

图 7-40　闸门重力场分析位移分布图(见彩图)　　图 7-41　闸门重力场分析应力分布图(见彩图)

(a)信号时域波形　　　　　　　　　　　(b)信号频域波形

图 7-42　闸门底缘测点 1 速度信号及谱分析图

(a)信号时域波形　　　　　　　　　　　(b)信号频域波形

图 7-43　闸门底缘测点 2 速度信号及谱分析图

　　由图 7-42 和图 7-43 可知，测点 1 靠近闸门底缘，流速较小，测点 2 处于闸后，流速较大。动水流速频率主要分布在 40Hz 以内，水流流速主频及优势频率都小于 5Hz，与动压力谱分析图得到的结果一样，都远远大于前文闸门干模态和湿模态的自振频率，闸门与之发生共振的可能性很小。由于水流流速优势频率较小，选取频率小于 10Hz 的速度谱分析闸门结构的谱响应，选取的速度谱数值见表 7-13。

表 7-13　速度谱数值表

频率/Hz	幅值/(m/s)	频率/Hz	幅值/(m/s)	频率/Hz	幅值/(m/s)
0.00	5.86	3.40	0.60	6.79	0.10
0.20	1.39	3.60	0.49	6.99	0.05
0.40	2.22	3.80	0.34	7.19	0.03
0.60	2.83	4.00	0.45	7.39	0.04
0.80	0.78	4.20	0.38	7.59	0.03
1.00	2.45	4.40	0.44	7.79	0.04
1.20	1.17	4.60	0.14	7.99	0.06
1.40	1.24	4.80	0.49	8.19	0.05
1.60	1.49	5.00	0.14	8.39	0.05
1.80	0.21	5.19	0.18	8.59	0.02
2.00	1.31	5.39	0.17	8.79	0.01
2.20	0.68	5.59	0.16	8.99	0.05
2.40	0.62	5.79	0.13	9.19	0.04
2.60	0.71	5.99	0.05	9.39	0.02
2.80	0.44	6.19	0.14	9.59	0.06
3.00	0.74	6.39	0.12	9.79	0.04
3.20	0.37	6.59	0.10		

　　在闸门频谱分析中添加速度谱荷载，得到闸门在动水荷载下频谱分析最大动应力和最大动位移(图 7-44～图 7-47)。从图 7-44 和 7-45 中可以看出，闸门最大动应力约为 25.71MPa，主要分布在闸门顶部与两侧边梁上部，整体数值较小；最大动位移主要分布在闸门顶梁跨中处和闸门的顶部面板，约为 0.42mm。闸门的动位移和动应力均满足刚度和强度的要求，主要薄弱地区集中在闸门顶部，整体动力响应较小。

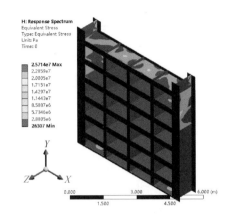

图 7-44　闸门背水面频谱分析应力分布图
(见彩图)

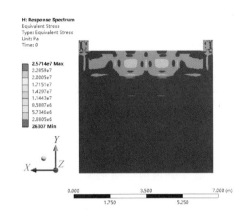

图 7-45　闸门挡水面频谱分析应力分布图
(见彩图)

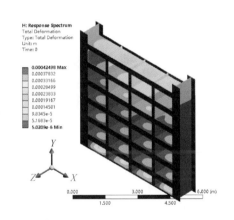

图 7-46　闸门背水面频谱分析位移分布图
(见彩图)

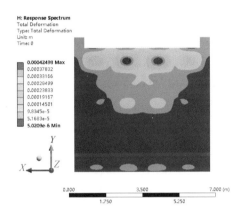

图 7-47　闸门挡水面频谱分析位移分布图
(见彩图)

　　通过闸门的动水压力瞬态分析和速度的频谱分析，得到了闸门流激振动过程中的动位移和动应力，其数值均较小，满足闸门的强度和刚度要求，瞬态分析和频谱分析的结果对比见表 7-14。通过表 7-14 的数值结果对比分析可以知道瞬态动力学分析的数值结果大于频谱分析方法，且分析得到的结果显示二者响应区域并不一致。虽然瞬态动力学分析方法计算量比较大，但是从计算准确性以及设计的角度考虑，应当优先选用瞬态动力学分析方法。

表 7-14　瞬态分析和频谱分析结果对比

分析方法	最大动应力/MPa	最大动位移/mm	分布区域
瞬态分析	67.22	0.99	闸门下部
频谱分析	25.71	0.42	闸门上部

7.5　本　章　小　结

本章结合水电站尾水闸门的实际运行情况,利用商用有限元软件 ANSYS 进行参数化建模,以 ANSYS Workbench 为操作平台,考虑流固耦合作用,研究闸门泄流时水动力荷载变化、闸门底缘型式对闸门结构特性的影响,并对闸门结构的自振特性进行了分析,得到主要结论如下。

通过对闸后水跃的数值模拟,分析了水跃水气两相流分布、静压力分布及湍动能分布等水力学特性,说明闸门底缘结构型式对过闸水流影响较大。对水工平面钢闸门三种不同的底缘型式进行比较,得出有后倾角的底缘型式优于平底式和仅有前倾角的底缘型式。

对闸门和水流进行了计算流体力学分析和有限元分析,并采用 ANSYS Workbench 中的顺序单向耦合,将 FLUENT 的分析结果作为 Mechanical 结构静力分析的表面荷载,完成了闸门的单向流固耦合问题计算与分析,使其变形状态和应力大小更加精确,更加接近真实情况。计算结果表明,底缘型式对闸门静力特性影响不明显,但对闸门底部负压分布的影响较大,进而影响闸门的启门力与闭门力。负压是闸门产生空蚀或振动破坏的主要原因之一。闸门原模型底部负压区大,且负压值较大,不利于闸门的正常运行。改变底缘型式后,闸门的负压问题均有所改善,其中规范建议闸门底缘的前倾角为 45°,后倾角为 30°,该型式闸门底缘处的负压区较大,但最大负压值最小,并且静压强分布最为均匀。

使闸门结构的低频区尽量远离动水的高能区,是控制和避免闸门发生振动破坏的重要途径。本章对闸门结构进行了自振特性分析,通过不断改变底缘型式,提出了几种修改方案并进行比较。计算结果表明,底缘型式对闸门动力特性影响较大,闸门底缘的前倾角为 45°、后倾角为 30°或 45°时闸门结构的自振频率最高,从而使闸门低频区远离动水高能区,避免了振动破坏,有利于闸门的正常运行。

本章考虑流固耦合作用,分析了闸门结构的自振特性,得出湿模态时闸门结构的自振频率显著降低,尤其对低阶振动比较显著,说明水体与闸门的流固耦合作用不可忽视。接下来对不同开度各方案闸门自振模态进行了数值模拟,得到的结果显示在闸门局部开度在 0.3m 时闸门的自振频率最低,低于闸门全关时的自振频率,水流脉动主频接近,有发生共振破坏的可能。以水工平面钢闸门作为泄流工作闸门时，需要频繁地开启闭合，需要特别注意局部开启低开度的工况。

在闸门开度变化过程中对比各方案发现，方案五底缘型式即闸门底缘上、下游倾角均为 45°，这种闸门结构型式有良好的抗振性能，其自振频率最高，且随着闸门开度提高，自振频率恢复最快，有利于闸门在运行过程中避免发生振动破坏。

数值模拟获得了泄流过程中闸门局部开启 1.5m 的水动力时域荷载，利用 FFT 变换对荷载信号进行分析，得到其主要脉动频率属于低频范畴，优势频率主要集中在 2Hz 以内的低频区域，其数值与闸门干模态和湿模态最小数值结果 10Hz 相差较远，发生共振的可能性较小。

以采集频率为 100Hz 的频率监测闸门动水压力，选取典型测点水动力数据，用以闸门频谱分析和瞬态动力学分析。动力响应的计算结果表明，瞬态动力学分析结果的数值大于频谱分析的数值，最大动应力分别为 67.22MPa 和 25.71MPa，都小于闸门设计的容许数值。如果在计算消耗允许的范围之内，从设计的角度以及在数值模拟精准度的要求下，应当首选瞬态动力学分析。

参 考 文 献

[1] 何运林. 世界闸门现状及发展趋势[J]. 西北农林科技大学学报(自然科学版), 1991, 19(4): 85-92.

[2] 吴一红, 谢省宗. 水工结构流固耦合动力特性分析[J]. 水利学报, 1995, 9(1): 27-34.

[3] SANCHEZ N E, NAYFEH A H. Prediction of bifurcations in a parametrically excited duffing oscillator[J]. International Journal of Non-Linear Mechanics, 1990, 25(2-3): 163-176.

[4] HSIEH D Y. Hydrodynamic instabilty, chaos and phase transition[J]. Nonlinear Analysis: Theory, Methods & Applications, 1997, 30(8): 5327-5334.

[5] 刘习军, 刘国英, 王霞, 等. 弹性圆柱壳液耦合系统内旋转重力波的近似解析解[J]. 工程力学, 2010, 27(2): 59-64.

[6] EDWARDS N W. A procedure for the dynamic analysis of thin walled cylindrical liquid storage tanks subjected to lateral ground motions[D]. Ann Arbor: University of Michigan, 1969.

[7] ZIENKIEWICZ O C, BETTESS P. Fluid - structure dynamic interaction and wave forces. An introduction to numerical treatment[J]. International Journal for Numerical Methods in Engineering, 1978, 13(1): 1-16.

[8] WESTERGAARD H M. Water pressures on dams during earthquakes [J]. Trans Asce, 1933, 98(2): 418-432.

[9] FENVES G, CHOPRA A K. Reservoir bottom absorption effects in earthquake response of concrete gravity dams[J]. Earthquake Engineering & Structural Dynamics, 1983, 11(6): 545-562.

[10] 严根华, 阎诗武. 水工弧形闸门的水弹性耦合自振特性研究[J]. 水利学报, 1990(7): 49-55.

[11] 谢省宗. 闸门振动的流体弹性理论[J]. 水利学报, 1963(5): 66-69.

[12] 刘亚坤. 水工弧形闸门流激振动分析[J]. 大连理工大学学报, 2005(45): 730-734.

[13] 杨敏, 练继建, 林继镛. 水流诱发平板闸门振动的激励机理[J]. 水动力学研究与进展(A 辑), 1997, 12(4): 437-450.

[14] 王普. 上下游有压条件下平板闸门流激振动数值模拟[D]. 昆明: 昆明理工大学, 2018.

[15] 陈赟. 闸门流激振动及水流流态数值模拟研究[D]. 郑州: 郑州大学, 2019.

[16] 肖天铎. 溢洪道衬砌底板自由振动的计算研究[J]. 水利学报, 1982(5): 11-22.

[17] 郑哲敏, 马宗魁. 悬臂梁在一侧受有液体作用时的自由振动[J]. 力学学报, 1959, 3(2): 111-119.

[18] 于希哲. 闸板-流体相互耦合作用的动力分析[J]. 振动与冲击, 1984(2): 1-14.

[19] 马吉明. 无限条形水域一侧板水弹性振动[J].水利学报, 1993(3): 48-55.

[20] 郭桂祯. 平板闸门垂直流激振动特性与数值研究[D].天津: 天津大学, 2011.

[21] 邢景棠, 周盛, 崔尔杰. 流固耦合力学概述[J]. 力学进展, 1997, 27(1): 19-38.

[22] ZIENKIEWICZ O C. Coupled problems and their numerical solution[M]//LEWIS R W, BETTESS P, HINTON E. Numerical Methods in Coupled Systems. New York: John Wiley and Sons Ltd, 1984.

[23] 严根华, 阎诗武. 水工闸门流激振动进展[J]. 水利水运工程学报, 2006(1): 67-72.

[24] KOLKMAN P A. Flow-induced gate vibration, water-loopkunding laboratiorium[R]. Delft: DelftHydraulics Laboratory, 1976.

[25] 邱德修, 朱召泉. 弧形钢闸门流固耦合自振特性分析[J]. 广东水利水电, 2010(1): 10-12.

[26] 李桑军, 秦战生. 基于 ANSYS 的流固耦合弧形闸门振动特性研究[J]. 水力发电, 2018(1): 64-67.

[27] 王义亮, 戴旭东, 谢友柏. 多缸内燃机机体自由模态分析[J]. 西安交通大学学报, 2001(5): 536-539.

[28] LEE S O, SEONG H, KANG J W. Flow-induced vibration of a radial gate at various opening heights[J]. Engineering Applications of Computational Fluid Mechanics, 2018, 12(1): 567-583.

[29] 卢耀辉, 冯振, 曾京, 等. 高速列车车体动应力分析方法及寿命预测研究[J]. 铁道学报, 2016, 38(9): 31-37.

[30] 黄志新. ANSYS Workbench16.0 超级学习手册[M]. 北京: 人民邮电出版社, 2016.

[31] 王新敏. ANSYS 工程结构数值分析[M]. 北京: 人民交通出版社, 2007.

[32] 严根华, 陈发展, 赵建平. 表孔弧形闸门流激振动原型观测研究[J]. 水力发电学报, 2006, 25(4): 45-50.

[33] 郭星塘, 王均星, 周招, 等. 角木塘弧形闸门流激振动响应特性研究[J]. 水电能源科学, 2019, 37(8): 170-173.

[34] 曾永军, 严根华, 侍贤瑞, 等. 高水头溢洪洞水力学及结构动力安全原型观测研究[J]. 水利与建筑工程学报, 2020, 18(2): 111-116.

第8章 水工弧形钢闸门结构动力稳定性分析

8.1 概 述

水工弧形钢闸门是水利水电工程枢纽的调节结构和咽喉。随着高坝大库的建设与发展,水工弧形钢闸门向着高水头方向发展,承受的总水压力越来越大。同时,随着南水北调、滇中引水等调水工程相继开展,为实现黄河流域生态保护和高质量发展,保证上游水电站的防洪安全与水工弧形钢闸门运行安全,实现水利工程的灵活调度具有重要价值意义。泄流状态下,水流脉动压力引发的闸门振动问题十分突出,已有部分处于服役期的水工弧形钢闸门因振动问题发生事故。

水工弧形钢闸门的振动是一个复杂的水弹性力学问题。闸门的振动类型取决于激振力的性质及结构本身的动力特性,从而使水工弧形钢闸门的振动呈现多样性。工程实践表明,水工弧形钢闸门失事的主要原因是主框架的振动失稳,面板结构的振动则不显著,有时二者的振动强度差一个数量级以上。例如,福尔瑟姆坝水工弧形钢闸门的主框架因强烈振动产生了严重的变形破坏,而闸门面板仍然完好无损[1]。目前对水工弧形钢闸门发生强烈振动的解释主要包括强迫共振[2-3]、能量不衰减的自激振动[4-6]及参数共振[7-11],研究不同性质的振动需采用不同的理论。对于局部开启泄流的水工弧形钢闸门,由于特殊的边界及水力条件,动水作用往往会形成某种周期性的激振力,水工弧形钢闸门在承受纵向静水压力的同时再受到纵向激振力,极易发生横向参数振动;当激振力的频率与闸门的频率存在某种倍数关系时,闸门发生参数共振而动力失稳。参数共振是水工弧形钢闸门失事的重要原因之一[12]。参数共振是结构动力稳定性理论研究的内容,对闸门安全危害很大。在许多情况下,针对强迫振动和自激振动的减振和隔振措施并不适用于参数共振,甚至会导致相反的结果。因此,有必要从参数共振的角度来研究水工弧形钢闸门的振动,揭示其振动机理。

水工弧形钢闸门的结构动力稳定性直接决定了水利工程运行的安全性,结构动力稳定性研究是水工弧形钢闸门结构设计中亟待解决的重要问题。本章对水工弧形钢闸门结构动力稳定性进行分析讨论,主要从水工弧形钢闸门动力稳定性问题研究进展、结构动力稳定性理论与分析方法、主框架动力稳定性分析、树状支臂水工弧形钢闸门动力稳定性及减振控制系统进行了系统性总结与讨论。对动力稳定性分析的博洛坦(Bolotin)法和有限元法进行了对比,提出水工弧形钢闸门框架动力稳定性分析的精确有限元法,研究新型树状支臂水工弧形钢闸门的动力稳定性, 针对水工弧形钢闸门结构特点提出纵向框架 Y 型支臂结构的动力不稳定区域求解方法, 并对第一、第二不稳定区域及其影响因素进行了研究。

支臂是水工弧形钢闸门结构中的薄弱构件, 同时也是主导安全的关键构件。人们已经意识到细长支臂在承受特殊水动力荷载时, 尤其是周期性较强的脉动水压力, 易发生参数共振, 从而动力失稳。不少学者根据压杆的动力稳定性来分析水工弧形钢闸门支臂发生失稳的条件, 通过分析影响支臂动力稳定性的因素寻找其动力不稳定区域, 目前已取得了一定的研究成果。中国水利水电科学研究院[13]首次报道了在水工弧形钢闸门振动的原型观测中支臂发生参数共振的工程实例。随后, 章继光等[14-15]、黄廷璞等[16]调查分析了我国 20 余座失事的低水头轻型水工弧形钢闸门, 发现闸门的失事大多是工作中动力荷载作用下支臂发生动力失稳导致的; 根据参数共振的发生条件, 从模型试验的角度验证了水工弧形钢闸门支臂发生参数共振而导致动力失稳的可能性, 探讨了支臂发生参数共振的影响因素, 提出了对支臂作简单动力稳定性分析的观点: 作用于闸门上的激振力频率, 不论是外界固有的, 还是由闸门与水流之间的反馈作用激发出来的, 只要该频率和水工弧形钢闸门支臂的自振频率存在某种数量关系(一般为 2 倍关系), 就有可能发生参数共振, 因此, 采用参数共振理论分析支臂的动力稳定性十分必要。章继光等[12]针对低水头轻型失事水工弧形钢闸门的破坏性状及触发原因, 分五类进行论述, 并就水工弧形钢闸门局部开启泄流造成的支臂动力失稳进行重点研究, 探究了具体的触发条件及破坏机理, 指出了支臂参数共振的特性对闸门的振动研究具有极为重要的意义。何运林[17]以专题的形式探讨了水工弧形钢闸门支臂采用参数共振理论进行分析的必要性及具体过程。阎诗武等[18-19]指出, 尽管闸门的整体性加强, 支臂仍为细长受压杆, 支臂在动力荷载作用下的动力稳定性问题应该引起人们的注意, 同时根据参数共振理论初步分析了支臂的动力稳定性。练继建等[20]讨论了水工闸门的振动激励和稳定性类型, 提出了负阻尼失稳和负刚度失稳两种形式, 分析了振动失稳机制及各类失稳形式的相互关系, 指出水工弧形钢闸门支臂发生动力失稳的可能性。朱召泉等[21]总结了国内外低水头水工弧形钢闸门的失事情况, 指出在动力荷载作用下支臂丧失动力稳定性是大多数闸门失事的主要原因, 进而阐述了水工弧形钢闸门的动力特性分析和动力稳定性的研究现状。蔡元奇等[22]针对水工弧形钢闸门支臂易发生参数共振的特点, 提出用格林(Green)函数诊断支臂的振动状态, 从而确定支臂是否发生参数共振, 这对确定已建成的有局部开启要求的水工弧形钢闸门运行条件有一定现实意义。严根华[23]总结了容易使水工弧形钢闸门进入动力不稳定区域的几类荷载, 分析了支臂的动力稳定性, 指出通过综合分析水流脉动压力、时均总压力、闸门结构的动力特性结果, 可以评价闸门支臂结构的动力稳定性。李火坤[7]应用经典的参数共振理论, 分析了水工弧形钢闸门支臂的动力稳定性, 确定了工程中最为关心的动力不稳定区域; 提出了在偏心动力荷载作用下水工弧形钢闸门支臂的动力稳定性研究方法，研究了偏心动力荷载对支臂动力稳定性的影响。吉小艳[24]根据水工弧形钢闸门支臂的柱端约束条件，利用静力平衡法分析了两端铰接且一端作用有弯矩的直杆在周期性变化的简谐荷载作用下的动力稳定性，讨论了纵向共振对支臂动力不稳定区域的影响。刘永林[25]指出，水工弧形钢闸门除了有可能发生由德国学者 Naudascher[26]提出的三类振动(外部激励诱发振动、不稳定激励诱发振动和运动激励诱发振动)外，还有可能发生参数共振导致的动力失稳，参数共振不属于上述三类振动中的任一类，需要单独分析；此外，定义了与参数共振相应的等效负阻尼，在某些工况下可以将其和水力负阻尼叠加，判断两种因素作用下低水头水工弧形钢闸门的动力稳定性，并应用该方法讨论了低水头水工弧形钢闸门在三种典型工况下的动力稳定性。谌磊[27]通过对水工弧形钢闸门支臂的动力稳定性分析，研究了不同因素(阻尼、支臂倾角、动荷载与静荷载幅值的比值)对支臂动力稳定性的影响。邱德修[28]应用动力失稳判别准则，分别分析了三种简单荷载作用下水工弧形钢闸门主框架的动力稳定性临界荷载，得出了外荷载的频谱特性对结构动力稳定承载力的影响规律，评估了动力失稳准则的可行性，为水工弧形钢闸门动力稳定性的深入研究打下了基础。

　　以上支臂动力稳定性的研究对象多为低水头轻型水工弧形钢闸门，大多数研究简单地应用杆件动力稳定性且仅限于单个支臂，分析模型过于简化，不能精确反映高水头水工弧形钢闸门较强的空间效应。因此，对此类水工弧形钢闸门需要分析主框架的动力稳定性。牛志国等[8-11]针对按两端铰接压杆分析水工弧形钢闸门支臂的动力稳定性无法体现其空间效应的问题，首次提出了水工弧形钢闸门空间框架的动力稳定性有限元模型；以主横梁、纵梁、支臂、弦杆和腹杆构成的空间框架为计算模型，从弹性体的扰动方程出发，结合摄动理论，用有限元法对水工弧形钢闸门空间框架进行动力稳定性分析；求解了框架结构的主要动力不稳定区域，分析中考虑了闸门的空间效应和阻尼对动力不稳定区域的影响，是对水工弧形钢闸门动力稳定性分析方法一个新的尝试。综上所述，应用有限元法对框架结构进行动力稳定性分析得到的只是近似解，需要靠加密单元提高精度，使求解规模庞大，耗费大量的机时和内存，并且容易增大累积误差。因此，需要建立更加精确、高效的方法来分析水工弧形钢闸门主框架的动力稳定性，确定动力不稳定区域。

8.2　结构动力稳定性理论与分析方法

　　经典的动力稳定性理论研究对象是结构的参数振动。参数振动是除自由振动、强迫振动及自激振动以外的又一种振动形式，激励荷载以参数的形式列入动力微分方程的左边，这种荷载称为参数荷载。由于参数荷载的时变性，参数振动系统成为显含时间的非自治系统。结构在参数荷载激励下产生的响应有时很微弱，但在满足一定条件时，会出现强烈的振动现象从而导致结构丧失动力稳定性，称为参数共振[29-30]。博洛坦法是分析结构动力稳定性的常用方法，随着数值分析方法的发展，尤其是有限元法的发展和大规模推广应用，不少学者应用有限元法研究结构的动力稳定性。

8.2.1　结构动力稳定性理论

由于结构动力稳定性理论与工程实际结合非常紧密，应用的范围越来越广泛，实际工程结构中动力失稳的事故时有发生，吸引了众多学者对结构动力稳定性展开了广泛的研究。目前，结构动力稳定性理论已具有完备的数学及力学基础。结构动力稳定性理论研究的问题与传统结构动力学和结构静力稳定性理论有相似之处，结构动力稳定性理论主要的研究目标之一，是以经典的参数振动理论为基础，应用合理的分析方法确定结构的动力不稳定区域。本小节以周期性纵向激振力作用下两端铰接等截面直杆为例，简要介绍结构动力稳定性理论[29]。

周期性纵向激振力作用下的两端铰接压杆计算简图如图 8-1 所示。

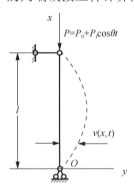

图 8-1　周期性纵向激振力作用下的两端铰接压杆计算简图

以杆件底端为坐标原点，建立如图 8-1 所示的坐标系。图中，P 为周期性纵向激振力，由两部分组成，不随时间变化的静力荷载 P_0 和随时间周期性变化的动力荷载 $P_t\cos\theta t$；P_t 为周期性纵向激振力的幅值；θ 为周期力的频率，又称为扰频；t 为时间；l 为杆件的长度；$v(x,t)$ 为杆件的动力挠度。许多实际工程承受的动力荷载都可简化为 $P=P_0+P_t\cos\theta t$ 的形式。

对于完善体系直杆，理论上杆件无初曲率并且荷载不存在偏心，如果周期性纵向激振力的振幅小于静力稳定性理论确定的欧拉临界力，则杆件只发生纵向强迫振动。由于实际杆件存在初曲率或受纵向激振力偏心的影响，周期力会引起杆件的横向振动，并且振动具有周期性纵向激振力的频率。当扰频与杆件的自振圆

频率 ω 存在某种倍数关系时，即使此时周期性纵向激振力的振幅远小于静力临界值，杆件横向振动的振幅仍会急剧增大，使杆件丧失动力稳定性。周期性纵向激振力为相对于杆件横向振动的参数荷载，使杆件丧失动力稳定性的振动称为参数共振，基于参数共振提出动力稳定性理论。动力稳定性理论研究在参数荷载作用下结构产生的参数振动，判别并确定发生参数共振的条件，即确定动力不稳定区域。

　　周期性纵向激振力作用下直杆的横向振动问题是经典的动力稳定性问题。忽略截面旋转惯性力和纵向惯性力的影响，根据微元体的动力平衡条件得到周期性纵向激振力作用下杆件发生参数振动的动力微分方程如下：

$$EI\frac{\partial^4 v}{\partial x^4} + \left(P_0 + P_t\cos\theta t\right)\frac{\partial^2 v}{\partial x^2} + m\frac{\partial^2 v}{\partial t^2} = 0 \tag{8-1}$$

式中，EI 为杆件的抗弯刚度，N/m；m 为杆件的线密度，kg/m。式(8-1)中 $P=P_0+P_t\cos\theta t$ 位于动力微分方程的左边，称为相对于动力挠度 v 的参数荷载。

　　式(8-1)是动力挠度 v 关于空间位置坐标 x 和时间 t 的偏微分方程，可以应用该式求解杆件任何时间的动力挠度 v，令

$$v(x,t) = f_n\left(t\right)\sin\frac{n\pi x}{l} \tag{8-2}$$

式中，$f_n(t)$ 为时间的函数，称为广义坐标；$\sin\dfrac{n\pi x}{l}$ 为两端铰接直杆的第 n 阶振型函数。

　　将式(8-2)代入式(8-1)得

$$\left[m\frac{\mathrm{d}^2 f_n\left(t\right)}{\mathrm{d}t^2} + EI\frac{n^4\pi^4 f_n\left(t\right)}{l^4} - \left(P_0 + P_t\cos\theta t\right)\frac{n^2\pi^2 f_n\left(t\right)}{l^2}\right]\sin\frac{n\pi x}{l} = 0 \tag{8-3}$$

　　$f_n(t)$ 应满足微分方程

$$\frac{\mathrm{d}^2 f_n\left(t\right)}{\mathrm{d}t^2} + \omega_n^2\left(1 - \frac{P_0 + P_t\cos\theta t}{P_{\mathrm{cr}}^n}\right)f_n\left(t\right) = 0 \qquad \left(n=1,2,3,\cdots\right) \tag{8-4}$$

式中，ω_n 为不受载时两端铰接等截面直杆的第 n 阶自振圆频率，rad/s。

$$\omega_n = \frac{n^2\pi^2}{l^2}\sqrt{\frac{EI}{m}} \tag{8-5}$$

式中，ω_n 为第 n 阶自振圆频率，rad/s；圆频率与工程频率 f_n(Hz)的关系为 $f_n=\omega_n/2\pi$。P_{cr}^n 为两端铰接等截面直杆的第 n 阶欧拉临界力，表示为

$$P_{\mathrm{cr}}^n = \frac{n^2\pi^2 EI}{l^2} \tag{8-6}$$

令

$$\Omega_n = \omega_n \sqrt{1 - \frac{P_0}{P_{\mathrm{cr}}^n}} \tag{8-7}$$

$$\mu_n = \frac{P_t}{2\left(P_{\mathrm{cr}}^n - P_0\right)} \tag{8-8}$$

式中，Ω_n 为 P_0 作用下两端铰接等截面直杆的第 n 阶自振频率，Hz；μ_n 为第 n 阶激发系数。则式(8-4)简化为下面的形式：

$$\frac{\mathrm{d}^2 f_n(t)}{\mathrm{d}t^2} + \Omega_n^2 \left(1 - 2\mu_n \cos\theta t\right) f_n(t) = 0 \quad (n = 1, 2, 3, \cdots) \tag{8-9}$$

式(8-9)对所有 n 值都适合，参照因变量关于 t 的微分常用记法，式(8-9)可简化为

$$\ddot{f} + \Omega^2 \left(1 - 2\mu \cos\theta t\right) f = 0 \tag{8-10}$$

式(8-10)是著名的马蒂厄(Mathieu)方程，是 Mathieu 研究椭圆薄膜振动时建立的。马蒂厄方程是参数振动理论的基本控制方程，有多种表达形式，是具有周期性变系数的二阶线常微分方程统称。由于该方程不属于线性振动理论的研究范围，分类时通常将参数振动划归为非线性振动问题。

以周期性纵向激振力作用下两端铰接等截面直杆的动力稳定性问题为例，推导出马蒂厄方程[式(8-10)]，分两种情形讨论。

(1) 寻求马蒂厄方程周期为 $2T=4\pi/\theta$ 的周期解存在的条件。

令

$$f = \sum_{k=1,3,5,\cdots}^{\infty} \left(a_k \sin\frac{k\theta t}{2} + b_k \cos\frac{k\theta t}{2} \right) \tag{8-11}$$

将式(8-11)代入马蒂厄方程[式(8-10)]中，通过谐波平衡法得到傅里叶级数未知系数的线性齐次方程组，马蒂厄方程[式(8-10)]周期为 $2T$ 的周期解存在条件是该方程组系数矩阵的行列式为零，即

$$\begin{vmatrix} 1 \pm \mu - \dfrac{\theta^2}{4\Omega^2} & -\mu & 0 & \cdots \\[2mm] -\mu & 1 - \dfrac{9\theta^2}{4\Omega^2} & -\mu & \cdots \\[2mm] 0 & -\mu & 1 - \dfrac{25\theta^2}{4\Omega^2} & \cdots \\[2mm] \cdots & \cdots & \cdots & \cdots \end{vmatrix} = 0 \tag{8-12}$$

式(8-12)是有关扰频、杆件的自振频率及周期性纵向激振力各分量的方程，称为临界频率方程，临界频率指不稳定区域边界的扰频。由式(8-12)可确定周期为 $2T$ 的周期解包围的不稳定区域。

(2) 寻求马蒂厄方程周期为 $T=2\pi/\theta$ 的周期解存在的条件。

令

$$f = b_0 + \sum_{k=2,4,6,\cdots}^{\infty}\left(a_k\sin\frac{k\theta t}{2}+b_k\cos\frac{k\theta t}{2}\right) \tag{8-13}$$

将式(8-13)代入马蒂厄方程[式(8-10)]中,通过谐波平衡法得到傅里叶级数未知系数的线性齐次方程组,马蒂厄方程[式(8-10)]周期为 T 的周期解存在条件是该方程组系数矩阵的行列式为零,即

$$\begin{vmatrix} 1-\dfrac{\theta^2}{\Omega^2} & -\mu & 0 & \cdots \\[2mm] -\mu & 1-\dfrac{4\theta^2}{\Omega^2} & -\mu & \cdots \\[2mm] 0 & -\mu & 1-\dfrac{9\theta^2}{\Omega^2} & \cdots \\[2mm] \cdots & \cdots & \cdots & \end{vmatrix}=0 \tag{8-14}$$

与

$$\begin{vmatrix} 1 & -\mu & 0 & 0 & \cdots \\[2mm] -2\mu & 1-\dfrac{\theta^2}{\Omega^2} & -\mu & 0 & \cdots \\[2mm] 0 & -\mu & 1-\dfrac{4\theta^2}{\Omega^2} & -\mu & \cdots \\[2mm] 0 & 0 & -\mu & 1-\dfrac{9\theta^2}{\Omega^2} & \cdots \\[2mm] \cdots & \cdots & \cdots & \cdots & \end{vmatrix}=0 \tag{8-15}$$

通过临界频率方程[式(8-14)和式(8-15)]可确定周期为 T 的周期解包围的不稳定区域。

在临界频率方程[式(8-12)、式(8-14)和式(8-15)]中,当 μ 很小时,周期为 $2T$ 和 T 的周期解成对位于 θ_{cr} 附近,θ_{cr} 表示为

$$\theta_{cr}=\frac{2\Omega}{k}\quad(k=1,2,3,4,\cdots) \tag{8-16}$$

由式(8-16)确定的 θ_{cr} 附近分布着杆件的动力不稳定区域,根据 k 的数值,可区分为第一、第二、第三等动力不稳定区域。当 $k=1$ 时,$\theta_{cr}=2\Omega$ 附近的动力不稳定区域是最危险的,称为主要动力不稳定区域,是实际工程中重点关注的区域。

为了确定主要动力不稳定区域的边界,令式(8-12)的一阶行列式为零,即

$$1\pm\mu-\frac{\theta^2}{4\Omega^2}=0 \tag{8-17}$$

由式(8-17)得到主要动力不稳定区域边界的计算公式为

$$\theta_{cr} = 2\Omega\sqrt{1 \pm \mu} \tag{8-18}$$

相继可确定第二、第三动力不稳定区域边界的计算公式分别为

$$\begin{cases} \theta_{cr} = \Omega\sqrt{1 + \dfrac{1}{3}\mu^2} \\[2mm] \theta_{cr} = \Omega\sqrt{1 - 2\mu^2} \end{cases} \tag{8-19}$$

$$\begin{cases} \theta_{cr} = \dfrac{2\Omega}{3}\sqrt{1 - \dfrac{9\mu^2}{8 + 9\mu}} \\[3mm] \theta_{cr} = \dfrac{2\Omega}{3}\sqrt{1 - \dfrac{9\mu^2}{8 - 9\mu}} \end{cases} \tag{8-20}$$

绘出前三个动力不稳定区域(阴影部分),如图 8-2 所示。由图 8-2 可知,主要动力不稳定区域占据了参数平面很大一部分面积,是工程中最为关注的区域,具有较大的实际意义;第二、第三不稳定区域占据的面积较小,在实际工程中一般不予考虑。当坐标$(\mu, \theta/2\Omega)$落入图 8-2 的阴影部分中,杆件的稳定状态变为动力不稳定状态,微小的扰动使其发生横向振动,振幅迅速增大直至失稳,即杆件发生参数共振。

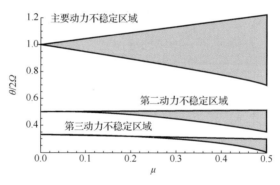

图 8-2　前三个动力不稳定区域

8.2.2　结构动力稳定性分析方法

对于作用于结构的参数荷载 $P = P_0 + P_t\cos\theta t$,其荷载分量可用临界荷载的形式表示,即

$$P = \alpha P_{cr} + \beta P_{cr}\cos\theta t \tag{8-21}$$

式中,P_{cr} 为结构的第一阶静力欧拉临界力,kN;α 为静力荷载因子;β 为动力荷载因子;α、β 分别为静力荷载 P_0 和周期性纵向激振力 P_t 的表征量,一般介于 $0\sim1$。

采用合理的方法分析参数荷载 $P = \alpha P_{cr} + \beta P_{cr}\cos\theta t$ 作用下结构的动力稳定性,

确定结构的动力不稳定区域，为结构的安全设计提供必要参考依据，是结构动力稳定性研究领域的重点问题。目前主要采用博洛坦法和有限元法，下面分别对这两种方法进行介绍，并论述方法局限性及其产生原因。

1. 博洛坦法

在结构动力稳定性理论发展早期，多利用线性积分方程法解决动力稳定性问题，或利用伽辽金法建立结构动力稳定性问题的控制方程，应用基于弗洛凯(Floquet)理论的近似解析法(主要是谐波平衡法)确定周期为 T 和 $2T$ 的周期解存在条件，从而确定动力不稳定区域的边界，并进一步研究结构的动力后屈曲特性。著名力学家博洛坦在结构动力稳定性研究领域做了大量开创性的工作，人们习惯将上述动力稳定性分析方法称为博洛坦法。博洛坦法是一种解析法，物理概念清晰，便于研究系统的运动规律，也便于研究运动特性与系统参数依赖关系，适合分析简单构件的动力稳定性，如杆、板、壳等，可以获得结构动力不稳定区域边界的解析表达式。

1) 结构动力稳定性问题的方程

周期性荷载作用下两端铰接等截面直杆的动力稳定性问题是最简单的动力稳定性问题，该问题可推导出分离的具有周期性变系数的二阶常微分方程(马蒂厄方程)。在一般情况下，结构动力稳定性问题都可推导出具有周期性变系数的二阶常微分方程。

结构的动力稳定性与结构的自振特性和静力稳定性密切相关，可以用自振形式(振型模态)或丧失静力稳定性的形式(静力失稳模态)逼近丧失动力稳定性的形式(动力失稳模态)，来获得结构动力稳定问题的控制方程。

用结构的自振形式逼近丧失动力稳定性的形式，令动力挠度 $v(x,t)$ 为

$$v(x,t) = \sum_{n=1}^{\infty} f_n(t)\varphi_n(x) \tag{8-22}$$

式中，$f_n(t)$ 为时间的函数，称为广义坐标；$\varphi_n(x)$ 为结构的第 n 阶振型函数，称为基本函数。

应用伽辽金法分析参数荷载 $P = \alpha P_{cr} + \beta P_{cr}\cos\theta t$ 作用下结构参数振动的动力微分方程，得到结构动力稳定性问题的控制方程为(不考虑阻尼)

$$C\ddot{f} + \left[E - (\alpha + \beta\cos\theta t)P_{cr}A \right]f = 0 \tag{8-23}$$

式中，荷载矩阵、振动矩阵、单位矩阵、节点矩阵分别表示为

$$f = \begin{bmatrix} f_1(t) \\ f_2(t) \\ \vdots \\ f_n(t) \end{bmatrix} \tag{8-24}$$

$$C = \begin{bmatrix} \dfrac{1}{\omega_1^2} & & & \\ & \dfrac{1}{\omega_2^2} & & \\ & & \ddots & \\ & & & \dfrac{1}{\omega_n^2} \end{bmatrix} \tag{8-25}$$

$$E = \begin{bmatrix} 1 & 0 & \cdots & 0 \\ 0 & 1 & \cdots & 0 \\ \vdots & \vdots & \vdots & \vdots \\ 0 & 0 & \cdots & 1 \end{bmatrix} \tag{8-26}$$

$$A = \begin{bmatrix} a_{11} & a_{12} & \cdots & a_{1n} \\ a_{21} & a_{22} & \cdots & a_{2n} \\ \vdots & \vdots & \vdots & \vdots \\ a_{n1} & a_{n2} & \cdots & a_{nn} \end{bmatrix} \tag{8-27}$$

式中，ω_n 为结构不受载时的第 n 阶自振圆频率，rad/s。

矩阵 A 中的元素 $a_{ik}(i=1, 2, \cdots, n, k=1, 2, \cdots, n)$ 的计算公式为

$$a_{ik} = \frac{1}{\omega_i^2} \int_0^l \frac{\mathrm{d}\varphi_i(x)}{\mathrm{d}x} \frac{\mathrm{d}\varphi_k(x)}{\mathrm{d}x} \mathrm{d}x \tag{8-28}$$

也可用结构丧失静力稳定性的形式逼近丧失动力稳定性的形式，只需要将式(8-22)中的 $\varphi_n(x)$ 换成结构的静力失稳模态表达式即可，通过相似的分析过程可得到如式(8-23)的方程，相应矩阵的元素与静力失稳模态和第一阶静力欧拉临界力有关。实际工程中的荷载通常比静力欧拉临界力小得多，结构的自振形式比丧失静力稳定性的形式更接近丧失动力稳定性的形式，因此通常选用振型模态作为基本函数。在某些特殊情况下，如果振型模态满足静力失稳模态的正交性条件，或静力失稳模态满足振型模态的正交性条件，则式(8-23)退化为形如式(8-10)的马蒂厄方程。

式(8-23)是参数荷载 $P=\alpha P_{cr}+\beta P_{cr}\cos\theta t$ 作用下不考虑阻尼的结构动力稳定性问题控制方程的一般形式，不仅适用于简单构件，还适用于框架等复杂结构，仅需要改变相应矩阵元素的计算方法。严格来说，式(8-23)中各矩阵的阶数 n(又称为模态阶数)应取无穷大，但为了简化计算过程，仅取有限值，n 的取值控制着计算精度。

2) 结构动力不稳定区域的确定

由动力稳定性理论可知，结构动力稳定性问题控制方程[式(8-23)]周期为 $2T$ 的

周期解确定的主要动力不稳定区域是最危险的，也具有较大的实际意义，是工程中重点关注的区域。

应用谐波平衡法求解，式(8-23)周期为 $2T$ 的周期解可表示为

$$f = \sum_{k=1,3,5,\cdots}^{\infty} \left(a_k \sin \frac{k\theta t}{2} + b_k \cos \frac{k\theta t}{2} \right) \tag{8-29}$$

将式(8-29)代入式(8-23)中，通过谐波平衡法得到傅里叶级数未知系数向量的线性方程组，令其系数矩阵的行列式为零，得到临界频率方程式：

$$\begin{vmatrix} \boldsymbol{E} - \left(\alpha \pm \dfrac{1}{2}\beta \right) P_{\mathrm{cr}} \boldsymbol{A} - \dfrac{\theta^2}{4} \boldsymbol{C} & -\dfrac{1}{2}\beta P_{\mathrm{cr}} \boldsymbol{A} & 0 & \cdots \\[2mm] -\dfrac{1}{2}\beta P_{\mathrm{cr}} \boldsymbol{A} & \boldsymbol{E} - \alpha P_{\mathrm{cr}} \boldsymbol{A} - \dfrac{9\theta^2}{4} \boldsymbol{C} & -\dfrac{1}{2}\beta P_{\mathrm{cr}} \boldsymbol{A} & \cdots \\[2mm] 0 & -\dfrac{1}{2}\beta P_{\mathrm{cr}} \boldsymbol{A} & \boldsymbol{E} - \alpha P_{\mathrm{cr}} \boldsymbol{A} - \dfrac{25\theta^2}{4} \boldsymbol{C} & \cdots \\[2mm] \cdots & \cdots & \cdots & \end{vmatrix} = 0 \tag{8-30}$$

由周期为 $2T$ 的周期解的谐和近似式 $f = a \sin \dfrac{\theta t}{2} + b \cos \dfrac{\theta t}{2}$ 确定的主要动力不稳定区域具有足够的精度，主要动力不稳定区域的边界由式(8-31)确定：

$$\left| \boldsymbol{E} - \left(\alpha \pm \frac{1}{2}\beta \right) P_{\mathrm{cr}} \boldsymbol{A} - \frac{\theta^2}{4} \boldsymbol{C} \right| = 0 \tag{8-31}$$

求式(8-31)等价于广义特征值的求解问题，求解该式即可得到动力不稳定区域边界的临界频率 θ_{cr}。

(1) 当 $\alpha=1$，$\beta=0$，$\theta=0$ 时，式(8-31)简化为

$$\left| \boldsymbol{E} - P_{\mathrm{cr}} \boldsymbol{A} \right| = 0 \tag{8-32}$$

式(8-32)表述的是结构的静力稳定性问题，由该式可求出静力欧拉临界力 P_{cr}。

(2) 当 $\alpha=0$，$\beta=0$，$\theta=2\omega$ 时，式(8-31)简化为

$$\left| \boldsymbol{E} - \omega^2 \boldsymbol{C} \right| = 0 \tag{8-33}$$

式(8-33)表述的是结构的自由振动问题，由该式可求出 ω。

静力稳定性问题和自由振动问题是动力稳定性问题的特殊情况，动力稳定性问题是二者的耦合问题。

2. 有限元法

鉴于博洛坦法的局限性，大多数结构的动力稳定性分析应采用数值算法。随着计算机技术的发展及计算方法的不断完善，有限元法成为分析结构动力稳定性的重要方法，为结构动力稳定性问题提供了统一的数学模型，可以分析几何形状和边界约束条件均较复杂的构件和框架结构的动力稳定性。

有限元法是 20 世纪 50 年代以来随着计算机的广泛应用而发展起来的一种数值方法，具有极大的通用性和适用性，是结构分析中应用最为广泛的一种离散化数值方法。有限元法的基本思想是将连续的计算域离散为有限个单元，规定每个单元共用一组变形形式(低阶多项式)，称为插值函数或形函数；选择单元各节点的位移作为描述结构变形的广义坐标，整个连续体结构的位移曲线就可以近似地由广义坐标和形函数组合表示；再利用变分法或伽辽金法求出质量矩阵、刚度矩阵和阻尼矩阵，并列出以节点位移为未知量的有限元运动方程，从而将连续的无限自由度问题化为离散的有限自由度问题。一旦确定节点的位移，就可以通过与插值函数的组合求出单元内部的位移，进而通过几何方程和物理方程求得应变和应力[31-32]。有限元法是变分法或加权余量法的一种特殊形式，但又区别于这两种传统的数值方法，主要区别是分片近似的思想，即插值函数定义于各个单元而非整个计算域，这样就克服了全域假设插值函数遇到的困难，是数值方法的重大突破。本小节以欧拉-伯努利梁单元(不考虑梁截面剪切变形和转动惯量的影响)为例，说明有限元法分析结构动力稳定性的过程。

1) 结构动力稳定性的有限元方程

两端受周期性轴向激振力 $P=\alpha P_{cr}+\beta P_{cr}\cos\theta t$ 作用的两节点等截面欧拉-伯努利梁单元如图 8-3 所示。

图 8-3　欧拉-伯努利梁单元计算简图

图 8-3 中，梁单元长度为 l，忽略轴向变形，v_1、v_2 分别为节点 1、2 的横向线位移(挠度)；θ_1、θ_2 分别为节点 1、2 的角位移(截面转角)，可记为向量形式 $\boldsymbol{u}_e=[v_1\ \theta_1\ v_2\ \theta_2]^{T}$。

梁单元的动能 T_e 和势能 U_e 分别为

$$T_e=\frac{1}{2}\int_0^l m\left[\frac{\partial v(x,t)}{\partial t}\right]^2 \mathrm{d}x \tag{8-34}$$

$$U_e=\frac{1}{2}\int_0^l EI\left[\frac{\partial^2 v(x,t)}{\partial x^2}\right]^2 \mathrm{d}x-\frac{1}{2}\int_0^l P\left[\frac{\partial v(x,t)}{\partial x}\right]^2 \mathrm{d}x \tag{8-35}$$

式中，m 为梁单元线密度，kg/m；$v(x,t)$ 为单元内任意点的动力挠度，m；EI 为抗弯刚度，N/m。梁单元内任意一点的动力挠度 $v(x,t)$ 可由节点的位移及其对应形函数的组合表示，即

$$v(x,t)=\boldsymbol{N}\boldsymbol{u}_e \tag{8-36}$$

式中，$N=[N_1 \ N_2 \ N_3 \ N_4]$为梁单元的形函数矩阵；$u_e$为梁单元的位移形函数矩阵。根据梁单元边界条件可得

$$\begin{cases} N_1 = 1 - 3\left(\dfrac{x}{l}\right)^2 + 2\left(\dfrac{x}{l}\right)^3 \\ N_2 = x - \dfrac{2x^2}{l} + \dfrac{x^3}{l^2} \\ N_3 = \dfrac{3x^2}{l^2} - \dfrac{2x^3}{l^3} \\ N_4 = -\dfrac{x^2}{l} + \dfrac{x^3}{l^2} \end{cases} \tag{8-37}$$

将式(8-36)代入式(8-34)和式(8-35)，得

$$T_e = \frac{1}{2}\dot{u}_e^{\mathrm{T}} M_e \dot{u}_e \tag{8-38}$$

$$U_e = \frac{1}{2}u_e^{\mathrm{T}} K_e u_e - \frac{1}{2}P u_e^{\mathrm{T}} S_e u_e \tag{8-39}$$

式中，M_e为单元质量矩阵；K_e为单元弹性刚度矩阵；S_e为单元几何刚度矩阵，其表达式分别为(局部坐标系下)

$$M_e = \int_o^l m N^{\mathrm{T}} N \mathrm{d}x \tag{8-40}$$

$$K_e = \int_0^l EI N''^{\mathrm{T}} N'' \mathrm{d}x \tag{8-41}$$

$$S_e = \int_0^l N'^{\mathrm{T}} N' \mathrm{d}x \tag{8-42}$$

将式(8-37)分别代入式(8-40)、式(8-41)和式(8-42)，得

$$M_e = \frac{ml}{420}\begin{bmatrix} 156 & 22l & 54 & -13l \\ 22l & 4l^2 & 13l & -3l^2 \\ 54 & 13l & 156 & -22l \\ -13l & -3l^2 & -22l & 4l^2 \end{bmatrix} \tag{8-43}$$

$$K_e = \frac{EI}{l^3}\begin{bmatrix} 12 & 6l & -12 & 6l \\ 6l & 4l^2 & -6l & 2l^2 \\ -12 & -6l & 12 & -6l \\ 6l & 2l^2 & -6l & 4l^2 \end{bmatrix} \tag{8-44}$$

$$S_e = \frac{1}{30l}\begin{bmatrix} 36 & 3l & -36 & 3l \\ 3l & 4l^2 & -3l & -l^2 \\ -36 & -3l & 36 & -3l \\ 3l & -l^2 & -3l & 4l^2 \end{bmatrix} \tag{8-45}$$

对于由欧拉-伯努利梁单元组成的结构，其总动能 T 和总势能 U 分别为

$$T = \sum T_e \tag{8-46}$$

$$U = \sum U_e \tag{8-47}$$

将式(8-46)和式(8-47)代入 $M\ddot{u} + \left[K - (\alpha + \beta\cos\theta t)P_{cr}S \right]u = 0$ 这一拉格朗日方程，得

$$\frac{\mathrm{d}}{\mathrm{d}t}\left(\frac{\partial T}{\partial \dot{u}}\right) - \frac{\partial T}{\partial u} + \frac{\partial U}{\partial u} = 0 \tag{8-48}$$

得到结构动力稳定性问题的有限元方程如下(不考虑阻尼)：

$$M\ddot{u} + \left[K - (\alpha + \beta\cos\theta t)P_{cr}S \right]u = 0 \tag{8-49}$$

式中，M、K 和 S 分别为整体质量矩阵、整体弹性刚度矩阵和整体几何刚度矩阵；u 为节点位移向量。

式(8-49)是参数荷载 $P = \alpha P_{cr} + \beta P_{cr}\cos\theta t$ 作用下不考虑阻尼的结构动力稳定性问题有限元方程的一般形式，不仅适用于简单构件，还适用于框架等复杂结构。

2) 结构动力不稳定区域的确定

结构动力稳定性问题的有限元方程[式(8-49)]为多自由度马蒂厄方程，从数学形式上看，该式为周期性变系数的二阶常微分方程，可应用弗洛凯理论分析解的稳定性。由弗洛凯理论可知，式(8-49)周期为 $T = 2\pi/\theta$ 和 $2T = 4\pi/\theta$ 的周期解为无限增长解的区域(动力不稳定区域)边界，周期相同的两个解包围着动力不稳定区域，周期不同的两个解包围着稳定区域，周期为 $2T$ 的周期解确定的主要动力不稳定区域是最危险的，也具有较大的工程实际意义。

应用谐波平衡法，式(8-49)周期为 $2T$ 的周期解可表示为

$$u = \sum_{k=1,3,5,\cdots}^{\infty}\left(a_k\sin\frac{k\theta t}{2} + b_k\cos\frac{k\theta t}{2} \right) \tag{8-50}$$

将式(8-50)代入式(8-49)中，通过谐波平衡法得到傅里叶级数未知系数向量的线性方程组，令其系数矩阵的行列式为零，得到临界频率方程：

$$\begin{vmatrix} K - \left(\alpha \pm \dfrac{1}{2}\beta\right)P_{cr}S - \dfrac{\theta^2}{4}M & -\dfrac{1}{2}\beta P_{cr}S & 0 & \cdots \\[2mm] -\dfrac{1}{2}\beta P_{cr}S & K - \alpha P_{cr}S - \dfrac{9\theta^2}{4}M & -\dfrac{1}{2}\beta P_{cr}S & \cdots \\[2mm] 0 & -\dfrac{1}{2}\beta P_{cr}S & K - \alpha P_{cr}S - \dfrac{25\theta^2}{4}M & \cdots \\[2mm] \cdots & \cdots & \cdots & \cdots \end{vmatrix} = 0 \tag{8-51}$$

由周期为 $2T$ 的周期解的谐和近似式 $u = a\sin\dfrac{\theta t}{2} + b\cos\dfrac{\theta t}{2}$ 确定的主要动力不

稳定区域具有足够的精度[29]，主要动力不稳定区域的边界由式(8-52)确定：

$$\left| \boldsymbol{K} - \left(\alpha \pm \frac{1}{2}\beta \right) P_{cr}\boldsymbol{S} - \frac{\theta^2}{4}\boldsymbol{M} \right| = 0 \tag{8-52}$$

求解式(8-52)等价于广义特征值的求解问题，应用矩阵迭代法即可确定动力不稳定区域边界的临界频率 θ_{cr}。

(1) 当 $\alpha=1$，$\beta=0$，$\theta=0$ 时，式(8-52)简化为

$$\left| \boldsymbol{K} - P_{cr}\boldsymbol{S} \right| = 0 \tag{8-53}$$

式(8-53)表述的是结构的静力稳定性问题，由该式可求出静力欧拉临界力 P_{cr}。

(2) 当 $\alpha=0$，$\beta=0$，$\theta=2\omega$时，式(8-52)简化为

$$\left| \boldsymbol{K} - \omega^2 \boldsymbol{M} \right| = 0 \tag{8-54}$$

式(8-54)表述的是结构的自由振动问题，由该式可求出自振圆频率 ω。

3. 博洛坦法与有限元法对比

周期性纵向激振力作用下的两端铰接等截面直杆如图 8-4 所示，应用有限元法分析该杆的动力稳定性，确定动力不稳定区域。计算参数如下：杆长 $l=7$m，弹性模量 $E=210$GPa，截面惯性矩 $I=2.003\times10^{-5}$m^4，线密度 $m=61.3$kg/m。

将杆件离散为 4 个 2 节点等截面欧拉-伯努利梁单元(忽略轴向变形)，共有 8 个自由度(3 个横向平动自由度和 5 个转动自由度)，有限元模型如图 8-5 所示。

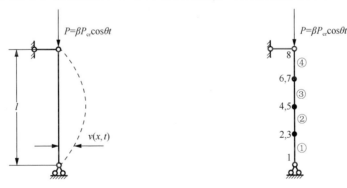

图 8-4　周期性纵向激振力作用下的两端铰接等　　　图 8-5　杆件计算的有限元模型
截面直杆示意图

不考虑轴向变形的 2 节点等截面欧拉-伯努利梁单元的单元质量矩阵、单元弹性刚度矩阵和单元几何刚度矩阵的表示见式(8-43)～式(8-45)，将相关计算参数代入其中，经过有限元单元集成过程，形成 8 阶的整体质量矩阵 $\boldsymbol{M}$、整体弹性刚度矩阵 $\boldsymbol{K}$ 和整体几何刚度矩阵 $\boldsymbol{S}$，然后将其代入式(8-52)即可确定临界频率 θ_{cr}。静力欧拉临界力 P_{cr} 可由式(8-53)计算。

两端铰接等截面直杆在 P 作用下的动力稳定性可以采用博洛坦法来分析，临界频率存在理论计算公式，因此可以将有限元法与博洛坦法的结果进行比较。将两种方法计算得到的第一阶临界频率 θ_{cr} 与结构基频 ω_1 [ω_1 由式(8-16)或式(8-5)计算]的比值 θ_{cr}/ω_1 与动力荷载因子 β 的关系绘制于图 8-6，由此可确定第一阶主要动力不稳定区域(阴影部分)。

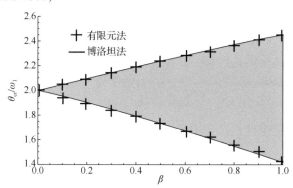

图 8-6　θ_{cr}/ω_1 与动力荷载因子 β 的关系及第一阶主要动力不稳定区域

由图 8-6 可知，当杆件离散为 4 个单元时，由有限元法和博洛坦法求得的第一阶临界频率(视为精确解)基本相同(最大相对误差小于 0.1%)。当杆件离散为 1 个、2 个、3 个单元时，有限元法解与精确解(4 个单元时)的最大相对误差分别为 4.3%、2.6%和 1.0%，有限元法需要靠加密单元来提高精度。

8.3　水工弧形钢闸门主框架动力稳定性分析

8.3.1　水工弧形钢闸门结构动力不稳定区域的确定

1. 结构动力稳定性问题的有限元方程

结构在参数振动过程中存在能量的耗散，引起能量耗散的作用称为阻尼，也称为阻尼力。工程结构阻尼产生的物理机制是非常复杂的，从宏观角度，阻尼有以下几种来源：

(1) 固体材料变形时的内部摩擦，或材料快速应变引起的热耗散；

(2) 结构连接部位的摩擦，如钢结构焊缝、螺栓连接处的摩擦，混凝土中微裂缝的张开和闭合，结构构件与非结构构件之间的摩擦；

(3) 结构周围介质引起的阻尼。

在实际问题中，以上来源几乎同时存在，阻尼是由这几种不同能量耗散机制共同引起的。为了便于数学上的分析，在结构的动力反应问题中通常把这些阻尼理想化为等效的黏滞性阻尼。于是，对于承受参数荷载 $P=\alpha P_{cr}+\beta P_{cr}\cos\theta t$ 的结构，考虑阻尼的结构动力稳定性问题有限元方程为

$$M\ddot{u}+C\dot{u}+\left[K-\left(\alpha+\beta\cos\theta t\right)P_{cr}S\right]u=0 \tag{8-55}$$

式中，M、C、K 和 S 分别为整体质量矩阵、整体阻尼矩阵、整体弹性刚度矩阵和整体几何刚度矩阵；u 为节点位移向量。式(8-55)是承受参数荷载 $P=\alpha P_{cr}+\beta P_{cr}\cos\theta t$ 时考虑阻尼的结构动力稳定性问题有限元方程的一般形式，不仅适用于简单构件，还适用于节点承受周期性荷载的框架等复杂结构。

2. 动力不稳定区域的确定

考虑阻尼的结构动力稳定性问题有限元方程[式(8-55)]为多自由度马蒂厄方程，从数学形式上看，该式为周期性变系数的二阶线性常微分方程，可应用弗洛凯理论分析解的稳定性，进而确定动力不稳定区域。由弗洛凯理论可知，式(8-55)的周期为 $T=2\pi/\theta$ 和 $2T=4\pi/\theta$ 的周期解为无限增长解的区域(动力不稳定区域)边界，周期相同的两个解包围着不稳定区域，周期不同的两个解包围着稳定区域，尤其是周期为 $2T$ 的周期解确定的主要动力不稳定区域是最危险的，具有较大的工程实际意义。

应用谐波平衡法求解，式(8-55)周期为 $2T$ 的周期解可表示为(阻尼采用瑞利阻尼)

$$u=\sum_{k=1,3,5,\cdots}^{\infty}\left(a_k\sin\frac{k\theta t}{2}+b_k\cos\frac{k\theta t}{2}\right) \tag{8-56}$$

将式(8-56)代入式(8-55)中，采用谐波平衡法得到傅里叶级数未知系数向量的线性方程组，令其系数矩阵的行列式为零，得到临界频率方程为

$$\begin{vmatrix}
\cdots & \cdots & \cdots & \cdots \\
K-\alpha P_{cr}S-\dfrac{9\theta^2}{4}M & -\dfrac{\beta P_{cr}}{2}S & 0 & -\dfrac{3\theta}{2}(\alpha_0 M+\alpha_1 K) \\
-\dfrac{\beta P_{cr}}{2}S & K-\left(\alpha-\dfrac{\beta}{2}\right)P_{cr}S-\dfrac{\theta^2}{4}M & -\dfrac{\theta}{2}(\alpha_0 M+\alpha_1 K) & 0 \\
0 & \dfrac{\theta}{2}(\alpha_0 M+\alpha_1 K) & K-\left(\alpha+\dfrac{\beta}{2}\right)P_{cr}S-\dfrac{\theta^2}{4}M & -\dfrac{\beta P_{cr}}{2}S \\
\dfrac{3\theta}{2}(\alpha_0 M+\alpha_1 K) & 0 & \dfrac{3\theta}{2}(\alpha_0 M+\alpha_1 K) & K-\alpha P_{cr}S-\dfrac{9\theta^2}{4}M \\
\cdots & \cdots & \cdots & \cdots
\end{vmatrix}=0$$

$$\tag{8-57}$$

忽略式(8-57)中的高阶项，保留中间各元素，最终得到考虑阻尼的结构主要动力不稳定区域的临界频率方程式为

$$\begin{vmatrix} \boldsymbol{K} - \left(\alpha - \dfrac{\beta}{2}\right)P_{\mathrm{cr}}\boldsymbol{S} - \dfrac{\theta^2}{4}\boldsymbol{M} & -\dfrac{\theta}{2}(\alpha_0\boldsymbol{M} + \alpha_1\boldsymbol{K}) \\ \dfrac{\theta}{2}(\alpha_0\boldsymbol{M} + \alpha_1\boldsymbol{K}) & \boldsymbol{K} - \left(\alpha + \dfrac{\beta}{2}\right)P_{\mathrm{cr}}\boldsymbol{S} - \dfrac{\theta^2}{4}\boldsymbol{M} \end{vmatrix} = 0 \tag{8-58}$$

当不考虑阻尼时，即瑞利阻尼的比例系数 $\alpha_0 = \alpha_1 = 0$，式(8-58)简化为不考虑阻尼的结构的临界频率方程[式(8-52)]。同式(8-52)等价于广义特征值的求解问题一样，式(8-58)也可化为广义特征值的求解问题。

令

$$\boldsymbol{A} = \begin{bmatrix} \boldsymbol{K} - \left(\alpha - \dfrac{\beta}{2}\right)P_{\mathrm{cr}}\boldsymbol{S} - \dfrac{\theta^2}{4}\boldsymbol{M} & -\dfrac{\theta}{2}(\alpha_0\boldsymbol{M} + \alpha_1\boldsymbol{K}) \\ \dfrac{\theta}{2}(\alpha_0\boldsymbol{M} + \alpha_1\boldsymbol{K}) & \boldsymbol{K} - \left(\alpha + \dfrac{\beta}{2}\right)P_{\mathrm{cr}}\boldsymbol{S} - \dfrac{\theta^2}{4}\boldsymbol{M} \end{bmatrix} \tag{8-59}$$

$$\boldsymbol{A}_1 = \begin{bmatrix} \boldsymbol{K} - \left(\alpha - \dfrac{\beta}{2}\right)P_{\mathrm{cr}}\boldsymbol{S} & 0 \\ 0 & \boldsymbol{K} - \left(\alpha + \dfrac{\beta}{2}\right)P_{\mathrm{cr}}\boldsymbol{S} \end{bmatrix} \tag{8-60}$$

$$\boldsymbol{A}_2 = \begin{bmatrix} 0 & \dfrac{1}{2}(\alpha_0\boldsymbol{M} + \alpha_1\boldsymbol{K}) \\ -\dfrac{1}{2}(\alpha_0\boldsymbol{M} + \alpha_1\boldsymbol{K}) & 0 \end{bmatrix} \tag{8-61}$$

$$\boldsymbol{A}_3 = \begin{bmatrix} \dfrac{1}{4}\boldsymbol{M} & 0 \\ 0 & \dfrac{1}{4}\boldsymbol{M} \end{bmatrix} \tag{8-62}$$

则

$$|\boldsymbol{A}| = |\boldsymbol{A}_1 - \theta\boldsymbol{A}_2 - \theta^2\boldsymbol{A}_3| = 0 \tag{8-63}$$

式(8-63)可转化为下面的二次特征值问题：

$$(\boldsymbol{A}_1 - \theta\boldsymbol{A}_2 - \theta^2\boldsymbol{A}_3)\boldsymbol{x} = 0 \tag{8-64}$$

式中，$\boldsymbol{x}$ 为特征向量。

令

$$\boldsymbol{x} = \theta\hat{\boldsymbol{x}} \tag{8-65}$$

经过数学变换，式(8-65)可化为

$$\boldsymbol{A}_1\hat{\boldsymbol{x}} = \theta(\boldsymbol{A}_2\hat{\boldsymbol{x}} + \boldsymbol{A}_3\boldsymbol{x}) \tag{8-66}$$

则可得到

$$\begin{bmatrix} A_3 & 0 \\ 0 & A_1 \end{bmatrix}\begin{bmatrix} x \\ \hat{x} \end{bmatrix} = \theta \begin{bmatrix} 0 & A_3 \\ A_3 & A_2 \end{bmatrix}\begin{bmatrix} x \\ \hat{x} \end{bmatrix} \tag{8-67}$$

令

$$\begin{cases} \overline{A} = \begin{bmatrix} A_3 & 0 \\ 0 & A_1 \end{bmatrix} \\ \overline{B} = \begin{bmatrix} 0 & A_3 \\ A_3 & A_2 \end{bmatrix} \\ \overline{x} = \begin{bmatrix} x \\ \hat{x} \end{bmatrix} \end{cases} \tag{8-68}$$

得到

$$\left(\overline{A} - \theta \overline{B}\right)\overline{x} = 0 \tag{8-69}$$

式(8-69)是一个广义特征值问题，令

$$\left| \overline{A} - \theta \overline{B} \right| = 0 \tag{8-70}$$

由式(8-70)即可确定主要动力不稳定区域边界的临界频率 θ_{cr}。应用有限元法分析考虑阻尼的结构的动力稳定性问题最终转化为一个广义特征值的求解问题，通过构造矩阵 $\overline{A}$ 和 $\overline{B}$ 来获得临界频率 θ_{cr}，进而确定动力不稳定区域。

8.3.2　水工弧形钢闸门框架结构动力稳定性分析的有限元法

从有限元法分析结构的动力稳定性的过程可知，通过应用单元形函数(分片插值函数)构造相应矩阵，得到动力稳定性问题的有限元方程。单元形函数的应用是有限元法与其他数值分析方法(如里兹法)最重要的区别，可以用每个单元内假设的近似位移场函数分片地表示全计算域内待求的位移场变量，而每个单元内的近似位移场函数由位移场在单元各个节点上的数值和与其对应的形函数组合表达(通常写为矩阵形式)。于是，原来待求位移场函数的无穷多自由度问题转换为位移场函数节点的有限自由度问题。

有限元法的精度与形函数的选择有直接关系，对水工弧形钢闸门框架这样的杆系结构的动力稳定性分析，有限元法采用低阶多项式作为单元上的形函数来推导相应矩阵，并建立动力稳定性有限元方程[式(8-52)]。多形式形函数对于动力问题只是近似的，需要靠加密单元来提高精度，特别是对高阶动力不稳定区域，通常需要更加细密的单元划分，第 3 章已详细解释了其具体原因，此处不再赘述。如果单元的位移场函数能够被单元各个节点上的位移和与其对应的形函数组合精确地表示，那么单元位移场函数是控制微分方程的精确解析解，则相应形函数被称为精确形函数并满足控制微分方程。从理论上讲，以精确形函数为基础的有限元法计算结果为精确数值解，对于框架结构的有限元分析，一个杆件离散为一个单元即可。采用精确形函数的有限元法称为精确有限元法，构造精确有限元法的主要任务就是寻找满足控制微分方程的精确形函数。

1. 欧拉-伯努利梁单元的精确形函数

等截面欧拉-伯努利梁单元如图 8-7 所示。

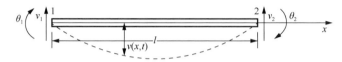

图 8-7　等截面欧拉-伯努利梁单元计算简图

图 8-7 中，梁单元长度为 l；忽略单元轴向变形，v_1、θ_1 分别为梁单元节点 1 的横向线位移(挠度)幅值和角位移(截面转角)幅值；v_2、θ_2 分别为梁单元 2 的横向线位移(挠度)幅值和角位移(截面转角)幅值，可记为向量形式 $\boldsymbol{u}_e=[v_1\ \theta_1\ v_2\ \theta_2]^{\mathrm{T}}$；$v(x,t)$ 为动力挠度。

假设发生弯曲自由振动的欧拉-伯努利梁单元的变形为弯曲变形，忽略剪切变形，采用平截面和直法线假设，并忽略转动惯量的影响。根据欧拉-伯努利梁单元的假设可知截面转角 θ 为挠度 v 的一阶导数，即 $\theta=\mathrm{d}v/\mathrm{d}x$，单元变形示意图见图 8-8。

图 8-8　欧拉-伯努利梁单元变形示意图

欧拉-伯努利梁单元的弯曲自由振动微分方程为

$$EI\frac{\partial^4 v}{\partial x^4}+m\frac{\partial^2 v}{\partial t^2}=0 \tag{8-71}$$

式中，EI 为单元的抗弯刚度，N/m；m 为单元的线密度，kg/m。

根据梁单元的自由振动为简谐振动的特点，令

$$v(x,t)=\phi(x)\sin(\omega t+a) \tag{8-72}$$

式中，$\phi(x)$ 为振型函数；ω 为自振圆频率，rad/s；a 为初始相位角，(°)。

将式(8-72)代入式(8-71)中，得

$$\frac{\mathrm{d}^4\phi}{\mathrm{d}x^4}-a^4\phi=0 \tag{8-73}$$

式中，$a^4=\dfrac{m\omega^2}{EI}$。

式(8-73)的通解为

$$\phi(x) = A_1 \sin ax + A_2 \cos ax + A_3 \sinh ax + A_4 \cosh ax \tag{8-74}$$

式(8-74)是关于频率的超越函数，$A_1 \sim A_4$ 为待定系数，取值由单元的边界条件确定，决定了梁单元振动的形状和振幅。将式(8-74)代入式(8-72)后得到的单元位移场函数是满足弯曲自由振动微分方程(控制微分方程)的精确解析解，是精确位移场函数。

记 $A = [A_1\ A_2\ A_3\ A_4]^{\mathrm{T}}$，$S = [\sin ax\ \cos ax\ \sinh ax\ \cosh ax]$，将式(8-73)改写为矩阵表示的形式：

$$\phi(x) = S^{\mathrm{T}} A \tag{8-75}$$

根据位移边界条件可知

$$\begin{cases} \phi(0) = v_1, & \dfrac{\mathrm{d}\phi(0)}{\mathrm{d}x} = \theta_1 \\[2mm] \phi(l) = v_2, & \dfrac{\mathrm{d}\phi(l)}{\mathrm{d}x} = \theta_2 \end{cases} \tag{8-76}$$

将式(8-76)代入式(8-74)，并化为矩阵形式，得

$$u_e = BA \tag{8-77}$$

式中，

$$B = \begin{bmatrix} 0 & 1 & 0 & 1 \\ a & 0 & a & 0 \\ \sin al & \cos al & \sinh al & \cosh al \\ a\cos al & -a\sin al & a\cosh al & a\sinh al \end{bmatrix} \tag{8-78}$$

由式(8-77)解得

$$A = B^{-1} u_e \tag{8-79}$$

将式(8-79)代入式(8-78)，得

$$\phi(x) = S^{\mathrm{T}} B^{-1} u_e \tag{8-80}$$

令

$$N = S^{\mathrm{T}} B^{-1} \tag{8-81}$$

式中，N 为形函数矩阵，由四个形函数为元素构成。于是，得到由单元各个节点上的位移(幅值)和与其对应的形函数组合表示的位移场函数(幅值)：

$$\phi(x) = N u_e \tag{8-82}$$

由于式(8-82)是精确位移场函数(幅值)，N 中的元素为精确形函数，满足弯曲自由振动微分方程。

记 $N = [N_1\ N_2\ N_3\ N_4]$，由式(8-82)得到各精确形函数的表达式为

$$N_1 = \frac{1}{\zeta}\Big[\cos a(l-x)\cosh al + \cosh a(l-x)\cos al + \sinh a(l-x)\sin al$$
$$- \cos ax - \cosh ax - \sin a(l-x)\sinh al\Big] \tag{8-83}$$

$$N_2 = \frac{1}{a\zeta}\Big[\cos a(l-x)\sinh al + \cosh a(l-x)\sin al - \sin ax - \sinh ax$$
$$- \sin a(l-x)\cosh al - \sinh a(l-x)\cos al\Big] \tag{8-84}$$

$$N_3 = \frac{1}{\zeta}\Big[\cos al\cosh ax + \cosh al\cos ax + \sin al\sinh ax - \cos a(l-x)$$
$$- \cosh a(l-x) - \sinh al\sin ax\Big] \tag{8-85}$$

$$N_4 = \frac{1}{a\zeta}\Big[\sin a(l-x) + \sinh a(l-x) + \cos al\sin ax + \cosh al\sin ax$$
$$- \cos ax\sinh al - \cosh ax\sin al\Big] \tag{8-86}$$

式中，$\zeta = 2(\cos al\cosh al - 1)$。

满足欧拉-伯努利梁单元弯曲自由振动微分方程的精确形函数 $N_1 \sim N_4$，作为分析其动力稳定性的有限元法的形函数，$N_1 \sim N_4$ 满足连续性、无关性、完备性和正交性的条件，因此可以保证数值解的收敛性和稳定性。应用该形函数构造欧拉-伯努利梁单元动力稳定性问题的单元质量矩阵 $\boldsymbol{M}_e$、单元弹性刚度矩阵 $\boldsymbol{K}_e$、单元几何刚度矩阵 $\boldsymbol{S}_e$。参照第 3 章对欧拉-伯努利梁单元动力稳定性问题的分析过程，可知由精确形函数构造的相应单元矩阵分别为(局部坐标系下)

$$\boldsymbol{M}_e = \int_0^l m\boldsymbol{N}^{\mathrm{T}}\boldsymbol{N}\mathrm{d}x \tag{8-87}$$

$$\boldsymbol{K}_e = \int_0^l EI\boldsymbol{N}''^{\mathrm{T}}\boldsymbol{N}''\mathrm{d}x \tag{8-88}$$

$$\boldsymbol{S}_e = \int_0^l \boldsymbol{N}'^{\mathrm{T}}\boldsymbol{N}'\mathrm{d}x \tag{8-89}$$

2. 铁摩辛柯梁单元的精确形函数

等截面铁摩辛柯梁单元如图 8-9 所示。

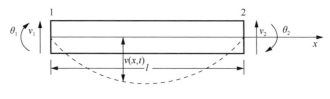

图 8-9　等截面铁摩辛柯梁单元

图 8-9 中，各变量定义同图 8-7。

发生弯曲自由振动的铁摩辛柯梁单元的变形假设包括弯曲变形和剪切变形两

部分，放弃了直法线假设，并考虑了转动惯量的影响。梁单元轴线的倾角 $\mathrm{d}v/\mathrm{d}x$ 由截面转角 θ 和截面剪切变形引起的剪切角(切应变)γ 组成，即 $\mathrm{d}v/\mathrm{d}x=\theta+\gamma$ 或 $\gamma=\mathrm{d}v/\mathrm{d}x-\theta$，变形示意图见图 8-10。

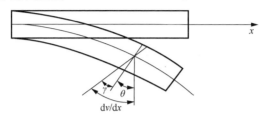

图 8-10　铁摩辛柯梁单元变形示意图

铁摩辛柯梁单元关于挠度 v 的弯曲自由振动微分方程为

$$EI\frac{\partial^4 v}{\partial x^4} + m\frac{\partial^2 v}{\partial t^2} - \left(\rho I + \frac{EIm}{k'AG}\right)\frac{\partial^4 v}{\partial x^2 \partial t^2} + \frac{\rho Im}{k'AG}\frac{\partial^4 v}{\partial t^4} = 0 \tag{8-90}$$

式中，ρ 为材料密度，$\mathrm{kg/m^2}$；k' 为剪切系数，反映截面发生翘曲的修正系数；A 为横截面面积，$\mathrm{m^2}$；G 为剪切模量，Pa；I 为截面惯性矩，$\mathrm{m^4}$。

根据梁单元的自由振动为简谐振动的特点，令

$$v(x,t) = \phi(x)\sin(\omega t + a) \tag{8-91}$$

式中，$\phi(x)$ 为挠度 v 的振型函数；ω 为自振圆频率，Hz；a 为初始相位角，(°)。

将式(8-91)代入式(8-90)，得

$$\frac{\mathrm{d}^4\phi}{\mathrm{d}x^4} + a^4\left(r^2 + s^2\right)\frac{\mathrm{d}^2\phi}{\mathrm{d}x^2} - a^4\left(1 - a^4 r^2 s^2\right)\phi = 0 \tag{8-92}$$

式中，$a^4 = \dfrac{m\omega^2}{EI}$；$r$、$s$ 为引入的计算参数，$r^2 = \dfrac{I}{A}$，$s^2 = \dfrac{EI}{k'AG}$。

式(8-92)的通解为

$$\phi(x) = A_1\sin\beta x + A_2\cos\beta x + A_3\sinh\alpha x + A_4\cosh\alpha x \tag{8-93}$$

式中，

$$\alpha = \frac{a^2}{\sqrt{2}}\left\{-\left(r^2 + s^2\right) + \left[\left(r^2 - s^2\right)^2 + \frac{4}{a^4}\right]^{\frac{1}{2}}\right\}^{\frac{1}{2}} \tag{8-94a}$$

$$\beta = \frac{a^2}{\sqrt{2}}\left\{\left(r^2 + s^2\right) + \left[\left(r^2 - s^2\right)^2 + \frac{4}{a^4}\right]^{\frac{1}{2}}\right\}^{\frac{1}{2}} \tag{8-94b}$$

式(8-94a)和式(8-94b)是关于频率 ω 的超越函数，$A_1 \sim A_4$ 为待定系数，取值由单元的边界条件确定，决定梁单元振动的形状和振幅。将式(8-94a)和式(8-94b)代入式(8-92)后得到的单元位移场函数是满足弯曲自由振动微分方程(控制微分方程)

的精确解析解，是精确位移场函数。

铁摩辛柯梁单元关于截面转角 θ 的弯曲自由振动微分方程为

$$EI\frac{\partial^4\theta}{\partial x^4} + m\frac{\partial^2\theta}{\partial t^2} - \left(\rho I + \frac{EIm}{k'AG}\right)\frac{\partial^4\theta}{\partial x^2\partial t^2} + \frac{\rho Im}{k'AG}\frac{\partial^4\theta}{\partial t^4} = 0 \tag{8-95}$$

根据梁单元的自由振动为简谐振动的特点，令

$$\theta(x,t) = \psi(x)\sin(\omega t + \alpha) \tag{8-96}$$

式中，$\psi(x)$ 为截面转角 θ 的振型函数。

同理，可得 $\psi(x)$ 的表达式为

$$\psi(x) = A_1'\sin\beta x + A_2'\cos\beta x + A_3'\sinh\alpha x + A_4'\cosh\alpha x \tag{8-97}$$

式(8-97)是关于频率 ω 的超越函数，$A_1' \sim A_4'$ 为待定系数，且满足以下关系：

$$\begin{cases} A_1' = HA_1, \ A_2' = -HA_2 \\ A_3' = ZA_3, \ A_4' = ZA_4 \end{cases} \tag{8-98}$$

式中，H、Z 为引入的计算参数，$H = \dfrac{\beta^2 - a^4s^2}{\beta}$，$Z = \dfrac{\alpha^2 + a^4s^2}{\alpha}$。

将式(8-98)代入式(8-97)后得到单元位移场函数，满足弯曲自由振动微分方程(控制微分方程)的精确解析解，是精确位移场函数。

记

$$\begin{cases} \boldsymbol{A} = \begin{bmatrix} A_1 & A_2 & A_3 & A_4 \end{bmatrix}^{\mathrm{T}} \\ \boldsymbol{S} = \begin{bmatrix} \sin\beta x & \cos\beta x & \sinh\alpha x & \cosh\alpha x \end{bmatrix}^{\mathrm{T}} \\ \overline{\boldsymbol{S}} = \begin{bmatrix} H\sin\beta x & -H\cos\beta x & Z\sinh\alpha x & Z\cosh\alpha x \end{bmatrix}^{\mathrm{T}} \end{cases} \tag{8-99}$$

将式(8-93)和式(8-97)化为矩阵表示的形式：

$$\phi(x) = \boldsymbol{S}^{\mathrm{T}}\boldsymbol{A} \tag{8-100}$$

$$\psi(x) = \overline{\boldsymbol{S}}^{\mathrm{T}}\boldsymbol{A} \tag{8-101}$$

根据位移边界条件可知

$$\begin{cases} \phi(0) = v_1, \ \psi(0) = \theta_1 \\ \phi(l) = v_2, \ \psi(l) = \theta_2 \end{cases} \tag{8-102}$$

将式(8-102)代入式(8-93)和式(8-97)，并化为矩阵形式：

$$\boldsymbol{u}_e = \boldsymbol{BA} \tag{8-103}$$

式中，

$$\boldsymbol{B} = \begin{bmatrix} 0 & 1 & 0 & 1 \\ 0 & -H & 0 & Z \\ \sin\beta l & \cos\beta l & \sinh\alpha l & \cosh\alpha l \\ H\sin\beta l & -H\cos\beta l & Z\sinh\alpha l & Z\cosh\alpha l \end{bmatrix} \tag{8-104}$$

由式(8-103)解得

$$A = B^{-1}u_e \tag{8-105}$$

将式(8-105)分别代入式(8-100)和式(8-101)，得

$$\phi(x) = S^{\mathrm{T}}B^{-1}u_e \tag{8-106}$$

$$\psi(x) = \overline{S}^{\mathrm{T}}B^{-1}u_e \tag{8-107}$$

令

$$N = S^{\mathrm{T}}B^{-1} \tag{8-108}$$

$$\overline{N} = \overline{S}^{\mathrm{T}}B^{-1} \tag{8-109}$$

式中，N 和 $\overline{N}$ 为形函数矩阵，由四个形函数元素构成。于是，得到由单元各个节点上的位移(幅值)和与其对应的形函数组合表示的位移场函数(幅值)：

$$\phi(x) = Nu_e \tag{8-110}$$

$$\psi(x) = \overline{N}u_e \tag{8-111}$$

由于式(8-110)和式(8-111)是精确位移场函数(幅值)，N 和 $\overline{N}$ 中的元素为精确形函数，满足弯曲自由振动微分方程。

记 $N=[N_1\ N_2\ N_3\ N_4]$，$\overline{N}=[\overline{N}_1\ \overline{N}_2\ \overline{N}_3\ \overline{N}_4]$，由式(8-108)和式(8-109)得到各精确形函数的表达式为

$$N_1 = \frac{H\cosh\alpha x + Z\cos\beta x}{H+Z} + \frac{Z\cot\beta l\sin\beta x}{H-Z}$$
$$- \frac{\sinh\alpha x\left(H^2\cosh\alpha l - HZ\cosh\alpha l + 2HZ\cos\beta l\right)}{\left(H^2-Z^2\right)\sinh\alpha l} \tag{8-112}$$

$$N_2 = \frac{\cos h\alpha x - \cos\beta x}{H+Z} - \frac{\cot\beta l\sin\beta x}{H-Z}$$
$$- \frac{\sinh\alpha x(2H\cos\beta l - H\cosh\alpha l + Z\cosh\alpha l)}{\left(H^2-Z^2\right)\sinh\alpha l} \tag{8-113}$$

$$N_3 = \frac{H\sinh\alpha x}{(H-Z)\sinh\alpha l} - \frac{Z\sin\beta x}{(H-Z)\sin\beta l} \tag{8-114}$$

$$N_4 = \frac{\sin\beta x}{(H-Z)\sin\beta l} - \frac{\sinh\alpha x}{(H-Z)\sinh\alpha l} \tag{8-115}$$

$$\overline{N}_1 = \frac{HZ\cosh\alpha x + HZ\cos\beta x}{H+Z} + \frac{HZ\cot\beta l\sin\beta x}{H-Z}$$
$$- \frac{Z\sinh\alpha x\left(H^2\cosh\alpha l - HZ\cosh\alpha l + 2HZ\cos\beta l\right)}{\left(H^2-Z^2\right)\sinh\alpha l} \tag{8-116}$$

$$\overline{N_2} = \frac{Z\cosh\alpha x + H\cos\beta x}{H+Z} - \frac{H\cot\beta l\sin\beta x}{H-Z}$$
$$+ \frac{Z\sinh\alpha x\left(2H\cos\beta l - H\cosh\alpha l + Z\cosh\alpha l\right)}{\left(H^2 - Z^2\right)\sinh\alpha l} \tag{8-117}$$

$$\overline{N_3} = \frac{HZ\sinh\alpha x}{\left(H-Z\right)\sinh\alpha l} - \frac{HZ\sin\beta x}{\left(H-Z\right)\sin\beta l} \tag{8-118}$$

$$\overline{N_4} = \frac{H\sin\beta x}{\left(H-Z\right)\sin\beta l} - \frac{Z\sinh\alpha x}{\left(H-Z\right)\sinh\alpha l} \tag{8-119}$$

满足铁摩辛柯梁单元弯曲自由振动微分方程的精确形函数，作为分析其动力稳定性的有限元法的形函数，这些形函数满足连续性、无关性、完备性和正交性的条件，因此可以保证数值解的收敛性和稳定性。利用该形函数构造铁摩辛柯梁单元动力稳定性问题的单元质量矩阵 $\boldsymbol{M}_e$、单元弹性刚度矩阵 $\boldsymbol{K}_e$、单元几何刚度矩阵 $\boldsymbol{S}_e$。对于铁摩辛柯梁单元，其动力稳定性问题的相应单元矩阵的计算公式可由能量法来获得，下面简要介绍其推导过程。

两端作用着周期性轴向激振力 $P = \alpha P_{cr} + \beta P_{cr}\cos\theta t$ 的等截面铁摩辛柯梁单元，在参数振动过程中的动能 T_e 和势能 U_e 分别为

$$T_e = \frac{1}{2}\int_0^l m\left(\frac{\partial v}{\partial t}\right)^2 \mathrm{d}x + \frac{1}{2}\int_0^l \rho I\left(\frac{\partial\theta}{\partial t}\right)^2 \mathrm{d}x \tag{8-120}$$

$$U_e = \frac{1}{2}\int_0^l EI\left(\frac{\partial\theta}{\partial x}\right)^2 \mathrm{d}x - \frac{1}{2}\int_0^l P\theta^2 \mathrm{d}x + \frac{1}{2}\int_0^l k'AG\left(\frac{\partial v}{\partial x} - \theta\right)^2 \mathrm{d}x \tag{8-121}$$

式(8-120)中，等号右边第一项为挠度产生的动能，第二项为截面转角产生的动能(与转动惯量有关)；式(8-121)中，等号右边第一项为弯曲应变能，第二项为轴向压缩应变能，第三项为剪切应变能。

将铁摩辛柯梁单元在参数振动中的挠度 $v(x,t)$ 和截面转角 $\theta(x,t)$ 用节点位移和满足弯曲自由振动微分方程的精确形函数表示如下：

$$v\left(x,t\right) = \boldsymbol{N}\boldsymbol{u}_e \tag{8-122}$$

$$\theta\left(x,t\right) = \overline{\boldsymbol{N}}\boldsymbol{u}_e \tag{8-123}$$

式中，$\boldsymbol{u}_e$ 为单元节点位移向量。

将式(8-122)和式(8-123)分别代入式(8-120)和式(8-121)，得

$$T_e = \frac{1}{2}\dot{\boldsymbol{u}}_e^{\mathrm{T}}\boldsymbol{M}_e\dot{\boldsymbol{u}}_e \tag{8-124}$$

$$U_e = \frac{1}{2}\boldsymbol{u}_e^{\mathrm{T}}\boldsymbol{K}_e\boldsymbol{u}_e - \frac{1}{2}P\boldsymbol{u}_e^{\mathrm{T}}\boldsymbol{S}_e\boldsymbol{u}_e \tag{8-125}$$

式中，$\boldsymbol{M}_e$ 为单元质量矩阵；$\boldsymbol{K}_e$ 为单元弹性刚度矩阵；$\boldsymbol{S}_e$ 为单元几何刚度矩阵，其表达式分别为(局部坐标系下)

$$M_e = \int_0^l m\mathbf{N}^{\mathrm{T}}\mathbf{N}\mathrm{d}x + \int_0^l \rho I \overline{\mathbf{N}}^{\mathrm{T}}\overline{\mathbf{N}}\mathrm{d}x \tag{8-126}$$

$$\mathbf{K}_e = \int_0^l EI\overline{\mathbf{N}}'^{\mathrm{T}}\overline{\mathbf{N}}'\mathrm{d}x + \int_0^l k'AG\overline{\mathbf{N}}^{\mathrm{T}}\overline{\mathbf{N}}\mathrm{d}x + \int_0^l k'AG\mathbf{N}'^{\mathrm{T}}\mathbf{N}'\mathrm{d}x$$
$$- \int_0^l k'AG\overline{\mathbf{N}}^{\mathrm{T}}\mathbf{N}'\mathrm{d}x - \int_0^l k'AG\mathbf{N}'^{\mathrm{T}}\overline{\mathbf{N}}\mathrm{d}x \tag{8-127}$$

$$\mathbf{S}_e = \int_0^l \overline{\mathbf{N}}^{\mathrm{T}}\overline{\mathbf{N}}\mathrm{d}x \tag{8-128}$$

3. 动力不稳定区域的确定算例

将由精确形函数构造的相应单元矩阵 M_e、K_e、S_e 经坐标系转换，再通过有限元集成，生成整体质量矩阵 M、整体弹性刚度矩阵 K 和整体几何刚度矩阵 S，并由 M 和 K 的线性组合形成瑞利阻尼 $C=\alpha_0 M+\alpha_1 K$，将其代入式(8-60)、式(8-61)和式(8-62)构造 A_1、A_2 和 A_3，由式(8-68)构造 $\overline{A}$ 和 $\overline{B}$，最终转化为广义特征值的求解问题[式(8-70)]。上述矩阵中的元素均是自振圆频率 ω 的超越函数，将各阶自振频率代入其中，应用矩阵迭代法求解广义特征值问题确定相应阶的临界频率 θ_{cr}，进而确定相应阶的主要动力不稳定区域，例如将基频 ω_1 代入就可确定第一阶(主要)动力不稳定区域(工程中最为关注的区域)。

本书提出的精确有限元法是一种精确数值方法，对于框架结构，一个杆件离散为一个单元即可，可大大缩减自由度，降低求解规模，是一种分析框架结构动力稳定性问题(保守问题和非保守问题)的精确、高效的方法。下面通过数值算例来验证精确有限元法分析结构动力稳定性的求解精度和求解效率。

1) 等截面直杆算例

用有限元法分析周期性力 $P=\beta P_{\mathrm{cr}}\cos\theta t$ 作用下两端铰接等截面直杆的动力稳定性，考虑阻尼，计算模型见图 8-11。

阻尼采用瑞利阻尼，假设瑞利阻尼的比例系数 $\alpha_0=1$，$\alpha_1=0.5$。为了验证精确有限元法分析考虑阻尼的结构动力稳定性的求解精度和求解效率，分别应用精确有限元法和传统有限元法(以低阶多项式作为形函数)对如图 8-11 所示的结构进行动力稳定性分析，传统有限元法的计算模型如图 8-12 所示。

精确有限元法将杆件离散为 1 个单元，2 个自由度(转动自由度)；传统有限元法将杆件离散为 4 个单元，8 个自由度(3 个横向平动自由度和 5 个转动自由度)，两种方法均应用欧拉-伯努利梁单元对杆件进行模拟。由精确有限元法和传统有限元法计算得到的结构第一阶动力不稳定区域如图 8-13 所示(阴影部分)。

图8-11　周期性力作用下两端铰接等
截面直杆计算模型

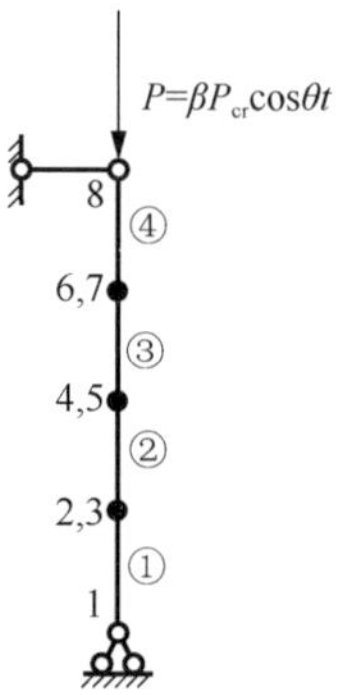

图8-12　传统有限元法计算模型

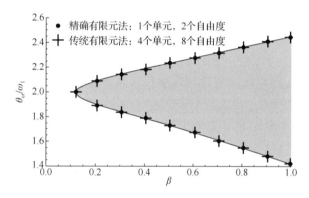

图8-13　第一阶动力不稳定区域(用欧拉-伯努利梁单元建模)

由图8-13可知，精确有限元法和传统有限元法得到的结果基本相同，但精确有限元法仅需要将杆件离散为1个单元(2个自由度)就可以得到满意的精度，而传统有限元法则需要将杆件至少离散为4个单元(8个自由度)才能达到相同的精度。精确有限元法的程序运行时间为12s左右，传统有限元法的程序运行时间为35s左右，说明精确有限元法是分析考虑阻尼的结构动力稳定性的一种精确、高效的方法。

由于阻尼的存在，在动力荷载因子β很小的情况下，结构不会发生参数共振，只有β大于某一最小值时，相应参数才会落入动力不稳定区域内而使结构发生参数共振。值得一提的是，对于结构的强迫振动，阻尼的存在总会使结构发生共振时的振幅维持在特定范围内而不会无限增长；但对于结构的参数振动，阻尼的存在并不能消除参数共振，当满足一定条件时，结构仍有可能发生参数共振使振幅迅速增大，从而导致结构发生动力失稳。说明结构的参数共振具有更大的危险性，因此研究参数共振的发生条件、分析方法及防止措施非常必要。

2) 主框架算例

用精确有限元法分析主框架节点承受周期性纵向激振力 $P=\alpha P_{cr}+\beta P_{cr}\cos\theta t$ 的动力稳定性,考虑阻尼,计算模型见图 8-14。假设瑞利阻尼的比例系数 $\alpha_0=1$, $\alpha_1=0.5$。为了验证精确有限元法的求解精度和求解效率,分别应用精确有限元法和传统有限元法(以低阶多项式作为形函数)对如图 8-10 所示的结构进行动力稳定性分析,两种方法的计算模型如图 8-14 所示。

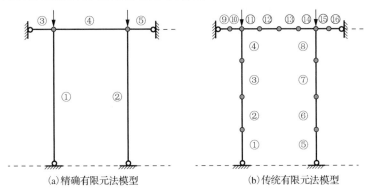

(a) 精确有限元法模型　　　　　(b) 传统有限元法模型

图 8-14　两种有限元法的主框架计算模型

精确有限元法将主框架离散为 5 个单元,6 个自由度(转动自由度);传统有限元法将主框架离散为 16 个单元,28 个自由度(11 个平动自由度和 17 个转动自由度),分别选择铁摩辛柯梁单元(取剪切系数 k'=0.5)和欧拉-伯努利梁单元对主梁和支臂进行模拟。取静力荷载因子 α=0,由精确有限元法和传统有限元法得到的主框架无阻尼时第一阶动力不稳定区域如图 8-15 所示(阴影部分)。

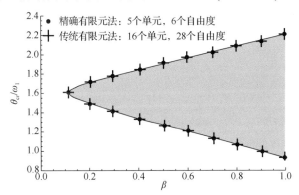

图 8-15　无阻尼时第一阶动力不稳定区域(用铁摩辛柯梁单元和欧拉-伯努利梁单元建模)

由图 8-15 可知,精确有限元法和传统有限元法得到的结果基本相同,但精确有限元法仅需要将框架离散为 5 个单元(6 个自由度)就可以得到满意的精度,而传统有限元法则需要将框架至少离散为 16 个单元(28 个自由度)才能达到相同的精度。精确有限元法的程序运行时间为 38s 左右，传统有限元法的程序运行时间为 150s 左右，说明精确有限元法是分析考虑阻尼的框架结构动力稳定性的一种精确、高效的方法。

接下来分析阻尼对主框架动力稳定性的影响(假设采用瑞利阻尼)，取静力荷载因子 $\alpha=0$，应用精确有限元法分析不同阻尼(由瑞利阻尼的比例系数 α_0 和 α_1 的不同取值来反映，假设 $\alpha_1=0$)时主框架的动力稳定性，得到主框架的第一阶动力不稳定区域如图 8-16 所示(阴影部分)。

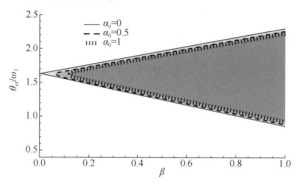

图 8-16　有阻尼时第一阶动力不稳定区域(由铁摩辛柯梁单元和欧拉-伯努利梁单元建模)

由图 8-16 可知，由于阻尼的存在，在动力荷载因子 β 很小的情况下，主框架不会发生参数共振；只有 β 大于某一最小值时，相应参数才会落入动力不稳定区域内而使主框架发生参数共振；随着阻尼的增大，主框架动力不稳定区域减小，阻尼的影响在动力荷载因子 β 较小时尤为明显。

为了考察静力荷载因子 α 和动力荷载因子 β 对考虑阻尼的主框架动力不稳定区域的影响，应用精确有限元法计算不同 α 时(α 分别为 0、0.2、0.5)主框架的第一阶动力不稳定区域，如图 8-17 所示(假设瑞利阻尼的比例系数 $\alpha_0=1$，$\alpha_1=0.5$)。

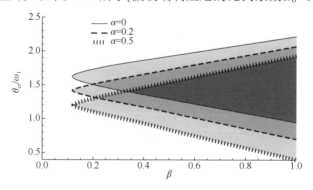

图 8-17　考虑 α 和 β 的第一阶动力不稳定区域
(由铁摩辛柯梁单元和欧拉-伯努利梁单元建模)

由图 8-17 可知，主框架动力不稳定区域随着动力荷载因子 β 的增大而增大；随着静力荷载因子 α 的增大，动力不稳定区域增大，并且动力不稳定区域向参数平面下方移动。

8.3.3 高水头水工弧形钢闸门空间框架的动力稳定性分析

1. 工程概况

某水利工程的水工弧形钢闸门的结构简图如图 8-18 所示，孔口尺寸为 5m×7m，底槛高程为 1656m，正常蓄水位为 1739m，该闸门的结构设计及操作要求均按正常蓄水位考虑，设计水头为 83m。主框架采用直支臂结构，弧面半径为 11m。支铰采用圆柱铰，支铰高程为 1664m。门槽采用带突扩、跌坎的门槽，主止水采用充压伸缩式止水，辅助止水为常规止水。闸门采用 2×3000kN(启门力)/2×1000kN(闭门力)的双作用液压启闭机，闸门为动水中启闭，有局部开启的要求。用动力刚度法对该水工弧形钢闸门的空间框架进行动力稳定性分析，并与模型试验相关数据的对比，判断是否会发生参数共振。

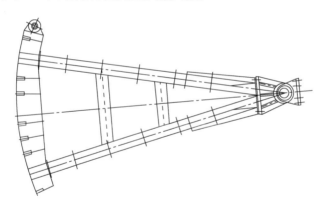

图 8-18 某水利工程的水工弧形钢闸门结构简图

2. 水工弧形钢闸门空间框架的简化模型

首先建立该水工弧形钢闸门空间框架的简化模型，为了考虑面板的影响，将面板质量均匀加在上、下主横梁上。经过计算，闸门承受的最大静水压力为49654kN，上、下主梁承受的静水压力之比为 0.9∶1。参照文献[12]对水工弧形钢闸门静力稳定性分析的研究，将该水工弧形钢闸门空间框架简化为如图 8-19 所示的空间组合结构，作用于框架各节点上的荷载分别记为 P_1、P_2，且沿支臂径向指向支铰，空间框架构件的截面特性参数见表 8-1。

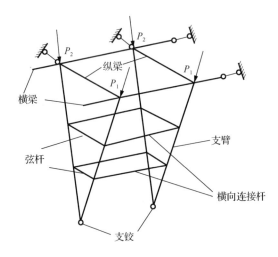

图 8-19　空间框架简化模型

表 8-1　空间框架构件的截面特性参数

构件名称	A/m^2	I_x/m^4	I_y/m^4
横梁	0.0932	2.535×10^{-2}	1.562×10^{-2}
纵梁	0.0927	2.471×10^{-2}	1.424×10^{-2}
支臂	0.0728	1.862×10^{-2}	8.378×10^{-3}
弦杆	0.0637	1.378×10^{-2}	7.694×10^{-3}
横向连接杆	0.0327	7.158×10^{-3}	2.613×10^{-3}

　　为了验证空间框架简化模型的合理性，应用有限元软件 ANSYS 对闸门原型进行自由振动分析(干模态分析)，并对二者的结果进行比较。应用 ANSYS 对原型闸门进行自由振动分析时，结构被离散为 7560 个单元，其中 7100 个壳单元，460个实体单元，未考虑启闭杆，有限元模型如图 8-20 所示。

图 8-20　闸门的有限元模型

将 ANSYS 计算得到的结构前五阶自振频率列于表 8-2,并以 ANSYS 的解为精确解来计算动力刚度法解的相对误差。

表 8-2 空间框架简化模型的前五阶自振频率

阶数	原型闸门的自振频率/Hz	相对误差
1	4.57	-1.53%
2	6.32	-0.47%
3	8.43	-1.43%
4	15.68	-4.7%
5	22.37	-4.78%

由表 8-2 可知,由 ANSYS 计算得到水工弧形钢闸门空间框架简化模型的前五阶自振频率,对如图 8-19 所示的空间框架简化模型进行动力稳定性分析来反映原型闸门的动力稳定性。易证简化后的空间框架模型自振频率与闸门原型自振频率相差较大,无法合理反映闸门原型的动力特性及动力稳定性。

3. 模型试验

为了对如图 8-19 所示的水工弧形钢闸门空间框架简化模型进行动力稳定性分析,并判断是否发生参数共振,需要获得激振荷载的信息(如水流脉动压力的幅值及主频率的分布范围)及闸门的振动响应情况,以上均由模型试验测定得到。

对该水工弧形钢闸门进行水流脉动压力和流激振动模型试验,要求模型满足水动力学相似及结构动力学相似,模型几何比尺 $\lambda_l=20$。水力系统按重力相似准则(弗劳德数相似准则)设计,以保证作用于闸门上的动水荷载相似,脉动压力幅值比尺 $\lambda_{P_t}=\lambda_l$,脉动压力频率比尺 $\lambda_\theta=\lambda_l^{-0.5}$;闸门动力学模型按完全水弹性相似准则设计,根据水弹性相似准则导出模型材料主要物理量的比尺,弹性模量比尺 $\lambda_E=\lambda_l$,容重比尺 $\lambda_\gamma=1$,位移比尺 $\lambda_u=\lambda_l$,动应力比尺 $\lambda_\sigma=\lambda_l$,加速度比尺 $\lambda_a=1$[33]。

原型闸门的材料为钢材,静弹性模量为 210GPa,实测动弹性模量约为232GPa,容重为 76.9kN/m³,按照相似准则,模型材料的静弹性模量应为10.5GPa,容重应为 76.9kN/m³,必须对这种性质的材料进行自行加工。材料在实验室内进行静弹性模量和容重的测试,基本达到要求后,再进行动弹性模量的测试,材料加工成规格板材后,再抽样进行性能测试。在闸门模型加工过程中,严格控制每一构件的几何尺寸与原型构件相似,确保模型与原型的刚度和质量分布均相似。原型闸墩为混凝土材料,按照相似准则,采用加重橡胶进行模拟。

对模型进行试验模态分析(采用单点激励、多点加速度响应测量法),验证水弹性模型的可靠性,数据处理和信号分析均由北京东方振动和噪声技术研究所生产的 INV306D 大容量数据采集和分析仪完成。在不考虑顶止水和侧止水的情况下,通过试验模态分析测得模型的第一阶、第二阶自振频率分别为 19.90Hz、

28.13Hz，按水弹性模型中的频率比尺换算到原型闸门，算得原型闸门的第一阶、第二阶自振频率分别为 4.45Hz、6.29Hz，和由 ANSYS 计算的原型闸门第一阶、第二阶自振频率(见表 8-2)非常接近。对应振型也相似，第一阶振型为门体侧向摆振，第二阶振型为支臂切向弯曲振动，如图 8-21 和图 8-22 所示。

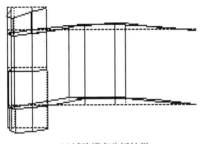

(a) 试验模态分析结果　　　　　　　　　(b) ANSYS分析结果(见彩图)

图 8-21　第一阶振型

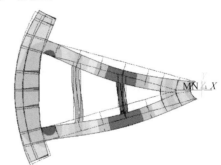

(a) 试验模态分析结果　　　　　　　　　(b) ANSYS分析结果(见彩图)

图 8-22　第二阶振型

通过对水工弧形钢闸门试验模态分析和数值模拟结果的比较，表明水弹性物理模型和数值模型所得到的闸门振动的主要模态是接近的，物理模型符合水弹性模型相似准则的要求，能够再现原型闸门的主要振动响应，为试验成果的可靠性奠定了基础。于是可以模拟各种运行工况(不同泄流条件)，对模型进行水流脉动压力和流激振动试验研究，测量各关键测点的相关物理量。

4. 脉动压力测量结果

脉动压力测量结果表明，闸门上的最大径向脉动压力出现在闸门底缘附近，向上逐渐减小，距底缘 0.5 倍门高处，其均方根降低约 50%，距底缘 0.75 倍门高处，其均方根降低 70%以上；脉动压力幅值有随闸门开度增大而增大，在非恒定流条件下，闸门底缘附近脉动压力的最大均方根为 156.73kPa，出现在 0.8～0.9 相对开度区间内。

为了对水工弧形钢闸门空间框架进行动力稳定性分析，并判断其是否发生参数共振，需要知道作用于水工弧形钢闸门面板上的脉动压力。作用于水工弧形钢闸门面板上的脉动压力的幅值随闸门相对开度的变化如图 8-23 所示。

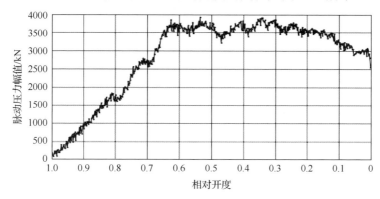

图 8-23　脉动压力幅值随闸门相对开度的变化

水弹性模型闸门在各种泄流条件下的试验表明，作用在闸门面板上的径向脉动压力主频率(即优势频率)都在 15Hz 以内的频带上，闸门底缘某测点脉动压力在不同相对开度下的功率谱密度如图 8-24 所示。按水弹性模型中的脉动压力频率比尺换算到原型闸门，算得作用于原型闸门上的脉动压力能量大的频率分量分布在 3.35Hz 以内的频带上。

根据水弹性相似准则得出振型阻尼比比尺 $\lambda_\xi=1$，由试验测得第一阶、第三阶振型的阻尼比均为 1%左右，假设阻尼为瑞利阻尼，则可得 $\alpha_0=0.37$，$\alpha_1=0.002$。基于精确有限元法的思想编制动力稳定性分析程序，对如图 8-19 所示的水工弧形钢闸门空间框架简化模型进行动力稳定性分析，一个杆件离散为一个单元，主梁由基于铁摩辛柯梁理论的单元模拟，支臂及构造性杆件由欧拉-伯努利梁单元模拟，得到水工弧形钢闸门空间框架简化模型的第一阶动力不稳定区域如图 8-25 所示(阴影部分)。

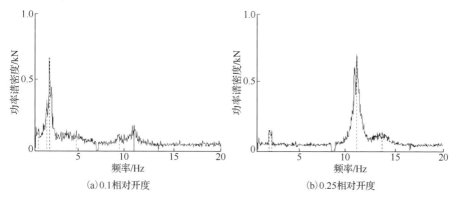

(a) 0.1相对开度　　　　　　　　　　　(b) 0.25相对开度

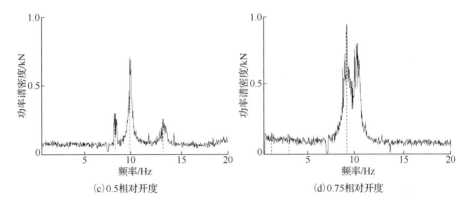

图 8-24　脉动压力功率谱密度

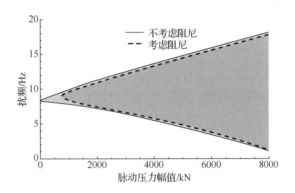

图 8-25　空间框架简化模型的第一阶动力不稳定区域

图 8-25 中，实线包围的区域为不考虑阻尼的动力不稳定区域，和由动力刚度法所确定的区域相同，虚线包围的区域为考虑阻尼的动力不稳定区域，由于阻尼的存在，动力不稳定区域减小。根据模型试验的结果，脉动压力的幅值及主频率的组合不会落入如图 8-25 所示的动力不稳定区域内，自然也就不会落入更高阶的动力不稳定区域内，空间框架结构不会发生参数共振。

8.4　水工弧形钢闸门树状支臂动力稳定性分析

树状结构形态与阶梯柱相似，树状结构树干的截面规格和高度与阶梯柱下柱的截面规格和高度类似，可认为树状结构树枝的平面外等效刚度为阶梯柱上柱的刚度。平面内树形结构与阶梯柱的差异在于树枝段对下部树干存在弯曲及侧向约束，树状支臂动力分析模型及屈曲模态如图 8-26 所示，其中图 8-26(a)为几何模型，图 8-26(b)为简化阶梯柱模型，图 8-26(c)为屈曲模态。

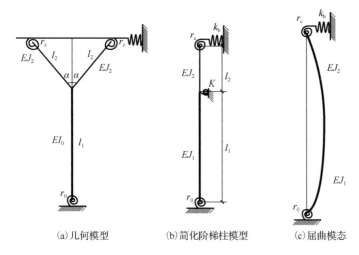

　　　　(a) 几何模型　　　　　(b) 简化阶梯柱模型　　　　(c) 屈曲模态

图 8-26　树状支臂动力分析模型及屈曲模态

8.4.1　水工弧形钢闸门支臂动能与势能

　　水工弧形钢闸门支臂承受动力荷载为

$$N = N_0 + N_t \cos \theta t \tag{8-129}$$

式中，N_0 为静水压力作用；N_t 为谐振力幅值；θ 为谐振圆频率，rad/s。

　　树状支臂变形满足两端弹性固定条件，可设其横向位移

$$V(x,t) = f(t) \sin \left(\frac{\pi x}{l} \right) \tag{8-130}$$

　　根据能量原理，则树状支臂的动能为

$$
\begin{aligned}
T(t) &= \frac{1}{2} \int_0^{l_1} m_1 \left(\frac{\partial V}{\partial t} \right)^2 \mathrm{d}x + \frac{1}{2} \int_{l_1}^{l} m_2 \left(\frac{\partial V}{\partial t} \right)^2 \mathrm{d}x \\
&= \left[\left(\frac{l_1}{4} - \frac{1}{8\pi} \sin \frac{2\pi l_1}{l} \right) m_1 + \left(\frac{l_2}{4} - \frac{1}{8\pi} \sin \frac{2\pi l_2}{l} \right) m_2 \right] f^2(t)
\end{aligned}
\tag{8-131}
$$

式中，m_1 为支臂树干线密度，kg/m；m_2 为树枝沿高度方向的等效线密度，kg/m。

　　根据水工弧形钢闸门树状支臂支铰与纵梁约束，则树干的应变能为

$$
\begin{aligned}
U(t) &= \frac{1}{2} \int_0^{l_1} EJ_1 \left(\frac{\partial^2 V}{\partial X^2} \right)^2 \mathrm{d}x + \frac{1}{2} \int_{l_1}^{l_1+l_2} EJ_2 \left(\frac{\partial^2 V}{\partial X^2} \right)^2 \mathrm{d}x \\
&= \frac{E\pi^4}{l^4} f^2(t) \left(\frac{J_1 l_1 + J_2 l_2}{4l} + \frac{J_2 - J_1}{8\pi} \sin \frac{2\pi l_1}{l} \right)
\end{aligned}
\tag{8-132}
$$

式中，J_1 为树干惯性矩，m^4；J_2 为树枝等效惯性矩，m^4；若 α_i 为枝干轴线夹角，则

$$J_2 = \sum J_{zi} \cos \alpha_i \tag{8-133}$$

式中，J_{zi} 为各个树枝的等效惯性矩。令 $l = l_1 + l_2$，$C_1 = \dfrac{m_2}{m_1}$，$C_2 = \dfrac{l_2}{l_1}$，$C_3 = \dfrac{J_2}{J_1}$，$R_1 = \dfrac{r_1 l}{EJ_1}$，$R_2 = \dfrac{r_2 l}{EJ_2}$，则支臂端部约束势能为

$$U_2(t) = \frac{1}{2} r_1 \left(\frac{\partial V}{\partial X}\bigg|_{X=0} \right)_1^2 + \frac{1}{2} r_2 \left(\frac{\partial V}{\partial X}\bigg|_{X=1} \right)_2^2 = \frac{EJ_1 \pi^2}{2l^3} f^2(t)\left(R_1 + R_2 C_3 \right) \tag{8-134}$$

若 K_1 为树枝约束树干的侧向弯曲弹簧系数，则根据枝干刚度比按有限侧移屈曲，树枝对树形柱的侧向弯曲约束势能

$$U_3(t) = \frac{1}{2} K_1 V^2 \left(I_1 \right) = \frac{3\pi^2 EJ_1}{l^3} K f^2(t) \cos^2 \frac{\pi l_1}{l} \tag{8-135}$$

式中，K 为树状支臂枝干弯曲刚度比，

$$K = \frac{\sum J_{zi} \sin \alpha_i / l_2}{J_1 / l_1} \tag{8-136}$$

支臂在动力荷载下的外力势能为

$$V(t) = -W = -\frac{1}{2}\int_0^1 \left(N_0 + N_t \cos \theta t \right)\left(\frac{\partial V}{\partial X} \right)^2 dx = -\frac{\pi^2}{4l}\left(N_0 + N_t \cos \theta t \right) f^2(t) \tag{8-137}$$

8.4.2　水工弧形钢闸门支臂动力不稳定区域的确定

1. 动力稳定方程

根据哈密顿(Hamilton)原理，可知

$$L = T(t) - U(t) - V(t); \quad \frac{\mathrm{d}}{\mathrm{d}t}\left(\frac{\partial L}{\partial f} \right) - \frac{\partial L}{\partial f} = 0 \tag{8-138}$$

式中，L 为拉格朗日量。将式(8-131)～式(8-137)代入式(8-138)，整理得

$$f(t) + \Omega^2 (1 - 2\mu \cos \theta t) f(t) = 0 \tag{8-139}$$

该方程为动力学马蒂厄方程，求解得到支臂振动前四阶谐振频率为

$$\theta_{1,2} = 2\Omega \sqrt{1 \pm \mu}; \quad \theta_3 = \Omega \sqrt{1 - 2\mu^2}; \quad \theta_4 = \Omega \sqrt{1 + \frac{\mu^2}{3}} \tag{8-140}$$

支臂纵向荷载作用下横向振动自振频率 $\Omega = \omega \sqrt{1 - \dfrac{N_0}{\rho}}$；振动激发系数

$\mu = \dfrac{N_t}{2(\rho - N_0)}$。

静力临界荷载：

$$P_{\mathrm{cr}} = \frac{\pi^2 EJ_1}{l^2} \frac{(1 + C_2 C_3)}{(1 + C_2)} + \frac{EJ_1}{2l^2}(C_3 - 1)\sin\frac{2\pi}{1 + C_2}$$
$$+ \frac{2EJ_1}{l^2}(R_1 + R_2 C_3) + \frac{12EJ_1}{l^2}K\left(1 + \cos\frac{2\pi}{1 + C_2}\right) \tag{8-141}$$

无荷载的自振圆频率表达式如式(8-140)所示：

$$\omega^2 = \frac{2\pi^3(1 + C_1 C_2)}{m\left[2\pi(1 + C_1 C_2) + (1 + C_2)(C_1 - 1)\sin\dfrac{2\pi}{1 + C_2}\right]} P_{\mathrm{cr}} \tag{8-142}$$

当马蒂厄方程系数间存在某些关系时将具有无限增长的解，这在振动系统上表现为共振，称为参数共振。这些解在参数平面上许多区域与稳定区，这些区域相当于动力不稳定区域。对于马蒂厄方程，无限增长解的区域与稳定区域被具有周期 $T = 2\pi\theta$ 和 $2T$ 的解分离开，或者说周期相同的两个解包围着不稳定区域，周期不同的解包围着稳定区域。水工弧形钢闸门动力振动失稳常常是由于支臂振动引发了动力屈曲失稳。当支臂承受纵向激振力作用，激振频率 θ 处于动力不稳定区域时，支臂发生共振，可能产生动力屈曲失稳。

2. 两个不稳定区域

根据公式(8-142)，分析支臂动力屈曲的两个不稳定区域。

第一不稳定区域(周期为 $2T$)：

$$\sqrt{1 - \frac{N_t/\rho}{2(1 - N_0/\rho)}} \leqslant \frac{\theta}{2\Omega} \leqslant \sqrt{1 + \frac{N_t/\rho}{2(1 - N_0/\rho)}} \tag{8-143}$$

第二不稳定区域(周期为 T)：

$$\sqrt{1 - \frac{(N_t/\rho)^2}{2(1 - N_0/\rho)^2}} \leqslant \frac{\theta}{\Omega} \leqslant \sqrt{1 + \frac{(N_t/\rho)^2}{12(1 - N_0/\rho)^2}} \tag{8-144}$$

3. 动力荷载参数的影响

当振动激发系数 μ 很小时，即脉动压力幅值很小时也可能诱发参数共振。若 $n_0 = N_0/\rho$，$n_t = N_t/\rho$；$\mu = n_t/2$，对周期为 $2T$ 的第一不稳定区域，令 $f = \theta/(2\Omega)$，$f_1 = \sqrt{1 - \mu}$，$f_2 = \sqrt{1 + \mu}$，则动力荷载参数 n_0、n_t 对支臂第一不稳定区域的影响如图 8-27 所示。随着静水压力与谐振力幅值的增大，不稳定区域增大。静水压力对不稳定区域第一边界的影响最大超过 71.4%，而谐振力幅值的最大影响超过 144.9%。

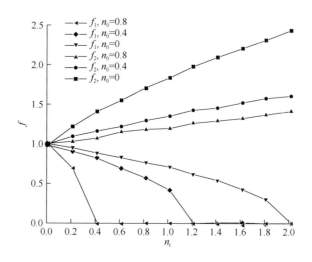

图 8-27　动力荷载参数对支臂第一不稳定区域的影响

对周期为 T 的第二不稳定区域，令 $f=\theta/\Omega$，$f_3=\sqrt{1-2\mu^2}$，$f_4=\sqrt{1+\mu^2/3}$，则动力荷载参数 n_0、n_t 对支臂第二不稳定区域的影响如图 8-28 所示，不稳定区域会随着静水压力与谐振力幅值的增大而增大。静水压力对不稳定区域第二边界的影响最大超过 186.9%，而谐振力幅值的最大影响超过 231.6%。

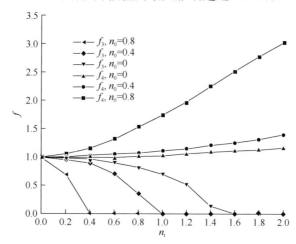

图 8-28　动力荷载参数对支臂第二不稳定区域的影响

当振动激发系数 μ 十分接近 0 或等于 0，即 $n_t=N_t/\rho=0$ 时，$f=\theta/\Omega=1$ 或 $f=\theta/(2\Omega)=1$，在很小扰动下支臂可能发生理想共振。文献[34]的算例介绍了这种工况。当振动激发系数 μ 为无穷大或 $N_0=\rho$ 时，支臂横向振动自振频率 Ω 为 0，支臂仅发生静力屈曲。

8.4.3　水工弧形钢闸门树状支臂设计参数的影响

树状支臂设计参数，包括枝干质量比 C_1、长度比 C_2、截面刚度比 C_3 及枝干夹角 α，这些参数直接影响树状支臂静力临界荷载 P_{cr} 与自振圆频率 ω，使支臂振动参数如振动激发系数 μ 与激振频率比 f 变化。

1. 对屈曲荷载系数的影响

假定 $R_1=R_2=0$，式(8-141)可变形为式(8-145)，截面刚度比 C_3 与屈曲荷载系数 ρ' 为线性关系，设计参数对 ρ' 与 P_{cr} 的影响规律一致。当 $C_3=1$ 时，ρ' 的变化规律如图 8-29 所示，枝干长度比 $C_2=1$ 为最小荷载点，$C_2=3.5$ 为荷载极大值点；当 $C_2<1$ 时，随着 C_2 增大，ρ' 减小且幅度较大；当 $1<C_2<3.5$ 时，随着 C_2 增大，ρ' 增大且幅度较大；当 $C_2>3.5$ 时，随着 C_2 增大，ρ' 减小且降速很小；随着 α 的增大而临界荷载增大。

$$P_{\mathrm{cr}}=\frac{\pi l^2}{\pi^2 EJ_1}=\frac{1+C_2C_3}{1+C_2}+\frac{C_3-1}{2\pi}\sin\frac{2\pi}{1+C_2}+\frac{12C_3\tan\alpha}{\pi^2 C_2}\left(1+\cos\frac{2\pi}{1+C_2}\right) \qquad (8\text{-}145)$$

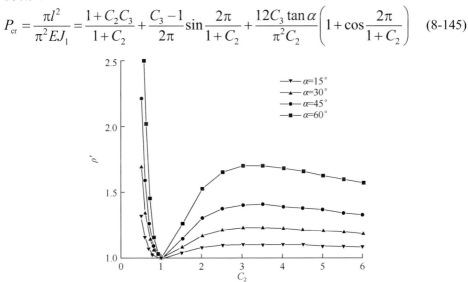

图 8-29　设计参数对 ρ' 的影响

2. 对自振频率的影响

假定 $R_1=R_2=0$，根据圆频率基本公式 $\omega^2=k/m$，式(8-141)可变形为式(8-146)，则设计参数变化对刚度系数 k'、刚度 k 及 ω^2 的影响规律一致。假定 $\alpha=30°$，设计参数对刚度系数与屈曲荷载系数之比 k'/ρ' 的影响如图 8-30 所示。以 $C_1=1.0$ 为分水岭，当 $C_1>1.0$ 时，k'/ρ' 随 C_2 增大而先减后增，而 $C_1<1.0$ 时 k'/ρ' 随 C_2 增大而先增后减，以 $C_2=1$ 为交聚点，$C_2=3$ 为极值点。设计参数对刚度系数 k' 的影响如

图 8-31 所示，k' 随 C_3 增大而线性增大；当 $C_2>1$ 时 k' 随 C_1 增大而减小，而 $C_2<1$ 时 k' 随 C_1 增大而增大；k' 随着 C_2 增大而减小，但当 $C_1>0.8$ 时 k' 变化趋缓。设计参数对 k' 及 ω^2 的影响大小排序为 $C_2>C_3>C_1$。

$$k' = \frac{kl^2}{2\pi^5 EJ_1} = \frac{(1+C_1C_2)\rho'}{2\pi(1+C_1C_2)+(C_1-1)(1+C_2)\sin\dfrac{2\pi}{1+C_2}} \tag{8-146}$$

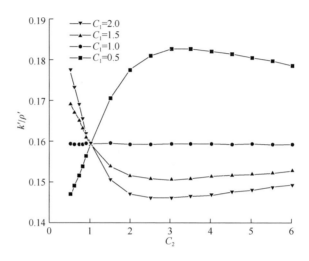

图 8-30　设计参数对 k'/ρ' 的影响

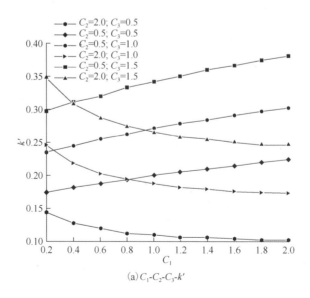

(a) C_1-C_2-C_3-k'

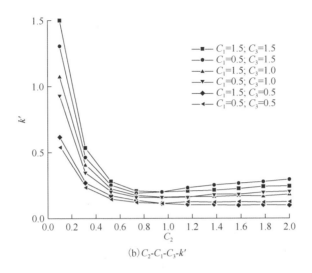

(b)C_2-C_1-C_3-k'

图 8-31　设计参数对 k' 的影响

8.4.4　工程算例分析

某水工弧形钢闸门孔口尺寸为 13m×17m，设计水头为 16.8m。弧面半径为 25.6m，支铰高度为 9m。树状支臂枝干均为箱型结构，树干长度 L_0=1/2R=12.8m；两树枝对称于树干分布，水工弧形钢闸门分析模型见图 8-32，枝干轴线夹角 α_1=α_2=19.8°；枝枝长度 L_1=L_2=13.19m；树干截面 1600mm×1400mm×38mm×26mm，树枝截面 1600mm×660mm×24mm×20mm。水工弧形钢闸门树状支臂动力分析计算参数见表 8-3。

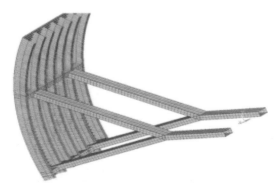

图 8-32　某水工弧形钢闸门分析模型

表 8-3　某水工弧形钢闸门树状支臂动力分析计算参数

参数	C_1	C_2	C_3	P/kN	N_0/kN	G/t	ω/(rad/s)	Ω/Hz	f/Hz
树状支臂	1.1	0.97	0.869	209332.59	18377.65	113.34	135	128.94	20.5
二支臂	—	—	—	103153.03	9188.83	56.67	66.98	63.93	10.18

本章公式计算树状支臂动力不稳定区域如图 8-33～图 8-35 所示。由图 8-33 可知，随着 n_t 增大，树状支臂的两个动力不稳定区域增大；第一动力不稳定区域比第二动力不稳定区域大，当 n_t=1.19 时，第一动力不稳定区域与第二动力不稳定区域重叠，即 n_t>1.19 时树状支臂发生动力失稳；当 n_t=0 与 θ/Ω 为 1 或 2 时，支臂发生典型的参数共振。分析图 8-34 和图 8-35 可知，树状支臂较二支臂节省材料且稳定承载能力、自振频率和荷载自振频率明显提高；树状支臂动力稳定临界荷载参数谐振频率 θ 及谐振力幅值 N_t 显著提高。大量统计资料表明，水流的频率一般在 20Hz 以下，其中大部分又小于 10Hz；树状支臂的动力不稳定区域基本可避开水流激励频率范围，而传统二支臂的动力不稳定区域大部分落在水流激励频率范围内。

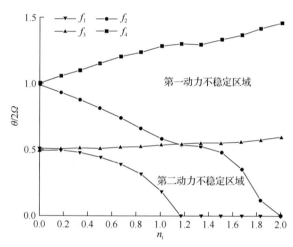

图 8-33　树状支臂动力不稳定区域(参数为谐振频率)

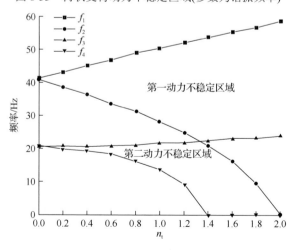

图 8-34　树状支臂动力不稳定区域

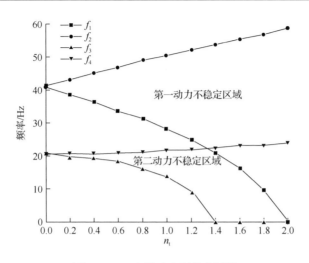

图 8-35　二支臂动力不稳定区域

　　上述求解动力不稳定区域的方法，由于马蒂厄方程的固定求解模式，方程只能为齐次形式。若考虑附加弯矩等常数，需通过等效荷载来实现，由此凸显了上述求解模式的局限性。同时，研究闸门参数的目的在于结构稳定控制及消能减振，而不稳定区域理论解中并不包含响应幅值因素，若共振幅值较小且无扩大趋势，将不构成结构整体失稳破坏。因此，在讨论水工弧形钢闸门动力稳定时，应进一步对其进行力学建模和时程分析。目前，在减振方面鲜有针对弧形钢闸门支臂参数振动的研究。

8.5　水工弧形钢闸门减振控制系统

　　水工弧形钢闸门与传统土建框架体系受力情况不同，支臂与主梁连接处需要承担弯矩、剪力和轴力作用，若采用隔振技术，整体结构刚度将会下降。因此，需要采用消能减振方法，在不改变主体刚度的情况下实现振动控制。由水工弧形钢闸门特有的参数振动分析结果可知，其共振机制主要受非线性关系而非阻尼的影响，阻尼耗能通过附加子结构[如调谐质量阻尼器(tuned mass damper，TMD)]的方式将获得更为显著的减振效果。区别于传统水工弧形钢闸门抗振技术中加强结构、加大构件尺寸、提高结构刚度的"硬抗"方法，调谐质量阻尼器通过能量转移的方式调整结构动力特性，从而实现结构振动控制。在安全性方面，传统结构按照预定抗振标准设计，当激励较大时，部分结构进入塑性状态导致主体破坏，而调谐质量阻尼器在各振级中均率先消耗能量，迅速衰减振动反应。在后期修复方面，传统结构需要对塑性部位重新补强，而减振装置只需进行检查和置换。在减振效果方面，地震荷载属于典型脉冲荷载，而流激振动相对持续时间较长，阻尼器控制的滞后性对其影响较小。

在调谐质量阻尼器的发展过程中，多重调谐质量阻尼器(multiple tuned mass damper，MTMD)的出现弥补了传统单调谐系统不稳定、频带过窄、可实现性较差的缺点。MTMD 是由多个具有不同频率、质量或阻尼的 TMD 按一定带宽分布构成的动力吸振器群，可增强控制系统的鲁棒性。

8.5.1　水工弧形钢闸门振动控制方程

建立附加 MTMD 系统的水工弧形钢闸门主控结构动力方程时，需明确该结构中振型分解法的使用前提：①在设计工况下，闸门结构的静、动力响应在线弹性范围内；②附加阻尼装置对主体结构的振型影响不大，仍可采用原有结构振型向量对运动方程进行振型分解。由此可将高自由度的结构控制方程简化为几个单自由度的振型控制方程。MTMD 作用下的结构模型原理图如图 8-36 所示。MTMD系统为多自由度体系，而主结构仅体现水工弧形钢闸门主控模态振型叠加后对应的单自由度体系。

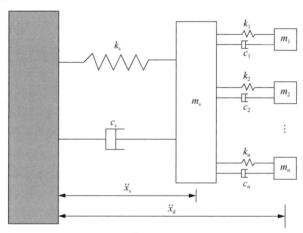

图 8-36　MTMD 作用下的结构模型原理图

附加 MTMD 系统的水工弧形钢闸门动力方程可表示为

$$\boldsymbol{M}\{\ddot{x}\} + \boldsymbol{C}\{\dot{x}\} + \boldsymbol{K}\{x\} = \{H\}p(t) \tag{8-147}$$

$$\begin{cases} \boldsymbol{M} = \mathrm{diag}\left[\boldsymbol{M}_{\mathrm{s}}, \boldsymbol{M}_{\mathrm{d}}\right] \\ \boldsymbol{C} = \begin{bmatrix} \boldsymbol{C}_{\mathrm{s}} & -\boldsymbol{E}\boldsymbol{C}_{\mathrm{d}} \\ 0 & \boldsymbol{C}_{\mathrm{d}} \end{bmatrix} \\ \boldsymbol{K} = \begin{bmatrix} \boldsymbol{K}_{\mathrm{s}} & -\boldsymbol{E}\boldsymbol{K}_{\mathrm{d}} \\ 0 & \boldsymbol{K}_{\mathrm{d}} \end{bmatrix} \\ \{x\} = \begin{bmatrix} \{x_{\mathrm{s}}\} \\ \{x_{\mathrm{d}}\} \end{bmatrix} \end{cases} \tag{8-148}$$

式中，M_s、C_s、K_s 分别为水工弧形钢闸门质量矩阵、阻尼矩阵、刚度矩阵；$\{x_s\}$ 为水工弧形钢闸门相对于地面的位移向量；M_d、C_d、K_d 分别为各 TMD 组成的质量矩阵、阻尼矩阵、刚度矩阵；$\{x_d\}$ 为各 TMD 的位置矩阵；$\{H\}$ 为流激振动作用位置向量；$p(t)$ 为流激振动力。

将方程(8-147)转化为状态空间内的方程：

$$\{\dot{z}\} = A\{z\} + Bp(t) \tag{8-149}$$

式中，$\{z\} = \{x, x\}^{\mathrm{T}}$ 为状态向量；$A = \begin{bmatrix} 0 & I \\ -M^{-1}C & -M^{-1}K \end{bmatrix}$；$B = \begin{bmatrix} 0 \\ M^{-1}\{H\} \end{bmatrix}$。

将式(8-149)表达为传递函数，得

$$H(s) = (sI - A)^{-1} B \tag{8-150}$$

式中，s 为复数辅助变量，令 $s = i\omega$，由此得到系统复频率响应为

$$H(i\omega) = (i\omega I - A)^{-1} B \tag{8-151}$$

由于 $H(i\omega)$ 是复数，可以用频率和相位表示，从而得到了系统的幅频和相频特性。

MTMD 设计参数主要包括质量、阻尼、刚度和 TMD 数目等。为便于分析，计算模型参数规定如下。

参数有结构控制模态质量 m_s，结构控制模态刚度 k_s，结构控制模态阻尼比 c_s，结构控制频率 ω_s，结构控制阻尼比 $\xi_s = c_s/(2m_s\omega_s)$。MTMD 控制系统由 n 个 TMD 组成，TMD 自振频率以结构被控模态频率为中心在一定范围内分布。TMD 编号为 TMD_1，TMD_2，$\cdots$，TMD_n，其刚度为 k_i，质量为 m_i，阻尼为 c_i，自振频率为 ω_i，阻尼比为 ξ_i。定义中心频率 $\omega_0 = (\omega_0 + \omega_n)/2$；平均频率 $\omega_T = \Sigma\omega_i/n$；频带带宽 $\Delta R = \omega_n - \omega_1$；无量纲带宽 $\beta = \Delta R/\omega_0$；自振频率比 $r_i = \omega_i/\omega_s$；激励频率比 $\lambda = \omega/\omega_s$；频率偏差率 $\delta = (\omega_0 - \omega_s)/\omega_0$；频率步长 $\beta = (\omega_{i+1} - \omega_i)/\omega_s(i = 1, 2, \cdots, n-1)$；单个 TMD 质量比 $\mu_i = m_i/m_s$；MTMD 质量比 $\mu = \Sigma m_i/m_s$。

8.5.2　水工弧形钢闸门-MTMD 振动控制优化设计方法

本小节提出水工弧形钢闸门-MTMD 优化设计方法。通过 ANSYS 仿真建模，建立弧形模型，并对其进行模态分析，进而通过提取振型参与系数判断闸门某一方向振动响应主要控制频率及振型，从中选取占比较大频率加以控制，由此可确定 MTMD 组数及布设方案(阻尼器放置于振型幅值绝对值最大处减振效果最好)。在此基础上，以无量纲化整体结构动力放大系数及纵向参数振动支臂响应最小化为目标函数，筛选定质量比情况下理论最优 MTMD 参数。而在实际工程中，还需根据具体设计水头、运行流态、闸门开度等随机性流激荷载实测值进行优化设

计的反馈调节。上述过程可通过 MATLAB-ANSYS 联合仿真实现，具体优化设计流程如图 8-37 所示。

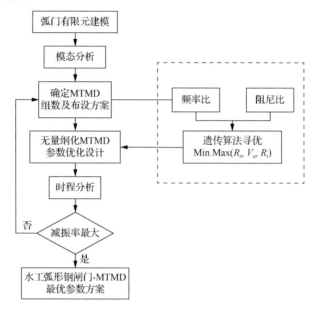

图 8-37　水工弧形钢闸门-MTMD 优化设计流程

1. 水工弧形钢闸门模态分析及 MTMD 布置方案

以某高水头水工弧形钢闸门为分析模型，主框架有限元计算模型如图 8-38(a) 所示，构件截面尺寸如图 8-38(b)所示。主梁采用工字形截面，弯曲平面内的惯性矩 $I_{x1}=1.235\times10^{-2}\mathrm{m}^4$，线密度 $m=430\mathrm{kg/m}$；支臂采用箱型截面，弯曲平面内的惯性矩 $I_{x2}=2.319\times10^{-3}\mathrm{m}^4$，线密度 $m=386\mathrm{kg/m}$；弹性模量 $E=210\mathrm{GPa}$。

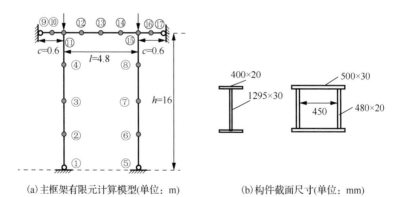

(a)主框架有限元计算模型(单位：m)　　　　(b)构件截面尺寸(单位：mm)

图 8-38　主框架计算模型

表 8-4 中给出了部分模态分析结果，其中振型参与系数表达式为

$$\gamma_i = \frac{\{\phi\}_i^{\mathrm{T}}[M_{\mathrm{s}}]\{I\}}{\{\phi\}_i^{\mathrm{T}}[M_{\mathrm{s}}]\{\phi\}_{\mathrm{s}}} \tag{8-152}$$

式中，$\{\phi\}_i$ 为第 i 阶振型；M_{s} 为第 i 阶振型主结构广义质量；$\{I\}$ 为单位矢量。

表 8-4　部分模态分析结果

阶数	频率/Hz	振型	振型参与系数
1	10.31		95.77
2	10.63		1.19×10^{-9}
3	33.29		37.35
4	34.36		4.25×10^{-10}

阶数	频率/Hz	振型	振型参与系数
6	71.38	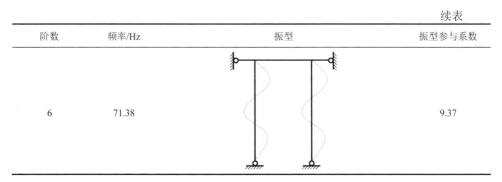	9.37

经模态分析发现，个别频率间相差微乎其微，振型呈对称和反对称。在实测中，很难分辨出较小振型参与系数所对应的频率，振型叠加过程亦是如此，其中振型元素最大值处于四分点及二分点处。从振型叠加角度上，第一阶频率振型参与系数远大于其他频率，为主控频率。但对于某些随机荷载，主导振型可能不止一个，甚至为高阶振型。从而在考虑可控振型全局性，真实结构复杂、刚度不均问题，及过多模态控制导致振型污染降低主控振型减振效果的基础上，此处应选取二至三个主控频率。本章分析案例中，第一阶频率仅反映出振型元素二分点处有最大值，与上述分析不符，故此处另增第三阶振型为控频频率，采用全局控制，分别在振型幅值最大处等质量布设 MTMD 系统，具体布置方式见表 8-5。

表 8-5　MTMD 系统具体布置方式

Ⅱ 型主框架 MTMD 布设图例	MTMD 总质量比	MTMD 质量占比		MTMD 自重影响 结构偏移量/mm		减振率	
		二分点	四分点	二分点	四分点	二分点	四分点
	5%	1.66%	1.67%	0.10	0.08	49.32%	47.11%

注：布设图例中实心圆表示 MTMD 布设位置。

MTMD 主要是利用质量块与结构相对运动时产生的惯性力对结构的作用来实现减振。通过参数分析可知，质量的增加的确会增大减振效果，但在设计过程中，装置布设要符合闸门整体可利用空间，同时质量不能给整体结构带来过大荷载。通过计算 MTMD 自重对结构静力位置偏移可知，在总质量比小于 5% 时，不同布置形式对支臂的初始扰动很小且相差不大，同时利用 ANSYS 支臂屈曲模态也可判断，此处位移远未构成初始缺陷，对支臂承载影响很小。

2. 无量纲化 MTMD 参数优化

由 MTMD 元件组成可知，弹簧与质量块共同起到调节 TMD 自振频率的作用，使 MTMD 系统形成以被控结构频率为中心、两侧对称分布的更为稳定的减振装置，其中刚度取值为 $k_i = m_i \omega_i^2$。同时需要明确，如果不包含子结构阻尼，MTMD 系统只有依靠增加 TMD 数量来控制频带内共振响应，而增加阻尼系统不仅能限制 TMD 子结构的冲程，减免弹簧疲劳损伤，还能增大结构整体阻尼比消耗能量，抑制单 TMD 控制时相邻分支共振幅值。但阻尼并非越大越好，当阻尼过大时，弹簧变形会被过多消耗，使子结构振动强度减小，反而弱化了 TMD 的减振能力。这里，阻尼表示为阻尼比的函数：$c_i = 2 m_i \omega_i \xi_i$。通过上述分析可知，刚度和阻尼均可表示为 MTMD 系统中单个 TMD 质量、自振频率和阻尼比的函数，通过优化筛选即可明确阻尼器元件的取值。

1) 目标函数

(1) 自激振动控制。

简谐荷载激励获得的无量纲动力放大系数，与水工弧形钢闸门中表述自激振动一致，即对主控频率的周期性激励，由此可以将简谐荷载激励作为自激振动的控制目标：

$$\mathrm{Min.Max} f\left(\mu_i, \omega_i, \xi_i\right) = \mathrm{Min.Max}\left\{\left(R_s\right)/D_{s0}\right\} \tag{8-153}$$

式中，D_{s0} 为水工弧形钢闸门结构最大动力系数的参考值。

(2) 纵向参数振动控制。

为能较为详尽地描述参数振动下水工弧形钢闸门受力特点，建立支臂-MTMD 非线性参数振动方程

$$\begin{cases} \ddot{V} + 2\xi_a \omega_a + \left(\omega_a^2 + a u_d\right)V + bV^2 + cV^3 + d_d u_d + e + c_d\left(\dot{V} - \dot{V}_{di}\right) + k_d\left(V_i - V\right) = 0 \\ m_i \ddot{V}_i + c_i\left(\dot{V}_i - \dot{V}\right) + k_i\left(V_i - V\right) = 0 \end{cases}$$

$$\tag{8-154}$$

式中，V 为振动位移；$c_d = \dfrac{4c_i}{\pi m} \sin\left(\dfrac{\pi x_{di}}{L}\right)$，$x_{di}$ 为 MTMD 布设位置；

$d_d = \left[\dfrac{2AM_0}{\pi I}\left(\dfrac{M_0^2 L^2}{8EI^2} - 1\right) - m\dfrac{L}{\pi} v_d^2\right] \Big/ \left(-\dfrac{mL}{2}\right)$。

由式(8-154)可得到增加 MTMD 后的支臂位移响应，进而确定支臂纵向参数振动控制目标为

$$\mathrm{Min.Max} f\left(\mu_i, \omega_i, \xi_i\right) = \mathrm{Min.Max}\left\{\left(V\right)/D_{a0}\right\} \tag{8-155}$$

式中，D_{a0} 为支臂振幅的参考值。

综上可获得统一无量纲 MTMD 参数优化目标

$$\mathrm{Min.Max} f\left(\mu_i,\omega_i,\xi_i\right)=\mathrm{Min.Max}\left\{(R_s)/D_{s0}+\alpha(V)/D_{a0}\right\} \quad (8\text{-}156)$$

式中，α 和 β 按实际案例中支臂位移响应及 TMD 相对位移响应要求取值，当 $\alpha=\beta=0$ 时，式(8-155)即退化为传统对 MTMD 不加控制的目标函数。

2) 约束条件

参考以往文献及本章 MTMD 设计参数分析结果，参数取值约束如表 8-6 所示。

表 8-6　MTMD 参数取值约束

MTMD 参数	取值约束
质量比	<5%
无量纲带宽	$0.1\leqslant\beta\leqslant0.5$
TMD 个数	7
TMD 阻尼比	$0.00\leqslant\xi_i\leqslant0.10$
TMD 频率	MTMD 的频率以控制振型的频率为中心，半带宽为半径，两侧间隔相同非等距排列，表达式如下： $$\omega_i=\omega_0+(-1)^i\frac{\Delta R}{2}\mathrm{rand}(1)\left[1-\delta(i-1)-\delta(i-n)\right]$$ 式中，$\omega_0=\omega$；$\omega_1=\omega_0-\frac{\Delta R}{2}$；$\omega_n=\omega_1+\Delta R$；$\omega_1<\omega_2<\cdots<\omega_{(n-1)/2}<\omega_0<\omega_{(n+1)/2}<\cdots<\omega_{n-1}<\omega_n$ 且 $\omega_n-\omega_{n-1}=\omega_2-\omega_1$，$\omega_{n-1}-\omega_{n-2}=\omega_3-\omega_2$，$\cdots$

在 MTMD 参数寻优过程中，表 8-6 中 TMD 频率以自振频率比 γ_i 的形式存在，由此在时程分析前第一次优选时，MTMD 参数设计均基于无量纲分析，未出现结构相关项，具有极大的普适性。

8.5.3　水工弧形钢闸门振动控制减振效果

以理想功率谱获取的时域随机脉动荷载作为激励，施加于水工弧形钢闸门主框架结构，由此得到时程分析下支臂振动位移 V_a 见图 8-39。基频和二阶参数振动控制时程分析见图 8-40。

通过随机模拟时程分析，验证了本书方法在保证 MTMD 系统冲程较小的情况下能够有效实现振动控制。从图 8-40(b)可以看出，对参数振动中主共振控制时，前 100s 减振力度较小，后无扩大趋势，而控制系统在二阶亚谐波共振中表现优异，大幅抑制了振幅扩展。

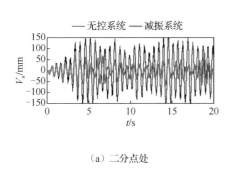

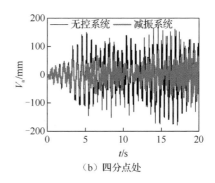

（a）二分点处　　　　　　　　　　　　　　（b）四分点处

图 8-39　时程分析下支臂振动位移

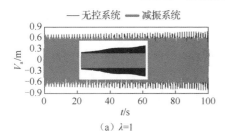

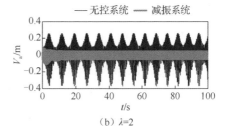

（a）λ=1　　　　　　　　　　　　　　　（b）λ=2

图 8-40　参数振动时程分析

8.6　本 章 小 结

　　本章针对水工弧形钢闸门动力稳定性研究进行了分析，主要从水工弧形钢闸门动力稳定性研究进展、结构动力稳定性分析方法、水工弧形钢闸门主框架动力稳定性分析、新型树状支臂水工弧形钢闸门动力稳定性及闸门减振控制系统五方面内容开展论述。

　　以周期性纵向荷载激励下两端铰支等截面直梁的动力稳定性为例，介绍了动力稳定性理论，详细介绍了结构动力稳定性分析方法，包括博洛坦法和有限元法，重点论述了这两种方法的优缺点并总结了二者的区别与联系。博洛坦法对几何形状规则且边界约束较为简单的构件的动力稳定性分析具有很大优势，可以获得结构动力不稳定区域边界的解析表达式，而对几何形状及边界约束均较为复杂的构件及框架结构的动力稳定性分析则存在诸多困难，理论解将非常复杂甚至不可能求解，将产生一个庞大的广义特征值问题，需要用数值方法来求解。有限元法为结构的动力稳定性问题提供了一个统一的数学模型，可以分析几何形状及边界约束均较为复杂的构件及框架结构的动力稳定性；有限元法的形函数采用了低阶多项式，多项式形函数对于动力稳定性问题只是近似的，需要靠加密单元来提高精度，求解规模庞大，效率较低。本章提出了框架结构动力稳定性分析的精确有限元法，利用满足杆件自由振动微分方程的精确形函数作为分析框架结构动力稳定性的有限元法形函数。

　　本章介绍了精确有限元法的求解思想，以及欧拉-伯努利梁单元和铁摩辛柯梁单元满足自由振动微分方程的精确形函数构造形式；应用精确形函数构造动力稳定性问题的单元质量矩阵 M_e、单元弹性刚度矩阵 K_e 和单元几何刚度矩阵 S_e；相应单元矩阵经过坐标转换和有限元集成，生成整体质量矩阵 M、整体弹性刚度矩阵 K 和整体几何刚度矩阵 S，并由 M 和 K 的线性组合形成瑞利阻尼 $C=\alpha_0 M+\alpha_1 K$(α_0 和 α_1 由试验及简单计算确定)，从而形成动力稳定性问题的有限元方程；基于谐波平衡法获得临界频率方程式，并最终化为一个广义特征值的求解问题，进而确定动力不稳定区域。精确有限元法是一种精确数值方法，对于框架结构，一个杆件离散为一个单元即可得到精度的数值解，并且求解效率高，是分析框架结构动力稳定性问题(保守问题和非保守问题)的一种精确、高效的工程实用方法，可以克服以低阶多项式作为形函数的有限元法求解精度差及求解效率低的问题。通过数值算例验证了精确有限元法的求解精度及求解效率，分析了深梁的截面剪切变形及转动惯量、阻尼、静力荷载因子 α 和动力荷载因子 β 对框架结构动力稳定性的影响规律。研究发现，考虑了深梁的截面剪切变形和转动惯量后，主框架的动力不稳定区域增大，并且动力不稳定区域向参数平面下方移动，说明较小的扰频就有可能激发出结构的参数共振；由于阻尼的存在，在动力荷载因子 β 很小的情况下，框架结构不会发生参数共振，只有 β 大于某一最小值时，相应参数才会落入动力不稳定区域内而使结构发生参数共振；随着阻尼的增大，主框架动力不稳定区域减小，阻尼的影响在动力荷载因子 β 较小时尤为明显；主框架的动力不稳定区域随着动力荷载因子 β 的增大而增大，随着静力荷载因子 α 的增大而增大，并且动力不稳定区域向参数平面下方移动。应用精确有限元法分析了考虑阻尼及不考虑阻尼的某高水头水工弧形钢闸门空间框架的动力稳定性，确定了动力不稳定区域；通过与模型试验相关数据的对比，判定其不会发生参数共振。

　　针对水工弧形钢闸门结构特点提出了水工弧形钢闸门纵向框架 Y 型支臂结构的动力不稳定区域求解方法，并对动力不稳定区域及其影响因素和影响规律进行了研究。此外，结合水工弧形钢闸门振动及动力失稳的特点，依据振动控制理论与方法，建立了水工弧形钢闸门振动控制的 MTMD 布置方案及优化设计方法。实例计算表明，优化的 MTMD 减振控制技术能显著降低最大振幅并控制振幅的扩展。

参 考 文 献

[1] 谢省宗. 闸门振动的流体弹性理论[J]. 水利学报, 1963(5): 66-69.
[2] 阎诗武. 水工弧形闸门的动特性及其优化方法[J]. 水利学报, 1990, 21(6): 11-19.

[3] 严根华, 阎诗武. 流激闸门振动及动态优化设计[J]. 水利水运工程学报, 1999(1): 12-22.

[4] ISHII N. Dynamic instability of tainter-gates[M]//NAUDASCHER E, ROCKWELL D. Practical Experiences with Flow-Induced Vibrations. Heidelberg: Springer-Verlag, 1980: 452-460.

[5] ISHII N, NAUDUSCHER E. A design criterion for dynamic stability of tainter gates[J]. Journal of Fluids and Strutures, 1992, 6(1): 67-84.

[6] 严根华. 水工闸门自激振动实例及其防治措施[J]. 振动、测试与诊断, 2013, 33(S2): 203-208.

[7] 李火坤. 泄流结构耦合动力分析与工作性态识别方法研究[D]. 天津: 天津大学, 2008.

[8] 牛志国. 高水头弧形闸门设计准则若干问题研究[D]. 南京: 河海大学, 2008.

[9] 牛志国, 李同春, 赵兰浩, 等. 弧形闸门参数振动的有限元分析[J]. 水力发电学报, 2008, 27(6): 101-105.

[10] NIU Z G, LI T C. Research on dynamic stability of steel radial gates[C]. Proceedings of 11th ASCE Aerospace Division International Conference (Earth and Space 2008), Long Beach, 2008.

[11] NIU Z G, HU S W. Application of a thin-walled structure theory in dynamic stability of steel radial gates[C]. Proceedings of the International Symposium on Computational Structural Engineering, Shanghai, 2009.

[12] 章继光, 刘恭忍. 轻型弧形钢闸门事故分析研究[J]. 水力发电学报, 1992, 11(3): 49-57.

[13] 中国水利水电科学研究院. 黄河三义寨首人民跃进渠渠首弧门振动研究阶段报告[R]. 1961.

[14] 章继光. 我国闸门振动研究情况综述[J]. 水力发电, 1985(1): 36-42.

[15] 章继光, 王克成, 贾新斌. 我国低水头弧形钢闸门失事原因初探[J]. 陕西水力发电, 1987(6): 35-42.

[16] 黄廷璞, 危玢. 我国低水头弧形闸门失事调查和初步分析[J]. 金属结构, 1986(2): 18-26.

[17] 何运林. 结构稳定理论[M]. 北京: 水利电力出版社, 1995.

[18] 阎诗武. 水工弧形闸门的振动[J]. 金属结构, 1985(5): 21-33.

[19] 阎诗武, 严根华, 马萍章, 等. 二滩拱坝泄水中孔工作弧门流激振动问题研究[J]. 水力发电学报, 1990, 9(4): 32-46.

[20] 练继建, 彭新民, 崔广涛, 等. 水工闸门振动稳定性研究[J]. 天津大学学报, 1999, 32(2): 40-45.

[21] 朱召泉, 卓家寿, 陶桂兰. 弧形钢闸门的动力稳定性研究进展[J]. 水利水电科技进展, 1999, 19(5): 30-32, 40.

[22] 蔡元奇, 段克让, 朱以文. 诊断弧形闸门振动状态的方法研究[J]. 武汉大学学报(工学版), 1999, 32(3): 47-50.

[23] 严根华. 水工闸门流激振动研究进展[J]. 水利水运工程学报, 2006(1): 66-73.

[24] 吉小艳. 弧形钢闸门主框架动力稳定性的研究[D]. 杨凌: 西北农林科技大学, 2004.

[25] 刘永林. 低水头水工钢结构弧形闸门流激振动研究[D]. 沈阳: 东北大学, 2005.

[26] NAUDASCHER E. Flow-induced vibrations: An engineering guide: IAHR hydraulic structures design manuals 7[M]. Boca Raton: Chemical Rubber Company, 2017.

[27] 谌磊. 弧形钢闸门空间框架的动力稳定性分析[D]. 杨凌: 西北农林科技大学, 2006.

[28] 邱德修. 弧形钢闸门的动力特性及动力稳定性分析[D]. 南京: 河海大学, 2006.

[29] 符华, 鲍洛金. 弹性体系的动力稳定性[M]. 林砚田, 等, 译. 北京: 高等教育出版社, 1960.

[30] 刘延柱, 陈立群. 非线性振动[M]. 北京: 高等教育出版社, 2001.

[31] 王勖成. 有限单元法[M]. 北京: 清华大学出版社, 2003.

[32] 刘晶波, 杜修力. 结构动力学[M]. 北京: 机械工业出版社, 2011.

[33] 中华人民共和国水利部. 水工建筑物水流压力脉动和流激振动模型试验规程: SL 158—2010[S]. 北京: 中国电力出版社, 2011.

[34] 郭桂祯, 张雅卓, 练继建. 平面闸门垂向自激振动机理和稳定性研究[J]. 振动与冲击, 2012, 31(9): 98-101.

第9章　水工钢闸门结构优化

9.1　概　　述

结构合理布置是闸门整体优化与安全运行的前提[1]。结构布置主要包括闸门承载结构型式、位置、数量的构成及布置，应确保闸门在各种工况下的结构布置科学合理，特别是要保障在控制工况下运行时主体承载结构的强度、刚度和稳定性布置合理，从而保证闸门整体结构安全。优化设计只有建立在合理结构布置的基础上，才能实现闸门结构的全局最优，达到闸门整体结构经济性和安全性统一的目标。

弧形钢闸门作为水工建筑物中的工作闸门，对水工建筑物的结构安全起到重要的作用。水工弧形钢闸门的设计，要做到安全可靠、技术先进、经济合理。按照现行的水工弧形钢闸门设计规范进行设计时，忽略了水工弧形钢闸门的空间整体结构，因此整体设计过于保守，未能充分发挥材料性能。优化设计是一种新的设计方法，将最优化原理和计算机技术结合，从大量设计方案中找出最合适的设计方案。利用优化设计的方法对水工弧形钢闸门进行结构优化，寻找最佳设计方案，以提高设计的效率和质量。

结构优化是指在给定荷载及约束等条件下，按某种目标(如质量最小、成本最低、刚度最大等)求出最优的设计方案，也称为结构最佳设计或结构最优设计。结构优化依据已有的条件，对实际工程提出一个数学优化模型，按照求最优解的思想求解该数学模型。结构优化的过程一般为假设—分析—搜索—最优设计。在水工钢闸门实际工程的结构优化中，设计者根据设计要求和实践经验，参考类似的工程设计，通过判断选取设计方案，进行强度、刚度、稳定性等各方面的计算，再根据计算结果修改原始设计，计算校核，如此反复进行直到设计者满意为止。因此，传统设计过程的安全性、经济性缺乏衡量标准，存在很大的经验性。

鉴于此，我国已有学者对水工钢闸门结构优化进行了尝试性的研究，并取得了较好的结果。练继建等[2]将序列二次规划(sequential quadratic programming, SQP)算法应用于水工弧形钢闸门的优化，将 MATLAB 计算工具引入水工钢闸门优化领域，为钢闸门的优化提供了一个可靠的方法。彭波[3]采用遗传算法对水工弧形钢闸门进行整体优化，避免了传统的基于平面设计的理论和忽略工作空间时效的方法。刘礼华等[4]将三支臂水工弧形钢闸门的门叶和支臂看成是两个独立的平面结构，采用约束变尺度法进行闸门优化；优化过程中，既考虑了几何约束条件，又考虑了强度、刚度、稳定性方面的问题，优化结果显示这种方法具有可行性。蔡元奇等[5]采用随机搜索法进行预处理，再用序列无约束极小化方法，调用 ANSYS 做有限元分析，优化效果明显；在充分满足强度、刚度、屈曲要求的前提下，可以有效减小闸门自重、降低闸门系统的重量、节省投资、缩短设计时间，给生产运行带来方便，为闸门优化设计提供了一种有效的方法。此外，一些专家学者采用不同的方法对水工钢闸门进行了优化[6-15]。

王正中团队对水工弧形钢闸门结构布置优化进行了一系列的研究。刘计良等[16]为了获得三支臂表孔水工弧形钢闸门主框架的全局最优尺寸，提出了一种基于合理结构布置的三支臂表孔水工弧形钢闸门主框架优化设计方法，以三支臂表孔水工弧形钢闸门的主纵梁在支撑处横截面的转角等于零为布置原则，经力学分析得到水工弧形钢闸门主框架合理的布置形式。在此基础上，以框架质量最小为目标，并考虑强度、刚度、稳定性等约束条件，建立水工弧形钢闸门主框架的优化模型，应用 SQP 算法对优化模型进行求解。结果表明，考虑水工弧形钢闸门主框架合理结构布置的优化设计可有效减轻主框架自重，并改善框架内力分布，从而取得比以往仅考虑尺寸优化更加合理的水工弧形钢闸门结构型式，提高了经济效益，可为三支臂表孔水工弧形钢闸门的设计提供参考。同时，刘计良等[17]对深孔水工弧形钢闸门支臂最优布置个数的问题进行了研究，根据中柔度压杆弹塑性稳定理论和钢结构设计理论，研究整体框架稳定与单根支臂稳定的关系，将框架结构的弹性稳定性分析转化为确定支臂计算长度系数的问题。在保证强度、刚度、整体稳定性和局部稳定性的前提下，以支臂总用钢量最小为目标建立优化模型，并利用 MATLAB 自带的 M 语言，开发集支臂个数优化与截面尺寸优化为一体的 SQP 优化程序。算例表明，在工程条件许可的情况下，尽可能让弧形门半径取满足规范的较小值；纵向和横向布置形式主要取决于孔口宽高比，当宽高比小于 0.6 或大于 1.4 时，布置 6 根支臂；当宽高比为 0.6～1.4 时，视总水压力大小布置 4 根或 9 根支臂；总水压力界限为 $6.2 \times 10^8 N$，小于该值时布置 4 根支臂，反之布置 9 根支臂。该优化模型可为生产设计提供参考，以减小支臂布置时的盲目性，对规范的修订也有一定参考价值。

本章主要介绍水工钢闸门的结构优化。单纯的尺寸优化无法改变原结构的布置形式，不能保证优化结果是真正的最优设计，只有建立在结构布置优化基础上的尺寸优化才能保证全局的最优。本章基于第 2 章闸门合理布置的内容，从主横梁或主纵梁在支撑处横截面的转角为零出发，探求水工弧形钢闸门结构的合理布置，并在此合理结构布置的基础上，对主框架建立全局优化模型，将 SQP 算法引入主框架优化设计中，利用 MATLAB 自带的 M 语言编制基于合理结构布置的水工弧形钢闸门主框架优化设计通用程序。

9.2　拓扑优化法简介

拓扑学是几何学的一个分支，萌生于 17、18 世纪，19 世纪得到了快速迅猛的发展。拓扑学起初被称为形势分析学，由莱布尼茨于 1679 年最先提出。19 世纪中叶，黎曼(Riemann)在复函数的研究中强调，研究函数和积分就必须研究形势分析学，从此开始了拓扑学的系统研究。与此同时，黎曼发现了多值复变解析函数可以转化为封闭曲面上的单值函数，由此得出了封闭曲面的拓扑分类，成为拓扑学发展的里程碑。1874 年，高斯的学生首先提出拓扑学的概念。1894～1912年，庞加莱(Poincare)在研究代数族的基础上，将空间分成若干图形的组合，得出了空间 β 数、挠系数计算方法、欧拉定理的一般形式、基本群、对偶定理等结果，使拓扑学正式成为一门学科。在此之后，越来越多的数学家致力于拓扑学的研究。

9.2.1　常见的拓扑优化模型

1. 几何描述

几何描述是较常见的结构拓扑优化模型描述形式，模型以单元几何尺寸或内力为拓扑设计变数，如杆件的截面积、板的厚度、块体单元体积、杆的内力和微结构孔洞尺寸等。通过取这些变量的下限零值或孔的上限值来实现单元的删除，产生结构拓扑变更。其优点是将原离散问题联系，用同一连续尺寸设计变量实现了拓扑与尺寸的同步优化，多用于骨架结构拓扑优化中，其数学形式为

$$\begin{cases} \text{find} \quad \boldsymbol{A} \in E^{N} \\ \text{to minimize} \quad f(\boldsymbol{A}) \\ \text{s.t.} \quad \boldsymbol{K}(\boldsymbol{A}) \cdot \boldsymbol{u} = \boldsymbol{P} \\ g_{j}(\boldsymbol{A}) \leqslant 0 \ \left(j = 1, 2, \cdots, J \right) \\ 0 \leqslant \boldsymbol{A} \leqslant \overline{\boldsymbol{A}} \end{cases} \tag{9-1}$$

式中，$\boldsymbol{A} = (A_1, A_2, \cdots, A_m)^{\mathrm{T}}$ 为单元尺寸设计变量向量；$f(\boldsymbol{A})$ 为目标函数；$g_j(\boldsymbol{A})$ 为性态约束函数；$\boldsymbol{K}(\boldsymbol{A})$ 为结构整体刚度矩阵；$\overline{\boldsymbol{A}}$ 和0分别为尺寸的上下限。

在骨架结构中，常用的结构拓扑优化模型包括以杆件内力为拓扑变量的线性规划模型和以杆件截面积为拓扑变量的非线性规划模型。在连续体结构中常用的优化方法有变厚度法和泡泡法等。尽管几何优化模型避免了离散变量优化问题的求解难度，但在优化过程中常会产生"奇异最优解"。

2. 材料描述

材料描述也称为物理描述。材料描述模型把结构拓扑优化问题转化为材料在

设计空间中的最优分布问题，也就是确定离散的设计域中有无材料分布。因此，在设计域的材料分布模型的参数化过程中，产生了一个具有离散的 0～1 值的整数优化问题。把每一个单元的参数函数作为一个设计变量。为确保解的存在，且不依赖网格的离散程度，设计变量必须具有连续化的性质，并且必须对设计空间加以封闭。从物理上讲，即引进中间复合材料，扩大允许的刚度张量集，对问题进行某种形式的放松，将整数参数用一个新的连续分布的参数函数代替，把离散型问题转化为连续变量优化问题。因此，这种模型是一种有效描述连续体结构拓扑优化问题的模型。放松方法可以分为变密度法和均匀化法。

9.2.2　拓扑优化数学模型

拓扑优化涉及单元的删除、保留和恢复，因此，描述这一设计变量只能用离散的整型变量 0 和 1，0 表示单元被删除，1 表示单元被保留与恢复，在整型变量的基础上，还要优化单元的其他尺寸参数。结构拓扑优化问题的原始数学表达形式为

$$
\begin{cases}
\text{find} \quad \boldsymbol{T} = \left(t_1, \cdots, t_n\right)^{\mathrm{T}} \\
\text{to minimize} \quad f(\boldsymbol{T}) \\
\text{subjected to} \quad g_j(\boldsymbol{T}) \leqslant 0 \;\; \left(j = 1, 2, \cdots, J\right) \\
\boldsymbol{K}(\boldsymbol{T}) \cdot \boldsymbol{u} = \boldsymbol{P} \\
t_i \in (0 \;\; 1]
\end{cases}
\tag{9-2}
$$

式中，$\boldsymbol{T} \in (t_1, t_2, \cdots, t_n)^{\mathrm{T}}$ 是由设计变数构成的向量；n 为设计变量总数，即单元总数；f 为目标函数，可以是最大刚度、最大频率、最小体积等；g_j 为性态约束函数；J 为约束总数；$\boldsymbol{K}$ 为结构的总刚度矩阵；$\boldsymbol{u}$ 为节点位移向量；$\boldsymbol{P}$ 为外荷载向量。

由于拓扑优化变量的离散性，上述数学模型中目标函数和约束函数的不连续性，该模型成为不可微、非凸的离散变量规划模型，因此，基于连续变量的成熟导数优化算法无法应用到优化中。

工程结构的拓扑优化分为离散体结构的拓扑优化和连续体结构的拓扑优化两大类，无论是离散体结构还是连续体结构，从根本上来说都是在确定的初始设计区域内寻求工程结构材料的最佳位置分布，即确定区域内究竟哪些是孔洞，哪些是材质。目前使用较为广泛的工程结构拓扑优化方法是基结构法，其基本思路是：从一个由结构节点、荷载作用点及支撑点等节点组成的基结构模型出发，应用优化算法(数学规划法或准则法)，将一些不需要的杆件按照某种约束或规划准则，从基结构中删除，最后得到剩余杆件组合成的最优拓扑结构。基结构法适用于桁架结构和框架结构的拓扑优化，其他方法基本上都是在该方法的基础上发展起来的。在结构拓扑优化设计中，应先利用基结构法确定设计变量 $E_{ukl}(x)$ 及初始设计区域，得到弹性体内力虚功的变分形式：

$$a(u,v) = \int_{\Omega} E_{uki}(x)\varepsilon_y(u)\varepsilon_\mu(v)\mathrm{d}\Omega \tag{9-3}$$

$$\varepsilon_y(u) = \frac{1}{2}\left(\frac{\partial u_i}{\partial x_i} + \frac{\partial u_j}{\partial x_j}\right) \tag{9-4}$$

$$l(u) = \int_{\Omega} Pu\mathrm{d}\Omega + \int_{\Gamma} tu\mathrm{d}s \tag{9-5}$$

式中，$a(u,v)$为弹性体的内力虚功；$\varepsilon_y(u)$为实位移线应变；$\varepsilon_\mu(v)$为虚位移线应变；u为实位移；u_i为轴向位移；u_j为法向位移；v为虚位移；x_i为轴向坐标；x_j为法向坐标；$l(u)$为荷载线性形式的外力势能；t为边界牵引力；P为体力。

用$l(v)$表示虚位移所做的功，即虚功。由虚功原理可知

$$a(u,v) = l(v) \tag{9-6}$$

由结构的变性能最小，可得到结构的最佳拓扑形式。结构拓扑优化的数学模型为

$$\begin{cases} \text{find} & l(u) \\ \text{s.t.} & \alpha_E(u,v) = l(v) \\ & v \in U, E \in E_\eta \\ & u \in U \end{cases} \tag{9-7}$$

式中，E_η为所有弹性模量的集合，包括了材质和孔洞的弹性模量。

对于离散体结构，其拓扑优化的数学模型为

$$\begin{cases} E_i(x) = l_{\Omega_n}(x)E_0 \\ \int_{\Omega} l_{\Omega_n}\mathrm{d}\Omega = Vl(\Omega_n) \leqslant V \\ l_{\Omega_n}(x) = \begin{cases} 0, & x \in \Phi \\ 1, & x \in \Omega_n \end{cases} \end{cases} \tag{9-8}$$

式中，Ω为设计区域，即基结构；l_{Ω_n}为离散设计变量；Ω_n为材料所在区域；E_0为所选择材质的弹性模量，MPa；E_i为第i个单元材质的弹性模量，MPa；i为划分单元的个数；Φ为区域Ω设计区域Ω_n的边界；V为设计区域Ω_n所占的体积，m^3。

连续体一般以结构的刚度最大或柔度最小为拓扑优化目标，通常采用连续化方法，即在离散体优化的数学模型中引入惩罚因子p，并用连续变量域$\eta(x)$替代离散变量，得到连续体结构拓扑优化的数学模型统一表达式：

$$\begin{cases} E_i(x) = \eta(x)^p E_0, \ p \geqslant 1, \eta(x) \in L^\infty(\Omega) \\ \int_{\Omega} \eta(x)\mathrm{d}\Omega \leqslant V \\ 0 < \eta_{\min} \leqslant \eta(x) \leqslant 1.0 \end{cases} \tag{9-9}$$

式中，$\eta(x)$ 为连续设计变量；$\eta_{\min}$ 为连续设计变量的最小值；$L^{\infty}(\Omega)$ 为设计变量所属的连续函数空间。

9.2.3 拓扑优化设计方法

目前，常使用的拓扑优化设计方法主要有退化法和进化法。

1. 退化法

退化法即传统的拓扑优化方法，通过求目标函数导数的零点或一系列迭代计算过程得到最优的拓扑结构。常用于拓扑优化的退化法又可分为均匀化方法、变密度法和变厚度法等方法。

1) 均匀化方法

1988 年，Bendsøe 等[18]首先提出均匀化拓扑优化方法。此后，程耿东等[19]首次将微结构引入结构优化设计中，是连续体结构拓扑优化方法的先导和基础。均匀化方法最先用于复合材料的性能计算中，是连续体结构拓扑优化中最常用的方法，应用广泛，属于材料(物理)描述形式，其数学思想和力学理论推导非常严谨。均匀化方法的基本思想是在拓扑结构的材料中引入微结构(单胞)，微结构的形式和尺寸参数决定了宏观材料在此点的弹性性质和密度；优化过程中以微结构的单胞尺寸作为拓扑设计变量，以单胞尺寸的消长实现微结构的增删，并产生由中间尺寸单胞构成的复合材料，以拓展设计空间，实现结构拓扑优化模型与尺寸优化模型的统一和连续化。均匀化方法首先成功运用于柔度问题，后推广到约束问题，不仅可以用于应力约束、位移约束，也能用于频率约束。目前，均匀化模型的研究工作主要包括微结构模型理论的研究和均匀化模型实际应用的研究，已基本能处理多任务情况的二维、三维连续体结构拓扑优化，热弹性结构拓扑优化，考虑结构振动和屈曲问题的拓扑优化，并被用于复合材料的设计中。均匀化方法的数学模型为

$$
\begin{cases}
\text{find} \quad \eta_i = \eta_i(a,b,\theta,\cdots) \\[2mm]
\text{min} \quad L(v) = \sum_{i=1}^{n}\int_{\Omega} f_i v_i \mathrm{d}\Omega + \sum_{i=1}^{n}\int_{\Gamma} t_i v_i \mathrm{d}\Gamma \\[2mm]
\text{s.t.} \quad a_E(u,v) = l(v) \quad \text{for all} \quad v \in \Omega \\[2mm]
\qquad E \in E_{ad} \\[2mm]
\qquad E_{ad} = \left\{ E_{ijkl}^H \mid E_{ijkl}^H = E_{ijkl}(a,b,\theta,\cdots) \right\} \\[2mm]
\qquad \int_{\Omega} \eta_i \mathrm{d}\Omega \leqslant (V - V^*) \\[2mm]
\qquad 0 \leqslant \eta_i \leqslant 1
\end{cases}
\tag{9-10}
$$

式中，η_i 为微结构单元单胞的密度；$l(v)$ 为结构柔顺度泛函，即整体结构在虚位移 v_i 上所做的虚功；f_i 为结构受到的节点等效体积力，N；t_i 为结构受到的节点等效边界荷载；v_i 为节点位移；$a_E(u,v)$ 为结构应变能(即结构内力所做的虚功)，对设计区域和结构区域均适用；E_{ad} 为结构刚度张量(弹性张量)集合；V 为结构初始体积，m^3；V^* 为指定除去的材料体积，m^3。

均匀化方法通过引入中间材料(复合材料)，将拓扑变数依附在中间材料上，使离散的整数规划问题转化为一个连续变量的优化问题，但是繁琐的计算过程和难以制造的复合材料，限制了均匀化方法向更高层次优化的发展。此外，介于 $0\sim 1$ 的单元对应材料无法做出物理解释，且不能完全消除中间变量。

2) 变密度法

变密度法属于材料(物理)描述方式，以连续变量的密度函数形式表达单元相对密度与材料弹性模量之间的对应关系。该方法基于各向同性材料，不需要引入微结构和附加均匀化过程，以每个单元的相对密度作为拓扑设计变量，人为假定单元相对密度和材料弹性模量之间的非线性关系，把结构拓扑优化问题转化为材料的最优分布问题，程序实现简单，计算效率高。变密度法是一种比较流行的力学建模方法，与采用尺寸变量的方法相比，更能反映拓扑优化的本质特征。通常，单元相对密度 ρ 与弹性模量 E 之间的关系用人为给出的幂函数规律表示如下：

$$E(\rho) = \rho^n E \tag{9-11}$$

$$E(\rho) = C\rho^x E \tag{9-12}$$

可采用 ρ 的有理分式形式或 E_1 和 E_0 的组合形式表示如下：

$$E(\rho) = \frac{1 - (1-\rho)^{2/3}}{2 - (1-\rho)^{2/3} - \rho} E \tag{9-13}$$

$$E(\rho) = E_0 + \frac{\rho(E_1 - E_0)^{2/3}}{1 + (E_1 - E_0)(1-\rho)/E} \tag{9-14}$$

变密度法的数学模型为

$$\begin{cases} \text{find} & \eta = (\eta_1, \eta_2, \eta_3, \cdots, \eta_n)^{\mathrm{T}} \\ \min & l(u) = \sum_{i=1}^{n} \iint_{\Omega} f_i u_i \mathrm{d}\Omega + \sum_{i=1}^{3} \int_{\Gamma} t_i u_i \mathrm{d}\Gamma \\ \text{s.t.} & \text{weight} = \sum v_i \eta_i \leqslant V_0 - V^e [\text{或} V_0(1-\Delta)] \\ & \varepsilon \leqslant \eta_i \leqslant 1 \quad (i = 1, 2, \cdots) \\ & \eta_i = 1 \quad (i = J_1, J_2, \cdots, J_n) \end{cases} \tag{9-15}$$

式中，约束的第一式为变分表示的结构平衡方程，最后一个式子表示矩阵形式的结构平衡方程；η_i 为单元的密度，即单位体积的质量；$l(u)$ 为结构柔顺度泛函；f_i 为作用在初始结构上的体积力；t_i 为作用在初始结构上的面积力；V_0 为给定初始结构材料质量的上限；V^e 为优化时指定去除材料的质量；Δ 为去除质量的百分比；ε 为密度下限；$J_1, J_2, \cdots, J_n$ 为优化后单元密度保持不变的单元号。

变密度法基于各向同性材料，程序实现简单，计算效率高，但这种方法是基于人为假定的，或者说是基于经验的。学者对变密度法的不足不断加以改进，研究出了固体各向同性材料惩罚模型法(solid isotropic material with penalization, SIMP)和移动渐近线法(method of moving asymptotes, MMA)等方法，大大提高了计算能力及应用水平。

SIMP 法结构拓扑优化设计的基本数学模型为

$$\begin{cases} \min f(x_1, x_2, \cdots, x_n) \\ \text{s.t.} \begin{cases} E = E^0 + x_j(E^0 - E^{\min}) \\ \sum_{j=1}^{n} x_j \leqslant V \\ X_j = 0 \quad (j = 1, 2, \cdots, n) \end{cases} \end{cases} \tag{9-16}$$

式中，E^0 为固体材料部分的弹性模量，Pa；$E^{\min}$ 为孔洞部分的弹性模量(一般 $E^{\min} = E^0/1000$)，Pa；E 为插值后材料的弹性模量，Pa；$x_1, x_2, \cdots, x_n$ 为设计变数；V 为优化的目标体积，m^3；f 为目标函数。

MMA 方法类似于序列线性规划法和序列二次规划法。MMA 方法主要通过引入扰动的渐近线参数，将隐式的优化问题转化成一系列显式的、更为简单的、严格凸的近似子优化问题，每一个显式的子优化问题由对偶法或主对偶法求解，形成新的设计变量。MMA 方法更适于求解具有多个约束条件的复杂优化问题，是一种更高级的优化算法。MMA 法结构拓扑优化设计的基本数学模型为

$$\begin{cases} \min f_0(X) + a_0 z + \sum_{i=1}^{m} (c_i y_i + 1/2 d_i y_i^2) \\ \text{s.t.} \begin{cases} f_i(X) - a_i z - y_i \leqslant \hat{f}_i \\ x_j^{\min} \leqslant x_j \leqslant x_j^{\max} \quad (j = 1, 2, \cdots, n; i = 1, 2, \cdots, m) \\ z \geqslant 0, \quad y_i \geqslant 0 \end{cases} \end{cases} \tag{9-17}$$

式中，f_0 为目标函数；f_i 为约束函数；y 为计算过程函数；a_i 为给定的大于零的常数；c_i 和 d_i 为第 i 个约束时给定的大于等于零的常数，$c_i + d_i > 0$；z 和 y_i 为引入的人工变量，以改善每一个子优化问题的形态；$\hat{f}_i$ 为连续可微的函数。

3) 变厚度法

变厚度法采用满应力法准则，进行有限元分析得到各单元在节点处的力，将

围绕每一节点的所有单元在节点处应力的加权平均值作为节点 Misses 应力。通过迭代，不断改变各节点处的厚度，使其应力趋近最大的允许值，达到满应力的设计目的。当节点处的厚度低于事先设定值时，节点即被删除。变厚度法属于几何尺寸的描述方法，首先将薄板或薄壳可能占据的所有整个区域划分为有限个单元，并假定所有单元的厚度是均匀的，然后在此理念基础上对所建立的整个初始模型进行拓扑优化。这样优化后求得的最优设计是一个带有孔洞、厚度均匀的(厚度为 h)的薄板或薄壳，每个单元的厚度只能取 h 或 0 这两个离散值。整个过程中 h 是不断变化的，因此形象地称之为变厚度法。变厚度法结构拓扑优化的数学模型为

$$
\begin{cases}
\text{find} & h_1, h_2, \cdots, h_n \text{和} h' \\
\min & V = \sum_{i=1}^{n} h_i s_i \\
\text{s.t.} & |\sigma_i| \leqslant [\sigma] \\
& h_i \in (h', 0); \ i = 1, 2, \cdots, n; h' \leqslant h^{\mu}
\end{cases}
\tag{9-18}
$$

式中，h' 为厚度下限；h_i 为第 i 单元的厚度，m，为设计变数；s_i 为第 i 个单元的面积，m^2；h^{μ} 为规定的单元厚度上限，m；σ_i 为第 i 个单元的工作应力，Pa；$[\sigma]$ 为容许应力，Pa；n 为单元总数。

2. 进化法

进化法是一类全局寻优方法，目前常用于拓扑优化的进化法主要有遗传算法、模拟退火算法和渐进结构优化法等。

1) 遗传算法

遗传算法是一种基于自然选择和遗传机理的具有统计特性的现代优化算法。遗传算法最早由美国 J. H. Holland 教授于 20 世纪 70 年代提出，是一种非确定性优化方法，具有解决不同线性问题的鲁棒性、全局最优性、可并行性、函数的连续性和不需要梯度信息，不依赖问题模型的特性，同时对目标函数和约束条件也没有苛刻要求，因此引起了人们对其大量的研究和应用。然而，在迭代过程中经常会出现不成熟收敛、振荡、随机性太大、迭代过程缓慢等缺点。遗传算法是一种新型的基于遗传进化机理的寻优技术，通过选择、交叉、变异等过程使群体性能趋于最佳，从而获得全局最优解。作为拓扑优化设计方法之一，遗传算法主要应用于建筑结构优化，如桁架结构优化设计、抗震结构智能优化设计等。近几年出现的改进遗传算法，如自适应遗传算法和复合型遗传算法，使遗传算法的研究得到进一步发展。

遗传算法是目前结构拓扑优化领域的一个热点算法。遗传算法利用达尔文的进化论和孟德尔的遗传学，模拟自然环境中生物遗传和进化的原理，形成一种自

适应全局优化的搜索方法。该方法对优化群体进行反复操作，遗传、交叉和变异，根据要达到的预期优化目标函数对每一个体进行评价，按照适者生存、优胜劣汰的原则优化选择，不断得到新的更优群体，同时以全局最优进行搜索。在预先设定的最大代数范围内，如果结果收敛，进化曲线趋于水平，则以适应度最大的个体作为最优解；如果不收敛，则修正参数，重新计算，直到收敛为止。遗传算法不受初始值的影响，从多个初始点开始寻优，为避免过早地收敛到局部最优解，采用交叉、变异和移民操作数，从而获得全局最优解。相比传统数学规划方法而言，遗传算法具有全局收敛性、较强的通用性、隐含的并行性等特点，适于搜索复杂区域，这为求解具有奇异性的桁架结构拓扑优化问题提供了一条新的途径。该算法编程简单、快捷，可以解决连续变量的优化问题，更适用于离散变量的结构优化设计；缺点是优化结果受各参数选取情况的影响很大，需反复试算，迭代过程偏长、计算费时、效率不高。

2) 模拟退火算法

模拟退火算法(simulated annealing algorithm，SAA)作为求解组合优化问题的全局算法，在寻优过程中，不仅有函数值减少，而且还允许函数值在一定条件下增大，具有最终收敛到全局最优解的能力。SAA 与遗传算法、人工神经元网络等被称为计算智慧，在求解非确定性多项式完全问题、人工神经网络、结构尺寸优化等许多领域得到应用。

3) 渐进结构优化法

渐进结构优化法(evolutionary structural optimization，ESO)是近年来兴起的一种解决各类结构优化问题的数值方法，将无效或低效的材料一步步去掉，结构逐渐趋于优化。该方法采用已有的有限元分析软件，在计算机上实现迭代过程，通用性较好。ESO 于 1993 年被提出，在国际上引起很大反响，不仅可解决各类结构的尺寸优化问题，还可同时实现拓扑优化和形状优化，应力、位移、刚度、振动频率、响应、临界压力的优化，都可遵循 ESO 的统一原则和简单步骤进行。

ESO 的初始设计必须占据相当大的区域，以保证结构中大量的单元删除后，最优设计中仍保留足够多的单元，因此，用细密有限元网格离散的大尺寸结构计算耗费非常大。双向渐进结构优化法(bi-directional evolutionary structural optimization，BESO)作为 ESO 的延伸和改进，能有效地解决这一问题。BESO 能同时删除并增补单元，结构可以从非常简单的初始设计开始进化，从而缩小有限元问题的规模，提高计算效率。

3. 几种优化方法的比较

变厚度法的优点是概念清晰，数学模型简单，求解方便，是在尺寸优化方法的基础上直接推广而来的。由于受优化对象的限制，只能应用于二维结构，不适合三维连续体结构的拓扑优化。

均匀化方法不仅能用于应力约束和位移约束，也能用于频率约束，但变量多，敏度计算复杂，而且优化后的材料常常含有多孔质材料。均匀化方法人为假设一种微结构(单胞)，在这一微结构的基础上建立材料密度和材料特性之间的关系。其局限性是在此方法基础上产生的拓扑结构某些区域的密度为0~1，而目前科学技术无法加工生产带有这种孔洞结构的构件，在应用时只能暂时视为模糊的拓扑结构，需要再进行抽象、加工，才能为生产设计服务。

变密度法则是人为建立了材料密度与材料特性之间的关系，拓扑优化设计得到的单元密度绝大部分呈0或1分布在给定的初始区域上。该方法也需要对结果进行抽象、加工，但是因为其密度大部分呈0或1，并在初始给定的区域上按照一定规律分布，这样即使进行抽象加工，也是极其方便的。因此，相对均匀化方法而言，具有其明显优势。在传统变密度法中，对材料密度进行单元分片常数插值，对拓扑描述函数进行节点插值；在有限元计算中，利用平均化技术获得单元刚度。此拓扑优化算法蕴含了一种非局部效应，从而避免了棋盘格式等数值不稳定现象的出现。变密度法基于各向同性材料，程序实现简单，计算效率高，但同时需要说明的是，变密度法是人为假设的，甚至是基于经验的。

以上几种传统的拓扑优化方法一般是通过求目标函数导数的零点或一系列迭代计算过程求最优解，容易陷入局部最优解，且要求目标函数有较好的连续性和可微性。进化法既不要求连续，也不要求可微，有较强的全局寻优能力，但需要花费较长的时间，且没有固定的理论背景，收敛性未被充分证明。遗传算法编程简单、快捷，可以解决连续变量的优化问题，更适用于离散变量的结构优化设计，也不受初始值的影响，其不足之处是搜索时间过长、易发生早熟收敛等。模拟退火算法具有较强的全局搜索能力，但存在着最后结果可能比中间结果差的问题。渐进结构优化法简单通用，但收敛性较差，且优化过程中误删除单元后就不能再恢复，而近年发展起来的双向渐进结构优化法可以弥补此不足。

4. 拓扑优化法在闸门优化中的应用

拓扑优化又称为结构布局优化，其基本思想是将寻找最优拓扑方案问题转化为在给定的设计区域内寻找最优材料的分布问题。结构拓扑优化是指在给定的设计域、支承条件、荷载条件和某些工艺设计要求下，确定结构单元、节点和内部边界的最佳空间连接方式，使某种要求的性能指针达到最优的过程。拓扑优化设计的实质就是寻找结构的刚度在设计空间的最佳分布形式或结构最优的"传力路径"，从而达到优化结构某些性能或减小结构质量的目的。目前，结构拓扑优化的对象主要有两类。

(1) 离散结构。对于离散结构，拓扑优化是确定节点间的相互连接方式，同时包括节点的删除与增加。

(2) 连续体结构。对于连续体结构，拓扑优化是确定其内部有无孔洞，孔洞的位置、数量和形状等。

对结构进行拓扑优化时，应尽可能简化模型，避免过多的人为制约因素。闸门结构的拓扑优化仅仅是一个尝试性的研究工作，因此实际工程中的许多情形都做了简化处理。为了简化模型的计算，在此水工弧形钢闸门的荷载仅考虑上游的静水压力，其他如温度、动水压力、泥沙压力、地震荷载和局部开启时的振动等因素对闸门的影响暂不考虑。材料方面也做了简化处理，认为闸门整体材料相同，内部缺陷暂时也不作考虑。

水工弧形钢闸门二维拓扑优化分为横向框架和纵向框架两个计算域。对闸门进行拓扑优化，可以得到闸门结构的最优拓扑外形与最优拓扑布置位置，而最优拓扑形状受制造水平等的影响，目前还不能完全按其拓扑形状进行设计制造。在此重点对最优拓扑布置位置进行研究。

1) 横向框架合理布置拓扑优化

选取矩形区域进行优化，横向框架优化模型如图 9-1 所示。其中矩形的宽为闸门孔口宽度，矩形的高为设计闸门弧面半径，模型宽度与高度之比为 1：2.414。单元大小依具体尺寸而定，边界条件为矩形区域底边的两侧节点上施加固定约束，用来模拟支铰约束状态。外荷载为顶边受均布水压力，对其横向框架进行拓扑优化，优化率为 70%。其横向框架拓扑优化结果用单元伪密度表示，如图 9-2 所示。

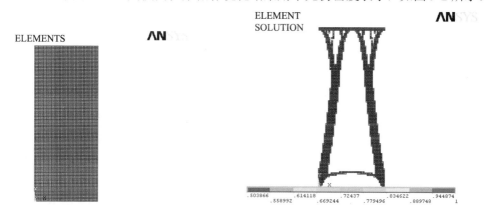

图 9-1　横向框架优化模型(见彩图)　　　图 9-2　横向框架单元伪密度云图(见彩图)

图 9-2 可以近似看作闸门的俯视图，其支臂分叉点可以近似看作是闸门支臂的支撑点，其末端分叉现象也可近似看作闸门纵梁系的横向剖面。由图 9-2 可以得到闸门支臂的最优横向拓扑形状及支撑点的最优拓扑位置。

对于其支撑点的横向最优拓扑位置，用主横梁的悬臂端长度来定量说明，对此现行规范[20]建议取 0.2L(L 为主横梁长度)，目的在于使主梁的正、负最大弯矩数值接近，以节省钢材。王正中团队[21-24]也曾经对此长度计算做过研究，其研究基于主横梁在支臂处转角为零，令支臂不产生弯矩，以增加结构的稳定性，得出最佳悬臂端长度为 0.224L。

接下来对本次拓扑优化结果进行提取，从闸门横向框架拓扑优化结果可近似地认为其支臂分叉点中心位置为支臂支撑的最优拓扑位置(图 9-2)。分别提取支臂分叉点单元和一个面板边点单元的节点笛卡儿坐标，计算主横梁悬臂端长度，优化结果提取见表 9-1。

表 9-1　优化结果提取

节点名称	节点个数	X 坐标	Y 坐标
右支臂分叉点单元右节点	235	3.7000	9.7000
右支臂分叉点单元左节点	234	3.8000	9.7000
面板右边点单元节点	18	4.8000	11.2000

主横梁悬臂端长度表示为

$$c = \frac{|x_{235} + x_{234} - 2x_{18}|}{2L}L = \frac{2.1}{9.6}L = 0.21875L \approx 0.2188L \tag{9-19}$$

式中，x_i 为第 i 个节点 x 轴坐标；L 为主横梁长度，m。

可见拓扑优化主横梁悬臂端长度为 0.2188L，这与理论值基本接近，比规范建议值略大。

2) 纵向主梁合理布置拓扑优化

根据闸门纵向框架特点，选取扇形区域进行优化，纵向框架优化模型如图 9-3 所示。扇形半径为水工弧形钢闸门半径，扇形圆心角为水工弧形钢闸门面板对应的圆心角，扇形半径为 14m，圆心角为 53°。单元大小依具体尺寸而定，图 9-3 单元尺寸设置为 0.2m，边界条件为扇形区域圆心施加固定约束，用来模拟支铰约束状态，扇面最下端施加 Y 向位移约束，外荷载为扇面所受梯度水压力(表孔闸门的外荷载梯度)。对其纵向框架进行拓扑优化，优化率为 70%。其拓扑优化结果用单元伪密度表示，如图 9-4 所示。

考虑到表孔闸门底部水压力大，且动水开启时下悬臂过长不利于闸门动力稳定，因此纵梁下悬臂按实际布置参数考虑(暂取为 0.04S，S 为主纵梁的长度)。选取下支臂以上扇形区域进行拓扑优化。边界条件为扇形圆心施加固定约束，扇面最下端施加 Y 向位移约束，外荷载为扇面所受梯度水压力，体积剩余率为 80%。结构的外形轮廓较规则、清晰，便于分析，可见修改方案是适用的。纵向框架的布置主要考虑其三支臂间水工弧形钢闸门纵梁段的长度(即闸门纵向布置参数)。

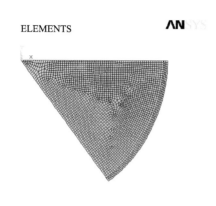

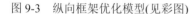

图 9-3　纵向框架优化模型(见彩图)

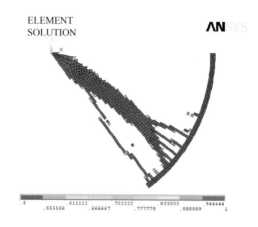

图 9-4　纵向框架单元伪密度云图
(伪密度为 0.5～1)(见彩图)

上悬臂端长度为 0.375S，中间段上部长度为 0.346S，中间段下部长度为 0.239S。对此安全长度，现行规范没有明确给出，王正中[21]曾对这些参数做过计算研究，其出发点与横向框架相同，即基于主纵梁在支臂处转角为零，目的是令纵梁对支臂不产生弯矩，以增加结构的稳定性。

9.3　水工弧形钢闸门拓扑优化

因水工弧形钢闸门具有启闭灵活、埋件少、运转可靠和泄流条件好等优点，在水利水电工程中得到了广泛的应用。为了使水工弧形钢闸门结构更加合理和材料利用更充分，采用拓扑优化方法研究水工弧形钢闸门的结构布置。当前连续体拓扑优化研究中均未考虑结构强度、刚度和稳定性，为使得水工弧形钢闸门具有更优的结构性能，本节开展考虑强度、刚度和稳定性的水工弧形钢闸门结构拓扑优化研究。结合某表孔水工弧形钢闸门工程实际，将拓扑优化方法与支臂整体稳定性分析方法结合，在综合考虑结构强度、主梁刚度和支臂稳定性的基础上，以结构整体承载力最大为目标，系统研究闸门关闭和瞬开两种控制工况下的水工弧形钢闸门支臂结构拓扑优化。

9.3.1　考虑强度和刚度的水工弧形钢闸门拓扑优化

以往对水工弧形钢闸门进行二维拓扑优化，仅可得出支臂的平面布置形式，且分支末端不规则，制造困难。因此，本小节采用三维拓扑优化设计，得到水工弧形钢闸门支臂的空间布置形式及布置位置等。采用变密度法对水工弧形钢闸门进行拓扑优化研究，设计变量为单元伪密度，目标为结构柔度最小，约束条件为体积剩余率不高于临界值，算法控制参数为惩罚因子和迭代次数(本小节考虑计算精度及效率，取 30)，非设计域为面板及梁格体系的所在范围，设计域为支臂所在范围，尺寸、荷载及约束等根据我国某水电站工作水工弧形钢闸门的实际情况给出，具体闸门结构型式如图 9-5 所示。

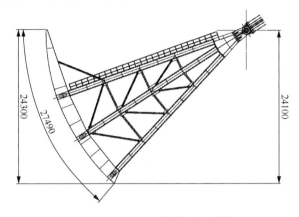

图 9-5　水工弧形钢闸门横截面图(单位：mm)

水工弧形钢闸门为三主横梁斜支臂结构，支臂采用双腹板的箱型截面。水工弧形钢闸门板材为 Q345B 钢材，支臂为 Q235 钢，屈服强度 f_y 为 235MPa，弹性模量 E 为 206GPa，泊松比为 0.3，质量密度 ρ 为 7850kg/m³。孔口尺寸为 13m×24.3m(宽×高)，闸门底槛高程为 193.50m，支铰高程为 217.6m，面板弧面半径为 32m，设计水头为 23.8m，最大涌水超高为 0.5m，启门力为 7268.6kN。闸门关闭状态是闸门设计的基本工况，外荷载为静水压力；闸门瞬开状态水压力和启门力共同作用于闸门上，受力复杂，往往为控制工况。以下针对闸门关闭和瞬开状态进行研究，水工弧形钢闸门支臂三维拓扑优化结果如图 9-6 所示。

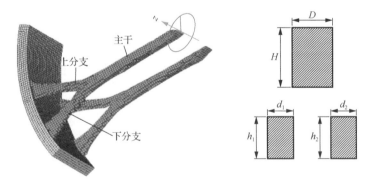

图 9-6　水工弧形钢闸门支臂三维拓扑结果

D-主干截面宽度；H-主干截面高度；d_1-支臂上分支截面宽度；h_1-支臂上分支截面高度；
d_2-支臂下分支截面宽度；h_2-支臂下分支截面高度

在水工弧形钢闸门支臂结构布置的拓扑优化研究中发现，支臂拓扑形式均为树状结构，拓扑结果主要由惩罚因子 p 和体积剩余率 v_f 决定。其中，惩罚因子主要影响树状结构分叉点的位置分布。在进行三维拓扑优化的过程中发现，闸门关闭状态与瞬开状态下，当惩罚因子在[1.0,2.5]变化时，分叉点的位置变化明显；当惩罚因子大于 2.5 时，分叉点的位置分布集中于面板，呈现图钉式结构，结果不合理。因此，本书惩罚因子的取值范围为[1.0, 2.5]。关闭和瞬开状态水工弧形钢闸门支臂线性结构布置图分别如图 9-7 和 9-8 所示。在初步给定拓扑优化惩罚因子和体积剩余率后，为提取合理结构，采用以下原则确定支臂拓扑构形：拓扑优化完成后，仅保留伪密度为[0.8,1.0]的单元，分别提取支臂主干轴线、一级分支的轴线，确定出分叉点、两分支顶点的坐标，通过等体积的原则提取主干和两分支的截面尺寸。经过大量有限元分析计算，提取水工弧形钢闸门支臂拓扑构形与相关拓扑参数，通过回归分析得出了闸门关闭状态下支臂拓扑优化惩罚因子与分叉点极坐标、分支点坐标的关系及体积剩余率与各截面尺寸的关系。

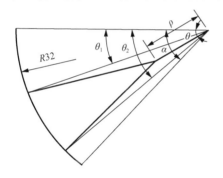 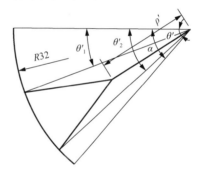

图 9-7　关闭状态水工弧形钢闸门
支臂线性结构布置图

图 9-8　瞬开状态水工弧形钢闸门
支臂线性结构布置图

ρ-分叉点极径；θ-分叉点极角；θ_1-上分支顶点极角；
θ_2-下分支顶点极角；α-上下顶点之间的夹角；
R-闸门半径

ρ'-分叉点极径；θ'-分叉点极角；θ'_1-上分支顶点极角；
θ'_2-下分支顶点极角；α-上下顶点之间的夹角；
R-闸门半径

9.3.2　轻型稳定树状支臂结构树形优化分析

结构稳定包括整体稳定和局部稳定。整体稳定问题是钢结构失效的关键，当结构所受荷载达到某一值时，再增加微小的荷载，结构的平衡位形将发生突变，即结构失稳或屈曲。局部稳定可通过满足规范要求得以保证。进行支臂结构稳定性计算时，在考虑初始缺陷的基础上，进行几何-材料双重非线性分析，利用弧长法求解非线性方程组，提取收敛的最大时间步，计算结构的稳定承载力 F_{cr}，即结构承载能力的临界荷载。

　　树状支臂结构的整体稳定性和局部稳定性依赖于其具体结构，具体结构由分叉点的位置和树干、树枝的具体截面尺寸决定。为保证拓扑优化的树状支臂结构的整体和局部稳定性，应对每一步拓扑结果进行稳定验算，以保证结构安全性与经济性的统一。为得到满足稳定性要求且材料承载力最大的拓扑构形，在初步拓扑构形的基础上分别建立与拓扑结构一致的实心矩形截面水工弧形钢闸门树状支臂结构稳定性分析模型，以及相应的空心箱型截面并考虑局部稳定的水工弧形钢闸门树状支臂结构模型，交互循环进行整体稳定性验证。分别对实心矩形截面稳定性分析模型与空心箱型截面稳定性分析模型进行概述，根据初拟拓扑构形，得到实心矩形截面稳定性分析模型的位置参数和具体尺寸参数，拓扑结果截面示意图见图 9-9(a)，在 ANSYS 中建立实心矩形截面水工弧形钢闸门树状支臂结构稳定性分析有限元模型[图 9-9(b)]。模型中支臂与梁格体系均使用 BEAM188 梁单元模拟，该单元基于铁摩辛柯梁理论，考虑剪切变形影响，为三维 2 节点梁单元，非线性分析中能考虑大变形、大应变效应。此外，该单元能够用于分析弯曲、侧向弯曲、扭转等失稳问题，支铰点为铰接约束，梁格体系下部为竖直方向的平动约束，通过改变拓扑优化中的相关参数，进而改变树状支臂分支点的位置参数和支臂的尺寸参数并验证整体稳定性，寻求满足相关要求的最优拓扑构形。空心箱型截面模型[图 9-10(a)](图中，T-H、T-D、t_{11}、t_{12}、t_{21}、t_{22} 均为壁厚)与实心矩形截面模型[图 9-9(a)]的轮廓尺寸相同，区别在于给定支臂截面尺寸时，应按照闸门规范中局部稳定要求(宽厚比小于等于 40)计算空心箱型截面相关腹板厚度，其他与实心矩形截面模型相同。

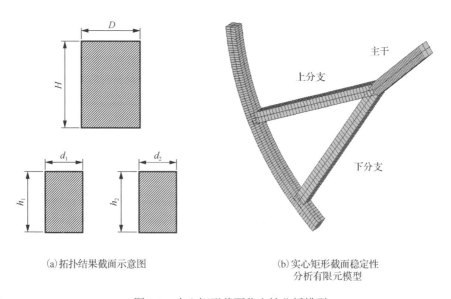

(a)拓扑结果截面示意图　　　　　　(b)实心矩形截面稳定性
　　　　　　　　　　　　　　　　　分析有限元模型

图 9-9　实心矩形截面稳定性分析模型

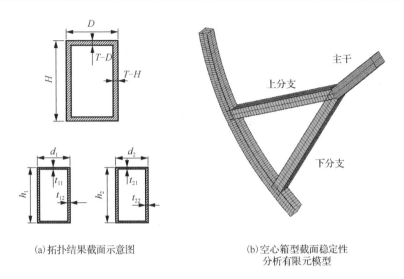

(a) 拓扑结果截面示意图　　　　(b) 空心箱型截面稳定性
　　　　　　　　　　　　　　　分析有限元模型

图 9-10　空心箱型截面稳定性分析模型

D-主干支臂截面宽度；H-主干支臂截面高度；d_1-上支臂截面宽度；d_2-下支臂截面宽度；
h_1-上支臂截面高度；h_2-下支臂截面高度

　　建立稳定性分析模型后，进行考虑结构初始几何缺陷和几何-材料非线性的非线性稳定性分析，通过计算临界荷载与水荷载的比值，得出结构承载力稳定安全系数 K：

$$K = \frac{F_{cr}}{F} \tag{9-20}$$

式中，K 为稳定安全系数，指结构失稳时临界荷载与水荷载的比值；F_{cr} 为结构失稳时的临界荷载；F 为外界水荷载。根据规范及相关文献，本小节取实心矩形截面稳定性分析模型的稳定安全系数大于 3，考虑局部稳定要求的空心箱型截面稳定性分析模型的稳定安全系数大于 2。为了得到更接近规范要求的稳定安全系数，令体积剩余率为 0.1，惩罚因子为 1.0，进行迭代运算。

9.3.3　考虑支臂结构稳定的水工弧形钢闸门拓扑优化

1. 考虑支臂稳定的拓扑优化分析模型及流程图

　　建立考虑支臂稳定的结构拓扑优化模型，其中设计变量、目标函数及强度、刚度、整体稳定性约束条件的规定如下。

　　设计变量：惩罚因子 p，体积剩余率 v_f。

　　目标函数：树状支臂结构单位质量承载能力最大 $[\max(F_{cr}/m)]$。

　　约束条件：①强度条件为 $\sigma_{max} \leqslant [\sigma]$，$\sigma_{max}$ 为闸门结构计算的最大应力，$[\sigma]$ 为钢的屈服极限。②刚度约束条件为 $\mu \leqslant \dfrac{1}{600}l$，$\mu$ 为柱端位移，l 为计算跨度；主

梁最大挠度与计算跨度之比不超过 1/600。③整体稳定性约束条件。采用结构有限元法对支臂结构进行几何-材料双重非线性屈曲分析，通过荷载-位移曲线判断结构的稳定性，并计算稳定安全系数。

　　建立水工弧形钢闸门稳定性拓扑优化流程图，如图 9-11 所示。为得到材料用量最少、结构承载力最大的拓扑构形，整个优化过程分为两部分。第一部分是相同体积剩余率约束下的惩罚因子拓扑优化，对拓扑结构进行稳定性分析，依据稳定性分析结果确定该体积剩余率约束下最优的惩罚因子；第二部分是当上一部分最优拓扑结构的稳定安全系数满足要求时，减小体积剩余率，并重复第一步拓扑优化及稳定性分析过程，直到得出满足稳定要求的最优水工弧形钢闸门支臂拓扑结构。

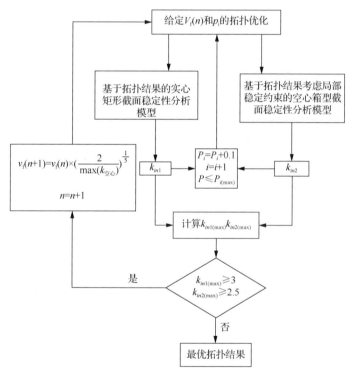

图 9-11　稳定性拓扑优化流程图

n-迭代次数；*i*-计算稳定安全系数的迭代次数；$k_{空心}$-考虑局部稳定要求时空心箱型截面稳定安全系数

2. 考虑支臂稳定的拓扑优化分析结果

本书分别进行了闸门关闭和瞬开两种状态下支臂稳定的拓扑优化分析。

1) 闸门关闭状态

给定初始体积剩余率为 0.1、惩罚因子为 1.0，进行迭代运算。图 9-12 为闸门关闭工况下稳定安全系数随体积剩余率和惩罚因子的变化(考虑局部稳定要求的空心箱型截面)。由图 9-12 可得,相同体积剩余率约束下,稳定安全系数随惩罚因子的增大呈现先增大后减小的趋势,在惩罚因子为 1.85 时稳定安全系数有最大值;相同惩罚因子约束下,随体积剩余率的减少,稳定安全系数逐渐降低。规范规定稳定安全系数为 2,提取图 9-12 中稳定安全系数为 2 时体积剩余率与惩罚因子的关系,如图 9-13 所示。当惩罚因子为 1.85 时,体积剩余率最小,材料用量最少,结构的荷载质量比最大,承载能力最优,此时对应体积剩余率为 0.0438,相关位置布置参数和尺寸布置参数如表 9-2 和表 9-3 所示。

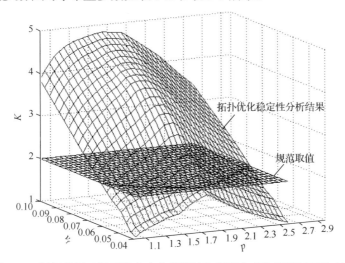

图 9-12　闸门关闭工况下稳定安全系数随体积剩余率和惩罚因子的变化

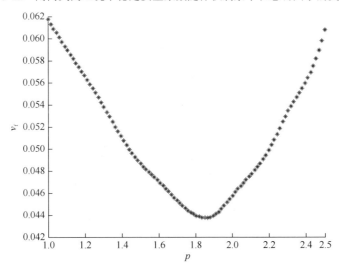

图 9-13　闸门关闭状态下结构体积剩余率与惩罚因子的关系

表 9-2　闸门关闭状态下的位置布置参数

参数	p	v_f	ρ/R	θ/α	θ_1/α	θ_2/α
数值	1.85	0.0438	0.355	0.676	0.423	0.805

表 9-3　闸门关闭状态下的尺寸布置参数

参数	D/R	H/R	d_1/R	h_1/R	d_2/R	h_2/R
数值	0.0593	0.047	0.047	0.0385	0.047	0.044

在满足规范要求的前提下，拓扑优化最优结果的一个树状(Y 型)支臂质量为78522.2kg，与实例工程一个三分支支臂质量 88809.6kg(仅计支臂腹板与翼板的质量)相比，质量减少了 11.58%；与实例工程中考虑腹杆的总质量 97633kg 相比，在满足稳定要求的基础上质量减少了 19.57%，明显节约材料。

2) 闸门瞬开状态

给定初始体积剩余率为 0.1、惩罚因子为 1.0，依据拓扑优化稳定性分析流程进行迭代运算。图 9-14 为闸门瞬开工况下稳定安全系数随体积剩余率和惩罚因子的变化(考虑局部稳定要求的空心箱型截面)。由图 9-14 可得，相同体积剩余率约束下，稳定安全系数随惩罚因子的增大呈现先增大后减小的趋势，且在惩罚因子为 1.5 时稳定安全系数有最大值；相同惩罚因子约束下，随体积剩余率的减少，稳定安全系数逐渐降低。

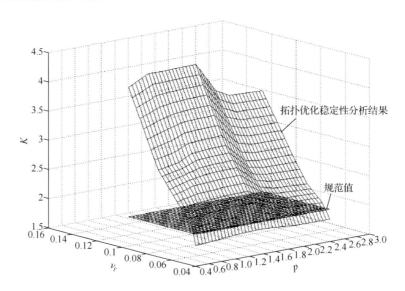

图 9-14　闸门瞬开工况下稳定安全系数随体积剩余率和惩罚因子的变化

规范规定稳定安全系数为 2，提取图 9-14 中稳定安全系数为 2 时体积剩余率与惩罚因子的关系，如图 9-15 所示。由图可知，当惩罚因子为 1.5 时，体积剩余率最小，材料用量最少，结构的荷载质量比最大，承载能力最优，此时对应体积剩余率为 0.0482，相关位置布置参数和尺寸布置参数如表 9-4 和表 9-5 所示。

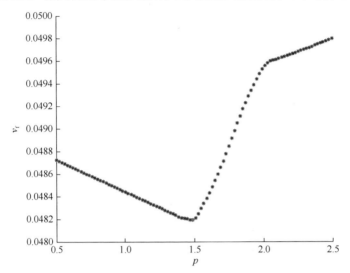

图 9-15　闸门瞬开状态下结构体积剩余率与惩罚因子的关系

表 9-4　闸门瞬开状态下的位置布置参数

参数	p	v_f	ρ'/R	θ'/α	θ_1'/α	θ_2'/α
数值	1.50	0.0482	0.443	0.676	0.391	0.848

表 9-5　闸门瞬开状态下的尺寸布置参数

参数	D/R	H/R	d_1/R	h_1/R	d_1/R	h_2/R
数值	0.0600	0.048	0.047	0.0400	0.047	0.0456

在满足规范要求的前提下，该工程实例考虑支臂稳定的三维拓扑优化结果为 Y 型树状支臂。空心箱型截面 Y 型树状支臂质量为 84595.018kg，与实例工程中考虑腹杆的总质量 97633kg 相比，在满足稳定要求的基础上质量减少 13.35%，明显节约材料。

将拓扑优化理论与稳定性分析理论结合，建立了考虑水工弧形钢闸门支臂结构整体稳定性的拓扑优化模型，并得出了材料承载能力最大的水工弧形钢闸门支臂结构最优形式为树状支臂结构。本小节应用该模型研究了表孔水工弧形钢闸门树状支臂的最优结构型式，得出了分叉点、分支顶点与惩罚因子的关系式，截面尺寸与体积剩余率的关系式。结果表明，采用本方法对水工弧形钢闸门进行支臂拓扑优化，既可保证结构稳定安全性与经济性，又可实现刚度及单位质量承载能力最大。拓扑优化研究表明，决定拓扑优化结果的两个主要参数是惩罚因子和体积剩余率，它们不仅决定着最优树状支臂结构的形状和尺寸，同时共同决定着结构的承载力。惩罚因子主要影响树状支臂结构分叉点的位置，存在最优点即最优树形分叉点；体积剩余率主要影响支臂尺寸，决定着树状支臂结构的承载能力。

9.4　水工弧形钢闸门结构优化设计

9.4.1　水工弧形钢闸门空间框架优化模型

1. 计算假定

为了便于研究，将水工弧形钢闸门空间框架简化为单层双向平面框架。经济合理的框架设计应为框架所有支臂同时失稳。由于水工弧形钢闸门主框架结构、荷载及约束的对称性，满足所有支臂同时失稳的弹性稳定，与任一支臂的弹性失稳有等价关系，框架结构的弹性稳定计算可近似转化为框架支臂的稳定计算。框架任一支臂的弹性临界力为框架整体弹性失稳时该支臂承受的轴力，框架结构的弹性稳定性分析问题就可转化为确定框架支臂的计算长度系数问题。为了计算框架整体稳定时更加简便，对深孔水工弧形钢闸门计算模型作以下假定[25-26]：①计算总水压力时，将弧面展开成平面，忽略水工弧形钢闸门面板曲率的影响，近似按平板处理；②根据研究，如果承受均布荷载的框架在临界荷载范围内，可将均布荷载转化为作用在支臂上的集中荷载，计 $p_水$ 为单根支臂受到的水压力；③框架在水平方向无侧移，在竖直方向有限侧移；④支臂受到闸门支铰和主梁的约束，支铰处按固定铰支座处理，主梁连接处按弹性固接处理；⑤框架的所有支臂同时失稳；⑥支臂截面弯曲中心与截面形心重合，由于结构及荷载的对称性，认为屈曲时不发生扭转；⑦当框架发生无侧移对称屈曲时，主梁两端转角大小相等且方向相反，当发生有限侧移反对称屈曲时，主梁两端转角大小相等且方向相同。

2. 水工弧形钢闸门空间框架优化模型

以较典型的直支臂深孔水工弧形钢闸门为研究对象，设水工弧形钢闸门面板半径为 R，孔口高度为 H，孔口宽度为 B。令 $R=\alpha H$，$B=\beta H$，α 为面板半径与孔口高度的比值，β 为孔口宽度与孔口高度的比值。根据《水利水电工程钢闸门设计规范》(SL 74—2019)[20]，深孔水工弧形钢闸门 α 为 1.2～2.2。考虑到深孔水工弧形钢闸门的水力条件，可把面板上的荷载简化为均布荷载，取面板中心点水头荷载 P_0 作为计算荷载。支臂截面为最常见的箱型截面，空间框架优化模型的支臂横截面示意图如图 9-16 所示。

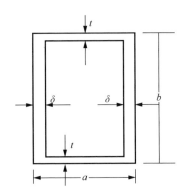

图 9-16　空间框架优化模型的支臂横截面示意图

a-短边长度；b-短边长度；t-短边截面厚度；δ-长边截面厚度

支臂的局部稳定性由其构造要求保证，即腹板和翼缘的局部稳定性条件分别为

$$\frac{b-2t}{\delta} \leqslant (25+0.5\lambda)\sqrt{\frac{235}{\sigma_{\mathrm{s}}}} \tag{9-21}$$

$$\frac{a-2\delta}{t} \leqslant (20+0.2\lambda)\sqrt{\frac{235}{\sigma_{\mathrm{s}}}} \tag{9-22}$$

$$\lambda = \frac{\mu R}{i} \tag{9-23}$$

$$i = \sqrt{\frac{I}{A}} \tag{9-24}$$

$$I = \frac{ab^3 - (a-2\delta)(b-2t)^3}{12} \tag{9-25}$$

$$A = 2at + 2b\delta - 4\delta t \tag{9-26}$$

式中，μ 为支臂的计算长度系数；R 为支臂的实际长度，m，即水工弧形钢闸门面板半径；λ 为支臂稳定计算系数；i 为支臂横截面回转半径，m；I 为支臂横截面惯性矩，m^4；A 为支臂横截面面积，m^2；σ_{s} 为材料的屈服极限，MPa，对于 Q235钢，取 235MPa。

3. 目标函数

设水工弧形钢闸门支臂数目为 N，根据实际情况，N 可取 4、6 和 9 中的一个数(如金沙江白鹤滩水电站泄洪闸门)。四种常见的水工弧形钢闸门空间框架布置形式如图 9-17 所示。

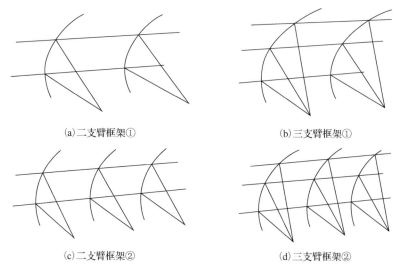

(a) 二支臂框架① 　　　　　　　　　　　　　　(b) 三支臂框架①

(c) 二支臂框架② 　　　　　　　　　　　　　　(d) 三支臂框架②

图 9-17　四种常见的水工弧形钢闸门空间框架布置形式

以上四种水工弧形钢闸门空间框架各有其适用的工程需求，设支臂总用钢量(体积)为 V，以支臂总用钢量最小为目标，建立目标函数：

$$V = N \cdot A \cdot R \rightarrow \min \tag{9-27}$$

4. 约束条件

1) 稳定性约束

通过对国内外水工弧形钢闸门事故的调查分析，发现闸门失事多是支臂丧失稳定导致的[27]。保证支臂不发生失稳，就保证了闸门的安全。根据压杆稳定理论可知，单根受压柱的计算长度系数可根据弹性稳定理论，由构件端部的约束条件确定，但框架平面内的计算长度系数需要通过对框架的整体稳定性分析得到。因此，需要讨论水工弧形钢闸门整体框架结构稳定性与单根支臂稳定性的关系；对水工弧形钢闸门主框架稳定性分析按单层框架底部铰接分析，这种假定虽然未完全反映水工弧形钢闸门结构的工况，但对于支臂受力分析来说，是安全合理的[28]。

(1) 横向主框架的稳定性。

由 9.4.1 小节的分析和假定，横向框架为柱脚铰接无侧移对称屈曲框架，其计算模型如图 9-18 所示(以两支臂框架为例)

应用位移法求得屈曲方程[24]：

$$2K_1\left(\tan\frac{\pi}{\mu} - \frac{\pi}{\mu}\right) + \left(\frac{\pi}{\mu}\right)^2 \tan\frac{\pi}{\mu} = 0 \tag{9-28}$$

式中，K_1 为横向主梁与支臂的单位刚度比。由式(9-28)可得到 μ 的实用计算公式为

$$\mu = \frac{1.4K_1 + 3}{2K_1 + 3} \tag{9-29}$$

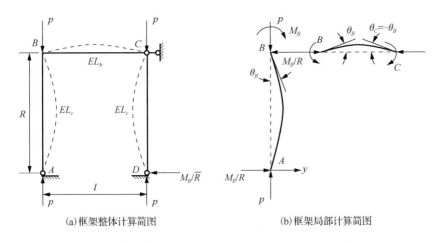

(a)框架整体计算简图　　　　　　　　　(b)框架局部计算简图

图 9-18　柱脚铰接无侧移对称屈曲框架计算简图

(2) 纵向主框架的稳定性。

将曲梁展开，打开支臂，根据单位刚度比不变，将纵向主框架等效转化为柱脚铰接的门式有限侧移框架，并去掉中间构造性的竖向支撑杆(偏安全)。由 9.4.1 小节的假定可知，纵向主框架可发生有限侧移反对称屈曲，其屈曲计算简图如图 9-19 所示。

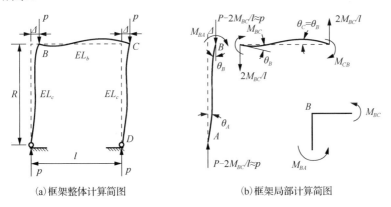

(a)框架整体计算简图　　　　　　　　　(b)框架局部计算简图

图 9-19　柱脚铰接有限侧移反对称屈曲框架计算简图

同样，根据位移法求得其屈曲方程[24]：

$$\frac{\pi}{\mu}\tan\frac{\pi}{\mu} - 6K_2 = 0 \tag{9-30}$$

式中，K_2 为纵向主梁和支臂单位刚度比。根据式(9-30)可得到 μ 实用计算公式为

$$\mu = 2\sqrt{1 + \frac{0.38}{K_2}} \tag{9-31}$$

分析式(9-29)和式(9-31)，可以看出无论 K_1 和 K_2 如何取值，发生有限侧移反

对称屈曲框架支臂的计算长度系数都大于无侧移对称屈曲框架支臂的计算长度系数。由压杆的临界应力分析可知，支臂的计算长度系数越大，即长细比 λ 越大，支臂的临界应力越小。因此，选择有限侧移反对称屈曲为控制工况。直支臂水工弧形钢闸门主梁和支臂的单位刚度比常介于 5~11，据此可计算 μ[18]。

支臂在框架平面内和框架平面外的整体稳定按下式校核：

$$\frac{N}{\varphi_x A} + \frac{\beta_{mx} M_x}{\gamma_x W_{1x}(1 - 0.8 \frac{N}{N_{Ex}})} \leqslant [\sigma] \tag{9-32}$$

$$\frac{N}{\varphi_y A} + \eta \frac{\beta_{tx} M_x}{\varphi_b W_{1x}} \leqslant [\sigma] \tag{9-33}$$

式中，φ_x 和 φ_y 分别为弯矩作用平面内、外的稳定系数；φ_b 为均匀弯曲受弯构件的整体稳定系数；η 为截面影响系数；γ_x 为截面塑性发展系数；N_{Ex} 为轴心受压杆件欧拉临界力，N；β_{mx} 为弯矩作用平面内等效弯矩系数；β_{tx} 为弯矩作用平面外等效弯矩系数；W_{1x} 为支臂截面抗弯模量，Pa；N 为截面轴力，N；M_x 为截面弯矩，N·M。φ_x 和 φ_y 根据各自平面内的长细比和偏心率查表得到，对于箱型截面，φ_b=1.0，η=0.7，γ_x=1.05，β_{mx}=1，β_{tx}=1。

2) 强度约束

工程实践表明，水工弧形钢闸门支臂多为中柔度压杆。对于该类杆，在强度破坏之前已丧失稳定，因此整体稳定约束为主控约束，支臂截面的强度约束是无效的。

3) 刚度约束

为了减少支臂自重和动荷载引起的压杆振动及弯曲变形，规范规定压杆的最大柔度 λ_{max} 必须小于容许值并满足中柔度压杆柔度的取值范围。在水工弧形钢闸门规范中，支臂的柔度容许值 $[\lambda]$ 为 120，即 $\lambda_{max} \leqslant [\lambda]$=120，对于中柔度压杆，$50 \leqslant \lambda \leqslant 100$。

4) 几何约束

即限制各设计变量的取值范围，通过钢材规格及结构构造提供的设计变量上、下限值来确定。

5. 优化模型求解方法

建立的优化模型中，目标函数和约束条件均为非线性，此类非线性模型通常可表示为以下形式[29]：

$$\begin{cases} \min & f(x) \\ \text{s.t.} & c_i(x) = 0, \quad i \in E = \{1, 2, \cdots, m\} \\ & c_i(x) \geqslant 0, \quad i \in I = \{1, 2, \cdots, n\} \end{cases} \tag{9-34}$$

式中，$f(x)$为与设计向量 x 相关的目标函数；$c_i(x)$为约束函数；E 为等式约束集合；I 为不等式约束集合；m、n 为任意实数。

上述非线性优化问题可用 SQP 优化算法求解。SQP 优化算法是一个十分有效的算法，收敛极快，将原问题化为一系列二次规划子问题并进行求解，产生收敛于问题最优解和 Lagrange 乘子的迭代序列，每次迭代所解的二次规划子问题表示为

$$
\begin{cases}
\min & q(d) = d^{\mathrm{T}}g(x_k) + \dfrac{1}{2}d^{\mathrm{T}}W_k d \\
\text{s.t.} & \nabla c_i(x_k)^{\mathrm{T}}d + c_i(x_k) = 0, \quad i \in E = \{1,2,\cdots,m\} \\
& \nabla c_i(x_k)^{\mathrm{T}}d + c_i(x_k) \geqslant 0, \quad i \in I = \{1,2,\cdots,n\}
\end{cases}
\tag{9-35}
$$

式中，W_k 为 $\nabla_{xx}^2 L(x_k,\lambda_k)$（牛顿法）或其近似（拟牛顿法）的计算参数；$d$ 为目标函数自变量。拉格朗日函数为

$$
L(x,\lambda) = f(x) - \sum_{i\in E}\lambda_i c_i(x) - \sum_{i\in I}\lambda_i c_i(x)
\tag{9-36}
$$

用线形搜索确定步长，所用的精确罚函数为

$$
\psi(x,\mu) = f(x) + \frac{1}{\mu}\left(\sum_{i\in E}|c_i(x)| + \sum_{i\in I}\max\{0,-c_i(x)\}\right)
\tag{9-37}
$$

弗莱彻(Fletcher)的可微精确罚函数为

$$
\psi(x,\mu) = f(x) - \lambda(x)^{\mathrm{T}}c(x) + \frac{1}{\mu}\left(\sum_{i\in E}|c_i(x)| + \sum_{i\in I}\max\{0,-c_i(x)\}\right)
\tag{9-38}
$$

文献[27]列出了 SQP 优化算法的具体实施步骤。MATLAB 是一款功能非常强大的科学计算软件，集数学计算、仿真和函数绘图为一体，并拥有友好的界面，自产生之日起，就以其强大的功能和良好的开放性在科学计算软件中独占鳌头。它的操作和功能函数指令用平时计算机和数学书上的一些简单英文单词表达，初学者很容易掌握，且提供的各种专业工具箱和内嵌函数可以解决各个领域的计算问题。此外，MATLAB 也是一个开放的环境，自带的 M 语言更是被誉为"第四代编程语言"，允许用户应用 M 语言开发自己的应用程序。本书以 M 语言编制 SQP 通用优化程序，用于解决水工弧形钢闸门支臂的最优布置数目问题。

9.4.2　水工弧形钢闸门空间框架合理布置优化

目前，对水工弧形钢闸门支臂的布置已有一些定性的认识[22]，但布置方案不明确[24]。为了在定性认识的基础上得到定量的结论，本小节针对水工弧形钢闸门支臂最优数目、最优截面等最优布置问题进行全面研究，以指导工程应用，并对 40 个工程实例进行优化计算(不考虑启闭力)。将水工弧形钢闸门半径作为寻优变量，其寻优范围参考相关规范的取值范围[18]。

使用水工弧形钢闸门支臂数目优化程序,对 40 个工程算例进行优化计算,得到的水工弧形钢闸门半径寻优结果为规范允许的下限,$\alpha=1.2$,这和以往的定性认识是一致的。因为支臂越短,越能保证其稳定性,所以工程条件许可的情况下,应尽可能让水工弧形钢闸门半径取满足规范的较小值。

为了得到孔口宽高比 β 对水工弧形钢闸门支臂布置数目的定量影响,绘制支臂布置数目 N 与宽高比 β 的关系如图 9-20 所示。

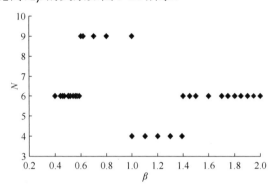

图 9-20 N-β 关系图

由图 9-20 可看出,当 $\beta \leqslant 0.6$ 时,布置 6 根支臂,由于宽高比较小,采用主纵梁式布置方式;当 $\beta \geqslant 1.4$ 时,也应布置 6 根支臂,由于宽高比较大,采用主横梁式布置方式;当 $0.6 < \beta < 1.4$ 时,布置 4 根或 9 根支臂。

图 9-20 中并没有反映出 40 个点,由于孔口宽高比相同,但水头不同,或孔口宽高比相同,但孔口尺寸不同,有些点重合在一起。支臂布置数目与孔口绝对尺寸和水头大小有关,孔口面积(取决于孔口绝对尺寸)和面板中心压强(取决于水头)的乘积为总水压力,则支臂布置数目取决于总水压力。绘制支臂布置数目 N 与总水压力 P 的关系如图 9-21 所示。

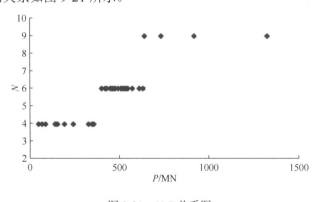

图 9-21 N-P 关系图

由图 9-21 可以看出，当 $P \leq 3.6 \times 10^8$N 时，布置 4 根支臂；当 3.6×10^8N$<P<$ 6.5×10^8N 时，布置 6 根支臂；当 $P \geq 6.5 \times 10^8$N，布置 9 根支臂。

9.4.3 表孔水工弧形钢闸门的尺寸优化

汉江蜀河水电站有五个泄洪表孔，已知孔口尺寸为 13m×24.3m(宽×高)，闸门底槛高程为 193.5m，支铰高程为 217.6m，面板弧面半径为 32m，支铰间距为 10.4m，水工弧形钢闸门设计水头为 23.8m。

由于该闸门的孔口属于高孔口，且宽高比接近 0.5，布置三支臂式水工弧形钢闸门较为合适，主梁、支臂均采用箱型截面，φ_x 和 φ_y 根据各自平面内的长细比查表得到，对于箱型截面 $\varphi_b = 1.0$，$\eta = 0.7$，$\gamma_x = 1.05$，$\beta_{mx} = 1$，$\beta_{tx} = 1$。应用全局优化计算方法，结合《水利水电工程钢闸门设计规范》(SL 74—2019)，分别对上、中、下三层主框架进行优化求解，优化前、后主纵梁弯矩见图 9-22、图 9-23，设计变量优化前后的结果对比见表 9-6。将设计变量优化前后的水工弧形钢闸门主框架质量与原人工设计的质量对比，结果见表 9-7。需要说明的是，要对实际优化结果进行调整，以满足钢板的规格，主梁、支臂的翼缘和腹板厚度精确到 1mm，其他设计变量精确到 1cm，且都取偶数。将调整后的结果重新代入约束条件中复核，以满足强度、刚度、稳定性等约束条件，优化前后纵向长度比例见表 9-8。

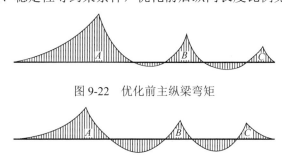

图 9-22 优化前主纵梁弯矩

图 9-23 优化后主纵梁弯矩

表 9-6 设计变量优化前后的对比 (单位：mm)

优化部位		主梁截面							支臂截面				
		x_1	x_2	x_3	x_4	x_5	x_6	x_7	x_1	x_2	x_3	x_4	x_5
人工设计		20	12	24	900	900	2000	700	24	30	900	1600	700
全局优化	上层主框架	12	10	16	560	640	880	400	16	16	860	1200	640
	中层主框架	16	14	20	660	780	1180	560	20	20	980	1480	780
	下层主框架	24	18	30	780	920	1800	630	22	28	1360	1640	1100

表 9-7　优化前后质量对比

主框架质量/t		减轻质量/t	质量减少比例
优化前	优化后		
409.5	296.8	112.7	27.5%

表 9-8　优化前后纵向长度比例

优化部位	优化前	优化后
上悬臂端长度	0.400	0.311
中间段上部	0.300	0.330
中间段下部	0.180	0.255
下悬臂端长度	0.120	0.104

原人工设计的主纵梁的上悬臂端较长，a 约为 0.4，大于本小节求得的 a=0.311，从而使主纵梁受较大的弯矩，最大弯矩为 209.952kN·m，并且沿主纵梁不均匀分布。按本小节采用的布置方法，可使主纵梁所受最大弯矩较小(102.354kN·m)，并且分布更为均匀。由优化结果可以看出，在考虑水工弧形钢闸门合理结构布置的前提下进行水工弧形钢闸门主框架结构优化，可有效减小水工弧形钢闸门主框架的质量，从而大量节省了工程投资；并且与主纵梁连接的三个支臂在支撑处无弯矩，仅受轴力，避免了双向偏心受压，提高了水工弧形钢闸门的整体稳定性；避免了主梁产生较大的扭转剪应力及翘曲应力，提高了主梁的承载力。

9.5　水工弧形钢闸门主横梁与支臂单位刚度比优化

在分析水工弧形钢闸门主框架主横梁与支臂单位刚度比的基础上，运用结构优化设计理论，分别对规范推荐的 Π 型、斜支臂及门型三种主框架进行优化设计，并分析各型式的单位刚度比常用取值范围随闸门宽度与面板曲率半径之比、宽高比、横梁截面高度与支臂截面高度之比三者间的变化规律。

水工弧形钢闸门在水利水电工程中应用十分广泛。在实腹主横梁式水工弧形钢闸门中，由主横梁和支臂构成的主框架是其主要承重结构，主横梁与支臂单位刚度比是水工弧形钢闸门设计的重要参数，它协调着框架内力的分配，其取值合理与否直接影响着整个水工弧形钢闸门的安全性和经济性。水工弧形钢闸门横向主框架型式如图 9-24 所示。

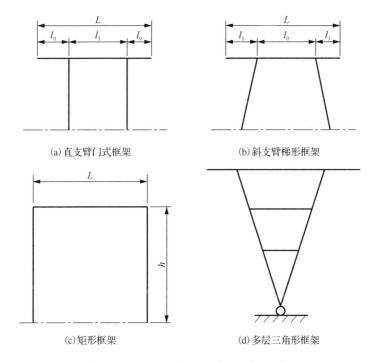

(a) 直支臂门式框架　　　　　　　　　　　(b) 斜支臂梯形框架

(c) 矩形框架　　　　　　　　　　　　　(d) 多层三角形框架

图 9-24　水工弧形钢闸门横向主框架型式

主横梁与支臂单位刚度比的定义式为

$$K_0 = \frac{I_L/b}{I_h/s} \tag{9-39}$$

式中，I_L 为主横梁截面惯性矩，m^4；b 为主横梁两支承间跨度，m；I_h 为支臂截面惯性矩，m^4；s 为支臂长度，m。

从式(9-39)可以看出，影响单位刚度比的因素是主横梁和支臂的截面惯性矩、主横梁两支承间跨度及支臂长度。主横梁和支臂截面惯性矩又取决于主框架内力，即单位刚度比取决于主框架内力和框架几何尺寸，而单位刚度比又协调着主框架的内力分配，因此单位刚度比与主框架内力相互影响。以上这些影响因素均取决于水工弧形钢闸门的孔口尺寸、设计水头和面板曲率半径及它们之间的比例关系等。

9.5.1　单位刚度比与主框架经济性的关系

支臂属于偏心受压构件，在孔口尺寸、框架布置形式和水头一定的情况下，斜支臂框架支臂轴力随水平侧推力的增大而稍增大，其余两种直支臂框架的支臂轴力均为恒定值，而最大弯矩则与主框架水平侧推力成正比。要使支臂截面比较小，最有效的方法是减小主框架水平侧推力。对直支臂框架，减小主框架水平侧推力是唯一的方法，且减小主框架水平侧推力也能降低闸墩的造价。对于 Π 型及斜支臂框架，若取悬臂端长度为 $0.2L(L$ 为主梁跨度)，斜支臂支铰中心至框架刚结点的水平距离为 $0.15L$，则三种主框架水平侧推力与单位刚度比 K_0 的关系见图 9-25。

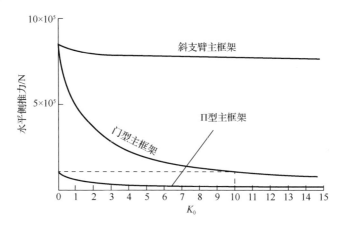

图 9-25   主框架水平侧推力与单位刚度比的关系

从图 9-25 可以看出，门型主框架的单位刚度比对主框架的水平侧推力影响最显著，单位刚度比较小时，水平侧推力随单位刚度比增大而下降得很快，当单位刚度比大于 10 以后，水平侧推力变化趋于平缓。其他两种型式主框架，单位刚度比对主框架水平侧推力影响不显著，即对框架内力影响不显著。从主横梁经济性来分析，体现主横梁经济性的一个重要参数是其正、负弯矩比值正好相等。由分析可知，对 Π 型和斜支臂框架单位刚度比取 4.5 时正好满足此条件，且随单位刚度比的增大，主横梁正、负弯矩之比也增大；对门型框架单位刚度比取 0.5 时，满足主横梁经济性，且主横梁正、负弯矩之比随单位刚度比增大而显著地增大，这说明过大的单位刚度比将使主横梁很不经济。由以上分析可得，对于 Π 形及斜支臂主框架，单位刚度比近似取 4.5 时，主框架较为经济，对于门型框架则难以确定体现框架整体经济性的单位刚度比。但以上分析孤立了支臂和主横梁之间的协调关系，即使 Π 形及斜支臂主框架单位刚度比取 4.5，也未必能达到整个框架的经济性，合理的单位刚度比应使主框架内力分配合理，主框架整体安全经济。

9.5.2   优化研究结果

合理的单位刚度比应使主框架整体最经济，为此，以水工弧形钢闸门主框架质量最小为目标[30]，运用结构优化理论求得在满足强度、稳定性、刚度等条件下的最优单位刚度比。

为了使得到的单位刚度比具有广泛的代表性，拟从国内外已建工程中选取有代表性的实例作为优化设计对象，对其主框架结构进行优化设计。鉴于门型主框架及斜支臂主框架大多用于露顶式水工弧形钢闸门中，仅从露顶式水工弧形钢闸门中分别选取了 64 扇和 76 扇作为典型水工弧形钢闸门。Π 型框架既用在潜孔式水工弧形钢闸门中，又用在露顶式水工弧形钢闸门中，而实际运用中，这两种情况的水头、孔口尺寸相对比例和运行工况等因素不完全相同，因此，对这种框架从潜孔式水工弧形钢闸门中选取 60 扇，再从露顶式水工弧形钢闸门中选取 50 扇，作为典型水工弧形钢闸门。典型水工弧形钢闸门的孔口尺寸、半径、水头见表 9-9。

表 9-9　典型水工弧形钢闸门的孔口尺寸、半径、水头取值范围

框架型式	门数/扇	孔口尺寸			半径	水头
		跨度 B/m	高度 H/m	面积 A/m²	R/m	H_s/m
潜孔式 Π 型	60	2.0～12.2	2.0～12.8	4.0～156.2	2.5～16.0	4.0～97.0
露顶式 Π 型	50	3.0～18.0	2.5～13.5	7.5～225.0	3.2～15.0	2.3～13.0
露顶式斜支臂	76	5.5～18.0	3.0～17.2	22.8～181.5	5.0～20.0	3.0～17.2
露顶式门型	64	4.0～8.0	3.0～17.2	12.0～232.2	4.5～20.0	3.0～17.2

对所选的典型水工弧形钢闸门逐个进行主框架优化设计，得到单位刚度比分布规律如图 9-26 所示。图 9-26(a)主要分布在 2～12，占 91.7%，分布频率最高区间是 6～12，占 75%；图 9-26(b)主要分布在 2～9，占 96%，分布频率最高的区间是 3～7，占 64%；图 9-26(c)主要分布在 3～9，占 93.4%，分布频率最高区间是 3～7，占 86.8%；图 9-26(d)主要分布在 2～12，占 81.5%，分布频率最高区间是 4～10，占 55.4%。

从图 9-26 还可看出，这四种框架的单位刚度比分布范围是不同的。露顶式 Π 型框架和斜支臂框架单位刚度比分布较为相近，主要分布在 3～7，最高分布频率在单位刚度比为 4.5 左右，与前述分析基本吻合。而潜孔式 Π 型框架却与露顶式 Π 型框架单位刚度比分布不同，潜孔式主要分布范围大于露顶式。对于门型框架，因其主横梁无悬臂端，其受力方式不完全同于其他框架，因此其单位刚度比分布与其他三种差异较大。综上分析，对于潜孔式水工弧形钢闸门 Π 型主框架单位刚度比合理取值范围应为 6～12；露顶式 Π 型主框架则为 3～9；斜支臂主框架为 3～7；而门型主框架单位刚度比取值范围最大，为 2～12。对于露顶式 Π 型和斜支臂框架，单位刚度比宜在 4.5 左右取值。

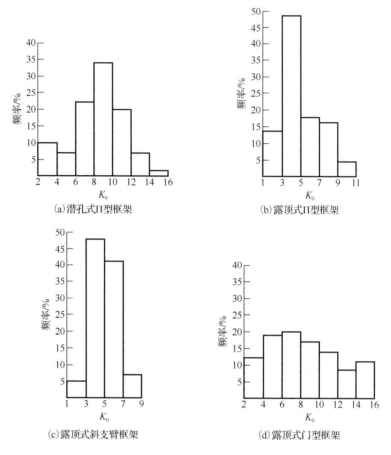

图 9-26　不同框架式的单位刚度比分布

9.6　本　章　小　结

尺寸优化无法改变原结构的布置形式，建立在结构布置优化基础上的尺寸优化能够使得闸门结构设计全局最优。本章在第 2 章闸门合理布置的基础上，提出从主横梁或主纵梁在支撑处横截面的转角为零出发，寻求水工弧形钢闸门结构的合理布置。在此合理结构布置的基础上对主框架建立全局优化模型，并将序列二次规划优化算法引入主框架优化设计中，利用 MATLAB 编制基于合理结构布置水工弧形钢闸门主框架优化设计通用程序。研究结果表明，考虑水工弧形钢闸门主框架合理结构布置的优化设计可有效地减轻水工弧形钢闸门自重，使高孔口水工弧形钢闸门主框架的优化设计达到全局最优，从而取得比以往仅考虑尺寸优化更加合理的水工弧形钢闸门结构型式。不仅提高了生产设计效率，而且降低成本提高了经济效益；使框架内力分布更均匀、合理，提高了主梁的承载力和支臂的整体稳定性，具有重要应用价值。拓扑优化得到主横梁悬臂端最优长度为 $0.2188L$，这与理论值基本很接近，比规范建议的要大一些；纵向框架的最优长度分别为上悬臂端长度为 $0.375S$，中间段上部长度为 $0.346S$，中间段下部长度为 $0.239S$。当 $\beta \leq 0.6$ 时，布置 6 根支臂，由于宽高比较小，故采用主纵梁式布置方式；当 $\beta \geq 1.40$ 时，也要布置 6 根支臂，由于宽高比较大，故采用主横梁式布置方式；当 $0.6 < \beta < 1.40$ 时，布置 4 根或 9 根支臂。主框架与支臂单位刚度比的合理取值分别是：潜孔式 Π 型主框架为 6～12，露顶式 Π 型框架为 3～9，斜支臂框架为 3～7，门型框架为 2～12。

参 考 文 献

[1] 章继光, 刘恭忍. 轻型弧形钢闸门事故分析研究[J]. 水力发电学报, 1992, 11(3): 49-57.

[2] 练继建, 李火坤. 基于 SQP 优化算法的露顶式弧形闸门主框架优化设计[J]. 水利水电技术, 2004, 35(9): 63-66.

[3] 彭波. 基于遗传算法的新优化理论研究及其在弧形闸门优化设计中的应用[D]. 武汉: 武汉大学, 2006.

[4] 刘礼华, 曾又林, 段克让. 表孔三支腿弧门的优化分析和设计[J]. 水利学报, 1996(7): 9-15.

[5] 蔡元奇, 李建清, 朱以文, 等. 弧形钢闸门结构整体优化设计[J]. 武汉大学学报(工学版), 2005, 38(6): 20-23.

[6] 章昕. 基于数值模拟与改进遗传算法的弧形钢闸门结构优化研究[D]. 合肥: 合肥工业大学, 2017.

[7] 刘征辉. 弧形钢闸门构件可靠性研究与结构优化设计[D]. 长春: 长春工程学院, 2015.

[8] 张淑琴. 基于 APDL 的叉梯式景观闸门结构计算与遗传优化[D]. 保定: 河北农业大学, 2013.

[9] 李英. 柔性液压翻板钢闸门的结构分析与智能优化[D]. 保定: 河北农业大学, 2007.

[10] 施泉. 闸门受碰 CAE 分析与结构优化[D]. 南京: 河海大学, 2007.

[11] 尚宪锋. 弧形闸门流激振动正反分析及其结构优化[D]. 天津: 天津大学, 2007.

[12] 钱声源. 偏心铰弧形闸门静动力分析与结构优化研究[D]. 南京: 河海大学, 2006.

[13] 朱耿军. 基于 ANSYS 软件平台的弧形闸门结构优化设计[D]. 南京: 南京水利科学研究院, 2005.

[14] 李火坤. 弧形闸门流激振动特性及其结构优化研究[D]. 天津: 天津大学, 2004.

[15] 侯石华. 水力自动翻板闸门的稳定性分析与结构优化设计[D]. 南京: 河海大学, 2004.

[16] 刘计良, 王正中, 贾仕开. 基于合理布置的三支臂弧门主框架优化设计[J]. 浙江大学学报(工学), 2011, 45(11): 1985-1990.

[17] 刘计良, 王正中, 申永康, 等. 深孔弧形闸门支臂最优个数及截面优化设计[J]. 水力发电学报, 2010, 29(5): 147-152.

[18] BENDSØE M P, KIKUCHI N. Generating optimal topologies in structural design using a homogenization method[J]. Computer Methods in Applied Mechanics and Engineering, 1988, 71(2): 197-224.

[19] 程耿东, 张东旭. 受应力约束的平面弹性体的拓扑优化[J]. 大连理工大学学报, 1995, 35(1): 1-9.

[20] 中华人民共和国水利部. 水利水电工程钢闸门设计规范: SL 74—2019[S]. 北京: 中国水利水电出版社, 2019.

[21] 王正中. 关于大中型钢闸门合理结构布置及计算图式的探讨[J]. 人民长江, 1995, 26(1): 54-59.

[22] 王正中. 刘家峡水电站深孔弧门按双向平面框架分析计算的探讨[J]. 水力发电, 1992(7): 41-45.

[23] 王正中, 李宗利, 娄宗科. 三支臂表孔弧门合理结构布置[J]. 西北农业大学学报, 1995, 23(3): 230-234.

[24] 王正中. 深孔弧门主梁布置型式的探讨[J]. 人民长江, 1994, 25(3): 16-19.

[25] GALAMBOS T V. Influence of partial base fixity on frame stability[J]. Journal of the Structural Division, 1960, 86(5): 85-108.

[26] 陈骥. 钢结构稳定理论与设计[M]. 3 版. 北京: 科学出版社, 2006.

[27] 夏念凌. 水工闸门事故实例分析[M]. 北京: 水利电力出版社, 1994.

[28] 《水电站机电设计手册》编写组. 水电站机电设计手册: 金属结构(一)[M]. 北京: 水利水电出版社, 1988.

[29] 孙文瑜, 徐成贤, 朱德通. 最优化方法[M]. 北京: 高等教育出版社, 2004.

[30] 李宗利, 何运林. 弧形闸门主框架优化设计[J]. 西北水资源与水工程, 1993, 4(4): 35-40.

第 10 章　水工钢闸门结构可靠度分析

10.1　概　　述

在结构设计时，应保证结构具有一定的可靠性，在役结构需要进行可靠度分析。结构可靠度是结构可靠性的概率度量，结构可靠度分析是结构设计及评估的一个重要问题。结构可靠度分析的理论与方法是 20 世纪 40 年代发展起来的，至今国内外已做了许多研究，并取得了丰富成果，在设计规范中广泛应用。在结构可靠度理论中，基于构件层次的结构可靠度理论研究取得了重要进展，目前已基本成熟，考虑了荷载不确定性及结构构件抗力不确定性。然而，目前仍存在一些问题亟待深入研究。①缺乏设计变量的概率统计数据；②在结构可靠度理论中，分别考虑荷载及构件抗力的不确定性；③结构体系的可靠度分析问题目前尚未得到妥善解决，直接考虑结构体系不确定性的可靠度理论还未完善，结构体系可靠度理论尚难解决大型复杂结构体系可靠度的分析问题；④目前国内外研究尚未涉及工程结构可靠度的精细化分析方法；⑤在役结构可靠度分析与评估亟待进一步研究。综上，结构可靠度理论与方法的研究目前遇到瓶颈，发展工程结构可靠度的精细化分析方法及新理论、新方法，是解决当前工程结构可靠度理论困境的途径。

目前，国内外对结构体系可靠度分析有两大途径，一个是失效模式法，也称为失效机构法；另一个是结构整体极限承载能力法。目前主要采用失效模式法，该法存在寻求失效模式和计算失效概率两大难题。国内外学者在这方面做过不少研究，提出了多种计算方法，但失效模式法依然存在很多问题，需要深入研究。①结构体系有很多失效模式，但很难确定全部失效模式，很可能漏掉部分失效模式。对于水工钢闸门结构体系而言，确定主要失效模式也较困难。②各随机变量与失效模式之间均存在相关性，如果考虑这些相关性的影响，则计算更加复杂。为了解决失效模式法存在的问题，国内外相关学者提出从结构整体极限承载能力出发，分析结构体系可靠度。

目前，结构可靠度理论与方法日趋成熟，且在各个工程结构中得到了广泛的应用。我国颁布的以结构可靠度理论为基础的《工程结构可靠性设计统一标准》(GB 50153—2008)[1]中建议，工程结构设计宜采用以概率论为基础、用分项系数表达的极限状态设计法。1994 年颁布的强制性国家标准《水利水电工程结构可靠性设计统一标准》(GB 50199—2013)[2]规定，各类水工结构设计规范必须采用可靠度理论设计。最新版的《建筑结构可靠性设计统一标准》(GB 50068—2018)[3]修订了原版内容，与规范 GB 50153—2018 进行全面协调，吸收与借鉴了近年来结构可靠度理论研究的最新成果，完善了既有结构可靠度评定规则，增加了抗震设计、稳固性设计及耐久性临界荷载设计等有关规定。

工程结构设计标准采用以可靠度理论为基础的概率极限状态设计法，是目前国际工程结构领域的共同发展趋势。美国的水工钢结构设计标准在 1993 年就采用了结构可靠度设计理论[4]，我国现行《水利水电工程钢闸门设计规范》(SL 74—2019)[5]以及《水电工程钢闸门设计规范》(NB 35055—2015)[6]目前仍然采用容许应力法，其优点是计算简洁、使用方便，具有较高的安全富裕度，但其无法考虑荷载和材料性能的随机变异性，显然已落后于国内外同类规范。同时，我国许多学者针对我国水工钢闸门结构可靠度设计问题展开系列研究，提出相对成熟的解决方案[7]，并指出现行闸门规范采用的安全系数法已不适宜，与我国现行的结构设计规范标准体系不统一、不一致，容易引起混乱，给设计、施工、验收等带来不便。虽然现行闸门设计规范采用的是安全系数法，但对可靠度理论在闸门结构设计中的应用已经进行了相当的研究。许多上级规范，如《水利水电工程结构可靠性设计统一标准》(GB 50199—2013)、《钢结构设计规范》(GB 50017—2017)、《水工建筑物荷载设计规范》(SL 744—2016)等均采用可靠度理论，闸门规范采用可靠度理论已无多大问题[8-9]。

目前，对于水工结构设计规范是否有必要采用基于可靠度的设计方法尚存在争议，它在水利行业推动很慢，尚没有进入设计和实用阶段，同时设计工程师也习惯传统的安全系数设计法。因此，研究并提出简便可行的基于可靠度理论的钢闸门设计规范，是目前钢闸门结构可靠度研究中亟待解决的问题。同时，要使设计工程师逐渐理解可靠度设计的好处，从而更好地推动可靠度理论在水工钢闸门结构设计中的应用。对水工钢闸门结构分析中各基本变量的变异性进行调查统计分析，以便合理地确定影响结构可靠度的基本变量的统计参数与概率分布类型，从根本上解决目前钢闸门结构可靠度分析缺乏基本数据的问题。目前，水工钢闸门分析主要还是采用平面体系计算模式，实践证明这种计算模式是偏于安全的。钢闸门实际上是空间结构，理论上应该按空间结构进行计算，同时还要考虑各种不确定性因素的影响。因此，采用随机有限元法研究钢闸门结构可靠度是一条有效的途径。

水工钢闸门从设计、施工到运行始终充满着非确定性。为了科学地指导其设计、施工及运行，为了定量准确地评价其安全可靠性，特别是为了达到水工建筑物的总体设计水平，本章从水工钢闸门结构可靠度研究现状、基本方法、水工平面钢闸门主梁可靠度、水工弧形钢闸门主框架体系可靠度和水工弧形钢闸门空间框架体系可靠度进行了系统阐述，为加快实现可靠度理论在水工钢闸门上的应用提供一定的理论基础和借鉴，为采用结构可靠度理论修订完善现行水利水电工程钢闸门设计规范提供参考。

1. 水工钢闸门统计参数

利用可靠度理论分析钢闸门结构可靠度时，首要的问题便是准确地获得钢闸门荷载统计参数和抗力统计参数分析，周建方[10]、张照煌等[11]、李典庆[12]、周美英等[13]对闸门的荷载效应进行了统计分析。周建方[14]进行闸门可靠度研究时，并未直接统计其抗力参数，而是取现行钢结构规范[15]的数据替代；李典庆[12]建议可用钢结构规范校准的抗力统计参数计算闸门可靠度；李宗利等[16]指出需要对闸门抗力分析中的几何和计算模式的不确定性进行深入研究。美国水工钢结构设计规范[17]采用了其钢结构设计规范的统计参数。

2. 水工钢闸门结构可靠度评估

对现役钢闸门进行可靠度评估也是利用可靠度理论分析钢闸门的重要意义之一，Greimann 等[18]、Ayyub 等[19]、Zheng 等[20]、McAllister 等[21]和 Estes 等[22]基于现役钢闸门的疲劳特性对其进行了可靠度评估。还有研究者将可靠度评估的研究重点放在结构的抗力之上，认为钢闸门特殊工作环境造成的钢材锈蚀是影响钢闸门结构可靠度的重要因素。Mlakar 等[23]对水工平面钢闸门的可靠度进行了研究分析，认为腐蚀导致了其可靠度的减小。Padula[24]、Kathir[25]、Binder[26]、Patev[27]基于钢材的腐蚀性能，在其各自的角度提出了钢材的非线性损伤模型，并对钢闸门的可靠度进行评估。周建方等[28]考虑了运行时间对闸门可靠度的影响，基于层次分析法对钢闸门的时变可靠度进行了评估。钢闸门结构可靠度随时间变化，主要的影响因素是钢材的锈蚀，锈蚀导致钢材的抗力降低，从而使闸门的可靠度降低。由此可见钢材的抗力统计参数是随着时间变化的，因此现役钢闸门的寿命预测也受到了研究者的关注。夏念凌[29]采用许用应力设计法推导了钢构件的寿命预测公式。任玉珊等[30]基于时变可靠指标研究了钢闸门的剩余寿命。李典庆等[31]在考虑荷载和抗力随机性的基础上，对现役钢闸门结构构件进行了寿命预测，并提出了预测方法。

3. 钢闸门构件可靠度

由于钢闸门结构型式及受力状态复杂，不少学者通过研究其主要构件来研究可靠度，如朱大林等[32]、李典庆等[33]、吴帅兵等[34]选择钢闸门主梁作为可靠度研究对象。李宗利[35]充分考虑水工平面钢闸门主梁的失效形式，将其失效分为弯曲、剪切和弯剪复合三种形式，分别进行了可靠度的校准分析。莫慧峰[36]针对某一工程实例，对其主要随机变量的分布规律和统计量进行了探究，将三维有限元法和当量正态化法(joint committee of structural safety，国际安全度委员会采用，简称"JC法")相结合，求出了水工弧形钢闸门主横梁、面板、支臂的可靠指标，对闸门的可靠度进行了安全评估。李典庆等[37]基于可靠度原理，对水工平面钢闸门面板可靠度进行了分析，并基于规范对其进行了校准分析。魏保兴等[38]采用蒙特卡罗法分析了闸门主梁的敏感性。王羿等[39]提出了弹性固定支座平板钢闸门主梁新型结构型式，并基于结构可靠度理论计算了其可靠指标。李永科[40]以水工弧形钢闸门体积最小为目标，以最大应力和最大位移为约束条件，对水工弧形钢闸门进行了优化设计，并采用蒙特卡罗法对优化后的水工弧形钢闸门了进行可靠度计算；由于主梁强度约束是有效约束，将主梁强度公式作为可靠度分析时的极限状态方程，由此对主梁的强度可靠指标进行了计算；同时提取了主梁的位移，作为结构的刚度功能函数，以规范为准计算主梁刚度可靠指标。

以上研究者在分析研究闸门可靠度时，由于闸门结构的复杂性以及计算方法的限制，多是针对闸门某单一构件建立极限状态方程进行可靠度研究，认为某一主要构件失效(如主梁)即代表了闸门整体的失效，以此评估钢闸门的可靠度。

4. 水工弧形钢闸门空间主框架体系可靠度

事实上闸门结构体系的可靠度远不能以某个主要构件的可靠度为准，特别是水工弧形钢闸门。王正中和李宗利[41-42]建立了水工弧形钢闸门平面主框架体系可靠度分析的串联模型，将主框架失效模式概化为当某一个元件失效或几个元件同时失效，就意味着整个结构失效；利用串联模型对平面主框架体系进行了安全评估，利用蒙特卡罗法对其结果进行检验，证明了此模型的可行性；并认为尽管空间主框架结构属于延性材料的高次超静定结构，但是水工弧形钢闸门的主要承载构件不允许出现塑性铰，且允许变形很小，因此主框架的失效模式为每一组成构件达到极限状态时均会导致结构整体失效；提出了串联模型计算主框架可靠度，并给出了按现行水工闸门规范设计的水工弧形钢闸门V型支臂空间主框架体系的最低可靠指标为3.2。串联模型计算方法简单易用，但并未考虑到主梁和支臂破坏模式之间的相关性，使得计算结果的准确性受到了一定的限制。周建方等[43]基于可靠度原理，对水工弧形钢闸门主框架结构的失效模式进行了分析，主要分析了主框架的主梁及支臂失效时的可靠指标，采用层次分析(analytic hierarchy process，AHP)法对水工弧形钢闸门主框架体系可靠度进行了分析。层次分析法虽通过考虑各构件之间的权重分配，使得主框架体系失效概率更为合理，但其依然是基于构件的失效来计算主框架可靠度，无法考虑到各个构件相互作用的空间效应，且权重分配系数的确定方法值得商榷。

10.2　结构可靠度分析基本方法

10.2.1　结构的功能要求与结构功能函数

1. 结构的功能要求

工程结构必须满足下列功能要求：①施工和使用时，结构能承受可能出现的各种作用(力、温度等)；②正常使用时，结构具有良好的工作性能；③正常维护下，结构具有足够的耐久性；④在设计规定的偶然事件发生时和发生后，结构能够保持必要的整体稳定性。

在上述功能要求中，①和④关系到人身安全，因此称之为结构的安全性；②为结构的适用性要求；③为结构的耐久性要求。如果结构同时满足安全性、适用性和耐久性要求，则称此结构可靠。由此可知，结构的可靠度是结构安全性、适用性和耐久性的总称。

2. 结构功能函数

结构可靠度受很多因素的影响，这些因素可归纳为两个综合量，即 R 和 S，得

$$Z = g(R, S) = R - S \tag{10-1}$$

式中，R 为结构或构件的抗力；S 为结构或构件的荷载效应；两者均为随机变量，可知 Z 也是一个随机变量，可能出现下列三种情况：

当 $Z>0$ 时，结构处于可靠状态；

当 $Z<0$ 时，结构处于失效或破坏状态；

当 $Z=0$ 时，结构处于极限状态。

由此可知，根据 Z 的正负可以判断结构是否满足预定的功能要求，式(10-1)称为结构功能函数，式(10-2)称为结构极限状态方程：

$$Z = R - S = 0 \tag{10-2}$$

许多基本随机变量可以影响 R 和 S，如材料性能、截面几何特性、结构尺寸、计算模型等，因此结构可靠度分析及设计时应该考虑这些基本随机变量。设这些基本变量为 $X_1, X_2, \cdots, X_n$，结构功能函数可用基本随机变量描述：

$$Z = g(X_1, X_2, \cdots, X_n) \tag{10-3}$$

10.2.2　结构极限荷载

结构是否可靠取决于结构所处的状态，结构极限状态是结构由可靠变为失效的临界状态。结构极限状态可分为承载能力极限状态和正常使用极限状态。

1. 承载能力极限状态

结构承载能力极限状态是结构达到临界荷载的状态，如果结构或构件未达到承载能力极限状态，则结构可靠；如果结构或构件超过承载能力极限状态，则结构失效。当结构或构件出现下列状态之一时，认为超过了承载能力极限状态：①结构、构件和连接因超过材料强度而破坏，或因过度变形而不适于继续承载；②整个结构或结构的一部分作为刚体失去平衡(如倾覆等)；③结构变为机动体系；④结构或构件丧失稳定；⑤地基丧失承载能力而破坏；⑥结构或构件的疲劳破坏。

2. 正常使用极限状态

正常使用极限状态是结构达到影响正常使用的状态。如果结构或构件未达到正常使用极限状态，则结构可靠；如果结构或构件超过正常使用极限状态，则结构失效。当结构或构件出现下列状态之一时，认为超过了正常使用极限状态：①影响正常使用或外观的变形；②影响正常使用或耐久性能的局部损伤(包括裂缝)；③影响正常使用的振动；④影响正常使用的其他待定状态。

3. 破坏-安全极限状态

超过破坏-安全极限状态导致的破坏，是指容许结构可以发生的局部破坏，而对已发生局部破坏结构的其余部分应具有适当的可靠度，能继续承受降低后的设计荷载。

10.2.3　结构可靠度

结构设计应保证结构可靠性，结构可靠度是结构可靠性的概率度量，是指结构在规定时间内、规定条件下完成预定功能的概率。已知结构功能函数 Z 的概率密度函数 $f_Z(z)$，结构可靠度 P_s 为

$$P_s = P(Z > 0) = \int_0^\infty f_Z(z)\mathrm{d}z \tag{10-4}$$

结构失效概率为结构处于失效状态的概率，表示为

$$P_f = P(Z < 0) = \int_{-\infty}^0 f_Z(z)\mathrm{d}z \tag{10-5}$$

已知结构荷载效应 S 和抗力 R 的概率密度分别为 $f_S(s)$ 和 $f_R(r)$，且 S 与 R 相互独立，则

$$f_Z(z) = f_Z(r,s) = f_R(r)f_S(s) \tag{10-6}$$

由上述可得结构可靠度为

$$P_s = P(R - S > 0) = \iint\limits_{R-S>0} f_R(r)f_S(s)\mathrm{d}r\mathrm{d}s \tag{10-7}$$

结构失效概率为

$$P_f = P(R - S < 0) = \iint\limits_{R-S<0} f_R(r)f_S(s)\mathrm{d}r\mathrm{d}s \tag{10-8}$$

结构的可靠与失效是两个对立的事件，由概率论可知，失效概率与可靠概率互补，即

$$P_s + P_f = 1 \tag{10-9}$$

进一步得

$$P_s = 1 - P_f \tag{10-10}$$

由式(10-10)可知，由结构失效概率可以确定结构的可靠概率。分析工程结构可靠度分析通常需要计算结构失效概率。

先对 R 积分，再对 S 积分，式(10-8)可变为

$$P_f = \int_0^{+\infty}\left[\int_r^{+\infty} f_S(s)\mathrm{d}s\right]f_R(r)\mathrm{d}r = \int_0^{+\infty}\left[1 - \int_0^r f_S(s)\mathrm{d}s\right]f_R(r)\mathrm{d}r$$

$$= \int_0^{+\infty}\left[1 - F_S(r)\right]f_R(r)\mathrm{d}r \tag{10-11}$$

先对 S 积分，再对 R 积分，式(10-8)可变为

$$P_f = \int_0^{+\infty}\left[\int_0^s f_R(r)\mathrm{d}r\right]f_S(s)\mathrm{d}s = \int_0^{+\infty} F_R(s)f_S(s)\mathrm{d}s \tag{10-12}$$

式中，$F_R(s)$ 和 $F_S(r)$ 分别为随机变量 R 和 S 的概率分布函数。令 $Z=g(X_1, X_2, \cdots, X_n)$，得

$$P_f = \iint\cdots\int\limits_{Z>0} f_{X_1}(x_1)f_{X_2}(x_2)\cdots f_{Xn}(x_n)\mathrm{d}x_1\mathrm{d}x_2\cdots\mathrm{d}x_n \tag{10-13}$$

$$P_s = \iint\cdots\int\limits_{Z<0} f_{X_1}(x_1)f_{X_2}(x_2)\cdots f_{Xn}(x_n)\mathrm{d}x_1\mathrm{d}x_2\cdots\mathrm{d}x_n \tag{10-14}$$

10.2.4　结构可靠指标

$Z=R-S$ 的概率密度曲线如图 10-1 所示，图中的阴影面积为失效概率 P_f。

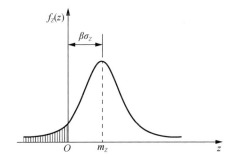

图 10-1　$Z=R-S$ 的概率密度曲线

引入

$$\beta = \frac{m_Z}{\sigma_Z} \tag{10-15}$$

式中，β 为可靠指标，为无量纲系数；m_Z 为 Z 的均值 $E[Z]$；σ_Z 为 Z 的标准差，$\sigma_Z = \sqrt{D(Z)}$，是方差的平方根；Z 为随机变量，图 10-1 中的 $f_Z(z)$ 为概率密度函数。

由上述可知，β 越小，P_f 越大；β 越大，P_f 越小，因此 β 也是衡量结构可靠度的一个重要指标，称为可靠指标。有

$$P_s = \Phi(\beta) \tag{10-16}$$

$$P_f = 1 - \Phi(\beta) = \Phi(-\beta) \tag{10-17}$$

式中，$\Phi(\beta)$ 为标准正态分布函数。由于 R 随时间变化，式(10-15)变为

$$\beta(n) = \frac{m_Z(n)}{\sigma_Z(n)} \tag{10-18}$$

式中，$\beta(n)$ 为结构时变可靠指标；n 为第 n 年(月、天等)。由上述可知，求解结构可靠度问题可归结为求解可靠指标 β 问题。由 $Z=R-S$ 得

$$m_Z = m_R - m_S，\quad \sigma_Z = (\sigma_R^2 + \sigma_S^2)^{1/2} \tag{10-19}$$

将式(10-19)代入式(10-15)可得

$$\beta = \frac{m_R - m_S}{(\sigma_R^2 + \sigma_S^2)^{1/2}} \tag{10-20}$$

式中，m_R 和 m_S 分别为 R 和 S 的均值；σ_R 和 σ_S 分别为 R 和 S 的标准差。

10.2.5　结构可靠度计算方法

计算可靠度在研究结构可靠性过程中起着举足轻重的作用。由于在对结构进行可靠度分析时，需要考虑的因素很多，同时对某些因素的研究尚不深入，很难采用统一的方法确定各随机变量的概率分布并精确计算出可靠指标，在进行可靠指标的计算时选择合适的方法就显得尤为重要。下面对常用的计算方法进行介绍，其中简单点估计法和概率网络估算技术法属于体系可靠度计算范畴。

1. 一次二阶矩法

当结构功能函数为线性函数时，使用一次二阶矩法以随机变量的一阶矩和二阶矩为概率特征进行计算。当功能函数为非线性函数时，通常将功能函数在某点按泰勒级数展开，同时取其一次式近似作为功能函数，使得功能函数为线性，然后再用一次二阶矩法计算。在进行泰勒展开时，"某点"可为均值点或设计验算点，由此将一次二阶矩法分为均值一次二阶矩法和改进一次二阶矩法(通常称为验算点法)。

　　均值一次二阶矩法的均值点通常处于可靠域，且距失效边界较远，因此求得的可靠指标通常误差大，如图 10-2 所示。而验算点法将线性化点选择在设计验算点 P^* 上，使得计算出的可靠指标具有较高的精度，因此验算点法被设计者广泛采用。本书在此将验算点法的过程进行阐述。

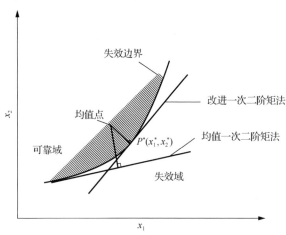

图 10-2　均值一次二阶矩法两个变量的失效边界

　　对于任意一组随机变量，其结构功能函数可表示为

$$Z = g(X_1, X_2, \cdots, X_n) \tag{10-21}$$

　　将功能函数 $X_i^*(i=1, 2, \cdots, n)$ 在验算点按泰勒级数展开，并取其一次式，可得到线性化极限状态方程如下：

$$Z = g(X_1^*, X_2^*, \cdots, X_n^*) + \sum_{i=1}^{n} (X_i - X_i^*) \left(\frac{\partial g}{\partial X_i} \right)_{X^*} = 0 \tag{10-22}$$

Z 的均值为

$$m_Z = g(X_1^*, X_2^*, \cdots, X_n^*) + \sum_{i=1}^{n} (X_i - X_i^*) \left(\frac{\partial g}{\partial X_i} \right)_{X^*} \tag{10-23}$$

　　由于验算点在设计失效边界上，有

$$g(X_1^*, X_2^*, \cdots, X_n^*) = 0 \tag{10-24}$$

因此，式(10-23)可写为

$$m_Z = \sum_{i=1}^{n} (X_i - X_i^*) \left(\frac{\partial g}{\partial X_i} \right)_{X^*} \tag{10-25}$$

　　在变量相互独立的情况下，Z 的标准差为

$$\sigma_Z = \sqrt{\sum_{i=1}^{n} \sigma_{X_i} \left(\frac{\partial g}{\partial X_i} \right)_{X^*}^2} \tag{10-26}$$

由于验算点 X^* 在设计前无法确定，直接应用式(10-25)和式(10-26)计算可靠指标 β 存在一定的困难。目前一般采用迭代的方法求得 β 和 X^*，具体方法可参考相关文献。

2. 响应面法

分析结构可靠度常遇到结构功能函数为高度非线性的隐式形式，使用一次二阶矩法求解困难，很难收敛。响应面法的思想是利用简单的显式函数逐步逼近实际的隐式(或显式)极限状态函数，简化结构可靠度的计算过程。此处简单介绍一次响应面法，以明晰其思想。

设一非线性极限状态函数为 $Y=g(X_1, X_2)$，含有两个基本变量 X_1、X_2。响应面函数为一次多项式，即

$$Y' = g'(X_1, X_2) = a_0 + a_1 X_1 + a_2 X_2 \tag{10-27}$$

欲用 Y' 替代 Y，首先便是确定系数 a_0、a_1 和 a_2。以均值 m_X 为中心，在区间 $(m_X - f\sigma_X, m_X + \sigma_X)$ 中选取 $2n+1$ 个样本点，一般取 $f=1$。通过样本点计算 $Y=g(X_1, X_2)$，通过式(10-27)建立三个方程，求解可得三个系数 a_0、a_1 和 a_2。确定了响应面函数之后，便可由其计算验算点 X_D。以 X_D 为中心选取一组新的样本，重复上述过程，便可得到与极限状态方程 $Y=g(X_1, X_2)=0$ 对应的可靠指标和设计验算点近似值，两变量的线性响应面如图 10-3 所示。

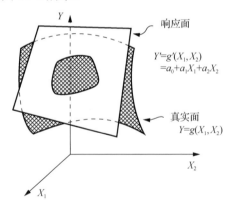

图 10-3　两变量的线性响应面

3. 蒙特卡罗法

蒙特卡罗法在众多可靠度计算方法中，算得上是风格独特的一种方法，通常将其称为随机抽样法，计算机技术的发展使得该方法被广泛应用。在结构可靠度计算中，通常将蒙特卡罗法的计算结果作为精确标准，对其他可靠度计算方法的计算结果进行验证。

　　计算结构可靠度，对随机变量进行大量抽样，然后将每一组样本代入结构功能函数中，根据计算结果确定结构是否安全，根据某事件发生的次数计算出结构的可靠度或失效概率，这便是蒙特卡罗计算结构可靠度的核心思想。

　　设已知统计独立的随机变量 $X_1, X_2, \cdots, X_n$，其概率密度函数分别为 $f_{X_1}, f_{X_2}, \cdots, f_{X_n}$，结构的功能函数为 $Z=g(X_1, X_2, \cdots, X_n)$。通过随机抽样获得各变量的分位值 $x_1, x_2, \cdots, x_n$，计算得到功能函数 $Z_i=g(X_1, X_2, \cdots, X_n)$。若抽样的次数为 m，每次抽样计算出得到的功能函数为 Z_i，$Z_i \leqslant 0$ 的次数为 n，则在大量抽样后，结构的失效概率为 $P_f=n/m$。

　　当结构体系比较复杂时，采用该方法的计算工作将会非常繁重。同时，如果结构失效概率很低，在进行大量抽样后，$Z_i \leqslant 0$ 的次数 n 也有可能为零，这些情况限制了该方法的实际应用。

4. 简单点估计法

　　实际中的一个结构往往由多个构件组成，属于结构体系。通常遇到的超静定结构体系常出现单独的一个构件或一些构件失效，而整个结构不一定失效。因此，在进行结构体系可靠度分析时，需要判定其可能出现的失效模式。

　　设结构体系第 i 个失效构件的功能函数为 Z_i，则有

$$Z_i = \sum_{j=1}^{h} a_{ij} R_j + \sum_{k=1}^{l} b_{ik} S_k \tag{10-28}$$

式中，R_j 为第 j 个截面的抗力；S_k 为作用在第 i 个失效机构的第 k 个荷载效应；a_{ij} 为第 i 个失效机构与 R_j 对应的抗力效应系数；b_{ik} 为第 i 个失效机构与 S_k 对应的荷载效应系数；h 为主要失效机构中的塑性铰数；l 为荷载数。

　　当所有变量均为正态分布时，第 i 个主要失效机构的可靠指标 β_i 为

$$\beta_i = \frac{m_{Z_i}}{\sigma_{Z_i}} \tag{10-29}$$

式中，m_{Z_i} 和 σ_{Z_i} 分别为功能函数 Z_i 的均值和标准差。在各个随机变量统计独立的假设前提下，计算公式为

$$m_{Z_i} = \sum_{j=1}^{h} a_{ij} m_{R_j} + \sum_{k=1}^{l} b_{ij} m_{S_k} \tag{10-30}$$

$$\sigma_{Z_i} = \left(\sum_{j=1}^{h} a_{ij}^2 \sigma_{R_j}^2 + \sum_{k=1}^{l} b_{ik}^2 \sigma_{S_k}^2 \right)^{1/2} \tag{10-31}$$

式中，m_{R_j} 和 m_{S_k} 分别为 R_j 和 S_k 的均值；σ_{R_j} 和 σ_{S_k} 分别为 R_j 和 S_k 的标准差。由式(10-17)可求出第 i 个失效机构的失效概率 P_{f_i}。

　　对于具有 n 个失效机构的结构体系，其失效概率为

$$P_f = P(Z_1 < 0 \bigcup Z_2 < 0 \bigcup \cdots \bigcup Z_n < 0) \tag{10-32}$$

直接采用式(10-32)求解体系可靠度比较困难。当所有失效机构完全相关时

$$P_f = \max P_{f_i} \quad (i = 1, 2, \cdots, n) \tag{10-33}$$

当所有机构都统计独立时，有

$$P_f = 1 - \prod_{i=1}^{n}(1 - P_{f_i}) \tag{10-34}$$

当 $P_{f_i} \leqslant 1$ 时，式(10-34)可近似表示为

$$P_f = \sum_{i=1}^{n} P_{f_i} \tag{10-35}$$

一般情况下，各失效机构间不可能绝对相关，也不可能绝对独立，而是处于二者之间的状态。因此，此方法计算出的结果偏于危险(失效机构完全相关)或保守(失效机构统计独立)。

5. 概率网络估算技术法

针对上述点估计法存在的问题，Ma 等[44]提出概率网格估算技术(probabilistic network evaluation technique，PNET)法来计算结构体系可靠度。

对于具有 n 个可能失效模式的结构体系，其失效概率如式(10-32)所示。当失效模式间的相关性较弱时，结构体系的失效概率几乎不受相关性的影响，计算值接近失效模式相互独立时的值；而当失效模式间具有很强的相关性时，结构体系的失效概率会迅速减小。PNET 法在考虑各失效模式相关性的前提下计算体系可靠度，其基本思路是认为全部主要失效模式可用其中 m 个代表失效模式取代。计算步骤如下。

(1) 选择定限相关系数 ρ_0，出于对水工弧形钢闸门主框架安全性的考虑，取 $0.7 \sim 0.8$；

(2) 根据各主要失效模式产生的概率，由大到小依次排序，$Z_1, Z_2, \cdots, Z_n$；

(3) 取 Z_1 为比较依据，依次计算其余各失效模式与 Z_1 的相关系数，$\rho_{Z_1 Z_2}, \rho_{Z_1 Z_3}, \cdots, \rho_{Z_1 Z_n}$，其中 $\rho_{Z_1 Z_i} \geqslant \rho_0$ 的失效模式对应的 Z_j 可用 Z_1 代表；

(4) 对于 $\rho_{Z_1 Z_j} < \rho_0$ 的各失效模式，按产生概率由大到小依次排序，以产生概率最大的失效模式为比较依据，重复第 3 步，找出代表的失效模式，再次重复以上步骤，直到各个失效模式都找到代表模式为止；

(5) 得到各代表失效模式的概率，用式(10-36)计算结构体系的失效概率：

$$P_f = 1 - \prod_{i=1}^{n}(1 - P_{f_i}) = 1 - \prod_{i-1}^{n}[1 - \Phi(-\beta_i)] \tag{10-36}$$

由于 PNET 法考虑了各主要失效模式之间的相关性，得到的结构体系可靠度具有普遍实用性。

10.2.6　结构体系可靠度

结构可靠度包括结构构件可靠度和结构体系可靠度。结构构件可靠度以构件失效为准则，结构体系可靠度以结构整体失效为准则。由于结构整体失效是结构构件失效引起的，结构体系可靠度必与结构构件可靠度有一定的关系。承载能力极限状态关系到结构安全性，因此只针对结构承载能力极限状态分析。

1. 结构体系可靠度分析模型

1) 串联体系

在结构体系中，如果任何一个构件失效都会导致整个结构体系失效，则这种结构体系称为串联体系[图 10-4(a)]。图 10-4(b)为串联体系的典型实例——铰接桁架，只要其中任一根杆件破坏，必导致整个结构破坏。由此可知，静定结构体系是串联体系。

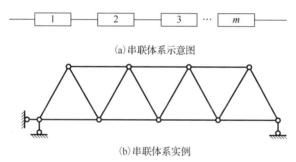

(a)串联体系示意图

(b)串联体系实例

图 10-4　串联体系示意图与实例

2) 并联体系

如果结构体系中有若干个构件失效才会引起整体失效，则这种结构体系称为并联体系(图 10-5)。超静定结构体系为并联体系。

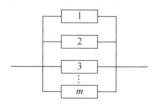

图 10-5　并联体系示意图

3) 混联体系

由若干个串联体系和并联体系共同组成的结构体系，称为混联体系(图 10-6)。超静定结构体系也可以构成混联体系。

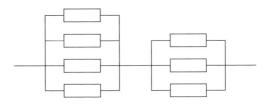

图 10-6　混联体系示意图

4）复杂体系

不能简化为串联体系、并联体系或混合体系的结构体系统称为复杂体系，如大型或超大型建筑结构体系和水工钢闸门结构体系。

2. 静定结构体系的可靠度

在静定结构体系中，任何一个构件失效都会导致整个结构体系失效，因此结构体系失效概率应等于各个构件失效和的概率，即

$$P_{\mathrm{f}}(n) = P(A_1(n) \bigcup A_2(n) \bigcup \cdots \bigcup A_m(n)) \tag{10-37}$$

式中，$A_i(n)$ 为构件 i 在第 n 年失效的事件。

结构体系可靠度的计算公式为

$$P_{\mathrm{s}}(n) = P(\bar{A}_1(n) \bigcup \bar{A}_2(n) \bigcup \cdots \bigcup \bar{A}_m(n)) \tag{10-38}$$

如果事件 $A_1, A_2, \cdots, A_m$ 互不相容，则式(10-37)可简化为

$$P_{\mathrm{f}}(n) = \sum_{i=1}^{m} P(A_i) \tag{10-39}$$

根据概率论知识，如果事件 $A_1, A_2, \cdots, A_m$ 是统计独立的，则式(10-38)可变为

$$P_{\mathrm{s}} = \prod_{i=1}^{m} P(\bar{A}_i) = \prod_{i=1}^{m} P_{s_i} \tag{10-40}$$

式中，P_{s_i} 为构件 i 的可靠度。

由上述讨论可知，静定结构体系可靠度与组成该结构体系各构件的可靠度直接相关，因此计算静定结构体系可靠度需先计算各构件的可靠度。如果结构体系的构件数目很多，按上述方法计算结构体系可靠度的工作量会很大，常采用近似方法或简化方法。

3. 超静定结构体系可靠度

在超静定结构体系中，某个构件或某些构件失效未必导致整个结构体系失效，因此需要研究超静定结构体系各种可能的失效模式或破坏模式，可引入机构的概念。具有一个自由度或瞬变的体系，称为机构。如果结构由于某构件或约束失效而变为机构，则该结构体系失效，便可得到结构的失效模式。结构体系的失效模

式是多种多样的，可以由机构的失效模式叠加组成。结构体系的机构数目为 m，$m=r-n$，n 为超静定次数，r 为可能出现的塑性铰数目。

由上述可知，超静定结构体系的可靠度与该体系各个失效模式的可靠度有关。如果要计算超静定结构体系的可靠度，需先计算各个失效模式的可靠度。设结构体系有 m 个机构或失效模式，每个机构或失效模式对应的失效事件为 A_i，则结构体系的失效概率 P_f 为各机构失效事件和的概率，可由式(10-37)或式(10-39)计算。由于超静定结构可能的失效模式太多，计算工作量太大，一般采用近似方法计算超静定结构体系可靠度。

10.3　水工钢闸门结构体系可靠度分析基本内容

10.3.1　荷载统计参数分析及自重荷载效应

1. 荷载统计参数分析

《水利水电工程钢闸门设计规范》(SL 74—2019)[5]中明确规定，闸门设计荷载主要包括静水压力、动水压力、自重、泥沙压力、波浪压力、启闭力、地震动水压力、冰压力。以可靠度理论为基础的《水工建筑物荷载设计规范》(SL 774—2016)[45]已颁布执行，对上述各种荷载已给出统计参数，但由于闸门受力环境的特殊性，其统计参数并不能满足可靠度分析的要求。现有的闸门可靠度研究中考虑的荷载主要是静水压力，张照煌等[11]研究了作用在钢闸门结构上的水头，对于泥沙压力、波浪压力等作用在闸门结构上的其他荷载，目前还未见有文献直接对此进行分析，未深入考虑闸门的实际运行状况和闸门本身结构等因素。因此，还需要对闸门荷载效应进行系统分析。

荷载效应就是在设计基准期内各种作用在结构或构件上产生的效应，即应力、位移等。闸门上作用的荷载在结构上产生效应，按照闸门门前水位→作用水头→构件上作用的荷载→荷载产生的效应(应力、位移等)的路线传递效应。因此，分析荷载效应时应从闸门门前水位统计规律出发，依次传递，最后得到构件上荷载效应统计参数。直接引用门前水位统计参数作为闸门构件荷载效应是一种近似的方法，荷载在传递过程中并不完全是线性的，还与闸门的运行工况、受力特征、闸门本身结构等因素有关[11]。同时，张照煌等[11]指出了门前峰水位分布特征与坝前峰水位特征存在差异，统计并分析了门前多年峰水位均值与正常蓄水位、门前年峰水位与设计水位的关系式。闸门荷载效应统计参数及分布特征是闸门结构可靠度分析中很重要的一部分内容，需要进行深入探究。

潜孔式闸门与露顶式闸门的运行工况存在差异，且其他荷载占总静水压力的比例也不同。首先，将闸门分为潜孔式闸门和露顶式闸门来分别研究门前水位变化规律。其次，将潜孔式闸门和露顶式闸门根据闸门前水位实际运行特征分类。钢闸门不仅用于大坝结构，还用于其他水工建筑物，如引水枢纽工程闸门、电站压力前池和尾水闸门、挡潮闸门等。不同建筑物中，门前水位变化规律大不一样，应根据此特征分类后再进行统计分析。①多年或年调节的高水头闸门，水位变幅相对较小；②中小型工程中的闸门，最大门前水位不仅年内变化幅度较大，而且多年变化幅度也较大；③运行时门前水位变化较小，但有时门前却无水，这类闸门主要是渠系建筑物上的闸门、电站压力前池和尾水闸门及其他工程中的检修闸门等。掌握门前水位变化规律后，进一步分析门前水头变化规律。对于大多数低水头运行的潜孔式闸门和露顶式闸门，可以认为门前水头变化规律与水位相同，分布参数可以直接由水头计算公式得到；对于高水头闸门，门前水头与门前水位的关系需要进一步研究。

关于闸门主梁荷载与门前水头的关系，已有专家进行了简单的分析研究，该问题涉及闸门结构或构件内力分析方法。目前，绝大多数设计将闸门各构件离散为平面结构或框架(水工弧形钢闸门)，按一定简化原则将水压力分配到要分析的构件或结构上，再采用材料力学或结构力学方法(除面板内力计算外)计算出控制断面的内力。大量工程实践表明，对于门叶宽高比相当的闸门，尤其是深水闸门，其空间效应较强，按平面体系计算的内力与闸门实际受力状况差异较大。用此方法计算荷载效应，得到的可靠指标也就不能反映闸门实际可靠状态，但是该方法在一定程度上反映了我国现行闸门设计规范的可靠度水平。

为了得到闸门构件真实荷载效应，可以采用以下两种途径：一是选取典型闸门，在不同水头下，通过有限元法计算各水头下的闸门控制部位的应力、位移，再通过数学方法反演拟合出荷载效应与水头之间的关系；二是利用闸门原型或模型试验得到构件的应力和位移，同样通过数学方法反演拟合出二者之间的关系。

2. 闸门自重荷载效应

在闸门可靠度分析中，只有少数研究考虑了闸门自重的影响，按现行闸门设计规范推荐的方法，将材料强度标准乘以 0.9 的折减系数。这样虽与现行规范推荐的方法一致，但不够严谨。从设计的角度，这种方法有合理之处，但用来计算闸门的安全度，未免有些不足。闸门启闭时门重荷载最大，启闭力与门体自重以分布荷载的形式作用于闸门，因此需要研究启闭力的传递问题。不同结构型式的启闭力作用点不同，使闸门各构件及不同考察点承受的自重荷载不同，计算构件的可靠度时依对象不同应区别对待。启闭力作用在顶梁或边梁时，顶梁、边梁和竖向连接系的可靠度分析如果不考虑自重荷载，将会导致很大的误差。对于次梁及下部主梁，忽略或引入折减系数是可行的。对于主横梁式水工弧形钢闸门主框架的支臂，其自重荷载作用方向与其他荷载产生的内力方向垂直，宜按双向偏压构件考虑，特别是支臂长度较大时。此外，应分析闸门自重荷载与水压力荷载的相对大小。当自重荷载较小且门叶结构设计中已布置了刚度较大的竖向连接系时，通过抗力系数乘以某一折减系数来分析自重效应是可行的。对于自重较大的闸门，以及一些重要闸门，还需要进一步研究如何考虑自重荷载。

10.3.2　抗力统计参数分析

1. 抗力不定性影响因素

由文献[45]、文献[46]可知，结构或构件中的抗力表示为

$$R = K_M K_A K_P R_K \tag{10-41}$$

式中，K_M、K_A 和 K_P 分别为材料性能、几何特性和计算模式的不定性参数；R_K 为构件抗力标准，它是材料性能标准、几何特性标准等变量的函数。

水工钢闸门所用钢材与其他钢结构相同，因此材料性能参数应与钢结构设计规范取同一数值，几何特性表现钢结构的加工制造水平，水工钢闸门加工制造水平与建筑工程相当，材料性能参数与钢结构设计规范的取值相同应该是合理的。

2. 几何特性的不定性

几何特性的不定性可能使结构承载力较设计状态大大降低，因此分析几何特性变异时应该考虑此因素。虽然我国钢闸门结构的加工制造水平与其他行业相当，但是具有其特殊性。第一，闸门加工制造验收标准与其他行业不同，加工的构件几何特性变异规律与其他行业难免稍有差异，有必要针对闸门进行调查，并与钢结构中调查得到的统计规律比较，确定出合理的取值；第二，由于闸门运行环境较其他行业复杂，锈蚀问题应该引起足够的重视，并且个别闸门锈蚀相当严重，使其承载力较设计状态大大降低。

3. 计算模式不定性

计算模式不定性表现为分析结构或构件力学计算模型时得到的应力、位移与真实值的差异，还有前文提到的闸门空间效应问题引起的不定性。对一个具体构件进行可靠度分析时，也应该考虑此问题。例如，计算闸门主梁时一般按简支梁考虑，但实际主梁端部是和边梁焊接而成的约束，呈弹性支撑。边梁的抗侧向刚度直接影响主梁的内力，具体如何考虑，建议通过模型试验或有限元分析反演简支梁计算模式。

10.3.3　闸门结构体系及构件可靠度分析

王正中团队[41-42]在水工弧形钢闸门平面框架及空间框架结构体系可靠度分析方面进行了有益探索，根据闸门设计规范[6,10]、结构可靠度理论及水工弧形钢闸

门空间框架的失效模式,提出了空间框架体系可靠度计算的串联模型及计算方法。在对钢闸门基本构件可靠度研究的基础上,应用该串联模型及计算方法,分析水工弧形钢闸门空间框架体系的可靠度。

现有闸门构件设计时,除面板考虑一定的塑性承载力提高外,其余构件均依弹性阶段设计。现有的可靠度分析也局限于弹性阶段,得到的结果只是对《水利水电工程钢闸门设计规范》(SL 74—2019)的可靠度校准分析,并不能反映一个闸门的真实可靠度。因此,闸门结构和构件失效模式的确定问题有待深入研究。大量闸门失事调查结果表明,闸门的破坏与闸门振动直接相关[29],但如何在设计中充分考虑闸门振动问题,理论上还不完善,《水利水电工程钢闸门设计规范》(SL 74—2019)仅引入 1.2 的系数来考虑。在闸门振动机理及动力设计问题未能完全解决的前提下,按塑性或临界荷载分析其可靠度也就缺乏理论依据,但是在闸门设计目标可靠度确定时,应该充分考虑按塑性或临界荷载分析。

闸门一类破坏是变形过大,变形过大不仅引起止水脱离,形成射流,而且加剧了闸门的振动,因此刚度可靠度分析显得尤为重要。另一方面,闸门构件连接可靠度分析也是闸门结构可靠度分析的重要内容。

10.4　水工钢闸门面板可靠度分析

对于已建的钢闸门结构,要经常对面板进行补强加固,说明在实际工程中的确存在面板失效的问题。本节在分析闸门结构基本荷载及抗力的基础上,建立闸门结构面板的极限状态方程,分析广义荷载和抗力并校准可靠度,为闸门设计规范采用概率极限状态设计法做理论上的准备和探讨,其结果可供修订闸门规范时参考。

10.4.1　极限状态方程的建立

《水利水电工程钢闸门设计规范》(SL 74—2019)[5]规定,面板强度验算表达式为

$$\sigma_{zh} \leq 1.1\alpha[\sigma] \tag{10-42}$$

式中,σ_{zh} 为面板区格的折算应力,Pa;α 为弹塑性调整系数,当面板的边长比 $b/a>3$ 时,取 $\alpha=1.4$;当 $b/a \leq 3$ 时,取 $\alpha=1.5$;$[\sigma]$ 为钢材的抗弯容许应力。闸门设计规范中规定,当 $b/a>1.5$,且长边布置在梁轴线方向时,有

$$\sigma_{zh} = \sqrt{\sigma_{my}^2 + (\sigma_{mx} - \sigma_{ox})^2 - \sigma_{mx}(\sigma_{mx} - \sigma_{ox})} \tag{10-43}$$

式中，$\sigma_{mx}=KPa^2/t^2$ 为垂直于主(次)梁轴线方向面板支承长边中点的局部弯曲应力，Pa，$\sigma_{my}=u\sigma_{mx}=0.3\sigma_{mx}$ 为面板沿主(次)梁轴线方向的局部弯曲应力，Pa；$\sigma_{ox}=M_y/I_x$ 为对应于面板验算点的主(次)梁上翼缘的整体弯曲应力，Pa。

结合式(10-42)和式(10-43)，分析极限状态方程及荷载、抗力的统计参数。将式(10-43)代入式(10-42)得

$$\sqrt{\sigma_{my}^2 + (\sigma_{mx} - \sigma_{ox})^2 - \sigma_{mx}(\sigma_{mx} - \sigma_{ox})} \leqslant 1.1\alpha[\sigma] \tag{10-44}$$

式中，α 为 1.4 或 1.5(与面板边长比有关)。式(10-44)右端相当于钢材的屈服极限 σ_s，也就是说钢闸门面板的安全系数为 1.0，这与闸门一般构件设计时的安全系数 1.5 有所区别。将(10-44)式左端视为广义荷载 S，右端视为广义抗力 R，即

$$\begin{cases} R = 1.1\alpha[\sigma] \\ S = \sqrt{\sigma_{my}^2 + (\sigma_{mx} - \sigma_{ox})^2 - \sigma_{mx}(\sigma_{mx} - \sigma_{ox})} \end{cases} \tag{10-45}$$

可得极限状态方程

$$Z = R - S = 0 \tag{10-46}$$

10.4.2　基本统计数据

1. 抗力的统计参数

抗力 R 在这里是以应力形式表达，即几何特性不定性参数 K_A 反映在荷载 S 中，其一般表达式为

$$R_K = K_M K_P K_A \tag{10-47}$$

式中，R_K 为抗力标准值；K_M、K_P 分别为材料性能、计算模式不定性参数。

抗力不定性及其变异系数的统计参数为

$$K_R = \frac{R}{R_K} = K_M K_P \tag{10-48}$$

$$\delta_R = (\delta_{K_M}^2 + \delta_{K_P}^2)^{\frac{1}{2}} \tag{10-49}$$

根据式(10-45)，材料性能表现为钢材压服强度 $\sigma_s=1.5[\sigma]$ 的变异性，由文献[46]可知，Q235 钢 $K_M=1.08$，$\delta_{K_M}=0.08416$；锰钢 $K_M=1.09$，$\delta_{K_M}=0.068$，呈正态分布。关于闸门面板计算模式的不定性，还未见有直接的试验数据。对于面板的弯曲，显然不可用组合梁受弯破坏计算模式的数据进行计算，要另做分析。由文献[47]可知，按《水利水电工程钢闸门设计规范》(SL 74—2019)计算所得面板承载能力低于试验值，同时也给出了理论根据。由于计算模式是用试件抗力试验值(或精确计算值)与按规范规定的抗力公式计算值之比定义的，初步分析时可认为其计算模式统计参数为

$$K_R = R^S / R \tag{10-50}$$

式中，R^S 为结构构件的实际抗力值(可取试验值或精确计算值)；R 为按规范计算的抗力值。由文献[48]可知式(10-42)中α的精确计算值，最大值为 3.127，最小值为 2.625。按规范计算时取α=1.4，可得 $K_{P\max}$=2.23，$K_{P\min}$=1.88，进而可得 K_P 的统计参数为u_{K_P}=2.06，σ_{K_P}=0.06，δ_{K_P}=0.029，呈正态分布。将上述值代入式(10-48)、式(10-49)可得抗力的统计参数，Q235 钢 K_R=2.225，δ_{K_R}=0.089；16锰钢 K_R=2.245，δ_{K_R}=0.074，呈正态分布。

2. 荷载的统计参数

广义荷载：

$$S = \sqrt{\sigma_{my}^2 + (\sigma_{mx} - \sigma_{ox})^2 - \sigma_{mx}(\sigma_{mx} - \sigma_{ox})} \tag{10-51}$$

为了分析简便，这里令

$$\begin{cases} X = \sigma_{my} \\ Y = \sigma_{mx} \\ Z = \sigma_{ox} \\ S_1 = \sigma_{my}^2 + (\sigma_{mx} - \sigma_{ox})^2 - \sigma_{mx}(\sigma_{mx} - \sigma_{ox}) \end{cases} \tag{10-52}$$

推导后可得

$$K_{S_1} = \frac{K_X^2 + (\rho_1 K_Y - \rho_2 K_Z)^2 - K_X(\rho_1 K_Y - \rho_2 K_Z)}{1 + (\rho_1 - \rho_2)^2 - (\rho_1 - \rho_2)} \tag{10-53}$$

$$\begin{aligned}
\delta_{S_1} = K_X &\left\{ \delta_X^2 \left(2K_X - \rho_1 K_Y + \rho_2 K_Z \right)^2 \right. \\
&+ \left(2\rho_1 K_Y - 2\rho_2 K_Z - K_X \right)^2 \left[\left(\frac{\rho_1 K_Y}{K_X} \delta_Y \right)^2 + \left(\frac{\rho_2 K_Z}{K_X} \delta_Y \right)^2 \right]^{\frac{1}{2}} \right\} \\
&\times \left[K_X^2 + (\rho_1 K_Y - \rho_2 K_Z)^2 - K_X(\rho_1 K_Y - \rho_2 K_Z) \right]^{-1}
\end{aligned} \tag{10-54}$$

式(10-53)和式(10-54)是在面板的边长比 b/a>1.5，且长边布置在梁轴线方向时得出的结果，同理可得，当 b/a≤1.5 或短边布置在梁轴线方向时的结果为

$$K_{S_1} = \frac{K_X^2 + (\rho_1 K_Y + \rho_2 K_Z)^2 - K_X(\rho_1 K_Y + \rho_2 K_Z)}{1 + (\rho_1 + \rho_2)^2 - (\rho_1 + \rho_2)} \tag{10-55}$$

$$\delta_{S_1} = K_X \left\{ \delta_X^2 \left(2K_X - \rho_1 K_Y - \rho_2 K_Z \right)^2 \right.$$

$$+ \left(2\rho_1 K_Y + 2\rho_2 K_Z - K_X \right)^2 \left[\left(\frac{\rho_1 K_Y}{K_X} \delta_Y \right)^2 + \left(\frac{\rho_2 K_Z}{K_X} \delta_Y \right)^2 \right] \right\}^{\frac{1}{2}}$$

$$\times \left[K_X^2 + \left(\rho_1 K_Y + \rho_2 K_Z \right)^2 - K_X \left(\rho_1 K_Y + \rho_2 K_Z \right) \right]^{-1} \tag{10-56}$$

式中，ρ_1、ρ_2 分别为随机变量 Y、Z 标准值与随机变量 X 标准值之比；K_X、K_Y、K_Z 分别为随机变量 X、Y、Z 均值与标准值之比。

接下来分析式(10-53)～式(10-56)中 K_X、K_Y、K_Z、ρ_1、ρ_2、δ_X、δ_Y、δ_Z 的取值。由文献[49]可知ρ_1=0.3；由文献[50]可知 σ_{ox}/σ_{my} 的极限状态值为 0.28～0.9，对于大多数情况，σ_{ox}/σ_{my} 应低于上述值。本书结合文献[51]中的几个算例，确定ρ_2的取值范围为 0.1～0.9，实际计算时可取其大致平均值ρ_2=0.4 来计算可靠指标。

由 $X=KPa^2/t^2$ 整理可得 $K_X=K_P \cdot (K_a/K_t)^2$，$\delta_X = \sqrt{\delta_P^2 + 4\delta_a^2 + 4\delta_t^2}$。由于 $Y=0.3X$，其统计参数 K_Y、δ_Y 同随机变量 X 的一样有 $K_Y=K_X$，$\delta_Y=\delta_X$。

由规范可知，$Z=My/I_x$ 或 $Z=(1.5\zeta-0.5)M/W$，为了分析方便，以 $Z=M/W$ 为例，经计算分析可得 $K_Z=K_M/K_W$，$\delta_Z = \sqrt{\delta_M^2 + \delta_W^2}$。由文献[47]可知，对于 y、I_x、W、a、t 等几何尺寸的统计参数可统一取为 K_A=1.0，δ_A=0.05，呈正态分布，则有 $K_X=K_Y=K_P$，$K_Z=K_M$，$\delta_X = \delta_Y = \sqrt{\delta_P^2 + 0.02}$，$\delta_Z = \sqrt{\delta_M^2 + 0.0025}$。随机变量 P、M 同样受水压力等荷载的影响，可以认为其统计参数基本相同。当静水压力与其他荷载组合时，取组合荷载的统计参数。具体计算方法限于篇幅就不再列出其推导过程，K_S、δ_S 对于确定的荷载组合有相应的值，因此式(10-51)～式(10-54)中 K_X、K_Y、K_Z、δ_X、δ_Y、δ_Z 可由计算得到，进而可得 K_S，再由 $S=\sqrt{S_1}$ 得出 S 的统计参数 $K_S = \sqrt{K_{S_1}}$，$\delta_S = \delta_{S_1}/2$。

至此，广义荷载的统计参数就完全求出了。由于在闸门面板结构计算中，水压力起主要作用，而水压力是正态分布的，同时其他荷载所占百分比较小，分布类型对可靠指标的影响不明显，这在文献[51]中给出了证明。由于荷载为线性组合，两种或两种以上荷载组合后的综合荷载分布可以认为是正态分布，由以上分析可看出，要得出广义荷载的统计参数，还需要知道动水压力、波浪压力等基本荷载的统计参数，具体分析过程及结果见文献[51]。

10.4.3　闸门面板可靠指标校准分析

在闸门结构设计中，最基本的荷载组合是仅有静水压力 W，它起控制作用。

为了使结果更加准确，分析时针对露顶式闸门与潜孔式闸门分别选取了 W、$W+B$、$W+D$、$W+B+D$、$W+Z+W$、$W+N$、$W+D$、$W+N+D$、$W+Z$ 进行校准(B 为波浪力，D 为动水压力，Z 为地震动水压力，N 为泥沙力)。每种组合情况又考虑了若干个荷载效应比，$\rho=B_K/W_K$，N_K/W_K 等，ρ 为其余荷载与静水压力荷载标准值之比。因为各种荷载的变异性不同，同一构件的可靠指标随 ρ 的不同也不同，所以在对结构可靠度进行分析时，必须引入参数 ρ。将不同荷载作用下的可靠指标平均后得到最终的可靠指标，限于篇幅，这里只给出当面板的边长比 $b/a>1.5$ 且长边布置在梁轴线方向时的计算结果，见表 10-1 和表 10-2。

表 10-1　露顶式闸门在不同荷载组合下的可靠指标

构件种类	钢材种类	不同荷载组合下的 β 值					β 平均值
		W	$W+B$	$W+B+D$	$W+D$	$W+Z$	
钢闸门	Q235	4.666	4.938	5.514	5.207	5.049	5.075
面板	16Mn	5.103	5.408	5.911	5.711	5.532	5.533

表 10-2　潜孔式闸门在不同荷载组合下的可靠指标

构件种类	钢材种类	不同荷载组合下的 β 值					β 平均值
		W	$W+B$	$W+B+D$	$W+D$	$W+Z$	
钢闸门	Q235	4.434	4.856	4.934	4.571	4.808	4.721
面板	16Mn	4.878	5.350	5.439	5.032	5.296	5.199

由于 ρ_2 缺乏大量的统计数据，本小节在分析时结合了几个工程实例后取大致平均值 $\rho_2=0.4$，来计算面板的可靠指标。为了反映 ρ_2 变化对可靠指标的影响，下面列出了静水压力下不同 ρ_2 时的 β，见表 10-3。

表 10-3　静水压力下不同 ρ_2 时的 β

钢材种类	K_R	δ_S	不同 ρ_2 时的 β								
			0.1	0.2	0.3	0.4	0.5	0.6	0.7	0.8	0.9
Q235	2.225	0.089	4.382	4.443	4.536	4.666	4.803	4.945	5.095	5.232	5.354
16Mn	2.245	0.074	4.761	4.834	4.946	5.103	5.268	5.444	5.630	5.801	5.954

水压力是闸门的主要荷载，因此可靠指标主要受其限制，其他荷载的影响不大，表 10-1 和表 10-2 充分反映了这一点。同时，还可看出静水压力和其他荷载作用下可靠指标比仅有静水压力作用时大，这是因为可靠指标随 P 值增大的变化规律是先增大到一极值后又减小[52]。这一结果是由安全系数 $K=1.0$(II级)得出的。对于大型工作闸门(I级)及小型工作闸门(III级)，其可靠指标分别比 II 级闸门的可靠指标增加 0.8 和减少 0.4 左右。由于 ρ_2 的取值缺乏大量的统计数据，本小节取

0.1～0.9 反映其变化对可靠指标的影响。由表 10-3 可看出 ρ_2 在 0.1～0.9 变化时，可靠指标变化量为 1.000 左右，说明 ρ_2 的取值对可靠指标的影响比较明显，应做进一步研究。闸门设计规范中面板的目标可靠指标露顶式为 5.0(Q235)与 5.5(16Mn)左右；潜孔式为 4.7(Q235)与 5.2(16Mn)左右，这是当面板的边长比 $b/a>1.5$ 时得出的结果。对 $b/a≤1.5$ 或短边布置在梁轴线方向时的情况，其可靠指标比上述值大 0.5 左右。总体上闸门结构面板的可靠指标大于闸门主梁的可靠指标。根据《水利水电工程结构可靠度设计统一标准》中确定结构设计目标时的可靠指标原则，说明可靠度应适当提高。本小节建议将面板目标可靠指标统一确定为 Q235 钢 5.5(Ⅰ级)、5.0(Ⅱ级)、4.5(Ⅲ级)、16Mn 钢 6.0(Ⅰ级)、5.5(Ⅱ级)、5.0(Ⅲ级)。

10.5　水工平面钢闸门主梁的可靠度分析

目前，工程中所用的平板钢闸门的结构型式多为两侧门槽对闸门仅提供铰支约束，无法限制主梁端截面(边梁)转角。主梁的力学模型是简支梁，造成跨中弯矩较大，而支座处弯矩为零。主梁的内力分布极不均匀，材料强度不能充分发挥，工程上通过变截面和局部加固等方法解决。在结构力学中，将简支梁支座处加上约束弯矩后，可以使跨中弯矩变小，并使梁内弯矩分布较为均匀，如图 10-7 所示(其中 L 为梁跨度)。如果将闸门主梁支座处的简支结构改为固定端支座，则原结构成为三次超静定结构，工程上难以实现。从定性的角度看，支座处的负弯矩和剪力产生的折算应力将会显著增大，使内力分布及应力分布也不均匀，支座的安全性最低，这是得不偿失的。这里给出两种新的闸门门槽及主梁型式。第一种如图 10-8(a)所示，梁在端部变高，铰支固定于门槽上，支座处的滚轮既可以限制主梁端截面转角位移，又可以代替侧轮的作用，起到增加约束的作用。第二种如图 10-8(b)所示，在上、下翼缘处施加约束，上翼缘行走支承受拉，下翼缘行走支承受压。允许主梁支座截面发生一个合理的角位移，使跨中截面与梁端截面达到相同的安全度。这样能减少支座的弯矩，使折算应力减小，并且弹性固定支座也较容易在实际工程中实现。以跨中截面与梁端截面达到相同安全度为原则，以结构承载力最大为目标进行定量计算，以确定合理的角位移及相应的结构可靠指标。

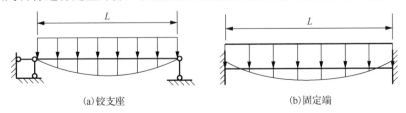

(a)铰支座　　　　　　　　　　　　(b)固定端

图 10-7　不同支座约束的梁弯矩图

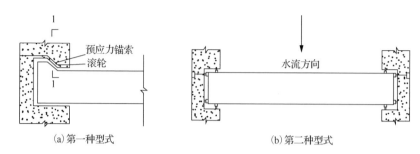

(a) 第一种型式　　　　　　　　　　　　　　(b) 第二种型式

图 10-8　弹性支座梁

为防止门槽 1-1 截面处拉裂，可以参照文献[53]和文献[54]中的水工弧形钢闸门支墩预应力锚索技术。在门槽内侧埋置预应力锚索预加压力形成偏心受压，且受压面在内侧。实践证明，预应力锚索技术能确保深孔水工弧形钢闸门受集中力作用时 2 个支墩安全可靠，同理采用预应力锚索技术，能保证分布荷载作用下的门槽安全，并避免内侧拉裂，因此这种门槽是安全可行的。该门槽向主梁施加的约束为弹性的，只允许主梁支座微小变形。与简支约束不能限制支座变形相比，其正常工作的可靠性更高。

10.5.1　结构计算

1. 内力计算

根据结构力学方法求解该超静定结构的内力，结构、边界和荷载均对称，因此取一半基本结构，弹性固定梁半边结构计算简图见图 10-9。

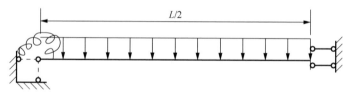

图 10-9　弹性固定梁半边结构计算简图

力学方法的方程为

$$\delta_{11}X_1 + \Delta_{1p} = +\Delta\theta \tag{10-57}$$

由图乘法解得支座弯矩与跨中弯矩分别为

$$M_{支} = -\left(\frac{qL^2}{12} - \frac{2\Delta\theta EI}{L}\right) \tag{10-58}$$

$$Q_{支} = \frac{qL}{2} \tag{10-59}$$

$$M_{中} = \frac{qL^2}{24} + \frac{2\Delta\theta EI}{L} \tag{10-60}$$

式中，X_1 为支座转动弹簧约束力矩，kN·m；δ_{11} 为 X_1 作用时基本体系支座处角位移，rad；Δ_{1p} 为单独荷载作用时基本体系支座位移，m；$M_\text{支}$ 为支座弯矩，kN·m；$Q_\text{支}$ 为支座剪力，kN；$M_\text{中}$ 为跨中弯矩，kN·m；$\Delta\theta$ 为弹性支座合理转角，rad；E 为材料弹性模量，MPa；I 为截面惯性矩，m^4；q 为均布荷载，kN/m；L 为梁跨度，m。式(10-58)～式(10-60)为通式，当 $\Delta\theta = 0$ 时，式(10-58)、式(10-59)和式(10-60)为两端固支情况下的内力；当 $\Delta\theta = ql^3/(12EI)$ 时，为简支情况下的内力。

2. 应力计算

为计算方便，以沿跨度等截面梁为例进行计算应力，如图 10-9 所示。典型截面如图 10-10 所示，b_1、b_2、h_0、t_0、t_1、t_w 分别为上翼缘宽度、下翼缘宽度、腹板高度、翼缘厚度、面板厚度和腹板厚度。根据材料力学方法，等截面梁的截面应力计算如下：

$$\sigma = \frac{M}{W_\text{min}} \tag{10-61}$$

$$\tau = \frac{QS_Z^*}{I_0 t_\text{w}} \tag{10-62}$$

$$\sigma_\text{zh} = \sqrt{(\sigma^2 + 3\tau^2)} \tag{10-63}$$

式中，M 为截面弯矩，N·m；Q 为剪力，N；σ 为截面弯曲正应力，MPa；τ 为剪应力，MPa；σ_zh 为弯剪折算应力，MPa；I_0 为截面中性轴惯性矩，m^4；W_min 为下翼缘底部抗弯截面模量，m^3；S_Z^* 为验算点面积距，m^3。

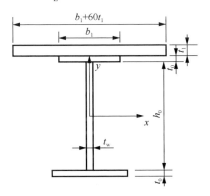

图 10-10　主梁典型截面图

将跨中弯矩、支座负弯矩、支座剪力分别代入式(10-61)和式(10-62)，得跨中弯曲正应力 σ_1、支座弯曲正应力和剪应力；再将翼缘和腹板相接处的正应力和剪应力代入式(10-63)，求得支座处折算应力 σ_zh。

10.5.2　弹性固定支座合理转角的确定

弹性固定支座合理转角的确定原则是,荷载作用下梁在跨中和支座同时破坏,先确定跨中和支座处的控制应力,再令二者相等即可求得合理转角。

1. 控制应力

梁在跨中只有弯曲正应力,因此控制应力为正应力σ_1。支座处应力有弯曲正应力、剪应力和弯剪复合应力。经分析表明,在非双轴对称工字形梁下翼缘正应力,腹板最大剪应力,下翼缘与腹板相接处正应力和剪应力的复合应力三者中,复合应力为最大控制应力,且有$[\sigma]=\sqrt{3}[\tau]$,$[\tau]$为容许剪力,荷载扩大系数取1.1[54],结合式(10-63),有

$$\max\left\{\frac{\sigma_2}{[\sigma]}, \frac{\tau_2}{1.1[\tau]}, \frac{\sigma_{zh}}{1.1[\sigma]}\right\}=\frac{\sigma_{zh}}{1.1[\sigma]} \tag{10-64}$$

2. 合理转角

根据以上分析,令$\sigma_1/[\sigma]=\dfrac{\sigma_{zh}}{1.1[\sigma]}$,由式(10-58)~式(10-63)得

$$1.1^2\times\left(\frac{\frac{qL^2}{24}+\frac{\Delta\theta EI}{L}}{W_{\min}}\right)^2=\left(\frac{\frac{qL^2}{12}-\frac{\Delta\theta EI}{L}}{W_{\min}}\right)^2+3\left(\frac{qLS_Z^*}{2I_0\Delta t_w}\right)^2 \tag{10-65}$$

由于$\Delta\theta$很小,略去二阶微量$\Delta\theta^2$,得

$$\Delta\theta=\frac{q\left(\frac{0.25\cdot S_Z^{*2}\cdot W_{\min}^2}{I_0^2\cdot t_w^2}+0.18L^3\right)}{EI} \tag{10-66}$$

令$\dfrac{(\frac{2.8LS_Z^{*2}W_{\min}^2}{I_0^2t_w^2}+0.18L^3)}{EI}=\Phi$,合理转角为

$$\Delta\theta=\Phi\cdot q \tag{10-67}$$

利用式(10-67)计算的$\Delta\theta$为理论最合理转角,在实际中合理转角为一个范围,令$\dfrac{\sigma_1}{[\sigma]}=\delta\dfrac{\sigma_{zh}}{1.1[\sigma]}$,其中$\delta$表示跨中与支座可靠度相差的程度,根据工程需要取值。

10.5.3　可靠度分析

1. 功能函数与计算公式的确定

根据文献[35]可知，闸门简支主梁破坏形式有三种，分别是主梁弯曲破坏、剪切破坏和弯剪复合破坏。对于弹性固定支座梁，根据以上分析，在支座处剪切破坏，弯曲破坏不起控制作用，而弯剪复合破坏是控制状态；在跨中处弯曲破坏，弯剪复合破坏不起控制作用，而弯曲破坏是控制状态。功能函数如下。

跨中弯曲破坏：

$$Z_1 = R_1 - \frac{\dfrac{qL^2}{24} + \dfrac{\Phi EI}{L}}{W_{\min}} \tag{10-68}$$

支座复合破坏：

$$Z_2 = R_2 - \sqrt{\left(\frac{\dfrac{qL^2}{12} - \dfrac{q \cdot \Phi EI}{L}}{W_{\min}}\right)^2 + 3\left(\frac{qLS_Z^*}{2I_0 \cdot t_w}\right)^2} \tag{10-69}$$

由 $R_2 = 1.1R_1$，将式(10-68)和式(10-69)化为同水平比较，

$$Z_2' = R_2 - \frac{1}{1.1}\sqrt{\left(\frac{\dfrac{qL^2}{12} - \dfrac{q \cdot \Phi EI}{L}}{W_{\min}}\right)^2 + 3\left(\frac{qLS_Z^*}{2I_0 \cdot t_w}\right)^2} \tag{10-70}$$

Z_1、Z_2 中随机变量只有 q，故

$$\mu_{Z1} = \mu_R - \frac{\dfrac{L^2}{24} + \dfrac{\Phi EI}{L}}{W_{\min}}\mu_q \tag{10-71}$$

$$\sigma_{Z1} = \sqrt{\left(\mu_R \cdot \delta_R\right)^2 + \left(\frac{\dfrac{L^2}{24} + \dfrac{\Phi EI}{L}}{W_{\min}} \cdot \mu_q \cdot \delta_q\right)^2} \tag{10-72}$$

式中，δ_q 为荷载 q 处的变形。Z_2 原函数为非线性，对其进行泰勒级数展开变为线性，在均值点处泰勒展开为线性函数，求其均值与标准差。

令

$$\begin{cases} B = \left(\dfrac{\mu_q \cdot L \cdot S_Z^*}{2I_0 t_{\mathrm{w}}} \right)^2 \\[4mm] A = \left(\dfrac{\dfrac{qL^2}{12} - \dfrac{q \cdot \varPhi EI}{L}}{W_{\min}} \cdot \mu_q \right) \\[6mm] C = \dfrac{\dfrac{A \cdot \left(\dfrac{L^2}{12} - \dfrac{\varPhi EI}{L} \right)}{W_{\min}} + \dfrac{3B \cdot L \cdot S_Z^*}{2I_0 t_{\mathrm{w}}}}{\sqrt{A^2 + 3B^2}} \end{cases} \tag{10-73}$$

则荷载函数为

$$Z_2' = \mu_R - \frac{A^2 + 3B^2}{1.1} + (R - \mu_R) + \frac{(q - \mu_R)}{1.1} \frac{\dfrac{A \cdot \left(\dfrac{L^2}{12} - \dfrac{\varPhi EI}{L} \right)}{W_{\min}} + \dfrac{3B \cdot L \cdot S_Z^*}{2I_0 t_{\mathrm{w}}}}{\sqrt{A^2 + 3B^2}} \tag{10-74}$$

故

$$\mu_{Z2} = \mu_R - \sqrt{A^2 + 3B^2} \tag{10-75}$$

$$\sigma_{Z2} = \sqrt{(\mu_R \cdot \sigma_R)^2 + (\mu_q \cdot \sigma_q \cdot C)^2} \tag{10-76}$$

式中，μ_R 为抗力均值，MPa；μ_q 为荷载均值，kN/m；σ_R 为抗力标准差，MPa；σ_q 为荷载标准差，kN/m。

2. 荷载分析

主梁可靠指标只与其偏差系数和变异系数有关。以文献[55]中的主梁为例进行分析，该闸门主梁的跨中截面如图 10-10 所示，表 10-4 为荷载基本变量的统计参数，包括参数 γ 的设计值和变异系数 COV。表中 α 为主梁支承端截面腹板高度折减系数，L 为跨度，γ 为截面高度改变处至跨中距离与主梁跨度 L 的比值，q 为主梁分布荷载。b_1、b_2、h_0 和 L 的变异系数小于 0.01，视为确定量，为计算简便，将 t_0、t_1、t_{w} 也按确定量计算。计算弹性固定支座主梁时取等截面，因此并不采用表 10-4 中 α 和 γ 的数据。采用截尾正态分布，避免概率分布函数尾部对可靠指标的影响[54]。

表 10-4　荷载基本变量的统计参数

变量	设计值	γ	COV	分布类型
b_1	14.0cm	—	—	—
b_2	34.0cm	—	—	—
h_0	100.0cm	—	—	—
t_0	2.0cm	1	0.022	截尾正态
t_w	1.0cm	1	0.022	截尾正态
t_1	0.8cm	1	0.022	截尾正态
α	0.6	—	—	—
L	10.0m	—	—	—
q	88.2kN/m	1.08	0.09	截尾正态

3. 抗力分析

主梁抗力只包含材料性能和计算模式的不确定性[35]，其表达式为

$$R = R_n \times M \times P \tag{10-77}$$

式中，R_n 为抗力标准值；M 为材料性能的不确定性统计参数；P 为抗力计算模式的不确定性统计参数。

材料性能的统计参数可取钢结构设计规范校准时的参数[33]。钢闸门主梁在荷载的作用下，受弯和受剪破坏计算模式不确定性的统计参数，取钢结构设计规范校准时的参数；对于弯剪复合破坏来说，将其计算模式不确定性近似按受弯破坏来考虑，这是因为剪力对弯曲正应力的影响很小[56]。根据式(10-72)可得三种失效模式下抗力的统计参数，从而得到主梁抗力偏差系数与变异系数，结果见表 10-5。此外，由文献[35]和[55]可知，钢闸门抗力一般服从对数正态分布。

表 10-5　主梁抗力偏差系数与变异系数

统计参数	钢材种类	不同材料性能的统计参数	不同计算模式下的统计参数			不同抗力下的统计参数		
			受弯	受剪	弯剪复合	受弯	受剪	弯剪复合
λ	Q235	1.08	1.06	1.03	1.06	1.15	1.11	1.15
λ	Q345	1.09	1.06	1.03	1.06	1.16	1.12	1.16
COV	Q235	0.084	0.08	0.11	0.08	0.12	0.14	0.12
COV	Q345	0.068	0.08	0.11	0.08	0.11	0.13	0.11

注：λ 为在材料性能不确定性和计算模式不确定性影响下的抗力偏差系数，即 $M \times P$；COV 为变异系数。

4. 可靠指标计算

根据表 10-4 与表 10-5 中数据，以 Q235 钢为例进行计算。已知在由简支结构变为弹性支座后梁跨中弯矩必减小，在截面不变的情况下可靠指标必增大，不必再验证，而只需比较变化前后支座处可靠指标的变化。计算结果如下：

当 $\Delta\theta=0.0038\text{rad}$ 时(为简支梁控制转角的 0.5 倍)，弹性梁支座与跨中同时破坏。简支梁和弹性固定支座情况下可靠指标计算结果如表 10-6 所示。此外，为了更加突出弹性固定梁优势，令两种梁可靠指标相等，求得弹性固定支座梁高只需 0.7m，并在表 10-6 给出了其跨中与支座可靠指标。

表 10-6　简支梁和弹性固定支座情况下可靠指标计算结果

位置	简支梁(近支座处梁高折减为 0.6m)	弹性固定支座	
		梁高 1.0 m	梁高 0.7m
跨中	4.01	5.45	4.09
支座	4.01	5.45	4.09

简支梁在跨中和支座处可靠指标不同，这是因为仅在支座附近降低梁高却没有加厚腹板厚度，选取的主梁截面尺寸不尽合理，实际支座可靠指标也应达到 4.01 左右，经计算需要加厚腹板为 1.2cm[54]。这也说明简支梁在设计时很复杂。

接下来比较原简支梁(原方案)与采用弹性固定支座并降低梁高为 0.7m 后(现方案)主梁沿 x/L 的可靠指标 β 和截面面积 A，主梁关于跨中对称，以左支座为坐标原点，左半跨的比较结果如图 10-11 所示。

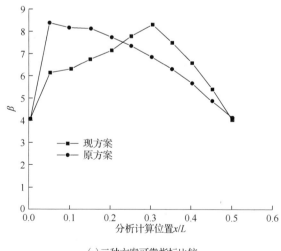

(a) 二种方案可靠指标比较

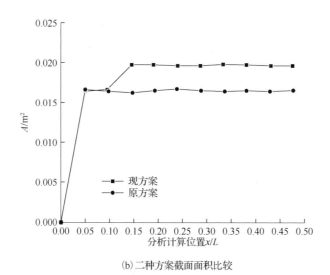

(b) 二种方案截面面积比较

图 10-11　可靠指标和截面面积沿 x/L 分布图

由图 10-11 可以看出，在保持与原结构相同可靠指标的前提下，现方案节省了近 30%的材料，同时横向隔板材料用量也相应地减少，主梁便于焊接，降低梁高并采用等截面设计的弹性固定梁沿梁长的可靠指标和截面面积都优于原先的简支梁。

通过以上计算，表明改变梁两端的约束形式可以提高结构的安全性，而且应力分布也比较均匀，就本小节计算结果而言，可靠指标提高了 1.44；在可靠指标不变的情况下，将闸门主梁变为弹性固定支座可以减小断面，从而节省钢材，减轻闸门自重，降低安装难度。结构的超静定次数和约束的位置对结构可靠指标影响较大，这应在极限状态设计的功能函数中体现，建立这样的功能函数可以量化基于可靠指标的结构设计优化。

10.6　水工弧形钢闸门平面框架可靠度分析

10.6.1　主框架分析模型

要评价一个结构体系的可靠度，必须先确定该体系的失效模式。对于由延性材料组成的超静定结构，可以通过分析其塑性铰出现的位置和各种可动构件的运动形式来确定其失效模式。水工弧形钢闸门具有运行环境恶劣、承受荷载大、容许变形小等特点，不可按塑性铰可动机构去确定，宜按现行规范规定的弹性阶段分析。水工弧形钢闸门主框架示意图如图 10-12 所示。

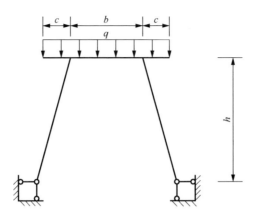

图 10-12　水工弧形钢闸门主框架

对于水工结构承载力极限状态，各构件的失效破坏标志为结构或构件超过材料强度或丧失弹性稳定。因此主框架破坏的判断准则是控制断面强度是否超过材料屈服极限或丧失弹性稳定。根据这个原则，主框架体系的极限状态方程分为以下二类。

应力强度：

$$Z_i = R - S \tag{10-78}$$

稳定性校核：

$$Z_j = R_S - S_S \tag{10-79}$$

式中，R 和 S 分别是控制断面强度(正应力、剪应力和折算应力)抗力和荷载效应；R_S 和 S_S 是稳定抗力和荷载效应；i 和 j 分别是强度和稳定性极限状态方程的个数。

那么对于每一个极限状态方程的失效概率为

$$P_{f_i} = P(Z_i < 0) \tag{10-80}$$

从理论上分析，超静定结构某一构件的某一断面应力超过材料屈服极限或某一构件丧失弹性稳定，并不意味着整个结构失效。水工弧形钢闸门主框架虽然属于一次超静定结构，但所受荷载复杂，在启闭过程中往往伴随着振动，在巨大的静水压力下再叠加上动水压力，当某一断面屈服时，内力将在主框架内重新调整，迅速地使其他断面屈服，或产生局部破坏影响正常使用。例如，主梁跨中下翼缘正应力超过材料屈服极限，随着塑性区的扩大，主梁的挠度变形增大，引起止水脱离、产生射流，水工弧形钢闸门产生振动、焊缝撕裂等破坏；同时支臂的荷载随之加大、承载力减弱，即使在主横梁应力较小情况下，由于支臂的整体稳定性丧失，闸门扭曲破坏，甚至崩溃。因此，从闸门破坏产生、发展及形式上考虑，认为任一断面屈服或任一支臂丧失稳定，也就是任一极限状态方程小于零，就认为主框架结构处于破坏状态，故主框架失效模式概化为由许多个元件组成的串联体系。每一个元件就代表一个极限状态方程，某一元件失效或几个元件同时失效意味着整个结构失效，因此主框架体系的失效概率为

$$P_\mathrm{f} = P[\bigcup_{i=1}^{n}(Z_i < 0)] \tag{10-81}$$

主框架体系的可靠指标为

$$\beta = \varPhi^{-1}(1 - P_\mathrm{f}) \tag{10-82}$$

式中，n 为极限状态方程个数，主框架体系确定出 11 个；$\varPhi^{-1}$ 为标准正态分布函数的反函数。

10.6.2　平面框架可靠指标计算方法

1. 分析方法的选择

荷载效应是所有外力荷载在某种组合下对构件产生的应力，既与外力有关，又与结构布置、构件尺寸等有关。结构可靠度分析中关键是分析荷载效应及彼此间相关关系。在主框架体系中外力荷载主要是均布水压力，而均布水压力又是水工弧形钢闸门上作用水头的非线性函数，涉及整个水工弧形钢闸门布置等问题，因此极限状态方程中荷载效应不易直接求得。各极限状态方程之间也存在一定的相关性，例如主梁支撑处截面正应力强度和剪应力强度极限状态方程之间高度相关，直接按式(10-81)求解相当困难。

对于结构体系可靠度分析比较成熟的方法有底特里界限法和概率网络估算法，这两种方法仅适用于延性结构，且要分析各极限状态方程间相关性，计算比较麻烦。鉴于此，选择蒙特卡罗分析法，该法又称随机抽样技巧法或统计试验法，对影响其可靠性的各随机变量依据各自概率分布类型及参数大量随机抽样，然后把这些值代入极限状态方程，通过判断极限方程的值，来判断结构是否失效，通过大量随机模拟试验就可得到结构的失效概率。该法的优点是不受随机变量相关性、概率分布类型的限制，适用于任何形式的极限状态方程，得到的结果相对比较精确，常用来检验其他方法的分析结果。

2. 分析步骤

(1) 根据抗力和荷载效应的分布类型及参数，随机产生各极限状态方程的抗力和荷载效应，然后计算每一个极限状态方程值，依据串联体系模型，在体系 11 个极限状态方程中进行抽样，每次从第 1 个进行到第 11 个，当出现方程值小于零时，该次抽样即可中间停止，则认为这是该体系的一次失效。

(2) 重复步骤(1)，设进行过 n 次模拟试验，并记录失效次数 m。

(3) 计算实际主框架体系的失效概率，判断是否收敛，其失效概率为

$$P_f = \frac{m}{n} \tag{10-83}$$

在模拟试验中，发现次数大于 10000 次，其失效概率就基本趋于稳定，因而在判断收敛时，要求两次试验得到的失效概率相对误差小于某一预先给定的很小的正数，同时限制模拟次数不得小于 10000 次，根据得到的失效概率求得可靠度。依据这个步骤，编制了蒙特卡罗分析主框架体系可靠度程序。

10.6.3　实例分析

某水库灌溉引水隧洞进口主横梁式水工弧形钢闸门的高度为 3.6m，宽度为 3.6m，设计水头为 24m。对仅有的 14 年最高水位资料进行分析，门前平均水头为 20.953m，变异系数为 0.081。分别假设年最高水头为正态分布、对数正态分布和极值型分布，用柯尔莫哥洛夫(Kolmogorov)法进行检验，结果是该水工弧形钢闸门门前水头均不拒绝接受正态和对数正态分布，而拒绝接受极值型分布。该水工弧形钢闸门采用 A3 钢制成，抗力均值为 259.2MPa，变异系数为 0.08，分布为对数正态分布。

根据前面所建模型用蒙特卡洛法对该水工弧形钢闸门主框架进行可靠度分析，分析结果见表 10-7。从表 10-7 可以看出，年最高水头无论是采用正态分布还是对数正态分布，主框架可靠指标是比较大的。

表 10-7　实例可靠指标分析结果

抗力(259.2MPa,0.08)	水头(20.953m,0.081)	模拟次数	失效概率	可靠指标
对数正态分布	正态分布	48150	$<1\times10^{-5}$	>4.265
	对数正态分布	10000	2.997×10^{-3}	3.448

注：括号中第一项表示该变量均值，第二项表示变异系数。

水工弧形钢闸门主框架属于超静定结构，其可靠度应按体系可靠指标分析，采用串联分析模型，通过实例分析说明是合理的。

10.7　水工弧形钢闸门空间框架体系可靠度分析

10.7.1　空间框架体系模型

水工弧形钢闸门的主要承载体系就是其空间主框架，以工程中最常用的二支臂式为例，它是由 2 根纵梁、2 根主横梁、4 根支臂组成的空间框架结构，如图 10-13 所示。尽管它属于延性材料的高次超静定结构，但是水工弧形钢闸门的主要承载构件不允许产生塑性铰，允许变形很小，工作环境恶劣，因此根据水工弧形钢闸

门的这种工作状态、传力过程及现行闸门规范，只要其空间框架结构的每一组成构件达到极限状态时结构整体必然失效。每一个构件无论发生剪切破坏、弯曲破坏或稳定破坏，都会导致结构整体破坏。

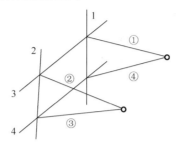

图 10-13　水工弧形钢闸门空间框架简图

1,2-纵梁；3,4-主横梁；①②③④-支臂

　　对于水工弧形钢闸门空间框架的承载力极限状态，其纵梁及主横梁的失效模式有弯曲破坏和剪切破坏两种；其支臂由于受轴压和弯曲组合作用，失效模式有平面内失稳和平面外失稳两种。实际上 4 根支臂在抗力及荷载效应方面必然存在变异性，但同一闸门的生产及设计水平一致，差异并不是很大，可以予以忽略；同理，4 根主梁的差异性也可以忽略。因此，可以把水工弧形钢闸门空间框架体系的失效模式，简化为该空间框架每一个构件的各种破坏方式组成的串联体系模型。

10.7.2　空间框架体系可靠度计算方法

　　根据前面的分析及简化，已将水工弧形钢闸门空间框架体系的可靠度计算模型简化为串联体系，对于串联体系，其可靠度可根据结构可靠度理论[42]及南京水利科学研究院宣国祥等[57]提出的计算公式进行计算，计算公式见式(10-40)。

　　如前所述，为了精确评价现行规范设计的水工弧形钢闸门的安全性，在周建方等[7]计算闸门各基本构件可靠度的基础上，进一步研究水工弧形钢闸门空间框架体系的可靠度，其相应的极限状态方程、荷载效应的统计值、抗力参数的统计值的选取与规范[6]相同。

　　1. 极限状态方程

　　取两种荷载组合：①仅有水压力和自重，无启闭力作用；②水压力加其他荷载 Q，则其相应的极限状态方程为

$$Z = R - S_H = 0 \tag{10-84}$$

$$Z = R - S_H - S_Q = 0 \tag{10-85}$$

式中，S_H 表示水压力引起的荷载效应；S_Q 为 Q 引起的荷载效应；抗力 R 取两种分布，即正态分布和对数正态分布。

2. 荷载及抗力统计参数选取

《水电工程钢闸门设计规范》(NB 35055—2015)[6]规定，荷载与其效应的统计规律是一致的，而且它们之间存在线性关系。因此以荷载统计特征表达效应的特性，直接取基准期最大水头的均值与标准值之比 K_{HT} 为 0.8 和 0.9，变异系数 V_{HT} 为 0.10、0.15 和 0.21，服从正态分布。其他荷载的统计参数 K_{QT} 为 0.6、0.7 和 0.8，变异系数 V_{QT} 为 0.29，服从正态分布。则根据可靠度理论得钢闸门主要构件不同破坏方式的抗力参数见表 10-8。

表 10-8　主要构件不同破坏方式的抗力参数

主要构件	破坏方式	材料	结构抗力不定性附加变量 K_R	抗力统计参数 V_R
偏压支臂	平面内失稳	3 号钢	1.134	0.123
		16Mn 钢	1.145	0.113
	平面外失稳	3 号钢	1.213	0.144
		16Mn 钢	1.213	0.147
组合梁	受弯破坏	3 号钢	1.146	0.126
		16Mn 钢	1.156	0.116
	受剪破坏	3 号钢	1.112	0.147
		16Mn 钢	1.123	0.139

10.7.3　实例分析

1. 静水荷载作用

根据式(10-84)，将抗力 R 分别考虑为正态分布和对数正态分布两种情况，其可靠指标见表 10-9 和表 10-10。

表 10-9　R 服从正态分布时的可靠指标

分析对象	破坏方式	$K_{HT}=0.8$			$K_{HT}=0.9$			平均
		$V_{HT}=0.10$	$V_{HT}=0.15$	$V_{HT}=0.21$	$V_{HT}=0.10$	$V_{HT}=0.15$	$V_{HT}=0.21$	
偏压支臂	平面内失稳	4.02	3.74	3.36	3.52	3.22	2.84	3.45
		4.37	4.02	3.57	3.82	3.46	3.02	3.71
	平面外失稳	3.65	3.48	3.23	3.26	3.07	2.81	3.25
		3.72	3.54	3.28	3.32	3.12	2.85	3.31

续表

分析对象	破坏方式	K_{HT}=0.8			K_{HT}=0.9			平均
		V_{HT}=0.10	V_{HT}=0.15	V_{HT}=0.21	V_{HT}=0.10	V_{HT}=0.15	V_{HT}=0.21	
组合梁	受弯	3.98	3.71	3.35	3.49	3.21	2.85	3.43
	破坏	4.31	3.99	3.56	3.78	3.44	3.02	3.68
	受剪	3.37	3.18	2.92	2.94	2.74	2.48	2.94
	破坏	3.57	3.36	3.07	3.13	2.90	2.61	3.11
串联模型	—	2.84	2.60	2.24	2.31	2.03	1.62	2.27
		3.05	2.80	2.42	2.52	2.22	1.80	2.47

注：表中同一破坏方式的上行数据为 3 号钢的可靠指标，下行数据为 16 锰钢的可靠指标，下同。

表 10-10　R 服从对数正态分布时的可靠指标

分析对象	破坏方式	K_{HT}=0.8			K_{HT}=0.9			平均
		V_{HT}=0.10	V_{HT}=0.15	V_{HT}=0.21	V_{HT}=0.10	V_{HT}=0.15	V_{HT}=0.21	
偏压支臂	平面内	4.91	4.27	3.63	4.14	3.55	2.99	3.92
	失稳	5.32	4.55	3.83	4.45	3.79	3.16	4.18
	平面外	4.73	4.20	3.65	4.03	3.55	3.07	3.87
	失稳	4.80	4.25	3.68	4.09	3.59	3.10	3.92
组合梁	受弯	4.90	4.28	3.64	4.14	3.56	3.02	3.92
	破坏	5.30	4.54	3.84	4.44	3.79	3.18	4.18
	受剪	4.21	3.71	3.22	3.51	3.09	2.65	3.40
	破坏	4.46	3.90	3.37	3.71	3.25	2.78	3.58
串联模型	—	3.85	3.27	2.64	3.05	2.50	1.87	2.89
		4.10	3.47	2.74	3.27	2.70	2.05	3.10

从表 10-9、表 10-10 可以看出：①无论对各个构件还是水工弧形钢闸门空间体系，16Mn 钢的可靠指标大于 3 号钢；②无论对各个构件还是水工弧形钢闸门空间体系，R 服从正态分布时的可靠指标总比对数正态分布时小；③无论 R 服从正态分布还是对数正态分布，无论是 3 号钢还是 16Mn 钢，构件的可靠指标总大于结构体系的可靠指标。当 R 服从正态分布时，3 号钢构件的可靠指标平均值为 3.27，16Mn 钢为 3.45；水工弧形钢闸门空间体系的可靠指标平均值 3 号钢为 2.27，16Mn 钢为 2.47；当 R 服从正态分布时，体系可靠指标平均值要比构件可靠指标平均值约小 0.99。当 R 服从对数正态分布时，构件的可靠指标平均值 3 号钢为 3.78，16Mn 钢为 3.97；水工弧形钢闸门空间体系的可靠指标平均值 3 号钢 2.89，16Mn

钢 3.10；即当抗力服从对数正态分布时，体系可靠指标平均值要比构件可靠指标平均值约小 0.88。

2. 其他荷载作用

结构在几种荷载共同作用下，对应的极限状态方程为式(10-85)，结构构件的可靠指标随各种荷载的比值不同而变化，根据文献[2]和[5]取其他荷载 Q 与水压力的比值 d 为 0.05～0.50，抗力服从对数正态分布，计算出了构件及体系的可靠指标随 d 的变化规律，表 10-11 列出了 K_{HT} 为 0.8 时各 d 值下的可靠指标。

表 10-11　水压力和其他荷载作用时各种 d 值下的可靠指标

构件	破坏方式	d										平均值
		0.05	0.10	0.15	0.20	0.25	0.30	0.35	0.40	0.45	0.50	
偏压支臂	平面内失稳	4.38	4.47	1.55	4.60	4.64	4.68	4.70	4.71	4.71	4.71	4.32
		4.67	4.77	4.85	4.91	4.96	4.99	5.02	5.03	5.03	5.03	4.93
	平面外失稳	4.28	4.36	4.41	4.46	4.49	4.52	4.54	4.55	4.55	4.56	4.47
		4.34	4.42	4.48	4.53	4.56	4.59	4.60	4.62	4.62	4.62	4.54
组合梁	受弯破坏	4.39	4.47	4.54	4.60	4.64	4.67	4.69	4.70	4.71	4.71	4.61
		4.67	4.76	4.84	4.90	4.95	4.98	5.00	5.01	5.02	5.02	4.92
	受剪破坏	3.81	3.88	3.94	4.98	4.01	4.04	4.06	4.07	4.08	4.08	4.10
		4.00	4.08	4.14	4.19	4.23	4.26	4.27	4.29	4.29	4.30	4.21
串联模型	—	3.38	3.46	3.53	3.58	3.62	3.65	3.66	3.66	3.67	3.67	3.59
		3.59	3.68	3.75	3.80	3.85	3.88	3.89	3.90	3.90	3.90	3.81

从表 10-11 可以得出：①不论对什么材料，随着其他荷载与水压力比值 d 的增大，构件及体系的可靠指标也增大，但增加的幅度越来越小；②各构件可靠指标平均值比体系可靠指标约大 0.81；③在水压力和其他荷载共同作用下的体系可靠指标的均值，对 3 号钢为 3.59；对 16Mn 钢为 3.81。

3. 水压力及其他荷载作用下综合平均可靠指标

根据文献[2]和[5]，取 d 为 0.05～0.50，K_{HT} 为 0.8 和 0.9，应用以上方法计算出各种情况下构件及体系的可靠指标(表 10-11)。从表 10-11 可以看出，各构件的可靠指标的平均值，对 3 号钢为 4.38，16Mn 钢为 4.65；但水工弧形钢闸门结构体系的可靠指标平均值，对 3 号钢为 3.59，16Mn 钢为 3.81，均比相应的构件的可靠指标减少 0.81。

综合比较表 10-10、表 10-11 和表 10-12 可以得出：①对 3 号钢和 16Mn 钢，水工弧形钢闸门空间框架体系的可靠指标在水压力及其他荷载作用下的可靠指标，大于仅有水压力作用时的可靠指标；R 服从按对数正态分布时可靠指标大于服从正态分布时可靠指标。②对 3 号钢和 16Mn 钢，无论 R 服从正态分布还是对数正态分布，无论有无其他荷载作用，水工弧形钢闸门空间框架体系的可靠指标总比构件的可靠指标平均值约小 0.85。不论在哪种情况下，水工弧形钢闸门结构体系的可靠指标，16Mn 钢的总比 3 号钢的大 0.2 左右。③基于以上分析可见，现行规范设计的二支臂弧形钢门空间框架体系的可靠指标，3 号钢为 3.2 左右；16Mn 钢为 3.4 左右；这一结果与文献[15]应用蒙特卡罗法所得结果基本接近。

表 10-12　水压力和其他荷载作用下各构件及体系的可靠指标

构件	破坏方式	K_{QT}									平均值
		$V_{HT}=0.10$			$V_{HT}=0.15$			$V_{HT}=0.21$			
		0.6	0.7	0.8	0.6	0.7	0.8	0.6	0.7	0.8	
偏压支臂	平面内失稳	4.99	4.79	4.59	4.47	4.31	4.15	3.91	3.79	3.66	4.30
		5.37	5.16	4.95	4.77	4.60	4.43	4.14	4.01	3.88	4.59
	平面外失稳	4.76	4.59	4.42	4.35	4.21	4.07	3.89	3.78	3.66	4.19
		4.77	4.66	4.49	4.41	4.27	4.12	3.94	3.82	3.71	4.24
组合梁	受弯	4.97	4.74	4.58	4.47	4.31	4.15	3.92	3.80	3.67	4.29
	破坏	5.34	5.13	4.92	4.76	4.59	4.43	4.15	4.02	3.88	4.58
	受剪	4.24	4.07	3.91	3.87	3.73	3.59	3.44	3.32	3.21	3.71
	破坏	4.49	4.31	4.14	4.07	3.90	3.78	3.61	3.49	3.37	3.91
串联模型	—	3.87	3.69	3.51	3.46	3.29	3.13	2.93	2.78	2.65	3.27
		4.12	3.82	3.75	3.66	3.48	3.34	3.12	2.97	2.88	3.48

根据以上分析计算可得到以下几点结论，供设计及修订规范参考。①对于水工弧形钢闸门空间体系和各个构件，材料为 16Mn 钢时的可靠指标比 3 号钢的大 0.2；②对于水工弧形钢闸门空间体系和各个构件，抗力为正态分布的可靠指标比对数正态分布的约小 0.55；③对 16Mn 钢和 3 号钢，无论抗力是正态分布还是对数正态分布，构件的可靠指标比水工弧形钢闸门空间体系的约大 0.85。

10.8　本 章 小 结

为了科学地指导水工钢闸门的设计、施工及运行，准确地定量评价其安全可靠性，并达到水工建筑物的总体设计水平，本章对水工钢闸门结构可靠度研究现状、基本方法、主梁可靠度、主框架体系可靠度和空间框架体系可靠度进行了系统阐述，为加快实现可靠度理论在水工钢闸门上的应用提供了一定的理论基础和借鉴，为采用结构可靠度理论修订与完善现行水利水电工程钢闸门设计规范提供参考。面板目标可靠指标统一确定为 Q235 钢 5.5(Ⅰ级)、5.0(Ⅱ级)、4.5(Ⅲ级)，

16Mn 钢 6.0(Ⅰ级)、5.5(Ⅱ级)、5.0(Ⅲ级)。通过改变梁两端的约束形式可以提高结构的安全性，且应力分布比较均匀，就本章研究而言可靠指标提高了 1.44；或者在可靠度不变的情况下，将闸门主梁变为弹性支座可以减小断面，从而节省钢材，减小闸门自重，降低安装难度。结构的超静定次数和约束的位置对结构可靠度影响较大，这应在极限状态设计的功能函数中体现，建立这样的功能函数可以使基于可靠度的结构设计优化更加量化。通过对水工弧形钢闸门平面框架可靠度分析可知水工弧形钢闸门主框架属于超静定结构，其可靠度分析应按体系可靠度去分析，采用串联分析模型，通过实例分析说明是合理的。通过对水工弧形钢闸门空间框架体系可靠度分析可知，对于水工弧形钢闸门空间体系和各个构件，材料为 16Mn 钢时的可靠指标比 3 号钢的大 0.2；对于水工弧形钢闸门空间体系和各个构件，抗力服从正态分布的可靠指标比对数正态分布的约小 0.55；对 16Mn 钢和 3 号钢，无论抗力服从正态分布还是对数正态分布，构件的可靠指标比水工弧形钢闸门空间体系大约 0.85。

参 考 文 献

[1] 中华人民共和国住房和城乡建设部. 工程结构可靠性设计统一标准: GB 50153—2008[S]. 北京: 中国建筑工业出版社, 2008.

[2] 中华人民共和国住房和城乡建设部. 水利水电工程结构可靠性设计统一标准: GB 50199—2013[S]. 北京: 中国计划出版社, 2014.

[3] 中华人民共和国住房和城乡建设部. 建筑结构可靠性设计统一标准: GB 50068—2018[S]. 北京: 中国建筑工业出版社, 2018.

[4] US Army Corps of Engineers (USACE). Design of hydraulic steel structures: EM 1110-2-2105[S]. Washington D.C.: US Army Corps of Engineers, 1993.

[5] 中华人民共和国水利部. 水利水电工程钢闸门设计规范: SL 74—2019[S]. 北京: 中国水利水电出版社, 2019.

[6] 中华人民共和国国家能源局. 水电工程钢闸门设计规范: NB 35055—2015[S]. 北京: 中国电力出版社, 2015.

[7] 周建方, 李典庆. 水工钢闸门结构可靠度分析[M]. 北京: 中国水利水电出版社, 2008.

[8] 谢智雄, 周建方, 李典庆. 我国闸门结构可靠度分析现状[J]. 水利水电科技进展, 2006, 26(5): 83-86.

[9] 李典庆, 常晓林. 水工钢闸门可靠度分析研究进展[J]. 长江科学院院报, 2007, 24(2): 46-50.

[10] 周建方. 《水利水电工程钢闸门设计规范》可靠度初校[J]. 水利学报, 1995, 26(11): 24-30.

[11] 张照煌, 杨广杰, 叶定海, 等. 水工闸门作用水头概率特性规律研究[J]. 水利学报, 2000, 31(5): 60-64.

[12] 李典庆. 水工钢闸门结构可靠度分析[D]. 南京: 河海大学, 2001.

[13] 周英英, 周建方, 李典庆. 水闸钢闸门可靠指标及分项系数的校准[J]. 水利水电科技进展, 2003, 23(6): 17-20.

[14] 周建方. 弧门主框架可靠性分析及设计[J]. 水力发电, 1993(5): 41-44.

[15] 中华人民共和国住房和城乡建设部. 钢结构设计规范: GB 50017—2017[S]. 北京: 中国计划出版社, 2018.

[16] 李宗利, 王正中. 水工钢闸门可靠度分析有关问题探讨[J]. 水力发电, 2004, 30(2): 63-65.

[17] US Army Corps of Engineers (USACE). Design of hydraulic steel structures: EM 1110-2-584[S]. Washington D.C.: US Army Corps of Engineers, 2014.

[18] GREIMANN L F, STECKER J H, KAO A M, et al. Inspection and rating of miter lock gates [J]. Journal of Performance of Constructed Facilities, 1991, 5(4): 226-238.

[19] AYYUB B M, KAMINSKIY M P, PATEV R C, et al. Loads for fatigue life assessment of gates at navigation locks[J]. Journal of Infrastructure System, 1997, 3(2): 68-77.

[20] ZHENG R H, ELLINGWOOD B R. Stochastic fatigue crack growth in steel structures subject random loading [J]. Structural Safety, 1998, 20(4): 303-323.

[21] MCALLISTER T P, ELLINGWOOD B R. Evaluation of crack growth in miter gate weld ments using stochastic fracture mechanics [J]. Structural Safety, 2001, 23(4): 445-465.

[22] ESTES A C, FRANGOPOL D M, FOLTZ S D, et al. Updating reliability of steel mitergates on locks and dams using visual inspection results [J]. Engineering Structures, 2004, 26(3): 319-333.

[23] MLAKAR P, BRYANT L. Reliability estimation for vertical lift gate hemsworth dam[C]. Proceedings of the Symposium on Water Resources Infrastructure: Needs, Economics, and Financing, Texas, 1990.

[24] PADULA J P. A reliability model for fatigue and corrosion of hydraulic steel structures[C]. Proceedings of the 3rd Materials Engineering Conference, SanDiego, 1994.

[25] KATHIR N M. Probabilistic assessment of miter gates[C]. Proceedings of the 7th Specialty Conference on Probabilistic Mechanics and Structural and Geotechnical Reliability, Worcester, 1996.

[26] BINDER G. Research on protective coating systems for immersed steel structures[J]. Materials and Corrosion, 2001, 52(4): 261-267.

[27] PATEV R C. Time-dependent reliability and hazard function development for navigation structures in the ohio river main stem system study[C]. Risk-Based Decision making in Water Resources Ⅷ, Santa Barbera, 1998.

[28] 周建方, 李典庆. 用层次分析法对弧形钢闸门主框架可靠性评估[J]. 水运工程, 2003, 31(7): 13-16.

[29] 夏念凌. 水工钢闸门的锈蚀、使用寿命及防护设计[J]. 金属结构, 1989, 1(3): 10-26.

[30] 任玉珊, 牟新河. 钢闸门耐久性评估方法研究[J]. 长春工程学院学报, 2001, 2(3): 15-17.

[31] 李典庆, 唐文勇, 张圣坤. 现役水工钢闸门结构剩余寿命的预测[J]. 上海交通大学学报, 2003, 37(7): 1119-1122.

[32] 朱大林, 游敏, 杜汉斌. 平面钢闸门主梁的可靠度分析及概率设计[J]. 水力发电, 1997, 23(3): 35-37.

[33] 李典庆, 张圣坤. 平面钢闸门主梁可靠度评估[J]. 中国农村水利水电, 2004, 27(3): 19-22.

[34] 吴帅兵, 胡冉, 李典庆. 钢闸门主梁可靠度敏感性分析[J]. 武汉大学学报(工学版), 2009, 42(1): 20-24.

[35] 李宗利. 平面钢闸门主梁可靠度校准分析[J]. 水力发电, 1998(2): 54-55.

[36] 莫慧峰. 弧形钢闸门可靠度分析[D]. 南京: 河海大学, 2002.

[37] 李典庆, 张圣坤, 周建方. 水工钢闸门面板可靠度分析[J]. 长江科学院院报, 2002, 19(1): 17-20.

[38] 魏保兴, 朱大林, 聂俊琴. 工程结构可靠性理论在水工钢闸门领域的研究[J]. 水力发电, 2005, 31(2): 68-71.

[39] 王羿, 王正中, 孙丹霞, 等. 弹性固支平板钢闸门主梁的可靠度分析[J]. 长江科学院院报, 2011, 28(4): 54-58.

[40] 李永祥. 弧形钢闸门的优化设计与可靠度分析[D]. 大连: 大连理工大学, 2015.

[41] 李宗利, 王正中. 弧门主框架体系可靠度分析模型与蒙特卡洛模拟[J]. 西北水电, 1995, 14(3): 41-43.

[42] 王正中, 李宗利, 李亚林. 弧形钢闸门空间框架体系可靠度分析[J]. 西北农林科技大学学报(自然科学版), 1998, 26(4): 35-40.

[43] 周建方, 李典庆. 用层次分析法对弧形钢闸门主框架可靠性评估[J]. 水运工程, 2002, 31(7): 13-16.

[44] MA H F, ANG H S. Reliability analysis of redundant ductile structural systems[D]. Urbana: University of Illinois at Urbana-Champaign, 1981.

[45] 中华人民共和国水利部. 水工建筑物荷载设计规范: SL 744—2016[S]. 北京: 中国水利水电出版社, 2016.

[46] 吴世伟. 结构可靠度分析[M]. 北京: 人民交通出版社, 1990.

[47] 陈国兴, 李继华. 钢构件材料强度及截面几何特性的统计参数[J]. 重庆建筑工程学院学报, 1985(1): 1-33.

[48] 刘铃, 王正中, 白鹏祥. 钢闸门面板弹塑性极限承载能力计算[J]. 水利水电科技进展, 2000, 20(2): 38-41.

[49] 赵国藩. 工程结构可靠性理论与应用[M]. 大连: 大连理工大学出版社, 1996.

[50] 安徽省水利局勘测设计院. 水工钢闸门设计[M]. 北京: 水利出版社, 1980.

[51] 《水电站机电设计手册》编写组. 水电站机电设计手册: 金属结构(一)[M]. 北京: 水利电力出版社, 1988.

[52] 李典庆. 水工钢闸门结构可靠度分析[D]. 南京: 河海大学, 2001.

[53] 范崇仁. 水工钢结构设计[M]. 北京: 中国水利水电出版社, 1990.

[54] 贺采旭, 李传才, 何亚伯. 大推力预应力闸墩的设计方法[J]. 水利水电技术, 1997, 31(6): 24-29.

[55] 王正中, 赵延风. 刘家峡水电站深孔弧门按双向平面主框架分析计算的探讨[J]. 水力发电, 1992(7): 41-44.

[56] 李典庆, 吴帅兵. 水工平面钢闸门主梁多失效模式相关的系统可靠度分析[J]. 水利学报, 2009, 40(7): 870-877.

[57] 宣国祥, 张瑞凯, 宗慕伟. 船闸运行可靠度分析[J]. 水利学报, 1996, 27(1): 1-7.

彩　　图

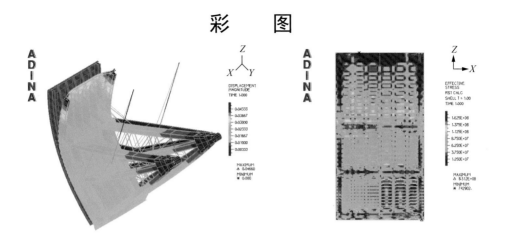

图 3-13　正常挡水工况水工弧形钢闸门整体变形图　　图 3-14　正常挡水工况面板等效应力分布

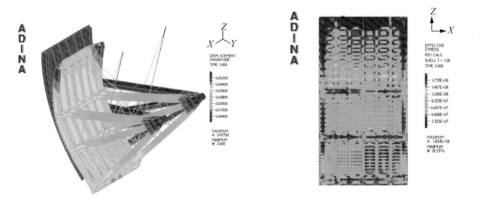

图 3-15　启门瞬间工况水工弧形钢闸门整体变形图　　图 3-16　启门瞬间工况面板等效应力分布

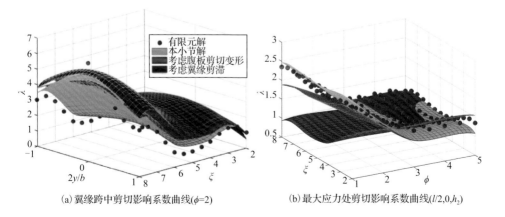

(a) 翼缘跨中剪切影响系数曲线($\phi=2$)　　　　(b) 最大应力处剪切影响系数曲线($l/2,0,h_2$)

图 5-23　均布荷载作用下剪切影响系数曲线

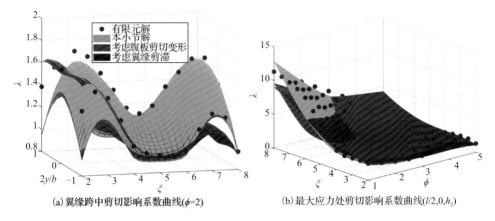

(a)翼缘跨中剪切影响系数曲线($\phi=2$)　　　(b)最大应力处剪切影响系数曲线($l/2,0,h_2$)

图 5-24　集中荷载作用下剪切影响系数曲线

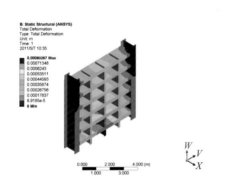

图 7-20　原闸门结构变形图

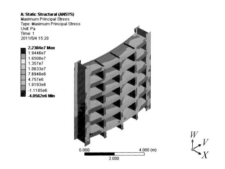

图 7-21　原闸门结构主应力分布图

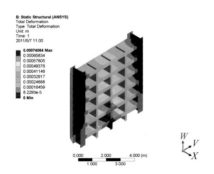

图 7-22　方案一闸门结构变形图

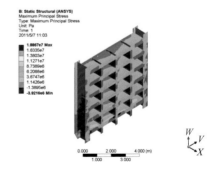

图 7-23　方案一闸门结构主应力分布图

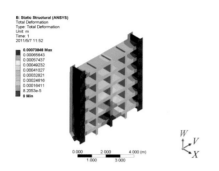

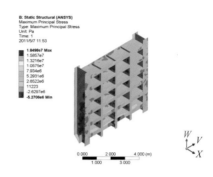

图 7-24 方案二闸门结构变形图　　　　图 7-25 方案二闸门结构主应力分布图

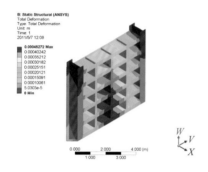

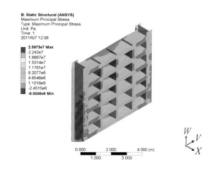

图 7-26 方案三闸门结构变形图　　　　图 7-27 方案三闸门结构主应力分布图

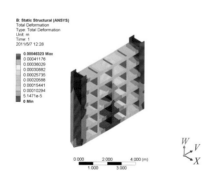

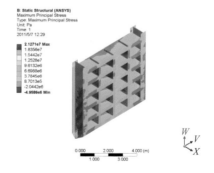

图 7-28 方案四闸门结构变形图　　　　图 7-29 方案四闸门结构主应力分布图

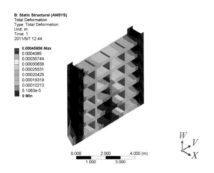
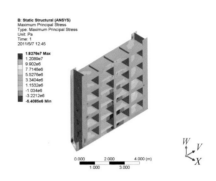

图 7-30　方案五闸门结构变形图　　　　　　图 7-31　方案五闸门结构主应力分布图

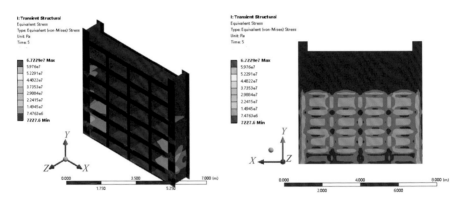

(a)闸门背水面瞬态动力学分析应力分布图　　　(b)闸门挡水面瞬态动力学分析应力分布图

图 7-37　闸门瞬态动力学分析应力分布图

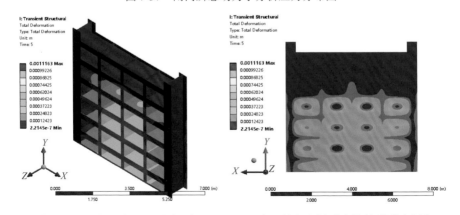

(a)闸门背水面瞬态动力学分析位移分布图　　　(b)闸门挡水面瞬态动力学分析位移分布图

图 7-38　闸门瞬态动力学分析位移分布图

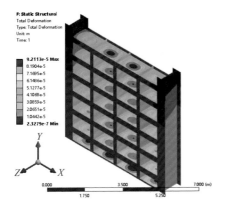

图 7-40　闸门重力场分析位移分布图

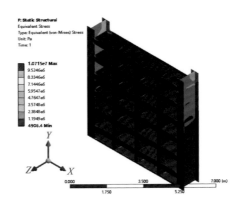

图 7-41　闸门重力场分析应力分布图

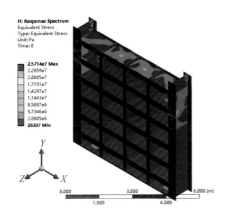

图 7-44　闸门背水面频谱分析应力分布图

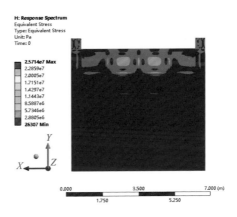

图 7-45　闸门挡水面频谱分析应力分布图

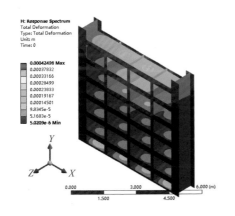

图 7-46　闸门背水面频谱分析位移分布图

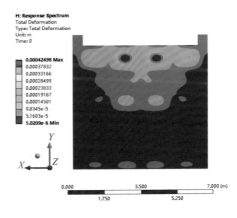

图 7-47　闸门挡水面频谱分析位移分布图

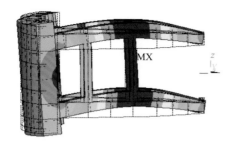

图 8-21 (b)ANSYS 分析结果

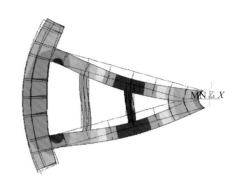

图 8-22 (b)ANSYS 分析结果

图 9-1 横向框架优化模型

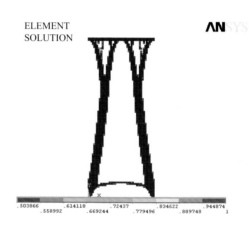

图 9-2 横向框架单元伪密度云图

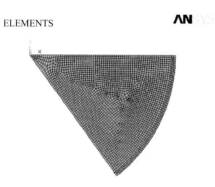

图 9-3 纵向框架优化模型

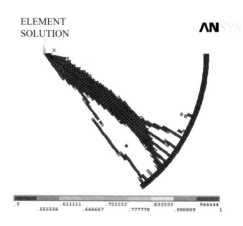

图 9-4 纵向框架单元伪密度云图
(伪密度 0.5～1)